膜翅目广腰蜂类系统学研

中国方颜叶蜂属志

钟义海　魏美才　李泽建　著

国家自然科学基金资助项目
（Nos. 29391800，39500020，39870609，30070627，30371166，
30571504，30771741，31172142，31201736，31672344，31501885）
浙江省自然科学基金资助项目
（No. LY18C040001）
华东药用植物园科研管理中心科学研究项目

中国农业科学技术出版社

图书在版编目（CIP）数据

中国方颜叶蜂属志 / 钟义海，魏美才，李泽建著 . --北京：
中国农业科学技术出版社，2023.10
ISBN 978-7-5116-6555-3

Ⅰ.①中…　Ⅱ.①钟…②魏…③李…　Ⅲ.①叶蜂科—昆
虫志—中国　Ⅳ.① Q969.54

中国国家版本馆 CIP 数据核字（2023）第 219779 号

该书由中国热带农业科学院环境与植物保护研究所、江西
师范大学、华东药用植物园科研管理中心三家单位共同完成。

责任编辑　张志花
责任校对　王　彦
责任印制　姜义伟　王思文

出 版 者　中国农业科学技术出版社
　　　　　北京市中关村南大街 12 号　　邮编：100081
电　　话　（010）82106636（编辑室）　（010）82109702（发行部）
　　　　　（010）82109709（读者服务部）
传　　真　（010）82106631
网　　址　https://castp.caas.cn
经 销 者　各地新华书店
印 刷 者　北京地大彩印有限公司
开　　本　185 mm×260 mm　1/16
印　　张　16.25　彩插　210 面
字　　数　665 千字
版　　次　2023 年 10 月第 1 版　2023 年 10 月第 1 次印刷
定　　价　298.00 元

The Monographic Series of Systematics of "Symphyta", Hymenoptera

Pachyprotasis Hartig in China

Zhong Yihai, Wei Meicai, Li Zejian

National Natural Science Foundation of China
(Nos. 29391800, 39500020, 39870609, 30070627, 30371166, 30571504,
30771741, 31172142, 31201736, 31672344, 31501885)
Natural Science Foundation of Zhejiang Province
(No. LY18C040001)
Science Research Project of Scientific Research and Management Center of
East China Medicinal Botanical Garden

China Agricultural Science and Technology Press

内容简介

    方颜叶蜂属 *Pachyprotasis* Hartig, 1837 隶属于膜翅目 Hymenoptera 叶蜂总科 Tenthredinoidea 叶蜂科 Tenthredinidae 叶蜂亚科 Tenthredininae 内第四大属。目前，本属在全世界已记载 217 种，中国已记载 159 种（含 3 亚种 2 新种）。方颜叶蜂属种类主要分布于东洋界及古北界，5 种广泛分布于欧洲各地，仅有 1 种分布至新北界，在南界未见分布。方颜叶蜂属种类适应多种气候类型，湿润寒冷的地区种类丰富，从海拔几十米的低地到海拔 3 000 多米的高山都能见到此属种类的分布，沙漠地区以及寒冷的极地还没有此属种类分布的报道。本属全部种类均为植食性，属内物种种团分化较复杂，生物多样性丰度高。

    本书是对中国方颜叶蜂属种类昆虫区系分类的系统性总结，分为总论和各论两大部分。其中，总论包括研究简史、研究方法、形态特征等；各论给出了方颜叶蜂属全世界分布名录，讨论了现今分布格局。记述中国方颜叶蜂属 7 个种团，编制了世界方颜叶蜂属分种团检索表与中国各种团分种检索表。提供了方颜叶蜂属世界已知种类分布名录 217 种，并对 159 种（含 3 亚种 2 新种）中国已知种类提供详细的引证、形态描述、鉴别特征、分布、模式标本采集记录、模式标本保存馆、图版。除个别种类外，中国分布的大部分种类和新种模式标本均保存于江西师范大学亚洲叶蜂博物馆（ASMN）。

    本书可供从事昆虫教学和研究、森林保护学、森林生物多样性研究和保护、森林有害生物防控等领域的工作者参考使用。

总　序

膜翅目广腰蜂类系统分类研究系列

　　我和昆虫的缘分其实只是一个意外。一九八〇年的夏初，我初中毕业。那时，报考中专是一种优选志向。填报志愿的时候，我选了东海卫校。原因很简单，我喜欢大海却从未见过，如果学校在海边，就可以经常去看看大海，这该是很美的事情。但我的班主任对我说，报考农校吧，我就考了农校。在那之后的四年里，我在江苏徐州农业学校读书，专业是植物保护。在学习农业昆虫学和植物病理学等专业课的同时，我也获悉东海卫校的东海是个地名，它离海虽然不算很远，但也不近。

　　大概在徐州农校读书的第三年，我很偶然地被选为昆虫课代表。当时，病理的课代表十分爱钻研，竟然和我们的老师一起在国家级的学术刊物上发表了微生物方面的研究论文。这件事情好像刺激了我，从那之后我就下了决心要把昆虫学学好。一九八四年的夏天，我和四位同学一起留校工作，我留在昆虫实验室做实验员。一九八五年夏季的某一天，我非常冒昧地写了一封信，寄给了当年的北京农业大学教授杨集昆先生。杨先生是昆虫学界自学成才的著名前辈，是我十分敬仰的昆虫学家。隔了几天我就收到了杨先生的回信，先生的字十分工整，非常漂亮。在信里，杨先生鼓励我好好学习昆虫学。后来我又写了两封信，都得到了先生及时的回信。这三封信对十九岁的我来说，意义非凡。杨先生是我从事昆虫分类学研究的启蒙恩师。

　　一九八八年的秋季是一个非常美丽的季节，天空很蓝。在天津西站下火车的时候，人很多，偶尔抬头看看天空会觉得不那么拥挤。我提着一个手提包来到南开大学。当年的南开大学校园非常美，没有现在那么多的人和那么多的楼。在这之后的三年，我在著名昆虫学家郑乐怡先生门下攻读研究生，学习半翅目昆虫分类。我没有去后来的中国农业大学（当时称北京农业大学），却来到南开大学读研，原因很简单：那年南开大学昆虫学专业硕士研究生入学考试不考数学，而中国农业大学是考数学的。

　　一九九一年夏，我从南开大学硕士毕业，想师从郑先生继续攻读博士学位。因为英语听力只考了6分，而门槛是7分，我就没能考上郑先生的博士研究生。但随后我幸运地考入中国科学院动物研究所，得以师从朱弘复先生学习昆虫分类学。那个时候，动物所的办公室资源极其紧张。朱先生给我安排的房间，已经有两位师兄、一位师姐在那里工作，而这个房间的面积大概只有十几平方米，里面还放了好几个书架。最后，我选择位于当时还叫作饲养场的博士生宿舍做我的论文研究，因为那里更宽敞一些。记得宿舍的后面几米外就是一条繁忙的铁路，每天夜里都很吵。我喜欢夜里工作，大概就是那个时候形成的习惯。很多年后，我曾想回去重游故地，却发现那里只有一栋很高的大楼了。

读博期间，朱先生交代给我的第一项工作是选题，其实就是挑选要研究的昆虫类群。最初我选的是盲蝽科，被郑先生否了。再选的是长足虻科，又被朱先生否了。我模糊记得当时鞘翅目专家杨星科先生负责动物所昆虫的研究工作。见我有些迷惘，杨先生建议我选红萤科，后来也被朱先生否了。那时，按照朱先生的吩咐，每周的周五下午三点我去先生家里汇报工作。所谓汇报工作，大抵是简单讲一下我的学习和工作情况，然后就陪先生聊天，看先生作画。记得有一个下午，朱先生一边画画，一边说，你就做叶蜂吧。我就做了叶蜂，虽然后来因此而生出了一些是是非非。几年之后我才知道，朱先生年轻时在美国曾师从著名叶蜂分类学者 H. H. Ross 教授，但回国之后因应国家需求，改行研究了其他昆虫类群。想来继续研究叶蜂分类该是恩师的未了心愿。如今，恩师仙逝已十六载，我做叶蜂分类研究也已二十八年了。

在朱先生仙逝的二〇〇二年夏，我申报了教育部跨世纪优秀人才计划。在入选后的工作设想中，我粗略规划了中国叶蜂分类研究工作框架，期望在未来三十年里初步完成中国广腰蜂类系统分类研究，并计划出版二十卷本的中国叶蜂志系列图书。如今十五年已匆匆逝去，所谓的叶蜂志系列却都还在路上，愧甚。不过，我依然坚信我和我的学生们会一起完成这个工作计划。

谨以此文献给我的三位恩师，并纪念那一段岁月。

魏美才

二〇一八年三月，长沙

前　言

膜翅目 Hymenoptera 是昆虫纲 Insecta 中一个多样化的昆虫类群，与其他昆虫类群相比形态变化很大。基部的广腰类（即原并系的广腰亚目）包括 7 个单系类群，他们与细腰亚目的区别为：腹部基部不缢缩，第 1 节不与后胸合并；前翅至少具有 1 个封闭的臀室，后翅至少具有 3 个闭室，通常具 5 个以上的闭室；除茎蜂科 Cephidae 以外其他类群均具有淡膜区。

叶蜂总科 Tenthredinoidea 是膜翅目基部广腰支系中最大的一个总科，种类繁多、类型多样，分布于各动物地理区。叶蜂是植食性昆虫，偶见叶蜂成虫捕食小型同类昆虫。在幼虫期间，大多数种类取食植物叶片，部分类群蛀食植物果实与茎秆，少数种类可使植物不同部位形成大小不等虫瘿，进而使植物发育畸形，给林木和经济作物造成严重的损失。该类群分布范围宽广，中国部分省份已经开展对叶蜂昆虫的资源调查、生物多样性与区系以及生物地理学的研究。

方颜叶蜂属 *Pachyprotasis* Hartig, 1837 是膜翅目基部广腰支系类群中比较大的一个类群。自德国学者 Hartig 于 1837 年建属以来，不少学者陆续发表了本属新种。方颜叶蜂属与其近缘属——钩瓣叶蜂属 *Macrophya* Dahlbom, 1835 的主要区别特征是：体多修长；触角细长丝状；雌虫触角约等长于头胸部之和，雄虫触角明显长于体长，触角具尖锐侧脊；雌虫复眼内缘向下平行或略微收敛，雄虫复眼内缘向下明显发散；前翅臀室中柄长。（后者体多粗壮；触角通常粗短丝状，无侧脊；复眼内缘向下显著收敛；前翅臀室中柄不长或无柄式，具短直横脉）。方颜叶蜂属种类主要分布于东洋界及古北界，5 种广泛分布于欧洲各地，仅有 1 种分布至新北界，南界未见分布。方颜叶蜂属种类适应多种气候类型，湿润寒冷的地区种类丰富，从海拔几十米的低地到海拔 3 000 多米的高山都能见到此属种类的分布，沙漠地区以及寒冷的极地还没有关于此属种类分布的报道。方颜叶蜂属种类多，种间关系复杂，研究空白较多，特别是属内种团分化、性状演化趋势、生物地理学和分子系统发育关系研究均很薄弱。因此，研究方颜叶蜂属的种团分化、性状演化趋势、分子系统发育关系和生物地理学特征，不仅在叶蜂科系统学研究领域具有重要意义，而且在物种分化和生物地理研究领域也具有比较重要的学术价值。

本书是对中国方颜叶蜂属昆虫区系分类的系统性总结，分为总论和各论两个部分。其中，总论包括研究简史、研究材料与方法、形态特征；各论经过查阅文献资料与核对模式标本，给出了方颜叶蜂属全世界分布名录，讨论了现今分布格局。根据方颜叶蜂属形态学特征，初步将世界方颜叶蜂属种类划分为 8 个种团（中国分布 7 个种团），编制了世界方颜叶蜂属分种团检索表与各种团分种检索表。本书详细记述了中国方颜叶蜂属已知种类 159 种及亚种，并提供图版，其中包括中国分布的 2 个尚未记载的新物种：六盘方颜叶蜂 *Pachyprotasis liupanensis* Zhong, Li & Wei, sp. nov. 和扁角方颜叶蜂 *Pachyprotasis compressicornis* Zhong, Li & Wei, sp. nov.。中国现有种类均具有完备的引证、图版（成虫背面观、成虫侧面观、头部背面观、头部前面观、胸部背板、胸部侧板、锯鞘侧面观、雌虫锯腹片与中部锯刃、雄虫生殖铗与阳茎瓣）、模式标本记录、个体变异、分布范围和鉴别特征，提供现有种团种类分种检索表。另外，有 18 个中国和中国云南－缅甸边境已知种未能核对标本，无法提供图版。除个别种类外，中国分布大部分种类模式标本均保存于江西师范大学亚洲叶蜂博物馆（江西省南昌市）；部分方颜叶蜂属种类最新研究材料来源于华东药用植物园科研管理中心昆虫标本室（浙江省丽水市）。

在对中国方颜叶蜂属昆虫考察过程中，得到国家林业和草原局森林和草原病虫害防治总站盛茂领正高级工程师、李涛正高级工程师以及甘肃省天水市秦城区植保站武星煜正高级工程师惠赠的部分方颜叶蜂属昆虫标本，深表感谢！另外，对德国森肯堡昆虫研究所 Dr. Andreas Taeger 和 Dr. Stephan M. Blank、浙江大学何俊华教授和陈学新教授、江西师范大学牛耕耘副教授等提供的部分方颜叶蜂属昆虫标本和热心帮助，一同表示诚挚的谢意！

本书所涉及类群种类繁多，由于作者水平有限，书中难免会存在一些不足之处，请读者给予指正。

钟义海

2023 年 5 月，海口

目　录

第一部分 总 论

1 研究简史

1.1 方颜叶蜂属建立及内涵

Linnaeus（1758）在《自然系统》第十版中的 *Tenthredo* 描述了 40 种叶蜂类昆虫，他根据触角的不同构造，将 *Tenthredo* 下的 40 种叶蜂分为 5 组。Linnaeus（1767）记述了 *Tenthredo rapae* Linnaeus，目前是 *Pachyprotasis* 广泛分布于欧洲、北美和亚洲的有效种 *Pachyprotasis rapae* Linnaeus。

Klug（1814）将 *Tenrhredo*（*Allantus*）亚属下的种类分成了几个组，他称之为 "familie"，其中 familie 中的 Ⅲ 和 Ⅳ 所包括的种类是现代 *Macrophya* 和 *Pachyprotasis* 的种类。Klug（1817）描述了欧洲现今 *Pachyprotasis* 的 3 个种类：*Tenthredo*（*Allantus*）*simulans*、*T.*（*A.*）*variegata* 和 *T.*（*A.*）*antennata*。

Dahlbom 在 1835 年将那些个体及后足基节较大的种建立 *Macrophya*，作为 *Tenthredo* Linnaeus 属的亚属。他根据触角特征将 *Macrophya* 分为 A、B 两部分，基本上对应于 Klug（1814）的看法。Dahlbom 的 *Tenthredo*（*Macrophya*）等于 Klug 的 *Tenthredo*（*Allantus*）的第 3 "科" 和第 4 "科"。其中 Dahlbom 的 *Macrophya* A 组和 B 组则分别对应于 Klug 的 *T.*（*Allantus*）的 "科Ⅳ" 和 "科Ⅲ"。

Hartig（1837）确立了 *Pachyprotasis* 属的名称，他提出 *Macrophya*（*Pachyprotasis*）和 *Macrophya*（*Macrophya*）两个名称指称其 "A" 组和 "B" 组。Westwood（1840）确认它们为有效属，与 *Tenthredo* Linn. 属有明显区别，并选定 *Pachyprotasis* 的属模为 *P. rapae* Linnaeus（1767），其下包括 *T.*（*P.*）*rapae* Linnaeus（1767）和 *T.*（*P.*）*variegata* Klug（1814）。其特征为：体细长；触角细长，多为胸、腹长之和；复眼内缘平行，极少略微向下内聚，前翅臀室有较长的中柄。

1.2 属的地位和模式种的确定

Malaise（1945）认为很难区分 *Pachyprotasis* 和 *Macrophya* 两个属。指出两属之间存在许多中间类型。*Pachyprotasis* 也存在着一些体型和触角强壮、复眼内缘向下强烈收敛以及后胸侧板附片圆钝的特征，这和 *Macrophya* 特征相近，但在此情况下可通过复眼内缘和上眶的斑块把两者区分开来。

Benson（1946）提出叶蜂科的分族时，在 Macrophyini 下也提到 *Pachyprotasis* 和 *Macrophya* 两者之间存在许多中间类型，难以把两者分开，因此他把 *Pachyprotasis* 当作 *Macrophya* 的异名，但他在 1952 年论文中改变了某些族的分类特征，认为这两者都是有效属，但没有给出具体理由。

Takeuchi（1952）同意 Benson 的观点，把 *Pachyprotasis* 和 *Macrophya* 放在 Macrophyini 下。

Linnaeus（1767）描述欧洲的广布种 *P. rapae*，当时是放在 *Tenthredo* 属内，Westwood（1840）确定 *Pachyprotasis* 为有效属时，选定 *P. rapae* Linnaeus 为 *Pachyprotasis* 属的属模。

Cameron（1902）发表新属 *Lithracia*，后被确认为 *Pachyprotasis* 属的异名，同时发表采自喜马拉雅地区的属模 *L. flavipes* 被确认为 *Pachyprotasis* 属的有效种 *P. flavipes*（Cameron, 1902）。

1.3 国外方颜叶蜂属研究概况

方颜叶蜂属只在古北界、东洋界有分布，非洲界、新热带界及澳洲界未见有报道，仅有一种延伸到新北界（Taeger et al., 2008）。因此，在区系研究方面，主要集中在古北界及东洋界。

欧洲和北美洲的方颜叶蜂属区系主要有以下几位学者在研究：Norton（1867）描述 1 个新种 *P. omega*，Harrington（1893）认为 *P. omega* 与 *Synairema americana* Provancher（1885）可能为同一个种；Ross（1931）认为 *P. omega* 与 *Macrophya obnata*（MacG.）为同一个种；Smith（1975）确认 *Synairema americana* 为 *P. rapae* 的异名。Koch（1984）发表 1 个亚种：*P. rapae nigrosternum*，描述与亚种 *P. r. rapae* 的区别特征。Fallén（1808）将欧洲的广布种 *P. variegata* 放在 *Tenthredo* 属描述，后被 Thomson（1870）移入 *Pachyprotasis* 属。Klug（1817）发表了 2 个欧洲的广布种 *P. antennata* 和 *P. simulans*，但当时均放在 *Tenthredo* 里，其后 *P. antennata* 被 Thomson 1870 年、*P. simulans* 被 Andre 1881 年分别移入 *Pachyprotasis* 属。Lindqvist（1955）发表 1 个变种 *P. antennata* ab. n. *extensa*；Cameron（1902）发表了 1 个新种 *P. dorsivittata*，后被 Malaise（1945）移入 *Tenthredo* 属内。Benson（1950）厘定英国叶蜂区系时，记述了本属的 5 个欧洲广布种，编制了检索表。

东南亚地区的方颜叶蜂属区系研究者主要是 Malaise，1931 年其对远东地区的叶蜂区系进行了厘定，以检索表形式描述了 24 个方颜叶蜂属种类，其中包括 7 个采自东亚的新种及 3 个变种：*P. longicornis* var. n. *kurilarum*、*P. variegata* var. n. *tenebrosa*、*P. antennata* var. n. *exannulata*。其后 1945 年厘定了东南亚特别是缅甸地区的叶蜂亚科，以检索表形式描述了 39 个 *Pachyprotasis* 种类，其中包括 22 个采自缅甸的新种及 13 个新亚种：*P. bir-manica tristis*、*P. birmanica eburnipes*、*P. multilineata elineata*、*P. caerulescens kashmirica*、*P. opacifrons alpestris*、*P. opacifrons subpunctata*、*P. violaceidorsata birmensis*、*P. violacei-dorsata nitidipleuris*、*P. albicincta sinobirmanica*、*P. albicincta nigripleuris*、*P. albicincta albitarsis*、*P. sellata sagittata*、*P. erratica nitidifrons*。此外，Forsius（1931）发表了采自缅甸的新种 *P. indica*、*P. vittata* 和中国四川的新种 *P. emdeni*，1935 年研究了缅甸及苏门答腊岛的叶蜂，并发表了缅甸 2 个新种：*P. antennatus* 及 *M. birmanica*。后来在本文前面更正，将 *M. birmanica* 改名为 *P. birmanica*；将 *P. antennatus* 改名为 *P. alboannulata*。

日本的方颜叶蜂属区系研究者主要有美国学者 Marlatt 和日本学者 Takeuchi、Okutani、Togashi 以及 Inomata 和他的学生 Naito。Marlatt 早在 1898 年就已描述方颜叶蜂属新种：*P. pallidiventris*；随后 Takeuchi（1923）发表新种 *P. esakii*，同年又以同一种名发表采自俄罗斯［萨哈林岛（库页岛）①］的新种，该种后被移入 *Macrophya* 属，1936 年记述了欧洲广布种 *P. rapae*，并发表采自俄罗斯（萨哈林岛）及日本变种：*P. rapae* var. n. *melas*，1956 年发表另一新种：*P. elegans*；Okutani（1961）根据饲养的成虫，发表了 2 个与 *P. pallidiventris* 相近的新种：*P. serii* 和 *P. fukii*；Togashi（1963）发表了采自日本的 4 个新种：*P. shishikuensis*、*P. malaisei*、*P. sanguinitaris* 以及 *P. hakusanensis*；Inomata（1970）根据幼虫及成虫生物学习性及形态特征，发表了采自日本的 16 个新种，1984 年又发表了 4 个新种，并描述它们卵、幼虫形状、寄主及生活史等生物学特性；Naito 和 Inomata（2006）发表了采自日本及韩国新种 *P. youngiae*，描述了其生物学特性并对其遗传学特性做了详细评论。以上几位学者对日本的种类及其生物学特性、遗传学特性做了大量研究，但都没有对日本区系的方颜叶蜂属进行过系统厘定。

印度及周边地区的方颜叶蜂属区系研究者主要有印度学者 Saini 及其学生。Singh 等（1987）记述了 6 个新种，并对印度有分布的 20 个种和亚种编制了检索表。Saini 和 Kalia（1989）厘定了印度的种类，描述了印度有分布记录的 37 个种类，其中包括 9 个新种及 9 个新记录种或亚种。并确认 *P. similis*（Singh et al., 1987）及 *P. smithi*（Singh et al., 1987）均为 *P. pallens*（Malaise, 1945）的异名。Saini 和 Vasu（1995）确认 *P. malaisei*（Singh et al., 1987）为 *P. punctulatis* 的异名，Saini 和 Vasu（1997）描述了印度新记录种 *P. scalaris* Malaise，并描述了另外 3 个分布于印度的种类。Saini 和 Vasu（1998）厘定了印

---

① 全书为了简便起见，下文表述为俄罗斯（萨哈林岛）。

度记录的种类，发表采自印度的 12 个新种，并认为 *P. opacifrons alpestris* 及 *P. opacifrons subpunctata* 为 *P. opacifrons* 的 异 名；*P. caerulescens kashmirica* 为 *P. caerulescens* 的 异名；*P. birmanica eburnipes* 及 *P. birmanica tristis* 为 *P. birmanica* 的 异名；*P. albicincta albitarsis*、*P. albicincta nigripleuris* 及 *P. albicincta sinobirmanica* 为 *P. albicincta* 的 异名。但 Lacourt（1996）认为亚种 *P. albicincta nigripleuris* 与种 *P. albicincta* 在生殖节上有明显的不同，亚种 *P. albicincta nigripleuris* 应提升为种 *P. nigripleuris*。Saini 和 Vasu（2007）在 *Indian Sawflies Biodiversity* 以检索表形式再次厘定了印度有分布记录的 88 个种及亚种，发表了 19 个新种，并附有详细的分布记录、鉴别特征和外部形态特征图，但在文中未指定模式标本，均为无效种。

Rohwer（1915）发表印度 1 个变种：*P. variegata* var. n. *brunettii*，Malaise（1945）认为其应为有效种 *P. brunettii*。Haris（2000）发表了 2 个采自尼泊尔的新种 *P. nigrosubtilis*、*P. phulchokiensis*，并于 2014 年发表了 1 个采自老挝的新种 *P. fabriziae*。

此外，Vasilev（1978）、Scobiola-Palade（1978）、Stroganova（1978）、Zhelochovtsev（1988）都探讨过本属该国区系的种类。

1.4　中国方颜叶蜂属研究概况

中国的方颜叶蜂属早期分类研究是由外国人开始的，且仅见于台湾、甘肃、四川、云南以及西藏等几个地区种类的发现描述。

Jakovlev（1891）发表在中国境内采集的 5 个种及亚种：*P. antennata chinensis*、*P. longicornis*、*P. macrophyoides*、*P. misera*、*P. semenowii*。其中 *P. misera* 后被 Malaise（1931）确认为 *P. macrophyoides* 的异名；亚种 *P. antennata chinensis* 被 Malaise（1931）提升为种：*P. chinensis*。

Rohwer（1916）发表了采自中国台湾的 1 个新种：*P. formosana* Rohwer。

Malaise（1931）在对远东地区叶蜂区系厘定中，以检索表形式记述了 8 个采自中国西北的种类及 1 个台湾的种类。1945 年在厘定了东南亚特别是中国云南与缅甸地区的叶蜂亚科中，以检索表形式描述了 39 个方颜叶蜂属种类，分布记录包括中国云南与缅甸边境，以及台湾、甘肃、四川、西藏等地。

中国学者对方颜叶蜂属的系统学研究开展得较晚，1998 年魏美才先生及其团队成员才对中国的方颜叶蜂属种类进行了深入研究，并发表了一系列论文。

聂海燕和魏美才（1998）在《伏牛山区昆虫》中记述了采自河南省西部伏牛山区的 11 个新种：副色细叶蜂 *P. parasubtilis* Wei、文氏细叶蜂 *P. weni* Wei、微斑细叶蜂 *P. micromaculata* Wei、尖唇细叶蜂 *P. acutilabria* Wei、大唇细叶蜂 *P. magnilabria* Wei、蔡氏细叶蜂 *P. caii* Wei、秦岭细叶蜂 *P. qinlingica* Wei、田氏细叶蜂 *P. tiani* Wei、黑腹细叶蜂

P. melanogastera Wei、红环细叶蜂 *P. rufocinctilia* Wei 和黑唇细叶蜂 *P. nigroclypeata* Wei。

魏美才和聂海燕（1998）在《龙王山昆虫》中记述了 4 个采自浙江龙王山的新种：黑胸细叶蜂 *P. nigrosternitis* Wei & Nie、李氏细叶蜂 *P. lii* Wei & Ni、吴氏细叶蜂 *P. wui* Wei & Nie 和红足细叶蜂 *P. rufinigripes* Wei & Nie。

聂海燕和魏美才（1999）在《河南伏牛山南坡及大别山区昆虫》中记述了 1 个中国新记录种：白环细叶蜂 *P. alboannulata* Forsius，10 个采自河南省的新种：白云方颜叶蜂 *P. baiyuna* Wei & Nie、孙氏方颜叶蜂 *P. sunae* Wei & Nie、黑背方颜叶蜂 *P. nigrodorsata* Wei & Nie、双斑方颜叶蜂 *P. bimaculofenwrata* Wei & Nie、红端方颜叶蜂 *P. rubiapicilia* Wei & Nie、盛氏细叶蜂 *P. shengi* Wei & Nie、条股细叶蜂 *P. lineatifemora* Wei & Nie、锈斑股细叶蜂 *P. rubiginosa* Wei & Nie、隆盾细叶蜂 *P. eleliviscutellis* Wei & Nie 和小条细叶蜂 *P. lineatella* Wei & Nie。

魏美才和聂海燕（2002）在《茂兰景观昆虫》中记述了 2 个采自贵州省的新种：双色方颜叶蜂 *P. bicoloricornis* Wei & Nie 和荔波方颜叶蜂 *P. libona* Wei & Nie。

魏美才和钟义海（2002a, b）在《太行山及桐柏山区昆虫》中记述了采自河南省西部的 9 个新种：褐斑方颜叶蜂 *P. fulvomaculata* Wei & Zhong、黄头方颜叶蜂 *P. flavocapita* Wei & Zhong、多环方颜叶蜂 *P. cinctata* Wei & Zhong、短角方颜叶蜂 *P. brevicornis* Wei & Zhong、离刃方颜叶蜂 *P. pingi* Wei & Zhong、环股方颜叶蜂 *P. cinctulata* Wei & Zhong、褐基方颜叶蜂 *P. fulvocoxis* Wei & Zhong、光背方颜叶蜂 *P. nitididorsa* Wei & Zhong、斑胫方颜叶蜂 *P. maculotibia* Wei & Zhong 和采自河南伏牛山的 2 个新种及 1 个新亚种：线足方颜叶蜂 *P. lineipediba* Wei & Zhong、沟盾方颜叶蜂 *P. sulciscutellis* Wei & Zhong 和窄带方颜叶蜂 *P. senjensis bandan* Wei & Zhong。

钟义海和魏美才（2002）在《太行山及桐柏山区昆虫》中记述了 6 个采自河南省的新种：嵩栾方颜叶蜂 *P. songluanensis* Wei & Zhong、河南方颜 *P. henanica* Wei & Zhong、黑体方颜叶蜂 *P. melanosoma* Wei & Zhong、侧斑方颜叶蜂 *P. maculopleurita* Wei & Zhong、斑足方颜叶蜂 *P. maculopediba* Wei & Zhong 和王氏方颜叶蜂 *P. wangi* Wei & Zhong。

魏美才和聂海燕（2003）在《福建昆虫志》中记述了 1 个采自福建省、贵州省和湖南省的新种：黄跗方颜叶蜂 *P. xanthotarsalia* Wei & Nie。

魏美才和肖炜（2005）在《习水景观昆虫》中记述了 2 个采自贵州省的新种：拟黑腹方颜叶蜂 *P. paramelanogaster* Wei 和左氏方颜叶蜂 *P. zuoae* Wei，同时描述了 2 个中国新记录种：锥角方颜叶蜂 *P. subulicornis* Malaise 和细拉方颜叶蜂 *P. sellata* Malaise。

魏美才和林杨（2005）在《贵州大沙河昆虫》中记述了采自贵州省大沙河自然区的 2 个新种：林氏方颜叶蜂 *P. lini* Wei 和红头方颜叶蜂 *P. rufocephala* Wei。

魏美才（2006）在《梵净山景观昆虫》中记述了 4 个采自贵州省的新种：南岭方颜叶蜂 *P. nanlingia* Wei、波益方颜叶蜂 *P. boyii* Wei、肖氏方颜叶蜂 *P. xiaoi* Wei 和武陵方颜

叶蜂 *P. wulingensis* Wei；同时描述了 7 个采自梵净山的种和亚种：黄跗方颜叶蜂 *P. zuoae* Wei、纤体方颜叶蜂 *P. subtilis* Malaise、锥角方颜叶蜂 *P. subulicornis* Malaise、离刃方颜叶蜂 *P. pingi* Wei & Nie、小条方颜叶蜂 *P. lineatella* Wei & Nie、黑缝方颜叶蜂 *P. sellata sellata* Malaise 和纹基方颜叶蜂 *P. lineicoxis* Malaise。

钟义海和魏美才（2006）记述了采自中国云南及四川的方颜叶蜂属 2 个新种：郑氏方颜叶蜂 *P. zhengi* Wei & Zhong 和程氏方颜叶蜂 *P. chenghanhuai* Wei & Zhong。

钟义海和魏美才（2007a）记述了采自中国云南及四川的方颜叶蜂属绿痣种团 *pallidistigma* group 2 个新种：周氏方颜叶蜂 *P. zhoui* Wei & Zhong 和稻城方颜叶蜂 *P. daochengensis* Wei & Zhong；钟义海和魏美才（2007b）发表了采自河南的方颜叶蜂属白跗种团 *opacifrons* group 1 个新种及细拉种团 *sellata* group 的 1 个新种：骨刃方颜叶蜂 *P. scleroserrula* Wei & Zhong 和内乡方颜叶蜂 *P. neixiangensis* Wei & Zhong。

朱巽和魏美才（2008）记述了秦岭方颜叶蜂 2 个新种：短刃方颜叶蜂 *P. maculotergitis* Zhu & Wei 和陕西方颜叶蜂 *P. shaanxiensis* Zhu & Wei。

钟义海和魏美才（2009）记述了中国方颜叶蜂属侧斑种团 *erratica* group 2 个新种：斑背板方颜叶蜂 *P. breviserrula* Wei & Zhong 和弱齿方颜叶蜂 *P. obscurodentella* Wei & Zhong。

钟义海和魏美才（2010a）按照触角、胸腹部和后足颜色将方颜叶蜂属种类分成 7 个种团：*formosana* group、*indica* group、*pallidistigma* group、*parapeniata* group、*flavipes* group、*rapae* group 和 *opacifrons* group，其中 *parapeniata* 种团仅在印度有分布。编制了世界叶蜂属分种团检索表和斑角种团 *formosana* group 分种检索表，厘定了中国 *formosana* group 11 个种类，并记述了 4 个新种：佛坪方颜叶蜂 *P. fopingensis* Zhong &Wei、斑角方颜叶蜂 *P. maculoannulata* Zhong & Wei、黑基方颜叶蜂 *P. nigricoxis* Zhong & Wei 和异角方颜叶蜂 *P. altantennata* Zhong & Wei。

钟义海和魏美才（2010b）编制了世界方颜叶蜂属红体种团 *indica* group 分种检索表，厘定了中国 *indica* group 14 个种类，并记述了 8 个新种：红体方颜叶蜂 *P. rufigaster* Zhong & Wei、褐角方颜叶蜂 *P. fulvicornis* Zhong & Wei、姜氏方颜叶蜂 *P. jiangi* Zhong & Wei、针唇方颜叶蜂 *P. spinilabria* Zhong & Wei、拟针唇方颜叶蜂 *P. paraspinilabria* Zhong & Wei、红翅基方颜叶蜂 *P. rufotegulata* Zhong & Wei、游底方颜叶蜂 *P. youi* Zhong & Wei 和周虎基方颜叶蜂 *P. zhouhui* Zhong & Wei。

钟义海和魏美才（2012）编制了世界方颜叶蜂属绿痣种团 *pallidistigma* group 分种检索表，厘定了中国 *pallidistigma* group 15 个种类，并记述了 3 个新种：双纹方颜叶蜂 *P. bilineata* Zhong & Wei、四川方颜叶蜂 *P. sichuanensis* Zhong & Wei 和神农架方颜叶蜂 *P. shennongjiai* Zhong & Wei。

钟义海和魏美才（2013）记述了中国方颜叶蜂属黑体种团 *melanosoma* group 2 个新种：马氏方颜叶蜂 *P. mai* Zhong & Wei 和西北方颜叶蜂 *P. xibei* Zhong & Wei，并编制了黑体种团已知种分种检索表。

钟义海、李泽建和魏美才（2015）厘定了中国方颜叶蜂属黑体种团 *melanosama* group 18 个种类，编制了分种检索表，并记述了 6 个新种：斑基方颜叶蜂 *P. coximaculata* Zhong & Wei、刻基方颜叶蜂 *P. coxipunctata* Zhong & Wei、衡山方颜叶蜂 *P. hengshani* Zhong & Wei、斑盾方颜叶蜂 *P. maculoscutellata* Zhong & Wei、排龙方颜叶蜂 *P. pailongensis* Zhong & Wei 和祁连方颜叶蜂 *P. qilianica* Zhong & Wei。

钟义海、李泽建和魏美才（2017）更新了世界方颜叶蜂属分种团检索表，将黑足种团 *rapae* group 中体色大部分为黑色种类抽出，单独建立黑体种团 *melanosoma* group。编制了新的黑足种团 *rapae* group 中国已知种分种检索表，并记述了 4 个新种：墨脱方颜叶蜂 *P. motuoensis* Zhong, Li & Wei、拟内乡方颜叶蜂 *P. paraneixiangensis* Zhong, Li & Wei、棱盾方颜叶蜂 *P. prismatiscutellum* Zhong, Li & Wei 和泽建方颜叶蜂 *P. zejiani* Zhong, Li & Wei。将合叶子方颜叶蜂吕氏亚种 *P. antennata lui* Wei & Zhong 提升为种：吕氏方颜叶蜂 *P. lui* Wei & Zhong。

钟义海、李泽建和魏美才（2018）整理了中国浙江省的方颜叶蜂属种类，编制了浙江省有分布的种类分种检索表，并记述了 2 个新种：长柄方颜叶蜂 *P. longipetiolata* Zhong, Li & Wei 和显刻方颜叶蜂 *P. puncturalina* Zhong, Li & Wei。

钟义海、李泽建和魏美才（2019）重新整理了中国方颜叶蜂属斑角种团 *formosana* group 的种类，更新了斑角种团 18 个种分种检索表，记述了采自中国云南省及西藏自治区的 2 个新种：泸水方颜叶蜂 *P. lushuiensis* Zhong, Li & Wei 和林芝方颜叶蜂 *P. linzhiensis* Zhong, Li & Wei。

钟义海、李泽建和魏美才（2020）记述了采自中国浙江、湖南及江西的方颜叶蜂属红足种团 *flavipes* group 的 2 个新种：红股方颜叶蜂 *P. rufofemorata* Zhong, Li & Wei 和拟吴氏方颜叶蜂 *P. parawui* Zhong, Li & Wei，并更新了中国方颜叶蜂属红足种团分种检索表。

钟义海、李泽建和魏美才（2021）厘定了中国方颜叶蜂属红足种团 *flavipes* group 的 24 个种类，编制了分种检索表，并记述了 2 个胸部红色的新种：斑基方颜叶蜂 *P. rufodorsata* Zhong, Li & Wei 和刻基方颜叶蜂 *P. nigritarsalia* Zhong, Li & Wei。

钟义海、李泽建和魏美才（2022）整理了中国南岭山脉的方颜叶蜂属种类，编制了南岭方颜叶蜂属 16 个种及 1 个亚种分种检索表，并记述南岭方颜叶蜂属 2 个新种：湖南方颜叶蜂 *P. hunanensis* Zhong, Li & Wei 和白转方颜叶蜂 *P. leucotrochantera* Zhong, Li & Wei。

1.5　方颜叶蜂属研究简史讨论

综上所述，对 *Pachyprotasis* 的研究已经延续了将近两个世纪，在 Eletronic World Catalog of Symphyta（ECatSym）系统中，*Pachyprotasis* 属下种类共涉及 335 个名称组合。

到 2023 年 6 月 30 日为止，世界范围内 *Pachyprotasis* 种类已记载 217 种，中国已记载 159 种，本属中国及东南亚地区的种类十分丰富。

从此属的分类历史来看，方颜叶蜂属和钩瓣叶蜂属地位的确立，许多学者仍存在分歧；在种级分类学上，部分种类及亚种的确立也存在一定的争议。Malaise（1945）发表的 7 个亚种，Saini（1998）认为都是其各自种的异名。在方颜叶蜂属区系分类研究上，欧洲研究得比较透彻，亚洲区系分类研究，除了 Malaise 对缅甸的种类，印度的 Sanin 以及团队成员对印度的种类，日本的 Togashi、Takeuchi、Inomata 对日本的种类以及魏美才及其团队成员对中国的研究比较深入之外，亚洲其他国家的研究工作均未开展。方颜叶蜂属在中国存在大量的种类，但在 2 0 世纪 90 年代以前研究较少，仅见于 Jakovlev、Rohwer 和 Malaise 等几人对中国北部和中国云南 – 缅甸地区的种类进行的记述。魏美才及其团队成员自 1998 年起对中国方颜叶蜂属种类进行了全面深入的研究。截至 2022 年 12 月 31 日，分别在 9 个地区昆虫志和 15 篇系统昆虫学的期刊上整理发表了中国方颜叶蜂属 102 个新种，极大丰富了中国方颜叶蜂的种类和分布记录。

2 研究材料与方法

2.1 研究材料

本书所用的研究标本大部分为江西师范大学亚洲叶蜂博物馆（江西省南昌市）和华东药用植物园科研管理中心昆虫标本室（浙江省丽水市）历年积累的标本，以及甘肃省天水市秦城区植保站武星煜惠赠的方颜叶蜂标本，少数研究标本借自德国博物馆（Senckenberg Deutsches Entomologisches Institut, Müncheberg, Germany），均为针插标本。其他未能检视的种类，资料来源于原始文献。模式标本除另有注明外，均保存于江西师范大学亚洲叶蜂博物馆（ASMN）。

2.2 术语

本书所用的形态学名词主要依据魏美才先生研究叶蜂总科系统分类所采用的形态学名，并参照了朱弘复和钦俊德先生编著的《英汉昆虫学辞典》，以及 "Sawfly I"（Viitasaari, 2002）、"Sawfly Genitalia: Terminology and Study Techniques"（Ross, 1945）、"The Ancestry and Wing Venation of The Hymenoptera"（Ross, 1936）等一些相关文献。种的中文名如已有，通常保留，少数不合理的名称则酌情更改；如无中文名的则均系首次拟定。种的中文名基本采用二名法：种名＋属名。中文名拟定主要是根据其重要的形态特征或十分突出的体色标志，其次是根据其寄主、采集地点、拉丁名意译和采集人姓名等拟定。

2.3 图表

雌雄虫外部形态特征在 Motic-DM-143 体视镜下观察，并用 Nikon D2x 数码相机采集图像；雌雄外生殖器官等体视镜不便观察的构造，在制片以后，用 Motic DM143 显微镜观察，并用 CCD（moticam 5000）采集图像，应用 Adobe Photoshop CS6.0 软件处理图像。种类分布图依据文献资料记载的分布信息以及我们收集到的标本信息，使用 Arcview-GIS 3.3 软件绘制。

3 形态特征

体型中等大小，体长多为 6.0~11.0 mm（图 1-1）。体形较细长；触角细长，雌虫触角约等长于胸、腹部之和，雄虫触角明显长于体长，触角具尖锐侧脊；雌虫复眼内缘向下平行或略微收敛，雄虫复眼内缘向下明显发散；体色多为黑色，虫体有不同程度的色斑，即白色、黄白色、浅褐色、黄褐色、橘褐色或红褐色，也有几乎全绿的种类。

图 1-1 黄跗方颜叶蜂 *Pachyprotasis xanthotarsalia* Wei & Nie, 2003
雌成虫背面观（female in dorsal view）

3.1 头部

方颜叶蜂的头部属下口式，和它的身体长轴垂直，口器朝向下方，因此，头部的正面通常朝向前方。描述头部时，以虫体停息时（或死虫）的方位为准。

前面观（图1-2）：头部最明显的标志有复眼（eye）、单眼、触角等。复眼占据头部两侧大部分，向外突出，高度大致为宽的2倍，复眼内缘向下平行，极少略微向下收敛，但有时（特别是雄性）复眼间部分向下反呈圆形扩展，复眼后头部大多强烈收缩。头部常具刻点，尤其是额区刻点有时较头部其他地方密集、深。头部可划分为以下几个部分：复眼之间的部分叫颜部（face），其中中单眼至触角窝（torulus）之间的区域称作额（frons），在叶蜂科其他有些属内存在发育较好的额脊，在本属内额脊不明显，额区一般较隆起，与复眼顶面大致齐平，但也有些种类额区不隆起，低于复眼面。额唇基沟以下为唇基（clypeus）；唇基较大，部分种类隆起，宽大于或等于长，两侧稍向前收缩或平行，前缘大多有缺口，深为唇基1/4~1/2长，缺口形状呈浅弧形或长方形，缺口两侧突出部分称作侧叶，侧叶一般呈三角形。上唇（labrum）悬挂在唇基腹缘之上，不大于唇基，大部分种类前缘截形，但个别种类前缘呈尖三角形，长明显大于宽。方颜叶蜂属种类的口器为咀嚼式，因此上颚较粗壮，向内弯，它的端缘有四齿，前面两齿比后两齿大，左右上颚对称。唇基的两侧上部，各有一个小凹陷，叫作前幕骨陷（anterior tentorial pit），为头部内骨骼前幕骨臂向内方凹陷的地方。触角窝之上具1个小形凹陷，叫作侧窝（lateral fovea），两侧窝之间有1个中窝（median fovea），它们的形状有圆窝形、刻点状、短沟状、长沟状

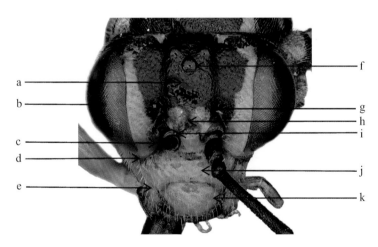

a. 额（frons）；b. 复眼（eye）；c. 前幕骨陷（anterior tentorial pit）；d. 颚眼距（malar space）；
e. 上颚（mandible）；f. 中单眼（middle ocellus）；g. 侧窝（lateral fovea）；h. 中窝（median fovea）；
i. 触角窝（torulus）；j. 唇基（clypeus）；k. 上唇（labrum）

图1-2　玄参方颜叶蜂 *Pachyprotasis rapae*（Linnaeus, 1767）
头部正面观（head in front view）

等。单眼的位置靠近颜部的上端，此属种类均为 3 个单眼，它们的位置多少有些变化。由侧单眼外缘至复眼之间的距离叫作复眼单眼距（OOL），两个侧单眼内缘之间的距离叫作后单眼距（POL），侧单眼与后头边缘之间的距离叫作单眼后头距（OCL），这 3 个数值之间的比值可用作区分种类的特征之一。

方颜叶蜂的触角较为简单。第 1 节叫柄节（scapus），较短，它的基部稍缢缩着生于触角窝上，中端部扩大呈球状。第 2 节为梗节（pedicel），很小，稍短于柄节，它与柄节之间形成球窝关节，便利触角的端部转动。鞭节（flagellum）7 节，构造上较为相似，中等粗细，长度一般为胸腹部长之和，但在雄虫明显长于体长，第 3 节与第 4 节之比几等于 1，部分种类鞭节端部侧扁，但在雄虫几乎全部种类鞭节都强烈侧扁。触角横截面在雌性多呈圆形或卵圆形，在雄性多呈尖三角形。

背面观（图 1-3）：侧单眼之上与后头脊之间的区域是头顶（vertex），头顶沿头的后方有两条纵沟，延伸至单眼的外侧直达触角窝，此沟在侧单眼（ocellar）后较明显，常略向后分歧，叫侧沟（lateral furrow），有时延伸至后头区。沿侧单眼后有一条横走的沟，叫单眼后沟（postocellar furrow），一般较细弱，侧沟、单眼后沟及后头脊围成的区域叫单眼后区（postocellar area），单眼后区多数种类隆起；头部后面观，有 1 个后头孔（occipital foramen），头部的许多器官通过后头孔进入胸部，头部与胸部以颈膜相联。后头脊（occipital carina）一般极少消失，后头脊的下方称作颊脊，复眼与后头脊之间的区域叫颊（gena），颊的上方为上眶（temple），后头脊与次后头脊之间的区域称为后头（occiput），后头下部为后颊。复眼下方与上颚关节之间的部位叫颚眼距（malar space），本属内的大部分种类颚眼距等长于单眼直径，但在雄虫颚眼距常 2~3 倍于单眼直径。

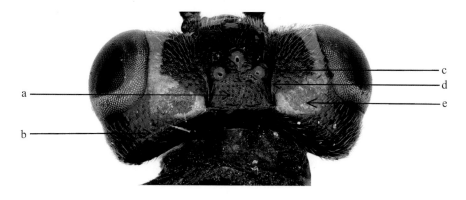

a. 单眼后区（postocellar area）；b. 后头脊（occipital carina）；c. 侧单眼（ocellar）；
d. 侧沟（lateral furrow）；e. 上眶（temple）

图 1-3 玄参方颜叶蜂 *Pachyprotasis rapae*（Linnaeus, 1767）
头部背面观（head in dorsal view）

3.2　胸部

胸部 3 节，由前胸、中胸、后胸 3 部分构成，中后胸具翅，其中中胸最发达。胸部背面观如图 1-4 所示。

前胸：前胸背板（pronotum）领状，中部窄，两侧宽三角形，向后延伸，前胸背板后角附近有 1 个小型骨片，称翅基片（tegula），翅基片亚圆形，覆盖于肩组合之上。前胸背板侧背角与翅基片接触。

中胸：中胸发达，中胸背板（mesonotum）以盾间沟为界分为两块主要的骨片，即中胸盾片（scutum）及小盾片（scutellum）。有的分类学家常把中胸背板单指中胸盾片。中胸盾片前缘生有两条沟，叫盾纵沟，此沟在本属内较深，且向后方收敛，约在胸部中央处相遇，呈"V"形，此间的三角形区域称中胸背板前叶（prescutal area 或 prescutum)，盾纵沟两侧盾片呈翼状隆起，称中胸背板侧叶（scutum）。前盾区上有一条盾片中线，把中胸前盾区纵向分为两半。小盾片（mesoscutellum）五角形，前缘尖，以盾间沟与盾片分离，大部分种类小盾片明显隆起，顶部平或具中沟，少数种类小盾片低。小盾片后方有一

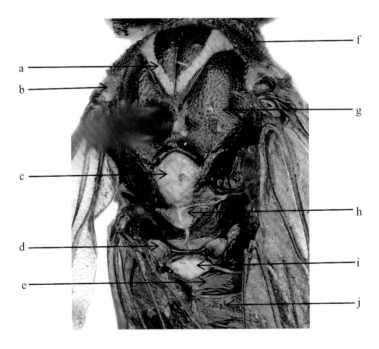

a. 中胸背板前叶（prescutum）；b. 翅基片（tegula）；c. 中胸小盾片（mesoscutellum）；
d. 淡膜叶（cenchrus）；e. 后胸后背板（metapostnotum）；f. 前胸背板（pronotum）；
g. 中胸背板侧叶（scutum）；h. 中胸小盾片附片（mesoscutellar appendage）；
i. 后胸小盾片（metascutellum）；j. 腹部第 1 背板（abdominal tergum 1）

图 1-4　玄参方颜叶蜂 *Pachyprotasis rapae*（Linnaeus, 1767)
胸部背面观（thorax in dorsal view）

块骨片，称作小盾片附片（mesoscutellar appendage），一般呈扁三角形，中间有一锐利的中脊。中胸侧板与腹板相连接。中胸侧面观，即中胸侧板，由侧板沟（pleural suture）分为两部分，此沟向前上方斜生，连接于中足基节侧关节与前翅下方的翅突之间，此沟前部为中胸前侧片（mesepisternum）。本属的种类前侧片甚大，向外隆起。中胸前侧片的上角像是被切掉一样，此处有一块三角形的小骨片，临近中胸前气门后侧，称前气门后片（postspiracular sclerite）。侧板沟的后侧部分为中胸后侧片（mesepimeron），后侧片上部为较小的后上侧片（anepimeron），下部为后下侧片（katepimeron）。胸部侧面观如图 1-5 所示。

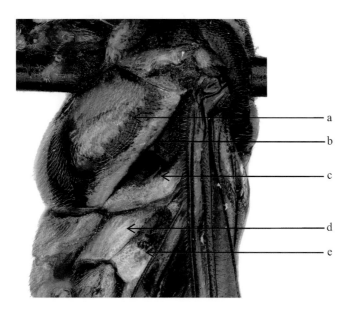

a. 中胸前侧片（mesepisternum）；b. 侧板沟（pleural suture）；c. 中胸后侧片（mesepimeron）；
d. 后胸前侧片（metepisternum）；e. 后胸后侧片（metepimeron）

图 1-5 玄参方颜叶蜂 *Pachyprotasis rapae*（Linnaeus, 1767）
胸部侧面观（thorax in lateral view）

后胸：后胸发达程度不及中胸。后胸盾片（metascutum）中部十分狭窄，两侧稍扩大，在盾片隆起部分两侧各具 1 个椭圆形的淡膜区（cenchrus）；后胸小盾片（metascutellum）倒三角形，前部向下凹陷，后半部稍隆起；后胸后背板（metapostnotum）横脊状，中部有纵脊。后胸侧板侧沟近水平，将侧板分成上后侧的后胸后侧片（metepimeron）和下前侧的后胸前侧片（metepisternum），有不少种类的后胸后侧片向后延长。

胸部附器

翅：翅 2 对，膜质透明或淡褐色，有时在翅端部有烟色的横斑，翅面分布微刺。前后翅由 1 排翅钩相连，翅钩集中生在后翅 R1 的中部，约有 10 根，勾在前翅后缘的卷边上。前翅长三角形，前后缘较直，端缘圆且稍加宽。前翅 C 脉端部稍膨大，翅痣长形。翅脉在本属内变化不大，前翅 Sc 脉与 R 脉合并，Sc 脉痕状，在翅痣前与 R 脉分离。前翅具 2 个径室及 4 个肘室，后翅具 2 个中室；前翅 Cu-a 脉一般位于中室基部 1/3 处，2Rs 室稍长于或等长于 1Rs 室，臀室中柄长，绝大多数种类后翅臀室具柄。前翅翅脉如图 1-6 所示，后翅翅脉如图 1-7 所示。

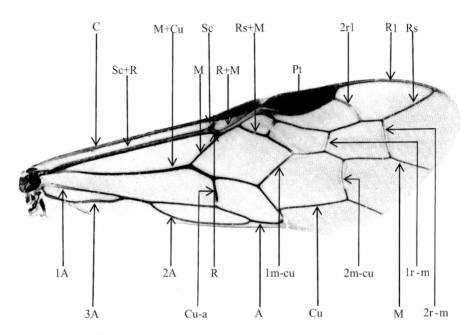

图 1-6　玄参方颜叶蜂 *Pachyprotasis rapae*（Linnaeus, 1767）
前翅翅脉（veins of fore wing）

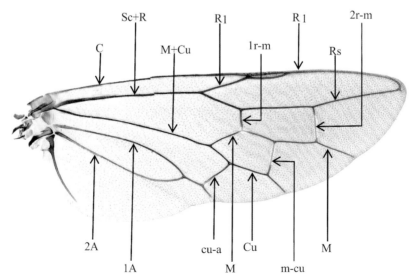

图 1-7　玄参方颜叶蜂 *Pachyprotasis rapae*（Linnaeus, 1767）
后翅翅脉（veins of hind wing）

足：每个胸节有足 1 对，3 对足同型，大小及形态稍有差异，由基节（coxa）、转节（trochanter）、股节（femur）、胫节（tibia）及跗节（tarsus）组成。后足基节大，侧面观与中胸前侧片几乎等大。转节小，细筒形，腹面稍微长于背面，近末端处具 1 个浅环沟；腿节长筒形，中部稍膨大，基部具环沟，将腿节基部分离出 1 个小型骨片，形似第 2 转节；胫节细，通常等长于腿节，偶尔约等长于股节与第 2 转节之和，近端部稍弯曲，末端缘角状膨大；胫节的端部腹面具有可活动的距（spur），各足均具 2 个端距；后足内胫距稍长于外胫距，稍弯曲，末端不分叉；跗节细，稍短于胫节；跗节分 5 小节，后足基跗节（basitarsus）与其余跗分节之和之比几乎等于 1；各跗分节均在末端稍微膨大，1~4 跗分节腹面端部具显著的跗垫（tarsal pulvillus）。跗节的末端生有 1 对爪（claw）及其他附属构造；爪弯曲，具发达的内齿，爪基片（basal lobe）通常缺如。后足侧面观如图 1-8 所示。

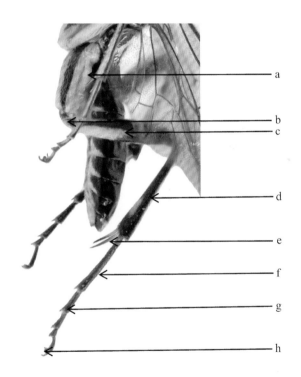

a. 基节（coxa）；b. 转节（trochanter）；c. 股节（femur）；d. 胫节（tibia）；e. 距（spur）；
f. 基跗节（basitarsus）；g. 跗垫（tarsal pulvillus）；h. 爪（claw）

图 1-8　玄参方颜叶蜂 *Pachyprotasis rapae*（Linnaeus, 1767）
后足侧面观（hind leg in lateral view）

3.3 腹部

3.3.1 雌成虫

腹部圆筒形，共 10 节，基部与胸部宽阔连接，第 1 背板中部深度凹入直达该节背板基部，将背板分割成两块扁心形的侧叶。背板 2~8 节完整，气门见于第 1~8 节背板两侧，第 9 背板极窄，与第 10 背板愈合，侧面部分膨大；第 10 背板仅背部可见，侧缘生有尾须（cercus）。第 1 腹板完全膜质；可见的腹板为第 2~7 节，它们形状相似，方形；背腹板在两侧部分叠合；第 8 腹板退化呈膜质，但它的两侧各有 1 个三角形的骨片，称为第 1 负瓣片，第 1 产卵瓣与它相连，负瓣片的性质可能是 1 个附肢的基部，第 1 产卵瓣是产卵管可活动的部分，在膜翅目基部广腰支系中形成一个锯状构造，因此第 1 产卵瓣又称锯腹片（lancet）；第 9 腹板退化呈膜质，两侧有 1 个长形骨片，称为第 2 负瓣片，第 2 产卵瓣即锯背片（lance），与它的前端相连。锯鞘分为锯鞘基（basal sheath）和锯鞘端（apical sheath）两部分，在本属内锯鞘端通常等于或稍长于锯鞘基。锯鞘长度与前足胫节长度比以及锯鞘端和锯鞘基的长度比在种类鉴定上有一定意义。锯鞘侧面观如图 1-9 所示。

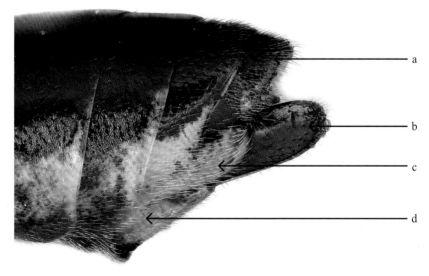

a. 第 10 背板（abdominal tergum 10）；b. 锯鞘端（apical sheath）；
c. 第 9 背板（abdominal tergum 9）；d. 锯鞘基（basal sheath）

图 1-9　玄参方颜叶蜂 *Pachyprotasis rapae*（Linnaeus, 1767）
锯鞘侧面观（ovipositor in lateral view）

锯腹片细长，基部骨化较弱，端部骨化强，上缘具骨化的锯杆，锯端被线缝（suture）分为 18~25 个环节（annulus）；骨化腹缘（sclerotized sclerora）具孔。齿节腹缘，或称锯刃（serrula），具细齿，锯刃的形状在本属内有不少变化。锯背片细长，从基部向端部变细，被线缝分为许多环节。锯腹片上缘与锯背片腹缘的杆状连锁沟相扣锁。锯腹片可前后移动。第 3 产卵瓣或称生殖板与第 2 负瓣片以膜相连，相对的 2 片第 3 产卵瓣在基部背侧缘膜质连接成锯鞘（sheath），锯鞘侧面被毛。锯腹片如图 1-10 所示，中部锯节如图 1-11 所示。

图 1-10　玄参方颜叶蜂 *Pachyprotasis rapae*（Linnaeus, 1767）
锯腹片（lancet）

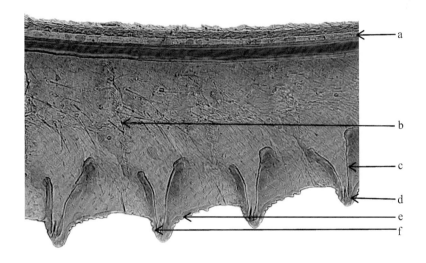

a. 连杆（virga）；b. 节缝刺毛（suture spinules）；c. 纹孔线（marginal sensillum）；d. 纹孔（pore）；
e. 外侧亚基齿（distal subbasal teeth）；f. 内侧亚基齿（proximal subbasal teeth）

图 1-11　玄参方颜叶蜂 *Pachyprotasis rapae*（Linnaeus, 1767）
中部锯节（middle annuli）

3.3.2　雄成虫

除腹部端节及外生殖器外，构造与雌虫几乎相同，个体比雌性成虫小，仅有些细微差异。

腹部背板可见 1~9 节，但第 9 节仅在第 8 节背板的两侧可见，是 1 块微小的三角形骨片，为第 9 背板的末侧角，其上生有尾须。腹面观可见 2~7 节腹板，常形，第 8 腹板位于第 7 腹板两侧后缘,小三角形。第 9 节腹板大型,形成下生殖板(subgenital plate),腹面稍鼓,端缘呈钝三角形。

外生殖器属扭茎型(strophandria),生殖轴节(gonocardo)环形,生殖铗(gonoforceps)包括 1 个生殖茎节(gonostipe)和 1 个近长椭圆形的端位抱器(harpe)。抱器通常长显著大于宽,外缘及顶端被疏毛。副阳茎(parapenis)1 对,近方形,与生殖茎节相连。阳茎瓣(penis valve)1 对,长片状,在腹端部连接。瓣端呈方形、圆形、椭圆形、三角形等,瓣尾(valvula)细长柄状,阳茎瓣侧突(ergot)呈一小钩状。生殖铗如图 1-12 所示,阳茎瓣如图 1-13 所示。

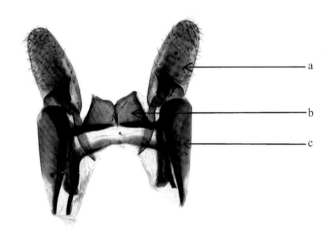

a. 抱器(harpe);b. 副阳茎(parapenis);c. 生殖茎节(gonostipe)

图 1-12　玄参方颜叶蜂 *Pachyprotasis rapae*(Linnaeus, 1767)
生殖铗(gonoforceps)

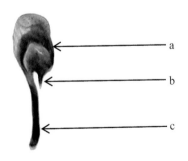

a. 阳茎瓣(penis valve);b. 侧突(ergot);c. 瓣尾(valvula)

图 1-13　玄参方颜叶蜂 *Pachyprotasis rapae*(Linnaeus, 1767)
阳茎瓣(penis valve)

第二部分 各 论

1 方颜叶蜂属生物地理学研究

1.1 方颜叶蜂属已知种类名录

根据文献记载和积累标本研究发现，方颜叶蜂属世界已记载种类 217 种；中国已记载 159 种。世界方颜叶蜂属种类地理分布名录如下。

1. *Pachyprotasis acutilabria* Wei, 1998

分布：中国河南（嵩县、栾川、内乡、西峡），陕西（眉县、佛坪），宁夏（泾源），甘肃（天水），湖北（神农架），四川（崇州、峨眉山）。

2. *Pachyprotasis albicincta* Cameron, 1881

分布：中国西藏（洞朗）；中国云南－缅甸边境★，印度★（Himachal Pradesh, Uttar Pradesh, Sikkim），尼泊尔★。

3. *Pachyprotasis albicoxis* Malaise, 1931

分布：中国吉林（长白山、抚松），辽宁（沈阳）；日本★（Hokkaido，Honshu），俄罗斯★（东西伯利亚）。

4. *Pachyprotasis alboannulata* Forsius, 1935

分布：中国北京，河南（内乡），陕西（留坝），甘肃（文县），浙江（松阳、临安），湖北（十堰），江西（官山、资溪、修水），湖南（炎陵、桑植、武冈、绥宁），广西（田林），四川（天全、都江堰、峨眉山、崇州），云南（贡山）；中国云南－缅甸边境★，印度★（Arunachal Pradesh, Nagaland, Himachal Pradesh, Sikkim）。

5. *Pachyprotasis alpina* Malaise, 1945

分布：中国西藏★，青海（互助）；中国云南－缅甸边境★。

6. *Pachyprotasis altantenata* Wei & Zhong, 2010

分布：中国湖北（兴山）。

★根据文献记载，全书同。

7. *Pachyprotasis antennata*（Klug, 1817）

分布：中国黑龙江（伊春），吉林（抚松、延吉），河北（涞源、兴隆），山西（交城），河南（济源、嵩县、卢氏），陕西（凤县、留坝、佛坪、眉县），宁夏（泾源），甘肃（天水、文县），青海（民和），浙江（丽水、临安），湖北（宜昌），湖南（桑植、武冈、浏阳），广西（田林），四川（峨眉山），云南（龙陵）；亚洲★（蒙古国、日本），欧洲★〔克罗地亚、芬兰、德国、俄罗斯（西伯利亚）、斯洛伐克〕。

8. *Pachyprotasis asteris* Inomata, 1970

分布：日本★（Honshu）。

9. *Pachyprotasis baiyuna* Wei & Nie, 1999

分布：中国河南（嵩县），宁夏（泾源），湖北（宜昌）。

10. *Pachyprotasis bengalensis* Saini & Kalia, 1989

分布：印度★（West Bengal）。

11. *Pachyprotasis bicoloricornis* Wei & Nie, 2002

分布：中国贵州（茂兰）。

12. *Pachyprotasis bimaculofemorata* Wei & Nie, 1999

分布：中国河南（嵩县）。

13. *Pachyprotasis birmanica eburnipes* Forsius, 1935

分布：中国四川（峨眉山），贵州（梵净山）；中国云南 – 缅甸边境★，印度★（Uttar Pradesh）。

14. *Pachyprotasis bilineata* Zhong & Wei, 2012

分布：中国云南（德钦）。

15. *Pachyprotasis boyii* Wei & Zhong, 2006

分布：中国陕西（留坝、佛坪），甘肃（天水、徽县），浙江（临安），湖北（宜昌），湖南（炎陵、永州、武冈），福建（武夷山），广东（始兴），广西（武鸣），四川（万州、都江堰），贵州（梵净山），云南（贡山）。

16. *Pachyprotasis brevicornis* Wei & Zhong, 2002

分布：中国北京，山西（左权、介休、沁水、龙泉），河南（内乡、卢氏、嵩县、栾川），陕西（安康、西安、留坝、佛坪），宁夏（泾源），青海（互助、民和），浙江（临安），湖北（神农架），四川（天全、崇州、阿坝）。

17. *Pachyprotasis breviserrula* Wei & Zhong, 2009

分布：中国湖南（涟源、平江、永州、绥宁、浏阳），广西（兴安），贵州（梵净山）。

18. *Pachyprotasis brunettii* Rohwer, 1915

分布：中国西藏（墨脱）；印度★（West Bengal）。

19. *Pachyprotasis daochengensis* Wei & Zhong, 2007

分布：中国青海（囊谦、称多、久治），四川（稻城、炉霍、石渠、康定、理塘），云南（德钦），西藏（八宿、左贡）。

20. *Pachyprotasis caerulescens* Malaise, 1945

分布：中国云南 – 缅甸边境★，印度★（Himachal Pradesh, Uttar Pradesh, Janmu and Kashmir, Arunachal Pradesh）。

21. *Pachyprotasis caii* Wei, 1998

分布：中国吉林（抚松），北京，山西（介休、永济），山东（泰安），河南（嵩县、栾川、卢氏、内乡、西峡），陕西（眉县、镇安、安康、佛坪、留坝、周至），甘肃（天水），浙江（临安），湖北（神农架），四川（都江堰、洪雅、崇州），云南（腾冲）。

22. *Pachyprotasis cephalopunctata* Saini & Vasu, 1998

分布：印度★（Manipur, Nagaland）。

23. *Pachyprotasis chenghanhuai* Wei & Zhong, 2007

分布：中国四川（峨眉山、崇州）。

24. *Pachyprotasis chinensis* Jakovlev, 1891

分布：中国四川，甘肃。

25. *Pachyprotasis cinctata* Wei & Zhong, 2002

分布：中国河南（卢氏、栾川）。

26. *Pachyprotasis cinctulata* Wei & Zhong, 2002

分布：中国山东（青岛），河南（嵩县），湖南（平江）。

27. *Pachyprotasis citrinipicta* Malaise, 1945

分布：中国西藏（亚东、墨脱、错那）；印度★（Sikkim, West Bengal），尼泊尔★。

28. *Pachyprotasis compressicornis* Zhong, Li & Wei, sp. nov.

分布：中国吉林（长白山），山西（五台），四川（峨眉山）。

29. *Pachyprotasis corallipes* Malaise, 1945

分布：中国云南（中甸）；中国云南 – 缅甸边境★。

30. *Pachyprotasis coximaculata* Zhong, Li & Wei, 2015

分布：中国陕西（佛坪），甘肃（天水），上海，浙江（临安），湖南（浏阳）。

31. *Pachyprotasis coxipunctata* Zhong, Li & Wei, 2015

分布：中国云南（中甸）。

32. *Pachyprotasis cuneativentris* Saini & Vasu, 1998

分布：印度★（Nagaland, Manipur, Meghalaya）。

33. *Pachyprotasis elegans* Takeuchi, 1956

分布：日本★（Shikotan Islands, Kunashiri Islands, Etorofu Islands, Uruppu Islands），

俄罗斯★（萨哈林岛）。

34. *Pachyprotasis eleviscutellis* Wei & Nie, 1999

分布：中国河南（西峡、嵩县、卢氏）。

35. *Pachyprotasis emdeni*（Forsius, 1931）

分布：中国四川（峨眉山、卧龙★）。

36. *Pachyprotasis erratica* Smith, 1874

分布：中国吉林（长白山），浙江（临安、丽水、开化、遂昌），江西（武功山），湖南（武冈），台湾★；日本★，俄罗斯★（萨哈林岛、西伯利亚★）。

37. *Pachyprotasis eulongicornis* Wei & Nie, 1999

分布：中国河南（商城、嵩县），安徽（岳西），浙江（凤阳），湖北（宜昌），湖南（石门），四川（峨眉山）。

38. *Pachyprotasis fabriziae* Harris, 2014

分布：老挝★（Hua Phan）。

39. *Pachyprotasis flavipes*（Cameron, 1902）

分布：中国陕西（佛坪），青海（互助），湖北（宜昌），四川（天全、峨眉山），西藏（樟木）；印度★（Himachal Pradesh, Utttar Pradesh）。

40. *Pachyprotasis flavocapita* Wei & Zhong, 2002

分布：中国河南（嵩县），湖北（宜昌）。

41. *Pachyprotasis formosana* Rohwer, 1916

分布：中国台湾★。

42. *Pachyprotasis fopingensis* Zhong & Wei, 2010

分布：中国陕西（佛坪），湖北（宜昌）。

43. *Pachyprotasis foveata* Saini & Vasu, 1998

分布：印度★（Himachal Pradesh, Uttar Pradesh）。

44. *Pachyprotasis frontata* Saini & Vasu, 1998

分布：印度★（West Bengal）。

45. *Pachyprotasis fukii* Okutani, 1961

分布：日本（Honshu, Shikoku）。

46. *Pachyprotasis fulvicornis* Zhong & Wei, 2010

分布：中国湖南（衡山）。

47. *Pachyprotasis fulvocoxis* Wei & Zhong, 2002

分布：中国河南（嵩县、内乡），陕西（西安），湖北（神农架）。

48. *Pachyprotasis fulvomaculata* Wei & Zhong, 2002

分布：中国河南（卢氏、嵩县、栾川）。

49. *Pachyprotasis glabrata* Malaise, 1931

分布：俄罗斯★（海参崴、东西伯利亚★）。

50. *Pachyprotasis gregalis* Malaise, 1945

分布：中国浙江（杭州、丽水、临安），湖北（宜昌），江西（官山、武功山），湖南（长沙、永州、桑植、绥宁、武冈、桂东、衡山），广西（龙胜）；中国云南 – 缅甸边境★，印度★。

51. *Pachyprotasis hakusanensis* Togashi, 1963

分布：日本★（Honshu）。

52. *Pachyprotasis hargurmeeti* Saini & Vasu, 1998

分布：印度★（Uttar Pradesh, Himachal Pradesh）。

53. *Pachyprotasis hayasuensis* Inomata, 1970

分布：日本★（Honshu）。

54. *Pachyprotasis henanica* Wei & Zhong, 2002

分布：中国河南（嵩县、内乡），甘肃（天水），安徽（岳西），浙江（临安），湖北（宜昌），湖南（浏阳、石门、桑植），四川（洪雅、崇州、峨眉山），贵州（遵义），云南（丽江、腾冲）。

55. *Pachyprotasis hengshani* Zhong, Li & Wei, 2015

分布：中国湖南（衡山、江永）。

56. *Pachyprotasis hepaticolor* Malaise, 1945

分布：中国云南 – 缅甸交界★，印度★。

57. *Pachyprotasis hiensis* Inomata, 1970

分布：日本★（Honshu）。

58. *Pachyprotasis hiyodorii* Inomata, 1970

分布：日本★（Honshu）。

59. *Pachyprotasis hunanensis* Zhong, Li & Wei, 2022

分布：中国陕西（西安、太白），湖北（宜昌），湖南（桑植、石门、武冈、绥宁、永州），四川（泸定）。

60. *Pachyprotasis icari* Saini & Kalia, 1989

分布：印度★（Uttar Pradesh）。

61. *Pachyprotasis indica*（Forsius,1931）

分布：中国云南 – 缅甸交界★，印度★（Sikkim, West Bengal, Uttar Pradesh）。

62. *Pachyprotasis insularis* Malaise, 1945

分布：中国台湾★；印度★。

63. *Pachyprotasis iwatai* Inomata, 1970

分布：日本★（Honshu）。

64. *Pachyprotasis jiangi* Zhong & Wei, 2010

分布：中国湖北（十堰）。

65. *Pachyprotasis kalatopensis* Saini & Kalia, 1989

分布：印度*（Himachal Pradesh）。

66. *Pachyprotasis korasanensis* Inomata, 1984

分布：日本*（Honshu, Shikoku）。

67. *Pachyprotasis kulwantae* Saini & Vasu, 1998

分布：印度*（Uttar Pradesh）。

68. *Pachyprotasis kurumensis* Inomata, 1984

分布：日本*（Honshu）。

69. *Pachyprotasis lachenensis* Saini & Kalia, 1989

分布：印度*（Sikkim）。

70. *Pachyprotasis laeviceps* Malaise, 1931

分布：俄罗斯*（海参崴、东西伯利亚）。

71. *Pachyprotasis leucotrochantera* Zhong, Li & Wei, 2022

分布：中国湖北（宜昌），湖南（永州、武冈）。

72. *Pachyprotasis libona* Wei & Nie, 2002

分布：中国贵州（荔波）。

73. *Pachyprotasis lii* Wei & Nie, 1998

分布：中国浙江（临安、松阳），湖南（炎陵），福建（武夷山）。

74. *Pachyprotasis limitaris* Malaise, 1931

分布：俄罗斯*（海参崴、东西伯利亚*）。

75. *Pachyprotasis lineatella* Wei & Nie, 1999

分布：中国吉林（长白山），辽宁（海城），河北（武安、涞水），山西（垣曲、永济、左权、龙泉、介休），河南（济源、内乡、嵩县、栾川），陕西（西安、眉县），浙江（临安），湖北（五峰、神农架），江西（官山、武功山、修水），湖南（石门、绥宁、永州），广西（田林），四川（洪雅、崇州），贵州（遵义、雷山）。

76. *Pachyprotasis lineatifemorata* Wei & Nie, 1999

分布：中国甘肃（天水），河南（内乡、卢氏、嵩县），陕西（凤县），湖北（宜昌），四川（峨眉山、天全），西藏（墨脱）。

77. *Pachyprotasis lineicoxis* Malaise, 1931

分布：中国吉林（长白山、抚松），山西（龙泉、定襄），河南（栾川、嵩县、卢氏），陕西（西安、留坝、眉县、凤县、佛坪），宁夏（泾源），甘肃（辉南、天水、礼县），青海（民和），湖北（宜昌），湖南（武冈），四川（泸定），贵州（梵净山）；日本*，俄罗斯★（海参崴、东西伯利亚★）。

78. *Pachyprotasis lineipediba* Wei & Zhong, 2002

分布：中国河南（嵩县、卢氏）。

79. *Pachyprotasis lini* Wei, 2005

分布：中国贵州（道真）。

80. *Pachyprotasis linzhiensis* Zhong, Li & Wei, 2019

分布：中国西藏（林芝）。

81. *Pachyprotasis lui* Wei & Zhong, 2008

分布：中国河北（兴隆），河南（嵩县、栾川），陕西（佛坪），甘肃（清水）。

82. *Pachyprotasis liupanensis* Zhong, Li & Wei, sp. nov.

分布：中国陕西（留坝），宁夏（泾源），甘肃（天水、徽县），湖北（宜昌）。

83. *Pachyprotasis longicornis* Jakovlev, 1891

分布：中国甘肃★；印度★，日本★（Hakodate, Kuril Islands），俄罗斯★（萨哈林岛）。

84. *Pachyprotasis longipetiolata* Zhong, Li & Wei, 2018

分布：中国湖南（石门、平江）。

85. *Pachyprotasis longomalari* Singh, 1987

分布：印度★（Himachal Pradesh, Uttar Pradesh）。

86. *Pachyprotasis lushuiensis* Zhong, Li & Wei, 2019

分布：中国云南（泸水）。

87. *Pachyprotasis macrophyoides* Jakovlev, 1891

分布：中国湖北（宜昌），甘肃。

88. *Pachyprotasis maculiventris* Saini & Vasu, 1998

分布：印度★（Uttar Pradesh）。

89. *Pachyprotasis maculoannulata* Zhong & Wei, 2010

分布：中国湖北（宜昌）。

90. *Pachyprotasis maculopediba* Wei & Zhong, 2002

分布：中国河南（卢氏、嵩县），陕西（佛坪、留坝、周至），宁夏（泾源），湖北（宜昌），云南（龙陵）。

91. *Pachyprotasis maculotergitis* Zhu & Wei, 2008

分布：中国陕西（西安、镇安、佛坪）。

92. *Pachyprotasis maculotibialis* Wei & Zhong, 2002

分布：中国山西（五台），河南（济源）。

93. *Pachyprotasis maesta* Malaise, 1934

分布：中国四川（天全、泸定、石渠），云南（昆明、腾冲、泸水、德钦、丽江、景

福、景东），西藏（墨脱、吉隆）；缅甸★，印度★（West Bengal, Uttar Pradesh）。

94. *Pachyprotasis magnilabria* Wei, 1998

分布：中国河南（栾川、嵩县）。

95. *Pachyprotasis mai* Zhong & Wei, 2013

分布：中国山西（五台），宁夏（泾源），青海（互助），四川（康定）。

96. *Pachyprotasis malaisei* Togashi, 1963

分布：日本★（Honshu）。

97. *Pachyprotasis manganensis* Saini & Kalia, 1989

分布：印度★（Sikkim, West Bengal）。

98. *Pachyprotasis meehaniae* Inomata, 1984

分布：日本★（Honshu）。

99. *Pachyprotasis melanogastera* Wei, 1998

分布：中国河北（蔚县），山西（五台、介休），河南（嵩县、栾川、卢氏、西峡），陕西（镇安、镇巴、眉县、凤县、宁陕），宁夏（泾源），甘肃（天水、夏河），湖北（宜昌），四川（炉霍、康定、泸定、天全、卧龙、峨眉山、都江堰），云南（丽江、贡山），西藏（墨脱）。

100. *Pachyprotasis melanosoma* Wei & Zhong, 2002

分布：中国山西（介休），河南（嵩县、内乡），陕西（西安），宁夏（泾源），甘肃（天水、榆中），四川（峨眉山、泸定），云南（中甸），西藏（墨脱）。

101. *Pachyprotasis maculopleurita* Wei & Zhong, 2002

分布：中国吉林（长白山），河南（济源），宁夏（泾源），甘肃（清水、岷县、徽县），青海（囊谦）。

102. *Pachyprotasis maculoscutellata* Zhong, Li & Wei, 2015

分布：中国浙江（临安），湖南（石门）。

103. *Pachyprotasis mandalensis* Saini & Kalia, 1989

分布：印度★（West Bengal）。

104. *Pachyprotasis manaliensis* Singh, 1987

分布：印度★（Himachal Pradesh, Uttar Pradesh）。

105. *Pachyprotasis micromaculata* Wei, 1998

分布：中国河南（嵩县、内乡、卢氏、栾川），陕西（华山、眉县），甘肃（天水），湖北（宜昌），湖南（石门、桑植）。

106. *Pachyprotasis mikuniensis* Inomata, 1970

分布：日本★（Honshu）。

107. *Pachyprotasis motuoensis* Zhong, Li & Wei, 2017

分布：中国西藏（墨脱）。

108. *Pachyprotasis muelleri* Saini & Kalia, 1989

分布：印度★（Uttar Pradesh, Himachal Pradesh）。

109. *Pachyprotasis multilineata* Malaise, 1945

分布：中国云南－缅甸边境★，印度★（Meghalaya）。

110. *Pachyprotasis nanlingia* Wei, 2006

分布：中国浙江（临安），湖北（宜昌、麻城），江西（萍乡），湖南（炎陵、平江、武冈、浏阳、宜章、绥宁、永州），福建（武夷山），广西（龙胜、兴安、田林），重庆，贵州（赤水、遵义、梵净山）。

111. *Pachyprotasis neixiangensis* Wei & Zhong, 2007

分布：中国河南（内乡），湖北（宜昌）。

112. *Pachyprotasis nigra* Stroganova, 1978

分布：俄罗斯★。

113. *Pachyprotasis nigricans* Saini & Vasu, 1998

分布：印度★（Uttar Pradesh）。

114. *Pachyprotasis nigricoxis* Zhong & Wei, 2010

分布：中国云南（德钦）。

115. *Pachyprotasis nigritarsalia* Zhong, Li &Wei, 2021

分布：中国湖南（永州、绥宁、武冈）。

116. *Pachyprotasis nigroclypeata* Wei, 1998

分布：中国河南（嵩县、栾川、内乡、济源），四川（峨眉山、都江堰）。

117. *Pachyprotasis nigrodorsata* Wei & Nie, 1999

分布：河南（嵩县），陕西（眉县、周至、佛坪），宁夏（泾源），甘肃（天水、文县、甘南），青海（民和、囊谦），浙江（临安），湖北（宜昌），四川（巫山、峨眉山），云南（中甸、丽江）。

118. *Pachyprotasis nigronotata* Kriechbaumer, 1874

分布：中国四川（稻城、康定），云南（德钦）；亚洲★（韩国、日本），欧洲★［奥地利、捷克、爱沙尼亚、德国、英国、拉脱维亚、立陶宛、波兰、俄罗斯（西伯利亚）、斯洛伐克、瑞士］。

119. *Pachyprotasis nigrosternitis* Wei & Nie, 1998

分布：中国浙江（临安、安吉），福建（武夷山），湖南（石门）。

120. *Pachyprotasis nigrosubtilis* Haris, 2000

分布：尼泊尔★。

121. *Pachyprotasis nitididorsata* Wei & Zhong, 2002

分布：中国河南（嵩县、栾川）。

122. *Pachyprotasis nogusai* Inomata, 1970

分布：日本★（Honshu）。

123. *Pachyprotasis obscura* Jakovlev, 1891

分布：中国甘肃。

124. *Pachyprotasis obscurodentella* Wei & Zhong, 2009

分布：中国陕西（留坝、佛坪），湖北（宜昌），湖南（炎陵、浏阳、绥宁），广东（始兴），四川（洪雅），贵州（梵净山）。

125. *Pachyprotasis okutanii* Inomata, 1970

分布：日本★（Honshu）。

126. *Pachyprotasis opacifrons* Malaise, 1931

分布：中国宁夏（泾源），甘肃（甘南），青海（巴塘、玉树、班玛、称多、囊谦），四川（峨眉山、石渠、炉霍、康定、贡嘎山），云南（中甸、德钦、丽江、泸水、贡山），西藏（墨脱、察雅、亚东、波密、米林）；缅甸★，印度★（Sikkim）。

127. *Pachyprotasis pailongensis* Zhong, Li & Wei, 2015

分布：中国西藏（波密）。

128. *Pachyprotasis pallens* Malaise, 1945

分布：中国四川（峨眉山、泸定），云南（丽江、中甸、德钦、贡山），西藏（拉格、墨脱、波密、亚东）；中国云南–缅甸边境★，印度★（Himachal Pradesh, Uttar Pradesh, Jammu, Kashmir）。

129. *Pachyprotasis pallidistigma* Malaise, 1931

分布：中国内蒙古（呼和浩特），山西（五台），河南（卢氏），陕西（西安、蓝田、凤县、留坝、佛坪、眉县、安康、太白、周至），宁夏（泾源），甘肃（岷县、文县、榆中、清水、甘南），青海（民和、互助、囊谦），湖北（宜昌），四川（崇州、峨眉山、稻城），云南（德钦），西藏（波密、墨脱）。

130. *Pachyprotasis pallidiventris* Marlatt, 1898

分布：中国江苏，福建；日本★。

131. *Pachyprotasis paramelanogastera* Wei, 2005

分布：中国陕西（佛坪、周至），宁夏（泾源），甘肃（天水），浙江（临安），广西（田林），四川（崇州、汶川、石棉），贵州（习水），云南（昆明、屏边、腾冲）。

132. *Pachyprotasis paraneixiangensis* Zhong, Li & Wei, 2017

分布：中国湖北（宜昌），湖南（炎陵）。

133．*Pachyprotasis parapeniata* Singh, 1987

分布：印度★（Himachal Pradesh, Uttar Pradesh, Arunachal Pradesh）。

134．*Pachyprotasis paraspinilabria* Zhong & Wei, 2010

分布：中国四川（峨眉山）。

135．*Pachyprotasis parasubtilis* Wei, 1998

分布：中国吉林（长白山），河南（嵩县、内乡、栾川），陕西（安康），甘肃（文县），湖北（神农架），湖南（石门、张家界），四川（峨眉山、泸定、汶川），贵州（遵义）。

136．*Pachyprotasis parawui* Zhong, Li &Wei, 2020

分布：中国浙江（丽水、临安、龙泉），江西（安福），湖北（兴山），湖南（永州、绥宁、武冈），福建（武夷山），四川（贡嘎山），云南（腾冲）。

137．*Pachyprotasis phulchokiensis* Haris, 2000

分布：尼泊尔★。

138．*Pachyprotasis pingi* Wei & Zhong, 2002

分布：中国河南（嵩县、卢氏），贵州（梵净山）。

139．*Pachyprotasis pleuricingulata* Saini & Vasu, 1998

分布：印度★（Nagaland, Meghalaya）。

140．*Pachyprotasis pleurochroma* Malaise, 1945

分布：中国西藏★。

141．*Pachyprotasis polita* Saini & Vasu, 1998

分布：印度★（Sikkim, West Bengal, Arunachal Pradesh）。

142．*Pachyprotasis prismatiscutellum* Zhong, Li & Wei, 2017

分布：中国云南（泸水、腾冲）。

143．*Pachyprotasis punamae* Saini & Vasu, 1998

分布：印度★（Manipur, Sikkim, West Bengal, Nagaland）。

144．*Pachyprotasis punctulati* Saini & Vasu, 1995

分布：印度★（Himachal Pradesh, Uttar Pradesh, West Bengal）。

145．*Pachyprotasis puncturalina* Zhong, Li & Wei, 2018

分布：中国辽宁（海城），浙江（临安、丽水、开化、青田），江西（宜丰、修水、资溪），湖北（宜昌），湖南（炎陵、浏阳、武冈、桂东），广东（乳源），四川（峨眉山），云南（大理、贡山）。

146．*Pachyprotasis qilianica* Zhong, Li & Wei, 2015

分布：中国青海（门源、玉树、囊谦），四川（石渠、炉霍、理塘、稻城、泸定），云南（德钦），西藏（墨脱、八宿、左贡、波密、亚东、那曲）。

147. *Pachyprotasis qinlingica* Wei, 1998

分布：中国河南（内乡、嵩县、栾川），陕西（太白、镇安、眉县），宁夏（泾源），甘肃（天水、秦州、甘南），湖北（宜昌），湖南（石门）。

148. *Pachyprotasis ramgarhensis* Saini & Kalia, 1989

分布：印度★（Uttar Pradesh）。

149. *Pachyprotasis rapae*（Linnaeus，1767）

分布：中国黑龙江（伊春），吉林（长白山、松江、汪清），辽宁（本溪），北京，河北（蔚县），宁夏（泾源），甘肃（岷县、天祝、临洮、渭源），青海（祁连、玉树、囊谦、久治、班玛、玛沁、民和），湖北（宜昌），四川（松潘、石渠、炉霍、康定），云南（丽江），西藏（亚东）；亚洲★（印度、蒙古国、日本、朝鲜），欧洲★［阿尔巴尼亚、安道尔、奥地利、比利时、波黑、保加利亚、克罗地亚、捷克、丹麦、爱沙尼亚、芬兰、法国、德国、英国、希腊、匈牙利、爱尔兰、意大利、拉脱维亚、卢森堡、马其顿、荷兰、挪威、波兰、葡萄牙、罗马尼亚、俄罗斯（西伯利亚）、斯洛伐克、斯洛文尼亚、西班牙、瑞典、瑞士、乌克兰］，北美洲★（美国、加拿大、墨西哥）。

150. *Pachyprotasis rubiapicilia* Wei & Nie, 1999

分布：中国河南（内乡、栾川）。

151. *Pachyprotasis rubiginosa* Wei & Nie, 1999

分布：中国河南（内乡、嵩县），湖北（宜昌）。

152. *Pachyprotasis rubribuccata* Malaise, 1945

分布：中国西藏（通麦），云南（云龙）；中国云南–缅甸边境★，印度★。

153. *Pachyprotasis rufigaster* Zhong & Wei, 2010

分布：中国青海（班玛），云南（丽江）。

154. *Pachyprotasis rufinigripes* Wei & Nie, 1998

分布：中国浙江（安吉、临安、丽水），湖南（绥宁、宜章、武冈）。

155. *Pachyprotasis rufipleuris* Malaise, 1945

分布：中国云南–缅甸边境★。

156. *Pachyprotasis rufocephala* Wei, 2005

分布：中国湖北（宜昌），湖南（石门），贵州（遵义）。

157. *Pachyprotasis rufocinctilia* Wei, 1998

分布：中国山西（永济），河南（嵩县、内乡、栾川）。

158. *Pachyprotasis rufodorsata* Zhong, Li & Wei, 2021

分布：中国吉林（长白山），陕西（西安、佛坪），宁夏（泾源），湖北（神农架），四川（峨眉山、泸定），西藏（墨脱）。

159. *Pachyprotasis rufofemorata* Zhong , Li & Wei, 2000

分布：中国浙江（临安），湖南（绥宁）。

160. *Pachyprotasis rufotegulata* Zhong & Wei, 2010

分布：中国四川（康定）。

161. *Pachyprotasis salebrousa* Saini & Vasu, 1998

分布：印度*（Arunachal Pradesh）。

162. *Pachyprotasis sanguinipes* Malaise, 1931

分布：中国甘肃。

163. *Pachyprotasis sanguinitaris* Togashi, 1963

分布：日本*（Honshu）。

164. *Pachyprotasis sasabensis* Inomata, 1970

分布：日本*（Honshu）。

165. *Pachyprotasis sawadai* Inomata, 1970

分布：日本*（Honshu）。

166. *Pachyprotasis scalaris* Malaise, 1945

分布：中国宁夏（泾源），四川（阿坝），西藏（错那）；中国云南–缅甸边境*，印度*（Arunachal Pradesh）。

167. *Pachyprotasis scleroserrula* Wei & Zhong, 2007

分布：中国河南（辉县、栾川）。

168. *Pachyprotasis sellata* Malaise, 1945

分布：中国吉林（抚松、辉南），辽宁（沈阳、海城），北京，河北（涞源、蔚县、围场、武安），山西（左权、交城、介休、沁水、垣曲、永济、五台），河南（内乡、卢氏、嵩县、栾川、济源、辉县），陕西（西安、留坝、宝鸡、安康、眉县、镇安、凤县、佛坪），宁夏（泾源），甘肃（天水、清水、徽县、文县），安徽（青阳），浙江（开化、龙泉、临安、丽水），湖北（宜昌），江西（修水），湖南（平江、涟源、绥宁、桑植、石门、炎陵、衡山、永州、武冈、宜章），福建（武夷山），广西（兴安、田林、武鸣），四川（天全、泸定、康定、都江堰、峨眉山、崇州），云南（丽江、大理、景东、贡山），贵州（习水、遵义、雷山、梵净山）；缅甸*。

169. *Pachyprotasis semenowii* Jakovlev, 1891

分布：中国甘肃*，青海（囊谦），四川（泸霍、康定、理塘、石棉），西藏（林芝）。

170. *Pachyprotasis sengaminensis* Inomata, 1970

分布：日本*（Honshu）。

171. *Pachyprotasis senjensis* Inomata, 1984

分布：中国河北（涞水、蔚县），山西（左权、五台、龙泉），河南（嵩县、卢氏、

陕县），陕西（凤县、丹凤、佛坪、留坝、眉县），甘肃（天水、徽县、清水），湖北（宜昌），湖南（石门、桑植），四川（阿坝）；日本★（Honshu）。

172. *Pachyprotasis serii* Okutani, 1961

分布：中国吉林（长白山、抚松）；日本（Honshu）。

173. *Pachyprotasis shaanxiensis* Wei & Zhu, 2008

分布：中国河南（卢氏），陕西（留坝、佛坪），浙江（临安），湖北（宜昌）、江西（资溪）。

174. *Pachyprotasis shengi* Wei & Nie, 1999

分布：中国河南（内乡、西峡、卢氏、嵩县、栾川），陕西（佛坪、眉县），甘肃（天水），湖北（宜昌），湖南（桑植），四川（峨眉山、洪雅、天全、泸定、崇州、康定、汶川），云南（昆明、丽江、贡山、腾冲）。

175. *Pachyprotasis shennongjiai* Zhong & Wei, 2012

分布：中国湖北（宜昌）。

176. *Pachyprotasis shishikuensis* Togashi, 1963

分布：日本★（Honshu）。

177. *Pachyprotasis sichuanensis* Zhong & Wei, 2012

分布：中国四川（峨眉山），云南（贡山、泸水），西藏（波密、墨脱、樟木、林芝）。

178. *Pachyprotasis sikkimensis* Saini & Kalia, 1989

分布：印度★（Sikkim）。

179. *Pachyprotasis simulans*（Klug, 1817）

分布：中国吉林★，辽宁★，黑龙江★，山西（五台），陕西（凤县），浙江（临安），湖北（神农架），湖南（平江、武冈）；亚洲★（蒙古国），欧洲★［奥地利、比利时、保加利亚、捷克、丹麦、爱沙尼亚、芬兰、法国、德国、英国、意大利、拉脱维亚、马其顿、罗马尼亚、俄罗斯（西伯利亚）、斯洛伐克、西班牙、瑞典、瑞士、乌克兰］。

180. *Pachyprotasis songluanensis* Wei & Zhong, 2002

分布：中国河南（嵩县、栾川），陕西（佛坪），甘肃（礼县），浙江（临安）。

181. *Pachyprotasis spinilabria* Zhong & Wei, 2010

分布：中国湖北（宜昌）。

182. *Pachyprotasis subcoreaceus* Malaise, 1945

分布：中国四川（泸定、康定），云南（丽江、景东）；缅甸★，印度★（Sikkim）。

183. *Pachyprotasis subtilis* Malaise, 1945

分布：中国河南（嵩县、内乡），陕西（华阴），四川（崇州），贵州（梵净山）；中国云南–缅甸边境★，印度（Uttaranchal）★。

184. *Pachyprotasis subtilissima* Malaise, 1945

分布：中国西藏（亚东、吉隆、樟木、喜马拉雅★）；印度★（Uttar Pradesh, Himachal Pradesh）。

185. *Pachyprotasis subulicornis* Malaise, 1945

分布：中国河南（栾川），陕西（丹凤），安徽（岳西、金寨、青阳），浙江（临安、龙泉、奉化、余姚），湖北（五峰、神农架），江西（宜春、安福、资溪），湖南（炎陵、武冈、桑植、石门、绥宁、浏阳），福建（武夷山、将乐），广东（始兴），广西（田林、龙胜），贵州（梵净山、习水、贵阳、遵义、雷山），四川（洪雅），云南（贡山、腾冲、丽江）；中国云南－缅甸边境★，印度★（Uttar Pradesh）。

186. *Pachyprotasis sulcifrons* Malaise, 1945

分布：中国云南－缅甸边境★。

187. *Pachyprotasis sulciscutellis* Wei & Zhong, 2002

分布：中国河北（蔚县），山西（左权、龙泉），河南（嵩县、内乡），陕西（佛坪、西安、凤县、留坝），甘肃（清水、文县），湖北（神农架），四川（卧龙、崇州），贵州（雷山）。

188. *Pachyprotasis sunae* Wei & Nie, 1999

分布：中国河南（西峡）。

189. *Pachyprotasis supracoxalis* Malaise, 1934

分布：中国四川。

190. *Pachyprotasis takakumai* Inomata, 1970

分布：日本★（Honshu）。

191. *Pachyprotasis tanakai* Inomata, 1970

分布：日本★（Honshu）。

192. *Pachyprotasis tiani* Wei, 1998

分布：中国河北，河南（嵩县、卢氏），陕西（西安、留坝、凤县、眉县、佛坪），宁夏（泾源），甘肃（天水、礼县），青海（互助），浙江（临安），湖北（宜昌），湖南（江永），广东，广西（田林），四川（崇州）。

193. *Pachyprotasis tuberculata* Malaise, 1945

分布：中国云南－缅甸边境★，印度★。

194. *Pachyprotasis validicornis* Malaise, 1945

分布：中国云南－缅甸边境★，印度★。

195. *Pachyprotasis versicolor* Cameron, 1876

分布：中国（云南）；中国云南－缅甸边境★，印度★（West Bengal, Sikkim, Himachal Pradesh, Uttar Pradesh）。

196. *Pachyprotasis variegata*（Fallen, 1808)

分布：中国北部★；亚洲★（蒙古国、日本），欧洲★（阿尔巴尼亚、奥地利、比利时、保加利亚、克罗地亚、捷克、丹麦、爱沙尼亚、芬兰、法国、德国、英国、意大利、拉脱维亚、立陶宛、卢森堡、挪威、波兰、罗马尼亚、俄罗斯、斯洛伐克、瑞士、瑞典、乌克兰）。

197. *Pachyprotasis vicaria* Malaise, 1931

分布：日本★（Bei Hakodate）。

198. *Pachyprotasis violaceidorsata* Cameron, 1899

分布：中国云南–缅甸边境★，印度★（Meghalaya）。

199. *Pachyprotasis vittata* Forsius, 1931

分布：中国云南–缅甸边境★，缅甸★，印度★（Sikkim）。

200. *Pachyprotasis volatilis*（Smith, 1874）

分布：日本★（Honshu）。

201. *Pachyprotasis wangi* Wei & Zhong, 2002

分布：中国黑龙江（伊春），河南（栾川、嵩县），陕西（西安、眉县、佛坪、留坝），宁夏（泾源），甘肃（天水、甘南），湖北（宜昌）。

202. *Pachyprotasis weni* Wei, 1998

分布：中国河南（嵩县、栾川），陕西（眉县、周至），湖北（宜昌），四川（崇州、峨眉山），西藏（墨脱）。

203. *Pachyprotasis wui* Wei & Nie, 1998

分布：中国陕西（佛坪），浙江（安吉、临安、龙泉、丽水），江西（武功山），湖南（炎陵、石门、桑植、绥宁、宜章、永州、衡山、浏阳、武冈），福建（武夷山、永安）。

204. *Pachyprotasis wulingensis* Wei, 2006

分布：中国陕西（西安），浙江（临安），湖南（桑植、石门、绥宁、永州、武冈、桂东），广东（始兴、乳源），贵州（梵净山）。

205. *Pachyprotasis xanthotarsalia* Wei & Nie, 2003

分布：中国安徽（青阳），浙江（临安），江西（宜丰），福建（武夷山、光泽），湖南（武冈、炎陵、绥宁、浏阳、张家界），贵州（梵净山）。

206. *Pachyprotasis xiaoi* Wei, 2006

分布：中国浙江（临安），湖南（石门、永州），广西（龙胜），贵州（遵义、梵净山）。

207. *Pachyprotasis xibei* Zhong & Wei, 2013

分布：中国宁夏（泾源），青海（称多）。

208. *Pachyprotasis yamabokuchii* Inomata, 1970

分布：日本★（Honshu）。

209. *Pachyprotasis yamahakkai* Inomata, 1970

分布：日本★（Honshu）。

210. *Pachyprotasis youi* Zhong & Wei, 2010

分布：中国贵州（梵净山）。

211. *Pachyprotasis youngiae* Naito, 2006

分布：日本★（Honshu, Kyushu），韩国★。

212. *Pachyprotasis zejiani* Zhong, Li & Wei, 2017

分布：中国青海（囊谦），四川（石渠、泸定）。

213. *Pachyprotasis zhengi* Wei & Zhong, 2006

分布：中国四川（泸定、折多山），云南（德钦、丽江、中甸、大理），西藏（昌都）。

214. *Pachyprotasis zhouhui* Zhong & Wei, 2010

分布：中国云南（德钦、丽江）。

215. *Pachyprotasis zhoui* Wei & Zhong, 2007

分布：中国四川（稻城、康定、炉霍、石渠、理塘），云南（中甸、德钦、贡山）。

216. *Pachyprotasis zukaensis* Inomata, 1970

分布：日本★（Honshu）。

217. *Pachyprotasis zuoae* Wei, 2005

分布：中国河南（嵩县、内乡），陕西（周至、宁陕、佛坪、留坝），甘肃（文县），湖北（宜昌），湖南（桑植、石门、炎陵、永州），四川（崇州、泸定、青城、天全），贵州（雷山、习水），云南（景东、云龙）。

1.2 方颜叶蜂世界地理分布类型

方颜叶蜂属目前有记载 5 种分布于欧洲，1 种延伸到北美地区，俄罗斯（西伯利亚、萨哈林岛、海参崴）分布有 12 种，日本 39 种，印度 71 种，中国云南－缅甸边境 19 种，尼泊尔 4 种，中国 156 种。从世界分布地图来看，该属分布在 20°N 以北地区，只在古北界、东洋界有分布，非洲界、新热带界及澳洲界均未有分布记录。方颜叶蜂属已知种类世界分布主要有以下几个类型。

1. 广布型

（1）中国东北部—日本—俄罗斯（西伯利亚、萨哈林岛、海参崴）—欧洲分布型

P. albicoxis、*P. antennata*、*P. erratica*、*P. glabrata*、*P. laeviceps*、*P. limitaris*、*P. lineicoxis*、*P. longicornis*、*P. nigronotata*、*P. rapae*、*P. serii*、*P.simulans*、*P. variegata*，这些种类偏好寒冷、干燥的环境。其中 *P. antennata*、*P. nigronotata*、*P. rapae*、*P. simulans*、*P. variegata* 这 5 种广泛分布于欧洲各地、日本和中国大部分地区，其中 *P. rapae* 还延伸到北美地区（美国、墨西哥）。

（2）横断山及喜马拉雅山东南部—缅甸—印度北部分布型

P. albicincta、*P. alboannulata*、*P. alpina*、*P. birmanica*、*P. brunettii*、*P. caerulescens*、*P. citrinipictus*、*P. corallipes*、*P. flavipes*、*P. gregalis*、*P. hepaticolor*、*P. indica*、*P. maesta*、

P. multilineata、*P. opacifrons*、*P. pallens*、*P. rubribuccata*、*P. rufipleuris*、*P. scalaris*、*P. sellata*、*P. subcoreacea*、*P. subtilis*、*P. sulcifrons*、*P. subtilissima*、*P. subulicornis*、*P. tuberculata*、*P. validicornis*、*P. violaceidorsata*、*P. versicolor*、*P. vittata*，这些种类相对偏好湿热气候，主要分布在中国云南、四川、西藏和印度、缅甸边境，部分种类还延伸到中国湖南、湖北、浙江等地区。

2. 地区特有类型

（3）日本—俄罗斯（萨哈林岛）分布型

P. asteris、*P. elegans*、*P. fukii*、*P. hakusanensis*、*P. hayasuensis*、*P. hiensis*、*P. hiyodorii*、*P. iwatai*、*P. korasanensis*、*P. kurumensis*、*P. malaisei*、*P. meehaniae*、*P. mikuniensis*、*P. nogusai*、*P. okutanii*、*P. sanguinitaris*、*P. sasabensis*、*P. sawadai*、*P. sengaminensis*、*P. shishikuensis*、*P. takakumai*、*P. tanakai*、*P. vicaria*、*P. volatilis*、*P. yamabokuchii*、*P. yamahakki*、*P. zukaensis*，这些种类相对偏好干冷气候，目前仅在日本及俄罗斯附近岛屿有分布，随着研究的深入，将来有可能在中国东北部以及俄罗斯等地有发现。

（4）印度北部分布型

P. bengalensis，*P. cephalopunctata*、*P. cuneativentris*、*P. foveata*、*P. frontata*、*P. hargurmeeti*、*P. icari*、*P. kalatopensis*、*P. kulwantae*、*P. lachenensis*、*P. longomalari*、*P. manaliensis*、*P. mandalensis*、*P. muelleri*、*P. nigricans*、*P. polita*、*P. parapetniata*、*P. pleuricingulata*、*P. punamae*、*P. punctulatis*、*P. ramgarhensis*、*P. salebrousa*、*P. sikkimensis*，这些种类目前仅在横断山脉西南侧有发现，部分种类应该在中国西藏和印度、缅甸边境地区有分布。

（5）中国分布型

方颜叶蜂属在中国主要集中在伏牛—大别山地、黔湘山地、湘赣山地、浙闽丘陵、雅江大拐弯—察隅、滇西南及秦岭—大巴山地等地区，25°~35°N 分布最为密集，部分种类向南分布到南岭地区，向北延伸到长白山和大兴安岭，海南、新疆目前未见有分布。雅江大拐弯—察隅及滇西南有分布的种类极有可能在印度北部和中国云南–缅甸边境以及周边地区也有分布。

2 中国方颜叶蜂属系统分类

2.1 方颜叶蜂属鉴别特征

方颜叶蜂属 Genus *Pachyprotasis* Hartig, 1837

Pachyprotasis Hartig, 1837. Die Aderflügler Deutschlands mit besonderer Berücksichtigung ihres Larvenzustandes und ihres Wirkens in Wäldern und Gärten für Entomologen, Wald-und Gartenbesitzer. Berlin: 295.

Type species: *Tenthredo rapae* Linnaeus, design. By Westwood, 1840

Lithracia Cameron, 1902. Journal of the Bombay Natural History Society, Bombay, 14 (3): 441.

Type species: *Lithracia flavipes* Cameron. Monotypic.

属模式种：*Pachyprotasis rapae* (Hartig, 1837)

属征：体中型，细长；体多黑色，具黄色、白色或红色斑纹；唇基及上唇隆起，唇基端部弧形或截形凹入，深为唇基 1/4~1/2 长，上唇端部多为截形；复眼内缘向下平行，极少向内收敛，但在雄虫，多数向外发散；颚眼距宽，在雌虫约等宽于单眼直径，但在雄虫有时宽达单眼直径的 2~3 倍；额区隆起，但在有些种类隆起不明显，额脊不明显；中窝及侧窝坑状或沟状；单眼中沟、后沟缺或不明显；多数种类头部向后强烈收敛；触角细长，多为胸腹部长之和，雄虫多长于胸腹长之和，第 3 节等长于或稍长于第 4 节，大部分种类鞭节不侧扁，但在雄虫绝大多数种类鞭节强烈侧扁；额区及邻近的复眼内眶多具刻点及刻纹，光泽明显或不明显；中胸背板前叶和侧叶刻点多细密；中胸小盾片棱形或圆钝形隆起，两侧脊多明显；中胸前侧片刻点多细密、浅，上部有时具大、深、稀疏刻点；腹部刻点多分散，刻纹不明显；第 1 节背板中裂；锯鞘端部多为长椭圆形；翅多透明，有些种类端部具烟褐色；前翅具 2 个径室及 4 个肘室，后翅具 2 个中室；前翅 Cu-a 脉一般位于中室基部 1/3 处，2Rs 室稍长于或等长于 1Rs 室，前翅臀室中柄长，绝大多数种类后翅臀室具柄；后足股节端部长达腹部端部，胫节内距一般为基跗节 3/5 长，基跗节稍长于或等长于其后 4 个跗分节之和，爪内齿一般长于外齿。

方颜叶蜂属与叶蜂亚科 Tenthredininae 钩瓣叶蜂族 Macrophyini 内的近缘属钩瓣叶蜂属 *Macrophya* Dahlbom, 1835 之间存在过渡类型，但两者可通过体型、触角、复眼内缘及前翅臀室等性状相区别。方颜叶蜂属的种类：体细长；触角细长，雌虫触角长度等于或长于胸、腹部之和，雄虫明显长于体长，雄虫触角具尖锐侧脊；复眼内缘向下不内聚；前翅臀室缩合部分宽。钩瓣叶蜂属的种类：体多粗短；触角也多粗短，其长度很少达到腹长，雄虫触角不具尖锐侧脊；复眼内缘向下显著内聚，前翅臀室缩合部分窄或不缩合而具短横脉。

2.2 方颜叶蜂属分种团检索表

分种团检索表

1	触角黑色或红褐色，有时腹侧全长白色………………………………………………………	2
	触角端部白色，或近端部具白环，最后 1 节或 2 节鞭节黑色，白色鞭节腹侧有时具黑纹；鞭节第 3~5 节黑色，很少或仅限于雄虫腹侧浅白色……………………………………	*P. formosana* group
2	体黑色或黄白色，除腿部外其余部分无红色………………………………………………	3
	体红色或至少腹部红黄色或红棕色，后足多少具红色部分………………………………	*P. indica* group
3	翅痣和前缘脉通常黑色或黑褐色；如翅痣浅褐色，则后足多少具红色部分………………	4

	翅痣和前缘脉在活体时为绿色，在干标本时多数为土黄色；雄虫翅痣则为暗色、黄褐色或浅棕色·· *P. pallidistigma* group	
4	翅无暗褐色··	**5**
	翅全部暗褐色，或端部具暗褐色或翅痣下端具暗褐色条斑·········· *P. parapeniata* group	
5	后足黑色或黄白色，无红色部分··	**6**
	后足多少具红色、红褐色或红黄色（有时雄虫仅后足股节端部和胫节基部具上述红色）·· *P. flavipes* group	
6	后足跗节大部分黑色，至少第 2~5 跗分节端部黑色 ·························	**7**
	后足跗分节黄白色，有时基跗节基部、第 2 跗节和端跗节端部黑色·········· *P. opacifrons* group	
7	后足黑色，基节和股节有时具白色部分；中胸侧板黑色，基部和端部或具小的白斑·· *P. melanosoma* group	
	后足至少基节至股节基半部白色；中胸侧板黄白色，仅顶角黑色；或中胸侧板黑色，底部具大型横白斑·· *P. rapae* group	

2.3 方颜叶蜂属中国种类记述

2.3.1 斑角方颜叶蜂种团 *Pachyprotasis formosana* group

种团鉴别特征：触角黑色，端部数节鞭节白色或中部数节鞭节白色；体黑色或黄白色，仅有 2 个种类胸部红色；足黑色或黄白色，部分种类后足股节和胫节红色。

目前，本种团已知 20 种。其中，19 种分布于中国以及中国云南–缅甸边境，8 种分布于印度。该种团主要分布于中国南部，向南延伸至缅甸和印度。

中国已知种分种检索表

1	触角窝上突强烈隆起··	**2**
	触角窝上突不隆起或隆起不明显···································	**3**
2	雌虫体长 7.5 mm；胸部红色，中胸背板前叶、后胸背板和后胸腹板大部黑色，中胸侧板基部或具白斑，后胸侧板后部具 1 对黄白斑；中胸侧板刻点稍小、浅。中国云南–缅甸边境·· *P. rufipleuris* Malaise, 1945	
	雌虫体长 8.0~9.0 mm；胸部黑色，无红色部分，中胸背板及后胸背板具黄白斑；中胸侧板中部具大的"L"形白斑，腹侧白色；中胸侧板刻点大、明显。中国（云南）；中国云南–缅甸边境，印度·· *P. versicolor* Cameron, 1876	
3	后翅臀室不具柄··	**4**
	后翅臀室具柄··	**6**
4	后足跗节白色，第 1 跗节基部及端跗节黑色；后足股节至少基部 2/5 白色；中胸背板前叶端部具箭头形白斑··	**5**
	后足跗节全部黑色；后足股节黑色，仅基部具少许白色；中胸背板前叶全部黑色，无白斑。中国（云南）·· *P. lushuiensis* Zhong, Li & Wei, 2019	
5	触角端部数节全部白色；腹部第 1~7 节背板白色横斑不相连；后足胫节黑色，近端部背侧具宽的白斑。中国（陕西，湖北）·· *P. fopingensis* Zhong & Wei, 2010	

触角第 5 节端部及第 6~7 节白色，第 8~9 节黑色；腹部 1~7 节背板白色横斑相连；后足胫节全部黑色，无白斑。中国（四川，贵州）；中国云南 – 缅甸边境，印度 …*P. birmanica* Forsius, 1935

6　中胸腹板黑色或黄白色，不具红色部分···7
　　中胸腹板及腹部第 3 节背板除两侧外其余部分红色；触角窝上突稍隆起。中国云南 – 缅甸边境，印度···*P. tuberculata* Malaise, 1945

7　后足黑色或黄白色，不具红色部分···8
　　后足具红色部分···14

8　雌虫···9
　　雄虫··12

9　触角至少端部 2 节白色···10
　　触角仅中部数节白色，第 8~9 节黑色 ···11

10　中胸小盾片顶部不具中沟，腹部 3~7 节背板后缘白色横斑不相连，但在雄虫白斑相连；触角第 1~2 节全部、第 3 节基半部黑色；锯刃隆起；中胸前侧片刻点大小适中，刻点间隙无刻纹，光泽明显。中国（贵州）·····································*P. bicoloricornis* Wei & Nie, 2002
　　中胸小盾顶部具深的中沟，腹部背板后缘白色横斑相连；触角 1~4 节腹侧黄白色；锯刃低平；中胸前侧片刻点浅小，刻点间隙具刻纹。中国（湖北）······ *P. maculoannulata* Zhong & Wei, 2010

11　触角第 3 节短于第 4 节；头部背侧刻点小、浅；中胸小盾片顶部不具纵沟，光滑无刻点；后足基节白色，端部外侧具大的黑斑；后足胫节黑色，近端部具宽的白斑。中国（北京，河南，陕西，甘肃，浙江，湖北，江西，湖南，广西，四川，云南）；中国云南 – 缅甸边境，印度··· *P. alboannulata* Forsius, 1935
　　触角第 3 节长于第 4 节；头部背侧刻点大、深；中胸小盾片顶部具宽、浅纵沟；后足胫节黑色，中部具宽的白环。中国（四川）····························· *P. emdeni* Forsius, 1931

12　后足跗节黑色，至多各跗分节基部腹侧浅褐色···13
　　后足各跗分节中部具宽的白斑；中胸小盾片棱形强烈隆起，光滑无刻点；后足基节白色，端部外侧具大的黑斑。中国（北京，河南，陕西，甘肃，浙江，湖北，江西，湖南，广西，四川，云南）；中国云南 – 缅甸边境，印度····························· *P. alboannulata* Forsius, 1935

13　后足胫节近端部具宽的黄白环；额区上的黑斑较小；阳茎瓣窄长。中国（湖北，湖南）·· *P. paraneixiangensis* Zhong, Li & Wei, 2017
　　后足胫节近端部无黄白环；额区上的黑斑较大；阳茎瓣短。中国（河南，湖北）·· *P. neixiangensis* Wei & Zhong, 2007

14　中胸侧板具宽的白色横斑，或具明显白斑，中胸腹板中部白色···15
　　中胸侧板及中胸腹板全部黑色···18

15　触角第 3 节短于第 4 节···16
　　触角第 3 节明显长于第 4 节，第 4 节端部及第 7~9 节白色；中胸前侧片底部具 1 个宽的白色横斑；头部背侧刻点深、明显，具光泽；中胸前侧片刻点大、明显，刻纹明显。中国（台湾）·· *P. formosana* Rohwer, 1916

16　触角第 6~7 节白色，第 8~9 节黑色；头部光滑，几无刻点及刻纹，光泽强 ·······················17
　　触角第 7~9 节白色；头部具分散、明显刻点，刻点间隙具刻纹，光泽不强。中国云南 – 缅甸边境·· *P. rubribuccata* Malaise, 1945

17　雌虫体长 8.0 mm，后足第 2~5 跗分节红褐色；中胸侧板底部具宽的横斑。中国云南 – 缅甸边境，印度·· *P. multilineata* Malaise, 1945
　　雌虫体长 11.5 mm，后足第 2~5 跗分节白色；中胸侧板底部不具宽的横斑，仅基部具不规则白斑。中国（西藏）······· *P. linzhiensis* Zhong, Li & Wei, 2019

18　后足基节黄白色或黄棕色，基部具 1 小型黑斑；触角第 3 节等于或长于第 4 节，第 7~9 节白色···19

后足基节黑色；触角第3节短于第4节，第8~9节黑色。中国（云南）
·· ***P. nigricoxis* Zhong & Wei, 2010**

19　腹部各节背板后缘白色；翅痣及前缘脉黑褐色；额区刻点深、明显，中窝坑状。中国（浙江，湖
北，江西，湖南，福建，广西，重庆，贵州）·············· ***P. nanlingia* Wei, 2006**
腹部第1~6节背板几乎全部黑色，无白色部分；前缘脉、亚前缘、R1脉及翅痣基部棕色，翅痣
其余部分及其余翅脉黑褐色；中窝缺。中国（湖北）·········· ***P. altantennata* Zhong & Wei, 2010**

1. 多色方颜叶蜂 *Pachyprotasis versicolor* Cameron, 1876（图 2-1）

Pachyprotasis versicolor Cameron, 1876: 465.

Pachyprotasis versicolor: Kirby, 1882: 279.

Pachyprotasis versicolor: Malaise, 1945: 138.

Pachyprotasis versicolor: Saini & Kalia, 1989: 139.

Pachyprotasis versicolor: Saini, 2007: 60.

雌虫：体长 10.0 mm。体黑色；黄白色部分为：上唇、唇基、触角窝以下颜面、触角
窝上突不相连的两小斑、宽的内眶及后眶、与内眶相连的上眶斑、触角柄节腹侧、第 6~7
节全部、第 8 节基半部、翅基片、前胸背板前缘、外缘及后部、中胸背板前叶端部箭头形
斑、侧叶中部小斑、中胸小盾片除两侧缘、附片中部、后胸小盾片、中胸前侧片中部大的
"L" 形斑、中胸后上侧片外部、中胸腹板、后胸后上侧片后部、后下侧片下缘及相连的
后胸腹板、腹部第 1 节背板中部三角形斑、第 4~7 节背板前缘、第 8~9 背板中部、第 1
及第 4~7 背板前侧角、第 8~9 节背板缘折部分、各节腹板、锯鞘基大半部下缘；唇基
中部具 1 个长形黑斑，腹部第 2 节背板全部、第 3 节背板基大半部红棕色。各足黄棕色，
前、中足股节端部背侧以远具黑色条斑，各足转节和股节基部黄白色，后足股节端部 2/3
及胫节红褐色，后足基节及转节外侧、股节端部内侧具黑斑。翅透明，前缘脉、翅痣外缘
土褐色，翅痣其余部分黑褐色，其余翅脉黑色。

上唇及唇基刻点稀少、浅，头部额区及内眶光滑几无刻纹，刻点稀疏、不明显，光泽
较强。中胸背板刻点细弱，刻点间隙较中胸前侧片下部大，光泽明显；中胸前侧片上部刻
点大、粗糙，下部刻点密集，后上侧片前部刻点不明显，后部刻点稍大，光泽较强；后
胸侧板刻点细弱，具光泽；中胸小盾片光滑无刻点及刻纹，具强光泽，附片刻纹光泽较
弱。腹部背板中部刻点稀疏，刻纹明显，两侧刻点分散，稍大。后足基节外侧刻点密集、
大、深。

上唇大，端部截形；唇基缺口截形，深于唇基长 1/3，侧角尖锐；颚眼距等长于单眼
直径；复眼内缘向下平行；触角窝上突明显发育，额区稍隆起，侧面观低于复眼，额脊
不明显；中窝不明显，侧窝浅沟状；单眼中沟及后沟宽、明显；单眼后区隆起，长宽比
几乎相等，侧沟浅；头部背后观两侧向后收敛不明显。触角明显长于胸腹长之和，第 3 节
短于第 4 节（10∶11）。中胸小盾片圆钝形隆起，两侧脊圆滑；附片中脊锐利。后足股节

稍长于胫节，基跗节明显长于其后 3 个跗分节之和（3∶2），爪内齿与外齿等长。臀室中柄明显长于 R+M 脉段（3∶2）；后翅臀室柄长。

锯鞘稍短于后足基跗节，端部狭长，鞘端明显长于鞘基。锯腹片 26 刃，中部刃齿式为 2/18~19，锯刃低平。

雄虫：未知。

分布：中国云南（贡山）；中国云南－缅甸边境，印度。

模式标本保存于英国自然历史博物馆（BMNH）。

鉴别特征：该种触角窝上突明显发育；触角黑色，第 6~7 节触角白色；腹部第 2 节背板全部及第 3 节背板基半部红棕色；头部背侧光滑无刻点和刻纹，光泽强，中胸侧板刻点深、明显，中胸小盾片光滑无刻点；中胸侧板黑色，基部具大的白斑，腹侧黄白色；各足黄棕色，后足股节端部 2/3 和胫节红褐色等特征易与其他相近的种类相区别。

2. 红侧方颜叶蜂 *Pachyprotasis rufipleuris* Malaise, 1945

Pachyprotasis rufipleuris Malaise, 1945: 138.

Pachyprotasis rufipleuris: Saini, 2007: 61.

雌虫：体长 7.5 mm。头部黑色，白色部分为：唇基、上唇、触角窝以下颜面、内眶及后眶、上眶斑、触角第 6~7 节。胸部红色，白色部分为：前胸背板外缘、翅基片、中胸背板前叶端部箭头形斑、中胸背板侧叶中部小斑、中胸小盾片、附片、后胸小盾片、后胸侧板端部、中胸侧板基部小斑（部分个体无）；黑色部分为：中胸背板侧叶、后胸背板和后胸腹板大部分；腹部背板黑色，白色部分为：第 8~9 节背板中部、各节背板缘折部分；红色部分为：第 2 节背板基大半部、第 3~4 节背板全部；腹部腹板白色。足红色，至少后足股节端半部及胫节红色，内侧具黑斑；后足基节、转节及股节基部黄白色，后足基节具黑斑。触角窝上突明显隆起，头部光滑，几无刻点。中胸背板和侧板刻点小、分散，具油质光泽；中胸小盾片棱形，后侧下陷，光滑，光泽强。单眼中沟浅，后沟无；单眼后区宽大于长，稍隆起，侧沟基部深，端部浅。触角雌虫等长于胸腹长之和，第 3 节明显短于第 4 节（7∶9）。

雄虫：未知。

分布：中国云南－缅甸边境。

模式标本保存于瑞典斯德哥尔摩自然历史博物馆（NHRS）。

3. 缅甸方颜叶蜂 *Pachyprotasis birmanica eburnipes* Forsius, 1935（图 2-2）

Pachyprotasis birmanica Forsius, 1935: 29.

Pachyprotasis birmanica eburnipes: Malaise, 1945: 144.

雌虫：体长 10.0 mm。体黑色，黄白色部分为：唇基两后侧、触角窝以下颜面、内眶底大半部、后眶全部、单眼后区除中部 1 个纵形黑斑外其余部分、触角第 5 节端半部、第 6~7 节全部、前胸背板外缘及后部、翅基片基半部、中胸背板前叶端部箭头形斑、中胸小盾片中部、中胸前侧片基部近腹侧 1 个近圆形斑、后侧片外侧 1 个小斑、腹部第 10 节背板；上唇黄褐色，唇基除两后侧外其余部分暗黄褐色；腹部各节背板后缘及缘折部分、腹板后缘及锯鞘黑褐色。足黑色，前足基节、股节及胫节腹侧、各足转节、中足股节端部外侧、胫节腹侧、前中足跗节除各跗分节端缘、后足股节基部 3/7、基跗节端部除腹侧端缘、第 2~4 跗分节除腹侧端缘、端跗节基大半部分黄白色，后足基节基部外侧具明显白斑。翅浅烟色，透明，翅痣及翅脉黑褐色。

上唇及唇基刻点浅弱、不明显；头部背侧刻点极其微弱，光泽较弱。中胸背板刻点细密，无光泽；中胸小盾片顶部刻点较浅弱，无光泽；附片刻纹明显，稍具光泽；中胸前侧片上部刻点大、明显，下部刻点密集，稍具光泽，后上侧片外缘具细密刻纹和刻点，光泽稍弱；后胸前侧片刻点极其细密，光泽较弱，后侧片刻点细弱、稀疏，光泽强。腹部背板具明显刻纹，中部刻点不明显，两侧刻点浅弱，具光泽。后足基节外侧具密集、浅弱刻点。

上唇小，端部截形；唇基缺口底部平直，深约为唇基 1/3 长，侧角尖锐；颚眼距小于单眼直径；复眼内缘向下显著内聚；触角窝上突稍隆起，额区低平，侧面观低于复眼，额脊稍锐；中窝沟状，侧窝深；单眼中沟深，后沟宽、浅；单眼后区低平，长大于宽（15：9），侧沟稍深、弧形；后头短，两侧向后稍微收敛。触角稍微短于胸腹长之和，第 3 节明显长于第 4 节（13：11），第 5 节以后稍侧扁。中胸小盾片棱形，两侧脊锐利；附片具锐利中纵脊。基跗节长于其后 4 个跗分节之和，爪内齿显著长于外齿。臀室中柄等于 R+M 脉段；后翅臀室无柄。

锯鞘稍短于后足基跗节，端部狭长，鞘端长于鞘基。锯腹片 25 刃，中部刃齿式为 2/9~10，锯刃凸出。

雄虫：未知。

分布：中国四川（峨眉山），贵州（梵净山）；中国云南 – 缅甸边境，印度。

模式标本保存于瑞典斯德哥尔摩自然历史博物馆（NHRS）。

鉴别特征：该种后翅臀室无柄；触角黑色，第 5 节端半部至第 7 节全部白色；腹部背板及腹板几乎全为黑褐色；后足基节黑色，基部外侧具明显白斑；额区内陷，侧面观远低于复眼；复眼上眶黑色，无白斑，单眼后区白色等特征可与其他种类容易区别。

4. 隆突方颜叶蜂 *Pachyprotasis tuberculata* Malaise, 1945

Pachyprotasis tuberculata Malaise, 1945: 138.

Pachyprotasis tuberculata: Saini, 2007: 61.

雌虫：体长 8.0 mm。头部黑色，白色部分为：唇基、上唇、触角窝以下颜面、内眶及后眶、上眶斑、触角第 5 节端半部、第 6~7 节全部；唇基基部具黑斑；胸部黑色，白色部分为：前胸背板大部、翅基片基半部、中胸背板前叶端部箭头形斑、中胸小盾片、附片端部、后胸小盾片、中胸侧板底部 3~4 个有时相连斑块、后胸侧板端部；中胸侧板底部红色；腹部背板黑色，白色部分为：第 9 节背板中部、各节背板缘折部分三角形斑；腹部各节腹板基部白色，端部黑色；腹部第 3 节背板除两侧外其余部分红色。足黄白色，前中足胫跗节背侧具黑色条纹，后足股节端半部及胫跗节红色。触角窝上突隆起不明显，头部光滑，几无刻点；中胸背板和侧板刻点小、分散，具油质光泽；中胸小盾片棱形，侧脊圆滑，光滑，光泽强。单眼中沟浅，后沟无；单眼后区宽大于长（4∶3），稍隆起，侧沟基部浅，端部 2/3 深坑状。触角雌虫等长于胸腹长之和，第 3 节明显短于第 4 节（7∶9）。

雄虫：未知。

分布：中国云南 – 缅甸边境。

模式标本保存于瑞典斯德哥尔摩自然历史博物馆（NHRS）。

5. 泸水方颜叶蜂 *Pachyprotasis lushuiensis* Zhong, Li & Wei, 2019（图 2-3、图 2-4）

Pachyprotasis lushuiensis Zhong, Li & Wei, 2019: 318.

雌虫：体长 9.5 mm。体黑色，黄白色部分为：唇基两后侧、触角窝以下颜面、内眶底大半部、后眶全部、单眼后区两后侧不相连的小斑、触角第 6 节端半部、第 7~8 节全部、前胸背板外缘及后部、翅基片基部、中胸小盾片中部斑、中胸前侧片基部近腹侧 1 个近圆形斑、后侧片外侧 1 个小斑、腹部第 10 节背板；上唇黄褐色，唇基除两后侧外其余部分暗黄褐色。足黑色，各足转节及相邻的股节基部、前中足跗节前侧黄白色，后足基节基部外侧具明显白斑。翅浅烟色，透明，翅痣及翅脉黑褐色。

上唇及唇基光滑，刻点浅弱、不明显；头部背侧刻点极其微弱，光泽强。中胸背板刻点细密，无光泽；中胸小盾片中部光滑无刻点，两侧刻点稍大、浅；附片刻纹明显，稍具光泽；中胸前侧片上部刻点密集、大、深，下部刻点稍小，光泽弱，后上侧片外缘具细密刻纹和刻点，光泽稍弱；后胸前侧片刻点极其细密，光泽较弱，后侧片刻点细弱、稀疏，刻点间隙光滑，光泽强。腹部背板具明显刻纹，中部刻点不明显，两侧刻点浅弱，具光泽。后足基节外侧具密集、浅弱刻点。

上唇小，端部截形；唇基缺口深弧形，深约为唇基 1/3 长，侧角尖锐；颚眼距小于单眼直径；复眼内缘向下显著内聚；触角窝上突稍隆起，额区低平，侧面观远低于复眼，额脊钝圆、不明显；中窝坑状，侧窝深；单眼中沟深，后沟宽、浅；单眼后区低平，长大于宽（11∶6），侧沟稍深，向外分歧；后头短，两侧向后稍微收敛。触角稍微短于胸腹长之和，第 3 节明显长于第 4 节（13∶11），第 5 节以后稍侧扁。中胸小盾片棱形，不隆起，两侧脊锐利；附片具锐利中纵脊。后足基跗节长于其后 4 个跗分节之和，爪内齿显著长于外齿。臀室中柄等于 R+M 脉段，稍长于基臀室 1/2 长；后翅臀室无柄。

锯鞘稍短于后足基跗节，端部狭长，鞘端长于鞘基。锯腹片 26 刃，中部刃齿式为 2/8~10，锯刃凸出。

雄虫：体长 9.5 mm。体色与构造与雌虫近似，仅上唇及唇基黄白色；腹部各节背板基部及两侧暗褐色；颚眼距等长于单眼直径；触角鞭节强烈侧扁。

分布：中国云南（泸水）。

检查标本：正模：♀，云南泸水姚家坪，N 25°48′，E 98°42′，2 550 m，2009. Ⅵ. 3，肖炜采；副模：1♀1♂，采集记录同正模。

鉴别特征：该种与 *P. birmanica eburnipes* Forsius, 1935 很相近，但后足跗节全部黑色；股节除近转节处白色外，其余部分黑色；中胸背板前叶全部黑色，无白斑；头部背侧刻点较小、分散，刻点间隙光滑，光泽较强等特征可与之区别。

6. 佛坪方颜叶蜂 *Pachyprotasis fopingensis* Zhong & Wei, 2010（图 2-5、图 2-6）

Pachyprotasis fopingensis Zhong & Wei, 2010: 38.

雌虫：体长 10.5~11.5 mm。体黑色，黄白色部分为：上唇、唇基除后缘外其余部分、触角窝以下颜面、内眶底大半部、后眶内部、单眼后区端大半部、触角第 6 节端部以远部分、前胸背板外缘及后部、翅基片基大半部、中胸背板前叶端部箭头形斑、中胸小盾片、中胸前侧片基部近腹侧 1 个近圆形斑、后侧片外侧 1 个小斑、腹部第 1~7 节背板不相连横斑、第 8 节前背后缘中部横斑、第 9 节背板中部大部分。足黑色，白色部分为：各足转节、前中足基节至胫节前侧、中足胫节近端部 1 个圆环、前中足各跗分节除背侧黑色条纹及端缘外其余部分、后足基节基部外侧 1 个大斑及端部、股节基半部及端部背侧 1 个小斑、胫节近端半部背侧（端缘黑色）、基跗节端部背侧、第 2~4 跗分节除端缘腹侧外其余部分、端跗节基大半部分。翅浅烟色，透明，翅痣及翅脉黑褐色。

上唇及唇基刻点浅弱、不明显；头部额区刻点微弱，稍密集，内眶刻点微弱、较分散，刻点间隙具微刻纹及光泽。中胸背板刻点密集，具光泽；中胸小盾片中部光滑无刻点，两侧具明显刻点，稍具光泽；附片刻纹不明显，光泽较强；中胸前侧片上部刻点稍大、明显，下部刻点细密，具光泽，后上侧片外缘具细密刻纹和明显刻点，内部光滑无刻点及刻纹，光泽较强；后胸前侧片刻点极其细弱，光泽弱，后侧片刻点微弱、不明显，刻点间隙具较强光泽。腹部背板具明显刻纹，中部刻点不明显，两侧刻点浅弱，具光泽。后足基节外侧刻点密集、大小适中。

上唇大，端部截形，中部具微浅缺口；唇基缺口底部弧形，深约为唇基 1/3 长，侧角尖锐；颚眼距小于单眼直径；复眼内缘向下显著内聚；触角窝上突不发育，额区低，侧面观低于复眼，额脊圆滑；中窝坑状，深，侧窝沟状；单眼中沟及后沟深、明显；单眼后区低平，宽稍微大于长（10∶9），侧沟浅、直；后头短，两侧向后稍微收敛。触角明显短于胸腹长之和，第 3 节明显长于第 4 节（9∶7）。中胸小盾片近棱形隆起，两侧脊明显；

附片具锐利中纵脊。后足基跗节长于其后 4 个跗分节之和，爪内齿显著长于外齿。臀室中柄明显短于基臀室 1/2 长，短于 R+M 脉段；后翅臀室无柄。

锯鞘稍短于后足基跗节，端部尖圆形，鞘端长于鞘基。锯腹片 25 刃，中部刃齿式为 2/10~11，锯刃凸出。

雄虫：体长 9.5 mm。体色和构造与雌虫近似，仅前、中足基节黄白色，无黑斑；股节黄白色，仅端半部背侧具黑条斑；各跗分节黄白色，无明显黑色条斑；后足基节内侧及外侧具大的白斑；唇基侧角宽钝；颚眼距等长于单眼直径，中窝沟状、深，但不伸达中单眼；触角鞭节强烈侧扁。

分布：中国陕西（佛坪），湖北（宜昌）。

检查标本：正模：♀，陕西佛坪，N 33°32′，E 107°49′，1 000~1 450 m，2005.Ⅴ.17，朱巽采；副模：1♀，同前；1♂，陕西佛坪岳坝，N 33°32′，E 107°49′，1 085 m，2006.Ⅳ.29，朱巽采；1♂，湖北宜昌神农架摇篮沟，N 31°29′，E 110°23′，1 360 m，2011.Ⅴ.18，李泽建采。

鉴别特征：该种后翅臀室无柄；腹部第 1~7 节背板具 4 列不相连的白色横斑；触角黑色，第 6 节端半部以远部分白色；后足胫节近端部背侧具大的白斑；额区内陷，侧面观远低于复眼；头部额区刻点微弱，稍密集等特征容易与之区别开来。

7. 双色方颜叶蜂 *Pachyprotasis bicoloricornis* Wei & Nie, 2002（图 2-7、图 2-8）

Pachyprotasis bicoloricornis Wei & Nie, 2002: 479.

雌虫：体长 13.0~15.0 mm。体黑色，黄白色部分为：头部触角窝以下部分、复眼周围及相连的上眶斑、触角窝上突两侧小斑、触角第 5 节端半部以远部分、前胸背板外缘及后部、翅基片、中胸背板前叶两前侧角及端部箭头形斑、侧叶中后部、盾侧凹上缘、中胸小盾片除两后侧缘外其余部分、附片、后胸小盾片、后胸后背板中部、中胸前侧片上角和中部横斑、中胸后侧片后部、后胸前侧片上部、后胸后侧片上缘及后半部、中胸腹板中部大斑、腹部第 1 节背板两侧大部和后缘狭边、第 2 节背板两侧大部和后缘大部、第 3~7 节背板 4 列不相连的横斑、第 8 背板两侧、第 9~10 节背板全部、各节腹板后缘及锯鞘腹侧；唇基前缘黑褐色。足浅黄褐色，前、中足股节近基部至基跗节基部后侧黑色，后足基节外侧具黑斑，后足股节近端半部、胫节基部及端部各 1/4、基跗节基部 1/4 及后足胫节距黑色。翅烟褐色，前缘脉及翅痣深褐色，其余翅脉黑色。体毛大部浅灰色。

唇基具稀疏、大、浅刻点，上唇刻点较之浅弱；额区刻点大、深、粗糙，具弱光泽，后眶、颜面及内眶白色部分较光滑，具浅弱、细密刻纹，刻点分散、浅弱。胸部背板刻点稍大、密集，光泽较弱；中胸小盾片顶部刻点稀疏、浅弱，后部光滑无刻点，光泽强；附片刻纹显著，光泽弱；中胸前侧片上半部具均匀分布的刻点，刻点间隙光滑，无刻纹，光泽较强，下部刻点细小，光泽较弱；中胸后上侧片背缘具细密刻纹和刻点，光泽稍弱，

前腹缘光滑无刻点，光泽强；后胸侧板具细密刻点，光泽弱。腹部背板刻纹明显，刻点微弱，光泽弱。基节外侧刻点大、显著。

上唇小，端部截形；唇基大，缺口三角形，深于唇基 1/3 长，侧角钝；颚眼距宽于单眼直径；复眼内缘向下平行，内眶底部稍隆起；触角窝上突不发育，额区侧面观低于复眼，额脊圆钝；中窝宽、沟状，伸达中单眼，侧窝浅沟状；单眼中沟宽、浅，后沟模糊；单眼中沟深，后沟稍浅；单眼后区稍隆起，宽 1.5 倍于长，具浅弱中沟，侧沟浅、直；头部背观两侧向后强烈弧形收敛。触角等于或微短于胸腹部之和，第 3 节稍微短于第 4 节，第 5 节以后侧扁。中胸小盾片近圆钝形隆起，两侧脊稍圆滑，附片具微弱中脊。后足基跗节明显长于其后 4 个跗分节之和，爪内齿显著短于外齿。臀室中柄等长于 R+M 脉，后翅中柄约为 cu-a 脉 1/2 长。

锯鞘稍长于中足基跗节，端部尖，鞘端长于鞘基。锯腹片 30 刃，锯刃倾斜，中部刃齿式 2/12~14。

雄虫：体长 12 mm。体色和构造与雌虫相似，但触角第 1~5 节腹侧白色；中胸前侧片白斑较大；前、中足股节黑色条纹较短，后足胫节白色段更长；腹部腹板大部分浅色，背板中部 2 列白斑中部连接；颚眼距明显长于单眼直径；唇基缺口浅，深约为唇基 1/5 长；触角明显侧扁。

分布：中国贵州（茂兰）。

检查标本：正模：♀，贵州茂兰，N 25°14′，E 107°56′，750 m，1999．Ⅴ．11，魏美才采；副模：4♀1♂，贵州茂兰，N 25°14′，E 107°56′，750 m，1999．Ⅴ．11，魏美才采；1♀，贵州茂兰，N 25°14′，E 107°56′，450 m，1995．Ⅶ．11，魏美才采。

鉴别特征：该种体长 13.0~15.0 mm；雌虫触角端部 4 节白色；唇基端缘黑色；中胸背板前叶具 3 个白斑；中胸侧板黑色，底部具白色横斑，腹侧具白斑；腹部第 3~7 节背板各具 4 列不相连的白色横斑；后足基节白色，外侧具黑色条斑，后足胫节中部具宽的白环；中胸前侧片刻点大、深，刻点间隙光滑，无刻纹等特征可与本属其他种类区别。

8. 斑角方颜叶蜂 *Pachyprotasis maculoannulata* Zhong & Wei, 2010（图 2-9）

Pachyprotasis maculoannulata Zhong & Wei, 2010: 41.

雌虫：体长 12.5 mm。体黑色，黄白色部分为：头部触角窝以下部分、触角窝上突两侧小斑、宽的内眶及相连的上眶斑、后眶、触角第 6 节以远部分、第 1~4 节腹侧除第 3 节基部外其余部分、前胸背板后部、翅基片基大半部、中胸背板前叶两侧 "V" 形斑、侧叶中部小斑、中胸小盾片、附片、后胸小盾片、中胸前侧片近基部 1 个斜形大斑及近端部 1 个横形小斑、后侧片后部、后胸前侧片后上缘、后侧片背部及相连的后半部、中胸腹板中部大斑、腹部各节背板后部及缘折部分、各节腹板基部、锯鞘除鞘端背缘及端部外其余部分；额唇基沟中部具小的条形黑斑。足白色，前、中足基节内侧具不规则黑斑，前足股节及胫节背侧、中足股节除前侧不规则黄褐色条斑外其余部分、胫节除前侧黄褐色条斑外其余部分黑色，后足基节内侧、腹侧长条斑、股节除基部不规则白斑外其余部分、胫节、胫节距端部黑色。翅烟褐色，前缘脉及翅痣深褐色，其余翅脉黑色。

唇基刻点稍大、浅，上唇刻点浅弱；额区及邻近内眶部分刻点密集、稍深，刻点间隙具粗糙刻纹及光泽。中胸背板刻点密集，光泽明显；中胸小盾片中部刻点不明显，两侧刻点稍浅，光泽弱；附片具少数浅弱刻点及微刻纹，光泽稍强；中胸前侧片上部刻点细弱，下部刻点较为密集，刻点间隙具显著刻纹及弱光泽，后侧片外缘刻纹显著，内部光滑，刻点不明显，具微刻纹及明显光泽；后胸前侧片刻点细弱、密集，后侧片刻点不明显，均具微刻纹及光泽。腹部背板光滑，刻点不明显，具微刻纹及强光泽。后足基节外侧刻点大小与头部相似。

上唇大，端部截形，中间具微浅缺口；唇基缺口底部截形，深约为唇基 1/3 长，侧角稍锐；颚眼距长于单眼直径；复眼内缘向下平行，内眶底部稍隆起；触角窝上突不发育，额区稍隆起，但低于复眼（侧面观），额脊宽、明显；中窝宽、沟状，伸达中单眼，侧窝沟状、稍深；单眼中沟宽、稍深，后沟浅；单眼后区稍隆起，中部具 1 个宽浅的中纵沟，宽略大于长（6∶5），侧沟深、直；头部背观两侧向后收敛不明显。触角微短于胸、腹部之和，第 3 节稍微长于第 4 节（18∶17）。中胸小盾片棱形强烈隆起，顶部具 1 个深坑，两侧脊锐利，附片具锐利中纵脊。臀室中柄短于基臀室 1/2 长，长于 R+M 脉段（7∶5）；后翅臀室柄短，约为 cu-a 脉 1/5 长。基跗节稍短于其后 4 个跗分节之和，爪内齿显著短于外齿。

锯鞘短于后足基跗节，端部钝，鞘端长于鞘基。锯腹片 25 刃，锯刃低平，中部刃齿式 2/25~26。

雄虫：未知。

分布：中国湖北（宜昌）。

检查标本：正模：♀，湖北神农架金猴岭，N 31°28′，E 110°18′，2 500 m，2002. Ⅵ. 28，钟义海采。

鉴别特征：该种与 *P. bicoloricornis* Wei & Nie 近似，但触角第 1~4 节腹侧黄白色；后足胫节全部黑色，无白环；唇基端缘不为黑色；中胸小盾片明显隆起，顶部具深坑；中胸前侧片刻纹显著、刻点细弱；锯刃低平等特征易与之区别。

9. 白环方颜叶蜂 *Pachyprotasis alboannulata* Forsius, 1935 ﹝图 2-10、图 2-11﹞

Pachyprotasis antennatus Forsius, 1935: 28, nec. Klug, 1817.

Pachyprotasis alboannulata: Malaise, 1945: 142, Name for *Pachyprotasis antennatus* Forsius, 1935.

Pachyprotasis alboannulata: Saini & Kalia, 1989: 143.

Pachyprotasis alboannulata: Saini & Vasu, 1997: 2: 60.

Pachyprotasis alboannulata: Saini, 2007: 60.

雌虫：体长 11.0~13.0 mm。体黑色，黄白色部分为：上唇、唇基、头部触角窝以下颜面、复眼周围及相连的上眶斑、触角第 5~6 节、前胸背板宽的外缘及后缘、翅基片、中胸背板前叶端部箭头形斑、中胸小盾片、附片、后胸小盾片、后胸后背板中部、中胸前侧片中部大斑、后侧片后上角、后胸前侧片极窄后缘、后侧片后部、中胸腹板中部大斑、腹部第 1~8 节背板后缘中部三角形斑、第 9~10 节背板全部、各节背板缘折部分、各节腹板后缘、锯鞘腹缘。足黄白色，黑色部分为：前中足基节外侧条斑、股节背侧条纹、后足基节外侧及背侧大斑、股节端半部除端部背侧黄色条纹外其余部分、胫节、胫节距、第 2~4 跗分节端部及爪节；后足胫节及基跗节近端部各具 1 个宽的白环。翅透明，前缘脉、R1 脉及翅痣褐色，其余翅脉黑色。

上唇及唇基刻点浅、分散；头部背侧刻点细弱，光泽明显。中胸背板刻点稍细密，刻纹明显，光泽弱；中胸前侧片上部刻点稍大、深，下部刻点细密，光泽明显，后侧片后背缘具明显刻纹，暗淡，后下侧片前腹缘光滑无刻点，光泽强；后胸前侧片刻点密集，光泽较暗，后侧片刻点稍大、分散，刻点间隙光滑，光泽较强；中胸小盾片及附片光滑，几无刻点，光泽强。腹部背板刻纹明显，两侧具浅弱刻点，稍具光泽。后足基节外侧刻点稍大、明显。

上唇宽大，端部截形；唇基缺口弧形，深为唇基 1/3 长，侧角稍钝；颚眼距明显宽于单眼直径；复眼内缘向下平行，内眶底部稍隆起；触角窝上突不发育，额区低，侧面观低于复眼，额脊圆滑、不明显；中窝宽、浅，侧窝稍深；单眼中沟浅，后沟无；单眼后区低，宽长比为（4∶3），侧沟前半部稍浅，后半部无；后头短，两侧向后弧形收敛。触角短于胸腹长之和，第 3 节稍短于第 4 节。中胸小盾片棱形强烈隆起，两侧脊稍钝，附片中脊锐利；后足基跗节明显长于其后 4 个跗分节之和，爪内齿显著短于外齿。前翅臀室中柄稍长于 R+M 脉段；后翅臀室柄长于 cu-a 脉 1/2 长。

锯鞘明显短于后足基跗节，端部长椭圆形，鞘端明显长于鞘基。锯腹片 28 刃，中部刃齿式为 2/9~11，锯刃稍凸出。

雄虫：体长 11.0 mm。体色和构造与雌虫近似，但触角第 1~2 节腹侧、第 3~4 节除背侧外其余部分、第 5 节除基部背侧外其余部分、第 6 节基部黄白色，第 7~9 节腹侧浅褐色；头部后头除中部外其余部分、腹部各节背板端部、各节腹板黄白色；腹部第 5~8 节背板中部深度中裂；触角鞭节强烈侧扁。

个体差异：部分个体后足胫节及基跗节中部白色条斑延长成环状。

分布：中国北京，河南（内乡），陕西（留坝），甘肃（文县），浙江（松阳、临安），湖北（十堰），江西（官山、资溪、修水），湖南（炎陵、桑植、武冈、绥宁），广西（田林），四川（天全、都江堰、峨眉山、崇州），云南（贡山）；中国云南 – 缅甸边境，印度。

模式标本保存于瑞士日内瓦自然历史博物馆（MHNG）。

鉴别特征：该种触角黑色，第5~6节黄白色；后足胫节黑色，中部背侧具宽的黄白斑；中胸侧板黑色，基部具大的白斑，腹侧白色；后足基节白色，端部外侧具大的黑斑；后足胫节及基跗节近端部各具1个宽的白环；头部背侧刻点极其细弱；中胸小盾片棱形强烈隆起，光滑无刻点等特征可与相近种区别。

10. 内乡方颜叶蜂 *Pachyprotasis neixiangensis* Wei & Zhong, 2007（图2-12）

Pachyprotasis neixiangensis Wei & Zhong in Zhong & Wei, 2007: 955.

雄虫：体长11.0 mm。头黄绿色，黑色部分为：头部额区后半部至单眼三角区及邻近的内眶部分、后头后部哑铃形斑、触角柄节背侧、第3~4节外侧全长及第4~5节背侧全长、第6~9节除腹侧暗褐色条纹外其余部分；胸部及腹部背板背侧黑色，黄绿色部分为：前胸背板除背板中段外其余部分、翅基片、中胸背板前叶两侧"V"形斑、侧叶中部纵向小斑、盾侧凹上缘、中胸小盾片、附片、中胸后背片前缘、后胸小盾片、后胸侧盾片前缘及外缘、后胸后背片中部半圆形斑、腹部各节背板中部三角形斑及相连的后缘横带；胸、腹部腹侧黄绿色，黑色部分为：中胸侧板沟及相邻的侧板部分、中胸腹板近侧板处后缘模糊小斑、后胸侧板前部。足黄绿色，前中足股节端部至爪节背侧具窄且模糊的黑色条纹，后足股节后侧端部3/7、胫节后侧全长条斑及端部、胫节距以及跗节黑色。翅浅烟色透明，前缘脉、Sc+R脉大部、翅痣前缘和R1脉浅褐色，翅痣其余部分黑褐色，其余翅脉黑色。

上唇和唇基刻点十分浅弱、模糊，刻点间隙具微细网纹；头部额区外侧及相邻内眶刻点分散，稍明显，刻点间隙光滑，刻纹不明显，光泽较强，头部其余部分几乎光滑。中胸背板刻点较额区刻点稍大、密，刻点间隙具微刻纹，光泽稍弱；中胸前侧片上部刻点较大而深，中下部刻点与中胸背板刻点大小相似，刻点间隙光滑，微刻纹不明显，光泽很强，中胸后上侧片刻纹显著，光泽较暗，后下侧片光滑无刻点和刻纹，光泽强；后胸前侧片刻点浅弱、稍密集，刻点间隙具明显刻纹及光泽，后侧片具少数几个浅大的模糊刻点，刻点间隙光滑，光泽强；中胸小盾片光滑，无刻点及刻纹，附片具微刻纹，中胸小盾片及附片均具强光泽。腹部第1背板光滑，无刻点和刻纹；第2~8背板具显著刻点，刻点较额区刻点大而深，刻点间隙具微细刻纹，光泽强。后足基节外侧刻点显著。

上唇横宽，端部钝截形；唇基宽大，前缘缺口浅弧形，深约为唇基1/5长，侧角钝；颚眼距2.5倍于单眼直径；复眼内缘向下明显分歧，内眶下部稍隆起；触角窝上突不发育，额区低，额脊平滑、不明显；中窝及侧窝浅沟状、不明显；单眼中沟稍深，后沟无；单眼后区低，具中纵沟，宽2倍于长，侧沟浅弱，向后收敛；后头极短，两侧向后强烈收敛，背面观后眶上部约等宽于单眼直径。触角略短于胸腹部之和，第3节明显短于第4节（4:5），鞭节强烈侧扁，具锐利的纵脊。中胸小盾片强烈隆起，侧缘和顶部圆钝，附片

中脊显著；腹部第 6~8 节性沟发达，背板中部强烈凹入。后足基跗节明显长于其后 4 个跗分节之和，爪内齿稍短于外齿。前翅臀室中柄微弱长于基臀室 1/4 长，稍短于 R+M 脉段；后翅臀室柄约等长于 cu-a 脉段的 1/2 长。

雌虫：未知。

分布：中国河南（内乡），湖北（宜昌）。

检查标本：正模:♂，河南内乡宝天曼保护站，N 33°30′，E 111°56′，1 300 m，2006. Ⅵ.20，钟义海采；副模:6♂，湖北神农架漳宝河，N 31°26′，E 110°24′，2009.Ⅶ.12，赵赴采。

鉴别特征：该种唇基很大；触角第 3~4 节外侧全长黑色；腹部第 6~8 节背板中部强烈凹入；中胸前侧片上部刻点大且深；单眼后区低，具中纵沟；中胸小盾片强烈隆起；阳茎瓣和阳基腹铗内叶构型奇特等特征易与同种团内其余种类鉴别。

11. 拟内乡方颜叶蜂 *Pachyprotasis paraneixiangensis* Zhong, Li & Wei, 2017（图 2-13）

Pachyprotasis paraneixiangensis Zhong, Li & Wei, 2017: 144.

雄虫：体长 10.0~11.0 mm。头黄绿色至黄褐色，黑色部分为：头部额区后半部至单眼三角区及其邻近的内眶部分、后头后部哑铃形斑、触角柄节背侧、梗节背侧小斑、第 3 节端半部至第 5 节背侧窄形条斑及外侧全长、第 6~9 节除腹侧暗褐色条纹外其余部分；胸部及腹部背板背侧黑色，黄绿色至黄褐色部分为：前胸背板除背板中段外其余部分、翅基片、中胸背板前叶两侧宽的"V"形斑、侧叶两前侧缘及中部箭头形斑、盾侧凹上缘、中胸小盾片、附片、中胸后背片前缘、后胸盾片、后胸小盾片、后胸侧盾片外缘及后缘、后胸后背片除两侧后缘外其余部分；腹部背板背侧黑褐色，第 1~5 节背板中部三角形斑黄绿色（三角形斑伸达背板基部）；胸、腹部腹侧黄绿色至黄褐色，黑色部分为：中胸侧板沟及相邻的侧板部分、后胸侧板前部。足黄褐色，前中足股节端部至爪节背侧具窄且模糊的黑色条纹，后足股节后侧端部 2/5 长宽条斑及前侧端部窄小条斑、胫节以及各跗分节除基部腹侧外其余部分黑色；后足胫节近端部具 1 个宽的白环。翅浅烟色透明，前缘脉、Sc+R 脉大部、翅痣前缘和 R1 脉浅褐色，翅痣其余部分黑褐色，其余翅脉黑色。

上唇刻点细弱、不明显，唇基刻点稍大、浅、分散；头部额区外侧及相邻内眶刻点细弱，刻点间距 1~2 倍于刻点直径，刻点间隙光滑，刻纹不明显，光泽较强，头部其余部分几乎光滑。中胸背板刻点大小和密度与头部额区刻点相似，刻点间隙具微刻纹，光泽稍弱；中胸前侧片刻点较额区刻点稍大、浅，下部刻点细弱，刻点间隙光滑，具微刻纹，光泽较强，中胸后上侧片刻纹显著，光泽较暗，后下侧片光滑，刻点及刻纹不明显，光泽较强；后胸前侧片刻点浅弱，但较密集，光泽弱，后侧片光滑，刻点浅、分散，光泽较强；中胸小盾片及附片光滑无刻点，刻纹不明显，均具明显光泽。腹部背板刻点与额区刻点大小相似，但较之分散，刻点间隙具明显微刻纹及光泽。后足基节外侧刻点密集、明显。

上唇圆弧形；唇基宽大，前缘缺口三角形，深约为唇基 1/5 长，侧角钝；颚眼距约 2.5 倍于单眼直径；复眼内缘向下发散，内眶底部稍隆起；触角窝上突不发育，额区低平，额脊稍隆起；中窝沟状、浅，但不伸达中单眼，侧窝较浅、不明显；单眼中沟浅，后沟无；单眼后区低，具浅弱中纵沟，宽长比为 5∶3，侧沟浅；后头短，两侧向后明显收敛。触角略短于胸腹部之和，第 3 节短于第 4 节（7∶8），鞭节强烈侧扁，具锐利的纵脊。中胸小盾片强烈隆起，侧缘和顶部圆钝，附片中脊钝形隆起。腹部第 6~8 节性沟发达，背板中部强烈凹入。后足基跗节稍长于其后 4 个跗分节之和，爪内齿稍长于外齿。前翅臀室中柄明显短于基臀室 1/2 长，等长于 R+M 脉段；后翅臀室柄极长，稍短于 cu-a 脉段。

雌虫：未知。

分布：中国湖北（宜昌），湖南（炎陵）。

检查标本：正模：♂，湖南炎陵桃源洞，N 26°29′，E 114°02′，900~1 000 m，1999. Ⅳ.24，魏美才采；副模：1♂，浙江临安西天目山老殿，N 30°20′，E 119°26′，1 106 m，2018. Ⅴ.25~30，姬婷婷采；3♂，湖北神农架漳宝河，N 31°26′，E 110°24′，2009. Ⅶ.12~13，赵赴采；2♂，湖南炎陵桃源洞，N 26°29′，E 114°02′，900~1 000 m，1999. Ⅳ.24，黄磊、邓铁军采。

鉴别特征：该种近似 *P. neixiangensis* Wei & Zhong，但后足胫节近端部具宽的黄白环；额区上的黑斑较小；阳茎瓣窄长等特征可与之区别。

12. 卧龙方颜叶蜂 *Pachyprotasis emdeni*（Forsius, 1931）（图 2-14）

Macrophya emdeni Forsius, 1931: 27.

Pachyprotasis emdeni: Saini, 2007: 62.

Pachyprotasis emdeni: Malaise, 1945: 141.

雌虫：体长 12.5 mm。体黑色，黄白色部分为：上唇、唇基除基部一小段横斑外其余部分、唇基上区、触角窝上突两个小斑、复眼周围除后眶顶部外其余部分、触角第 6~7 节全部及第 8 节基部、前胸背板后侧部、翅基片基大半部、中胸背板前叶两侧"V"形斑、中胸小盾片、后胸小盾片、后胸后背板中部横斑、中胸前侧片后上角 1 个近半圆形斑及近腹板处基部 1 个楔形斑、后侧片后下部、中胸腹板两侧各 1 个圆形大斑、后胸后侧片后部、前侧片底部及相连的后胸腹板、腹部第 1~6 节背板后缘中部三角形斑、第 10 节背板中部三角形斑、各节背板两侧缘基部及端缘、各节腹板端部三角形斑。足黑色，白色部分为：前足基节前侧条斑、中后足基节端缘、各足转节、前足股节除端部 3/5 背侧外其余部分、中后足股节基部 2/5、前足胫节近中部宽的圆环及相连的腹侧、中后足胫节中部宽的圆环、前中足基跗节背侧及第 2 跗分节端部外其余部分、后足跗节除基跗节端部 1/3 及第 2 跗分节端部外其余部分。前翅基部浅黄色，端部黑灰色，亚透明，前缘脉褐色，翅痣及其余翅脉黑褐色。

上唇刻点小、稀疏，唇基刻点大、浅、分散；头部背侧刻点密集，粗糙，刻纹及光泽明显。中胸背板刻点密集，较头部刻点稍小，光泽明显；中胸前侧片上部刻点大、深，下部刻点较之稍小，但密集，刻点间隙具粗糙刻纹及明显油质光泽，后侧片刻纹明显，端部具大、浅、分散刻点，刻纹明显；后胸前侧片刻点密集、明显，后侧片刻点细弱、稀疏，刻点间隙均具明显刻纹及光泽；中胸小盾片中部无刻点，两侧刻点大、明显，无刻纹，附片刻点适中，刻纹明显，均具光泽。腹部背板刻纹明显，两侧具大、浅、分散刻点，具光泽。后足基节外侧刻点大、明显，密度适中。

上唇宽大，端部截形；唇基缺口弧形，深为唇基 1/3 长，侧角稍钝；颚眼距等宽于单眼直径；复眼内缘向下略微收敛；触角窝上突不发育，额区隆起，侧面观等高于复眼，额脊稍钝；中窝无，侧窝浅沟状；单眼中沟浅，后沟无；单眼后区稍隆起，宽长比为 13：9，侧沟直、稍深；后头短，两侧向后弧形收敛。触角稍短于胸腹长之和，第 3 节稍长于第 4 节。中胸小盾片棱形强烈隆起，端部具宽浅中沟，两侧脊稍锐利，附片中脊锐利。后足基跗节等长于其后 4 个跗分节之和，爪内齿等长于外齿。前翅臀室中柄约 1.5 倍于 R+M 脉段；后翅臀室柄短于 cu-a 脉 1/3 长。

锯鞘明显短于后足基跗节，端部尖圆形，鞘端稍长于鞘基。锯腹片 24 刃，中部刃齿式为 2/12~14，锯刃稍倾斜。

雄虫： 未知。

分布： 中国四川（峨眉山、卧龙★）。

模式标本保存于奥地利维也纳自然历史博物馆。

鉴别特征： 该种与 *P. alboannulata* Forsius 相似，仅触角第 3 节稍长于第 4 节；头部背侧刻点密集、粗糙；前、中足胫节中部具白环；前翅基部浅黄色，端部黑灰色等特征可与之明显区别开来。

13. 台湾方颜叶蜂 *Pachyprotasis formosana* Rohwer, 1916（图 2-15）

Pachyprotasis formosana Rohwer, 1916: 91.

Pachyprotasis formosana: Malaise, 1945: 141.

Pachyprotasis formosana: Saini, 2007: 65.

雌虫： 体长 8.5 mm。体黑色，黄白色部分为：上唇、唇基、触角窝以下颜面、触角窝上突两侧分离小斑、内眶底部、内眶上部狭边及相连的上眶斑、后眶底大半部、触角基部两节腹侧及第 6 节端部以远部分、前胸背板后部、翅基片基大半部、中胸背板前叶两侧 "V" 形斑、中胸小盾片除两侧缘外其余部分、附片中部、后胸小盾片、中胸前侧片中部宽的横斑、后侧片后部、后胸后上侧片后半部、前下侧片后上角缘、腹部各节背板后缘中部三角形斑、第 2~6 节背板前侧角及极窄后缘、第 1 节及第 7~9 节背板缘折部分、各节腹板后部及锯鞘基下部；唇基前缘黑褐色，上唇及唇基中部或具黑褐色斑。足红棕色，各足转节、前中足胫跗节、后足基跗节端半部及第 2~5 跗分节黄白色，各足基节基部具不规则斑、后足股节端部 1/3 处内侧、胫节端部近 1/4 处、基跗节基半部以及爪节附垫黑色，前、中足胫节端缘以远后背侧具黑褐色模糊条纹，基节外侧具黑斑。翅浅烟色，透明，前缘脉及翅痣暗褐色，其余翅脉黑褐色。

上唇及唇基刻点稀少；额区及邻近的内眶部分刻点稍密集、明显，刻点间具微细刻纹及光泽。中胸背板刻点密集，具明显光泽；中胸小盾片中部光滑无刻点及刻纹，两侧刻点稀少、浅，光泽不明显；附片刻纹明显，具光泽；中胸前侧片上部刻纹明显，刻点粗糙、大，下部刻点细密，具光泽，后上侧片前部刻纹明显，后部刻点分散，明显；后胸前下侧片刻点细密，后上侧片光滑，刻纹不明显，刻点分散、明显，均具光泽。腹部背板中部刻点稀疏，浅弱，刻纹明显，两侧刻点稍密集，具光泽。后足基节外侧上部刻点密集、大、深。

上唇宽大，端部截形；唇基缺口底部近弧形，深约为唇基 2/5 长，侧角稍钝；颚眼距稍大于单眼直径；复眼内缘略微向下内聚；触角窝上突不发育，额区隆起，侧面观与复眼等高，额脊圆滑，不明显；中窝沟状，侧窝浅沟状；单眼中沟稍深，后沟宽、浅；单眼后区隆起，宽长比为 15∶8，侧沟浅、直；头部背后观两侧向后收敛不明显。触角长于头、胸腹长之和，第 3 节明显长于第 4 节。中胸小盾片近棱形隆起，具明显的侧脊，附片中脊锐利，明显；后足基跗节明显长于其后 3 个跗分节之和（3∶2），爪内齿等长于外齿。臀室中柄稍微长于 R+M 脉段；后翅臀室具柄。

锯鞘明显短于后足基跗节，端部长椭圆形，鞘端长于鞘基。锯腹片 19 刃，中部刃齿式为 2/10~13，锯刃明显凸起。

雄虫： 体长 8.5 mm。体色和构造与雌虫相近，仅触角鞭节强烈侧扁。

分布：中国台湾。

检查标本：正模：♀, Taihorin, Taiwan, Ⅳ , H. Sauter leg。

模式标本保存于德国昆虫博物馆（SDEI）。

鉴别特征：该种触角黑色，第 4 节端部及第 7~9 节白色；中胸侧板黑色，中胸前侧片底部具宽的白色横斑；后足股节和胫节红棕色；触角第 3 节明显长于第 4 节；头部背侧刻点深、明显，具光泽；中胸前侧片刻点大、明显，刻纹明显等特征可与相近种区别。

14. 红唇基方颜叶蜂 *Pachyprotasis rubribuccata* Malaise, 1945（图 2-16）

Pachyprotasis rubribuccata Malaise, 1945: 142.

Pachyprotasis rubribuccata: Saini, 2007: 63.

雌虫： 体长 9.5 mm。体黑色，黄白色部分为：触角窝以下颜面、内眶底部、内眶上部狭边及相连的上眶斑、后眶底部、触角第 5 节端部 1/4 以远部分、前胸背板后部、翅基片除后缘外其余部分、中胸背板前叶两侧 "V" 形斑、侧叶中部蝴蝶形斑、中胸小盾片、

附片、后胸小盾片、后胸后上侧片后上角及相连的前下侧片后部、中胸背板中部斑、腹部各节背板后缘中部三角形斑、各节背板气门附近斑、各节腹板后部及锯鞘基下部；上唇黄棕色，唇基红棕色，两后侧黄白色。前、中足黄白色，股节黄棕色，胫节后侧以远具窄黑条纹，后足红棕色，基节、转节及相邻的股节基缘、第2~4跗分节全部、端跗节基部黄白色。翅浅烟色，透明，前缘脉及翅痣暗褐色，其余翅脉黑褐色。

上唇及唇基刻点大、浅、稀少；额区及邻近的内眶部分刻点稀疏、浅小，间隙光滑，光泽明显。中胸背板刻点密集，具明显光泽；中胸前侧片上部刻点密集，下部刻点细密，刻点间隙具细密刻纹，光泽明显，后上侧片外部刻纹明显，暗淡无光泽，内部光滑无刻点及刻纹，光泽强；后胸前下侧片刻点细密，光泽弱，后上侧片光滑，刻纹不明显，刻点分散、明显，光泽强；中胸小盾片及附片光滑，刻点及刻纹不明显，均具光泽。腹部背板中部刻点稀疏，浅弱，刻纹明显，两侧刻点稍密集，具光泽。后足基节外侧上部刻点密集、明显。

上唇宽大，端部截形；唇基缺口底部近截形，深约为唇基1/3长，侧角稍锐；颚眼距稍大于单眼直径；复眼内缘向下收敛不明显；触角窝上突不发育，额区低，侧面观远低于复眼平面，额脊圆滑，不明显；中窝坑状，侧窝浅沟状；单眼中沟及后沟浅、不明显；单眼后区隆起，宽为长的2倍，侧沟弧形，浅；头部背后观两侧向后收敛不明显。触角长于头、胸腹长之和，第3节稍短于第4节（21∶22）。中胸小盾片近棱形隆起，具明显的侧脊，附片中脊锐利，明显。后足基跗节明显长于其后4个跗分节之和，爪内齿长于外齿。臀室中柄明显长于R+M脉段，稍长于基臀室1/2长；后翅臀室柄短于cu-a脉1/2长。

锯鞘明显短于后足基跗节，端部长椭圆形，鞘端长于鞘基。锯腹片26刃，中部刃齿式为2/6~7，锯刃明显凸起。

雄虫：未知。

分布：中国云南（云龙），西藏（通麦）；中国云南－缅甸边境，印度。

模式标本保存于瑞典斯德哥尔摩自然历史博物馆（NHRS）。

鉴别特征：该种后足股节、胫节和跗节红棕色，胫节仅端缘黑色；上唇红棕色；触角黑色，第5节端部1/4以远部分白色，第3节微短于第4节；中胸背板前叶、侧叶、中胸小盾片、附片和后胸小盾片具明显白斑；腹部背板黑色，各节背板后缘中部具明显白色三角形斑，头部额区及邻近的内眶部分刻点稀疏、浅小，间隙光滑，光泽明显；中胸前侧片上部刻点密集等特征可与相近种区别。

15. 南岭方颜叶蜂 *Pachyprotasis nanlingia* Wei, 2006（图2-17）

Pachyprotasis nanlingia Wei, 2006: 620.

雌虫：体长9.0~10.5 mm。体黑色，黄白色部分为：上唇、唇基、触角窝以下颜面、内眶底部、内眶上部狭边及相连的上眶斑、后眶底部、触角基部两节腹侧及第6节端部以远、翅基片基大半部、中胸背板前叶两侧"V"形斑、中胸小盾片除两侧缘、附片中部、后胸小盾片、后胸后侧片后大半部、前侧片后上角及后缘、腹部各节背板后缘中部三角形斑、第2~6节背板前侧角及极窄后缘、第1节及第6~9节背板宽的侧缘、各节腹板后缘及锯鞘基腹缘；唇基前缘暗褐色，上唇及唇基中部或具暗褐色斑。前、中足黄褐色，股节除基部外其余部分橘褐色，股节端缘以远后背侧窄条纹黑褐色；后足红褐色，基节基部外侧、股节端部1/3除腹侧外其余部分、胫节端部近1/4处、基跗节基大半部以及爪节附垫黑色，转节、股节基缘、基跗节端部及第2~5跗分节黄白色，基节具不规则黄白斑。翅浅烟色，透明，前缘脉及翅痣暗褐色，其余翅脉黑褐色。

上唇及唇基刻点稀少，刻纹十分微弱；额区及邻近的内眶部分刻点稍分散、浅，刻点间隙光滑，光泽强。中胸背板刻点密集，具明显光泽；中胸小盾片中部光滑无刻点及刻纹，两侧刻点大、深，具光泽；附片刻纹明显，具光泽；中胸前侧片上部刻纹明显，刻点粗糙、大，下部刻点细密，具光泽，后上侧片前部刻纹明显，后部刻点分散，明显；后胸前侧片刻点细密，后侧片光滑，刻纹不明显，刻点分散、明显，均具光泽。腹部背板中部刻点稀疏，浅弱，刻纹明显，两侧刻点稍密集，具光泽。后足基节外侧刻点密集、明显。

上唇宽大，中间具微浅缺口；唇基缺口底部近弧形，深约为唇基2/5长，侧角稍钝；颚眼距稍大于单眼直径；复眼内缘略微向下内聚；触角窝上突不发育，额区隆起，侧面观与复眼等高，额脊圆滑，不明显；中窝坑状，侧窝浅沟状；单眼中沟及后沟浅弱；单眼后区隆起，宽长比为11∶6，侧沟稍深而直；头部背后观两侧向后明显收敛。触角短于胸腹长之和，第3节等长于第4节，鞭节稍侧扁。中胸小盾片圆钝形隆起，两侧脊稍圆滑，附片中脊锐利，明显。后足股节稍长于胫节，基跗节明显长于其后3个跗分节之和（2∶1），爪内齿明显长于外齿。臀室中柄稍长于R+M脉段；后翅臀室具柄。

锯鞘明显短于后足基跗节，端部长椭圆形，鞘端长于鞘基。锯腹片22刃，中部刃齿式为2/10~12，锯刃凸出。

雄虫：未知。

分布：中国浙江（临安），湖北（宜昌、麻城），江西（萍乡），湖南（炎陵、平江、武冈、浏阳、宜章、绥宁、永州），福建（武夷山），广西（龙胜、兴安、田林），重庆，贵州（赤水、遵义、梵净山）。

检查标本：正模：♀，江西萍乡芦溪，N 27°37′，E 114°02′，2004. Ⅳ. 3，魏美才采；副模：1♀，浙江西天目山，N 30°20′，E 119°26′，1980. Ⅴ. 5，杨集昆采；3♀，湖南炎陵桃源洞，N 26°29′，E 114°02′，900~1 000 m，1999. Ⅳ. 23，邓铁军、刘纯良采；1♀，福建武夷山磨石坑，N 27°39′，E 117°57′，900~1 100m，2004. Ⅴ. 11，周虎采；1♀，重庆缙云山，N 29°51′，E 106°24′，600 m，2003. Ⅳ. 25，黄建华采；1♀，贵州梵净山，N 28°00′，E 108°04′，1982. Ⅴ. 14，采集人不详。

鉴别特征：该种触角黑色，第6节端部以远部分白色；后足褐色，基节基部外侧具

黑斑，股节和胫节端部黑色，转节、基跗节端部及第2~5跗分节黄白色；唇基端缘黑色，上唇中部具浅褐色斑；中胸侧板全部黑色，无白斑；腹部背板黑色，各节背板后缘中部具三角形白斑；额区及邻近的内眶部分刻点稍分散、浅，刻点间隙光滑，中胸侧板刻点密集，刻纹明显等特征可与之区别。

16. 异角方颜叶蜂 *Pachyprotasis altantennata* Zhong & Wei, 2010（图2-18）

Pachyprotasis altantennata Zhong & Wei, 2010: 34.

雌虫：体长9.0 mm。体黑色，黄白色部分为：上唇、唇基除外缘及中部暗褐色斑外其余部分、触角窝以下颜面、内眶及后眶底部、上眶斑、触角基部两节腹面、第5节端缘、第6节除基半部外侧外其余部分、第7~9节全部、中胸背板前叶端部箭头形斑、侧叶中部小斑、中胸小盾片除两侧外其余部分、附片中部、后胸小盾片、后胸前侧片后上角、后侧片后部、腹部第7~8节背板中后部三角形小斑、第9节背板中部、第1~6节背板前侧角、第7~8节背板缘折部分、各节腹板极窄后缘及锯鞘基底部。足黄白色，前、中足股节背侧以远具黑色条纹，后足股节除基部及端部外其余部分以及胫节基部2/3红褐色，后足股节端缘、胫节端部1/3、基跗节基大半部分黑色，后足基节基部内侧具小的黑斑。翅透明，前缘脉、亚前缘脉和R1脉及翅痣基部土褐色，翅痣其余部分及其余翅脉黑褐色。

上唇刻点较稀少、不明显，唇基刻点大、浅、分散；头部额区刻点浅，刻点间距大于刻点直径，内眶刻点浅弱、分散，刻点间隙具微刻纹及光泽；中胸背板刻点细弱，稍密集，光泽明显；中胸小盾片中部光滑无刻点，两侧刻点细弱，光泽稍弱，附片刻纹明显，具光泽；中胸前侧片刻点较额区刻点稍大，刻点间距等于或大于刻点直径，刻点间隙具微刻纹及明显光泽，后侧片外部具显著刻纹，内部光滑，刻点及刻纹不明显，光泽较强；后胸侧板刻点微弱、不明显，具刻纹。腹部背板中部光滑几无刻点，两侧具浅弱、分散刻点，均具微刻纹及光泽。后足基节外侧具刻点，刻点密度、大小适中。

上唇小，端部截形；唇基缺口截形，深为唇基长1/3，侧角稍钝；颚眼距等宽于单眼直径；复眼内缘向下稍内聚；触角窝上突不发育，额区稍隆起，侧面观低于复眼，额脊圆滑、不明显；中窝无，侧窝浅沟状；单眼中沟浅，后沟无；单眼后区隆起，具浅弱中沟，宽长比为8:5，侧沟稍深、向后分歧；头部背后观两侧向后稍为收敛。触角长于胸腹长之和，第3节稍长于第4节（11:10）。中胸小盾片钝形隆起，两侧脊基部锐利，端部向后圆滑；附片中脊锐利。后足基跗节稍长于其后4个跗分节之和，爪内齿明显长于外齿。臀室中柄明显短于基臀室1/2长，稍长于R+M脉段（6:5）；后翅臀室柄稍短于cu-a脉段1/2长。

锯鞘短于后足基跗节，端部长椭圆形，鞘端明显长于鞘基。锯腹片22刃，中部刃齿式为2~3/9~11，锯刃凸出。

雄虫：未知。

分布：中国湖北（兴山）。

检查标本：正模：♀，湖北兴山龙门河，N 31°19′，E 110°30′，1 300 m，1994．Ⅴ．11，采集人不详。

鉴别特征：该种体色和构造与 *P. nanlingia* Wei 近似，但中窝无；额区刻点浅、不明显；中胸前侧片上部的刻点较之小、浅；腹部基部数节背板黑色，无白斑；前缘脉、亚前缘、R1 脉及翅痣基部棕色，翅痣其余部分及其余翅脉黑褐色等特征可与之区别。

17. 多纹方颜叶蜂 *Pachyprotasis multilineata*（Malaise, 1945）

Pachyprotasis multilineata Malaise, 1945: 143.

雌虫：体长 8.0 mm。头部黑色，白色部分为：唇基、上唇、触角窝以下颜面以及相连的触角窝斑、内眶及后眶、宽的上眶斑（雄虫较窄）、触角第 6~7 节全部；唇基外缘黑色。胸腹部黑色，白色部分为：前胸背板外缘、翅基片基部、中胸背板前叶两侧"V"形斑（雄虫白斑不相连）、中胸小盾片中部、附片及后胸小盾片大部、中胸侧板底部宽的横斑及腹部斑、后胸侧板端部、腹部各背节板中部三角形斑。足黄白色，各足基节红褐色，无黑斑（雄虫黄褐色），后足股节及胫节红色。触角窝上突不隆起，头部光滑，具强光泽，几无刻点，单眼中沟浅，后沟无；单眼后区宽大于长，稍隆起，侧沟基部深，端部浅。中胸背板和侧板刻点小、分散，具油质光泽，中胸小盾片不隆起，光滑，光泽强。触角雌虫等长于胸腹长之和，第 3 节明显短于第 4 节（7：9）。

雄虫：体长 7.0~8.0 mm。

分布：中国云南 – 缅甸边境，缅甸。

模式标本保存于印度加尔各答博物馆（Indian Museum, Calcutta）。

18. 林芝方颜叶蜂 *Pachyprotasis linzhiensis* Zhong, Li & Wei, 2019（图 2-19）

Pachyprotasis linzhiensis Zhong, Li & Wei, 2019: 324.

雌虫：体长 11.5 mm。体黑色，白色部分为：上唇、唇基端大半部、触角窝以下颜面、内眶底部、内眶上部狭边及相连的上眶斑、后眶、触角基部 2 节腹侧、第 6~7 节全部、第 8 节基大半部、前胸背板外侧、翅基片基半部、中胸背板前叶两侧"V"形斑、侧叶中部斑、中胸小盾片、附片、后胸小盾片、中胸前侧片基部不规则斑、后侧片后上缘、后胸后上侧片后部、中胸背板中部斑、腹部各节背板后缘扁三角形斑、各节背板气门附近斑、各节背板缘折部分后缘、各节腹板后部及锯鞘基下部；唇基基部黑色。前、中足红棕色，基节及转节黄白色，跗节端半部后背侧黑色；后足红褐色，基节基部外侧斑、转节、第 2~4 跗分节全部、端跗节除端缘外其余部分黄白色。翅浅烟色，透明，前缘脉褐色，翅痣及其余翅脉黑褐色。

上唇及唇基刻点浅小、稀疏；额区及邻近的内眶部分刻点稀疏、浅弱，间隙光滑无刻纹，光泽强。中胸背板刻点密集，具明显光泽；中胸前侧片上部刻点密集、大、深，下部刻点稍小，刻点间隙具细密刻纹，光泽弱，后上侧片外部刻纹明显，暗淡无光泽，内部光滑无刻点及刻纹，光泽明显；后胸前下侧片刻点细密，光泽弱，后上侧片光滑，刻纹不明显，刻点分散、明显，光泽强；中胸小盾片中部光滑无刻点，两侧刻点大、浅，附片光滑，刻点及刻纹不明显，光泽强。腹部背板中部刻点不明显，刻纹明显，两侧刻点大、分散，具明显光泽。后足基节外侧上部刻点密集、明显。

上唇宽大，端部截形；唇基缺口底部近截形，深约为唇基 2/5 长，侧角稍锐；颚眼距稍大于单眼直径；复眼内缘向下收敛；触角窝上突不发育，额区低，侧面观远低于复眼平面，额脊圆滑，不明显；中窝沟状，伸达中单眼，侧窝浅沟状；单眼中沟深，后沟浅、不明显；单眼后区隆起，宽大于长（3：2），侧沟向外分歧、浅；头部背后观两侧向后收敛不明显。触角短于头、胸腹长之和，第 3 节短于第 4 节（29：33）。中胸小盾片近棱形隆起，具明显的侧脊，附片中脊锐利，明显。后足基跗节明显长于其后 4 个跗分节之和，爪内齿长于外齿。臀室中柄明显长于 R+M 脉段，稍长于基臀室 1/2 长；后翅臀室柄明显短于 cu-a 脉 1/2 长。

锯鞘明显短于后足基跗节，端部长椭圆形，鞘端长于鞘基。锯腹片 22 刃，中部刃齿式为 2/12~14，锯刃倾斜。

雄虫：未知。

分布：中国西藏（林芝）。

检查标本：正模：♀，西藏林芝，N 29°57′，E 95°22′，2 572 m，2009.Ⅵ.12，李泽建采。

鉴别特征：该种与 *P. altantennata* 较近似，但后足基节全部黑色；触角第 8 节端部及第 9 节黑色；中胸背板前叶两侧白色；唇基黑色，两后侧白色；腹部各节背板后缘具扁三角形白斑等特征可与之区别。后者后足基节黄色，无黑斑；触角端部 4 节白色；中胸背板前叶两前侧黑色，无白斑，端部具箭头形白斑；唇基白色，仅中部具暗褐色斑；腹部背板黑色，无明显白斑。

19. 黑基方颜叶蜂 *Pachyprotasis nigricoxis* Zhong & Wei, 2010（图 2-20）

Pachyprotasis nigricoxis Zhong & Wei, 2010: 45.

雌虫：体长 8.0 mm。体黑色，黄白色部分为：上唇中部"V"形小斑及两前侧、唇基两后侧、触角窝以下颜面、内眶及相连的上眶斑、后眶底部、触角第 6~7 节全部、第 8 节基半部、翅基片基大半部、中胸背板前叶两前侧缘、侧叶中部小斑、中胸小盾片中部、附片中后部、后胸小盾片、后胸前下侧片后上角、后上侧片后部及外缘、腹部第 3~7 节背板中部三角形斑、第 8~9 节背板中部、第 1 节背板缘折部分、第 2~7 节背板前侧角及各节腹板后缘；上唇基部具大的黑褐色斑，唇基中部具大的"V"形黑褐色斑。足红褐色，黄白色部分为：各足转节、前中足股节基缘、前中胫节前侧端部以远部分、后足基跗节端部、第2~4跗分节全部、端跗节基大半部，各足基节、后足股节内侧宽的条斑、胫节端部、基跗节基大半部以及端跗节端部黑色，前、中足跗节背侧以远具黑色条纹，前、中足股节基部及端部具模糊黑斑。翅透明，前缘脉、亚前缘脉和R1脉土褐色，翅痣暗褐色，其余翅脉黑褐色。

上唇及唇基刻点分散、浅；头部额区及内眶刻点大、深，刻点间距稍大于刻点直径，具微刻纹及明显光泽。中胸背板刻点细小，刻点间距1.5~2.0倍于刻点直径，具明显光泽；中胸小盾片中部光滑无刻纹，刻点不明显，两侧刻点稍大、深，附片光滑无刻点，刻纹稍弱，均具明显光泽；中胸前侧片上部刻点较头部大、粗糙，下部刻点较之略小、密集，刻点间隙具微弱刻纹，后上侧片具明显刻纹，刻点浅、分散，具光泽；后胸前下侧片刻点细弱、密集，后上侧片光滑，刻点不明显，均具刻纹及光泽。腹部背板中部刻点不明显，两侧刻点分散，稍小，具明显刻纹及光泽。后足基节外侧刻点密集、大、深。

上唇小，端部近截形；唇基缺口平直，深于唇基长1/3，侧角稍钝；颚眼距大于单眼直径；复眼内缘向下稍微内聚；触角窝上突不发育，额区稍微隆起，侧面观低于复眼，额脊钝圆；中窝沟状、宽，前半部分深，后半部分浅，伸达中单眼，侧窝沟状；单眼中沟及后沟稍浅；单眼后区隆起，具浅弱中沟，长稍大于宽（5∶4），侧沟浅，向后略分歧；头部背后观两侧向后收敛不明显。触角长于胸腹长之和，第3节稍短于第4节（25∶26）。中胸小盾片钝形隆起，两侧脊基部明显，端部圆滑，附片中脊钝圆。后足基跗节稍短于其后4个跗分节之和，爪内齿与外齿等长。臀室中柄短于基臀室1/2长，明显长于R+M脉段（11∶7）；后翅臀室柄短于cu-a脉段1/2长。

锯鞘稍短于后足基跗节，端部狭长，鞘端明显长于鞘基。锯腹片23刃，中部刃齿式为1~2/8~9，锯刃稍倾斜。

雄虫：未知。

分布：中国云南（德钦）。

检查标本：正模：♀，云南德钦，N 27°49′，E 99°32′，3 200 m，2004. Ⅶ. 15, 肖炜采。

鉴别特征：该种后足基节全部黑色，不具红斑，后足股节和胫节红褐色，股节内侧宽的条斑和胫节端部黑色，跗节白色；触角鞭节中部具白环；唇基中部具大的黑褐色斑；胸部背板黑色，具明显白斑，腹部背板黑色，第3~7节背板中部具白色三角形斑；中胸侧板黑色，无白斑等特征可与相近种容易区别开来。

2.3.2　红体方颜叶蜂种团 *Pachyprotasis indica* group

种团鉴别特征：体红褐色或具红褐色部分，至少腹部红褐色；部分种类触角红褐色；

足黑色或黄白色，多数种类后足股节和胫节红色。

目前，本种团已知有 18 种。其中，16 种分布于中国以及中国云南 – 缅甸边境，4 种分布于印度。该种团种类主要分布于中国西南部，向南延伸至缅甸、印度。

中国已知种类分种检索表

1	后翅臀室具柄	2
	后翅臀室不具柄；雌虫触角红棕色，端部黑色；头部背侧红棕色，胸部红棕色，具白斑；雄虫触角黑色；头部及胸部黑色，具白斑；腹部红棕色，具黑斑；头部及中胸背板具分散刻点，无刻纹，光泽强。中国（云南）；缅甸，印度	*P. indica* Forsius, 1931
2	头部或胸部红色或具红斑	3
	头部及胸部黑色或黄白色，无红色部分	9
3	上唇端部细长，呈针状	4
	上唇端部弧形或三角形，不延长呈针状	6
4	触角至少背侧黑色；上唇和唇基黄白色	5
	触角褐色，无黑色部分；上唇和唇基褐色。中国（湖南）	*P. fulvicornis* Zhong & Wei, 2010
5	头部额区及邻近内眶黑色；翅痣全部浅褐色；中窝沟状、深、伸达中单眼。中国（湖北）	*P. spinilabria* Zhong & Wei, 2010
	头部额区及邻近内眶褐色；翅痣中部大部分黑褐色；中窝基半部深、端半部浅，不伸达中单眼。中国（四川）	*P. paraspinilabria* Zhong & Wei, 2010
6	触角第 3 节短于第 4 节	7
	触角第 3 节等于或长于第 4 节	8
7	中胸前侧片基部具红斑，底部具大的黄白斑；头部刻点粗糙。中国（湖北、湖南、贵州）	*P. rufocephala* Wei, 2005
	中胸前侧片无红斑，底部具黄白条纹；头部刻点规则。中国（云南）；缅甸	*P. hepaticolor* Malaise, 1945
8	后足股节基部黄白色；胸腹部红色，中胸前侧片底部宽的横斑、后胸侧板基部、腹部各节背板侧缘后部斑、各节腹板后部暗褐色。中国（四川）	*P. rufotegulata* Zhong & Wei, 2010
	后足股节基部黑色，外侧具红条斑，无黄白色部分；胸腹部黑色，红色部分为：前胸背板端部、翅基片、中胸背板前叶两侧、后胸后背板中部、腹部第 4~5 节背板及腹部腹板中部。中国（河南、湖北）	*P. rubiginosa* Wei & Nie, 1998
9	中胸侧板黄白色，至多顶角黑色	10
	中胸侧板黑色，有时或具黄白斑	11
10	后足各跗节褐色；腹部红褐色，黄棕色部分为：第 1 背板缘折部分及后缘、第 6~7 节背板缘折部分、第 8~9 节背板除了中部三角形斑外其余部分；第 1~2 节及第 5~7 节背板两侧基部各具 1 黑斑；中窝沟状、浅。中国（青海、云南）	*P. rufigaster* Zhong & Wei, 2010
	后足跗节白色，基跗节基大部及端跗节端部黑色；腹部黑色，第 4~5 节红褐色；中窝沟状，伸达中单眼。中国（贵州）	*P. youi* Zhong & Wei, 2010
11	中窝沟状、深，伸达中单眼；后足基节黄白色，外侧具黑条斑	12
	中窝坑状或沟状，但不伸达中单眼；后足基节黑色，或具白斑	14
12	腹部背板红褐色，第 1~3 节背板黑色	13

腹部背板黑色，红褐色部分为：第3节背板端部，第4~5节背板全部；第3~6节背板端部各具1个三角形黄白斑；中胸侧板腹侧具黄白斑。中国（陕西）…… ***P. maculotergitis* Wei & Zhu, 2008**

13　体长 9.5 mm，后足股节基部黄白色部分短于股节1/7长；腹部第4~8节背板两后侧缘及腹板全部黄白色；触角第3节等长于第4节；中胸前侧片上部刻点稍大。中国（河南）
………………………………………………………… ***P. rubiapicilia* Wei & Nie, 1999**

　　体长 7.5mm，后足股节基部黄色部分长于股节1/4长；腹部第4~8节背板及腹板全部红褐色；触角第3节长于第4节；中胸前侧片上部刻点浅、小。中国（河南）
………………………………………………………… ***P. fulvomaculata* Wei & Zhong, 2002**

14　中胸侧板刻点浅、小、规则……………………………………………………………**15**

　　中胸侧板大、深、粗糙，头部背侧及中胸背板刻点大、深、粗糙；中胸小盾片顶部具宽、浅中沟；唇基黑褐色；前、中足股节、胫节红褐色，跗节黄棕色。中国（湖北）
………………………………………………………… ***P. jiangi* Zhong & Wei, 2010**

15　后足股节端部黑色，无红斑；后足胫节基半部褐色，端半部黑色；中胸侧板具明显白斑；阳茎瓣端部尖锐。中国（山西、河南）………………………………… ***P. rufocinctilia* Wei, 1998**

　　后足股节端部红褐色，内侧具宽的黑色条斑；后足胫节及跗节黄棕色；中胸前侧片黑色，无白斑；阳茎瓣端部圆钝。中国（云南）………………………………… ***P. zhouhui* Zhong & Wei, 2010**

20. 印度方颜叶蜂 *Pachyprotasis indica* (Forsius, 1931)

Pachyprotasis indica Forsius, 1931: 40.

Pachyprotasis indica: Malaise, 1945: 147.

Pachyprotasis indica: Saini & Kalia, 1989: 144.

Pachyprotasis indica: Saini, 2007: 66.

雄虫：体长 8.0 mm。头部黑色，白色部分为：唇基、上唇、触角窝以下颜面、内眶及后眶；上眶斑红褐色。胸部黑色，白色部分为：前胸背板外缘、翅基片大部分、中胸背板前叶端部箭头形斑、侧叶中部小斑、中胸小盾片、附片、后胸小盾片、中胸侧板底部大斑、后胸侧板底部。腹部背板红黑色，白色部分为：第1背板部分、各节背板中部斑；腹部腹板黄白色。足红色，前中足股节端部背侧以远具黑色条纹；后足红黄色，基节端部具大的黑斑，股节端部及胫节黑色。前缘脉红黄色，翅痣黑色。触角窝上突明显隆起，单眼中沟明显，后沟无；单眼后区稍隆起，宽大于长（雌虫 5:3，雄虫 2:1），具宽深中沟，侧沟深。 触角雌虫短于胸腹长之和，鞭节强烈侧扁，雌虫第3节长于第4节（6:5），雄虫第3节等长于第4节。头部及中胸背板刻点分散，无刻纹，光泽强；中胸背板和侧板刻点小、分散，具油质光泽；中胸侧板光滑，仅上部具分散、浅小刻点；中胸小盾片棱形，两侧脊稍锐，刻点明显。后足基跗节等长于其后4个跗分节之和。

雌虫：体长 10.0~11.0 mm。体色与雄虫差别极大。体红黄色，头部无黑斑，黄斑与雄虫一致，上眶斑与头部背侧红黄色；触角红黄色，基部2节或黑色。胸部红黄色，黄白色部分与雄虫一致，黑色部分为：前胸背板底部、中胸背板侧叶两侧椭圆形大斑、中胸和后胸侧板不规则斑。腹部全部红黄色。足颜色与雄虫类似，但黑色部分变为红黑色。前缘

脉红黄色，翅痣棕色。

分布：中国云南－缅甸边境，印度。

模式标本保存于奥地利维也纳自然历史博物馆。

21. 褐角方颜叶蜂 *Pachyprotasis fulvicornis* Zhong & Wei, 2010（图 2-21）

Pachyprotasis fulvicornis Zhong & Wei, 2010: 5.

雌虫： 体长 8.0 mm。体红褐色，黄至黄褐色部分为：上唇、唇基、触角窝以下颜面、内眶及相连的后眶底部、触角基部两节腹侧、翅基片、中胸背板前叶端部箭头形斑、侧叶中部小斑、中胸小盾片除两侧外其余部分、附片除两前侧外其余部分、中胸前侧片除上部、后侧片后下角、中胸腹板、后胸前侧片除基部、相连的后侧片后部、腹部各节背板中部三角形斑、各节背板缘折部分、各节腹板后部、锯鞘基腹缘、锯鞘端除端部外其余部分。足黄至黄褐色，前、中足股节背侧以远具红褐色条纹，后足股节端部 3/4、胫节端部、基跗节红褐色，后足基节外侧具不规则褐色斑。翅淡黄色，透明，翅痣及翅脉黄褐色。

上唇及唇基刻点稀疏、小；头部背侧刻点浅、稍大，刻点间隙约等于刻点直径，刻纹明显，具光泽。中胸背板刻点细弱，具光泽；中胸前侧片光滑，上部刻点分散、浅小，下部刻点微弱、不明显，具明显光泽及刻纹，后侧片外部刻纹显著，内部光滑无刻点及刻纹，具强光泽；后胸侧板光滑，刻点浅弱，具明显光泽；中胸小盾片及附片光滑无刻点，仅两侧具微弱刻纹，光泽明显。腹部背板中部刻点分散，两侧刻点稍密集、浅小，具微刻纹，光泽明显。后足基节外侧具浅弱刻点。

上唇大，端部锐三角形；唇基缺口弧形，深于唇基 1/3 长，侧角锐；颚眼距等长于单眼直径；复眼内缘向下收敛；触角窝上突不发育；额区隆起，侧面观略低于复眼，额脊宽钝；中窝沟状，伸达中单眼，侧窝基半部深、端半部浅；单眼中沟深、明显，后沟无；单眼后区稍隆起，宽长比为 12：7，侧沟稍深，向后分歧；后头短，背观两侧强烈收缩。触角丝状，约等长于胸腹部之和，第 3 节微长于第 4 节（18：17）。中胸小盾片棱形、稍隆起，两侧脊基大半部锐利，端部圆滑，附片中纵脊锐利。后足基跗节稍长于其余跗分节之和，爪内齿短于外齿。前翅臀室中柄 2 倍于 R+M 脉段长；后翅臀室柄长于 cu-a 脉 1/2 长。

锯鞘略长于中足基跗节长，端部狭长，鞘端长于鞘基。锯腹片 20 刃，中部刃齿式为 2/8~10，锯刃隆起。

雄虫： 未知。

分布：中国湖南（衡山）。

检查标本：正模：♀，湖南衡山 N 27°16′，E 112°42′，700 m，2004.Ⅲ.15，贺应科采。

鉴别特征：该种触角褐色，无黑色部分；头部及体背侧褐色，无明显黑斑；上唇锐三角形；中胸小盾片光滑无刻点等特征容易与其他相近的种类区别。该种与 *P. kalalopensis* Saini & Kalia，1989 同为 *indica* 种团仅有的两个触角褐色的种类，但后者上唇端部圆钝形；中胸侧板及腹板褐色，仅中胸前侧片具斜形黄白斑；中胸小盾片顶部具不规则刻点；中胸侧板及腹板无刻点等特征可与该种区别。

22. 针唇方颜叶蜂 *Pachyprotasis spinilabria* Zhong & Wei, 2010（图 2-22）

Pachyprotasis spinilabria Zhong & Wei, 2010: 9.

雌虫：体长 7.0 mm。头、胸部黑色，白色部分为：上唇、唇基、唇基上区、触角窝上突两侧不相连的小斑、内眶及相连的后眶底部、中胸背板前叶端部箭头形、侧叶中部小斑、附片中部、后胸小盾片后部、中胸前侧片后部近腹板处 1 个小型横斑、后胸前下侧片后上角、后上侧片除前下侧角外其余部分；红褐色部分为：内眶上部及相连的上眶斑、后眶上部、单眼后区后缘、后头中部及两下侧缘、前胸背板除中部后缘外其余部分、翅基片、中胸背板前叶两侧除端部黄白色箭头形斑外其余部分、侧叶中部"V"形斑、中胸小盾片、盾侧凹、中胸前侧片基部不规则斑；后头两外侧大斑及触角背侧黑褐色，腹侧浅褐色；腹部红褐色，第 1 节背板除黄白色后缘外其余部分黑褐色，第 2~7 节背板两侧及折缘部分暗褐色，各节背板两侧后缘及各节腹板后缘黄白色；锯鞘黑褐色，鞘基腹缘、鞘端近端部及背缘黄白色。足红褐色，各足基节、转节、股节基部 3/7 黄白色，前足基节外侧条斑、中足基节基部、后足基节基部及腹侧条斑、后足股节端部外侧宽的条斑及胫节端缘背侧 1 个小斑黑色，前、中足外侧具模糊黑条斑。翅烟色，翅痣外缘烟色，翅痣其余部分及翅脉浅褐色。

唇基刻点分散、大、浅，上唇刻点不明显；头部背侧刻点密集、稍深，刻纹粗糙，具光泽。中胸背板刻点极其细弱，光泽明显；中胸前侧片上部刻点分散，大小与头部刻点相似，刻纹致密，下部刻点极其细弱，具明显光泽，后侧片外部刻纹显著，内部光滑无刻点及刻纹，光泽明显；后胸侧板刻点不明显、刻纹致密，具光泽；附片刻纹明显，光泽弱。腹部背板中部几无刻点，两侧刻点浅弱、稀疏，光泽明显。后足基节刻点极其浅弱，不明显。

上唇小，端部尖长，呈针状；唇基缺口近三角形，深于唇基 2/7 长，侧角钝圆；颚眼距等于单眼直径；复眼内缘向下微收敛；触角窝上突不发育；额区隆起，侧面观略低于复眼，额脊宽钝；中窝深沟状，伸达中单眼，侧窝基半部较深，端半部浅、不明显；单眼中沟深、明显，后沟浅；单眼后区稍隆起，宽长比为 10：7，侧沟稍浅，向后收敛；背观后头两侧强烈收敛。触角丝状，约等长于胸腹部之和，第 3 节长于第 4 节（33：31），第 4~9 节侧扁。附片中纵脊不明显；后足基跗节稍长于其余跗分节之和，爪内齿短于外齿。前翅臀室中柄 2 倍于 R+M 脉段长；后翅臀室柄长于 cu-a 脉 1/2 长。

锯鞘略长于中足基跗节长，端部狭长，鞘端明显长于鞘基。锯腹片 20 刃，中部刃齿式为 2/10~11，锯刃凸出。

雄虫：未知。

分布：中国湖北（宜昌）。

检查标本：正模：♀，湖北神农架，N 31°21′，E 110°34′，2 800 m，2003. Ⅶ. 23，周虎采。

鉴别特征：该种上唇端部尖长、针状；头部内眶上部及相连的上眶斑、后眶上部、单眼后区后缘、后头中部及后下缘红褐色，额区及邻近区域黑色；中胸背板前叶两侧除端部黄白色箭头形斑外其余部分红褐色；触角腹侧全长浅褐色；后足胫节及跗节全长红褐色；中窝深沟状，伸达中单眼等特征容易与其他相近的种类区别。

23. 拟针唇方颜叶蜂 *Pachyprotasis paraspinilabria* Zhong & Wei, 2010（图 2-23、图 2-24）

Pachyprotasis paraspinilabria Zhong & Wei, 2010: 17.

雌虫：体长 7.0 mm。头红褐色，黄白色部分为：上唇、唇基、唇基上区、中窝两侧缘、内眶底半部及相连的后眶底部 1/3、触角柄节及梗节腹侧条斑；侧窝及中窝邻近部分具暗褐色斑；单眼三角区、单眼后区基半部、后头两侧大斑及中部小斑、触角鞭节端部数节腹侧条纹暗褐色；复眼、触角黑色。胸部黑色，黄白色部分为：中胸背板前叶近端部箭头形斑、侧叶中部斑、中胸小盾片中部、附片中部条斑、后胸小盾片、中胸前侧片端部近底部横斑、后胸前侧片后上部、后侧片除前下角外其余部分；褐色部分为：前胸背板、翅基片、中胸背板前叶两侧缘、侧叶近盾侧沟部分及两侧缘、盾侧凹、中胸小盾片两侧、附片除中部条斑外其余部分、中胸后背片、中胸前侧片除底部横条斑、后侧片后部、后胸后侧片前缘；后胸背板除后胸小盾片外其余部分深褐色；腹部深褐色，各节背板两侧具大的不规则黑斑，各节背板端部及缘折部分端部、各节腹板端部黄褐色，锯鞘深褐色，中部具黑斑，锯鞘基底部黄褐色。足黄褐色，前中足基节、转节、股节基部 2/5、后足转节、股节基部 3/8 黄白色；前中足基节后侧基部条斑、股节基部 2/7 后侧条斑、后足基节外侧不规则斑、股节端部 5/8 外侧条斑、胫节端部不规则斑黑色；后足股节端部 3/8 内侧、胫节红褐色。翅浅烟色，透明，前缘脉、亚前缘脉、翅痣外缘及内缘、Rs 脉浅褐色，翅痣其余部分及其余翅脉黑褐色。

上唇及唇基具少数几个浅弱刻点；头部额区及其邻近刻点稍大、密集，刻纹显著，光泽较弱；中胸背板刻点密集，具细密刻纹，光泽弱；中胸前侧片上部刻点稍大、分散，下部刻点细小，刻点间隙光滑，刻纹细密，光泽明显；中胸后侧片外部刻纹粗糙，光泽稍弱，内部光滑，几无刻点，刻纹细密，光泽明显；后胸前侧片刻点浅弱、密集，光泽明显，后侧片刻点及刻纹不明显，光滑，光泽强；中胸小盾片几无刻点，光泽较暗，附片刻纹明显，光泽弱。腹部背板刻点浅弱、模糊，刻纹及光泽明显。后足基节刻点极其浅弱、分散。

上唇大，端部尖锐，延长呈针状；唇基缺口浅弧形，深约为唇基 1/3 长，侧角钝；颚眼距宽于单眼直径；复眼内缘向下收敛；触角窝上突不发育；额区稍隆起，侧面观明显低于复眼，额脊稍钝；中窝沟状，基半部较深，但不伸达中单眼，侧窝沟状、浅；单眼中沟痕迹状，后沟无；单眼后区稍隆起，宽长比为 10∶7，侧沟深、直；背观后头两侧强烈收缩。触角丝状，短于胸腹部之和，第 3 节微长于第 4 节（34∶33），第 5~9 节侧扁。中胸小盾片棱形隆起，两侧脊明显，附片中纵脊锐利隆起。后足基跗节长于其余跗分节之和，爪内齿短于外齿。前翅臀室中柄微长于基臀室，明显长于 R+M 脉段长（30∶13）；后翅臀室柄稍长于 cu-a 脉 1/2 长。

锯鞘略长于后足基跗节长，端部尖圆形，鞘端稍长于鞘基。锯腹片 22 刃，中部刃齿式为 2/13~15，锯刃稍倾斜。

雄虫：体长 7 mm。结构与雌虫相似，但颜色与之差别较大。头、胸部黑色，黄白色部分为：上唇、唇基、唇基上区、中窝及其邻近颜面、内眶底半部及相连的后眶、内眶上部狭边及相连的上眶斑、后头两侧及上部、触角腹侧全长、翅基片除后缘、前胸背板前下缘及端部、中胸背板前叶两侧"V"形斑、侧叶中部蝴蝶形斑、中胸小盾片、附片、后胸小盾片、后胸背板两侧及后缘、中胸前侧片基部大斑、后侧片后缘中部、后胸前侧片端部及下缘、后侧片后缘及上缘、后胸腹板黄白色，中胸腹板中部具浅褐色大斑；腹部第 1 节背板黑褐色，第 2~3 节背板暗色，中部具不规则黄褐色斑，第 4~6 节背板褐色，第 6 节背板两后侧具黑斑，第 7~8 节背板和第 6~8 节背板缘折部分内侧黑色，第 7~8 节背板中部具黄褐色斑，腹部第 4~5 节腹板黄褐色，各节背板缘折部分及第 1~3 节及第 6~8 节腹板黄白色。足黄白色，前、中足股节端部 2/5 处背侧条斑、后足基节端半部外侧条斑、股节端部 2/3、胫节端部 2/5 黑色，前、中足胫节以远部分、后足胫节基部 3/5、胫节距、跗节及爪节褐色。颚眼距 3 倍宽于中单眼直径，复眼内缘向下明显发散；鞭节强烈侧扁；中胸前侧片刻点细弱、分散。

分布：中国四川（峨眉山）。

检查标本：正模：♀，四川峨眉山洗象池，N 29°32′，E 103°20′，2 000 m，2006. Ⅶ.2，周虎采；副模：1♀，四川峨眉山雷洞坪，N 29°32′，E 103°20′，2 350 m，2009. Ⅶ.7，李泽建采；1♂，四川峨眉山洗象池，N 29°32′，E 103°20′，2 000 m，2003. Ⅶ.2，钟义海采。

鉴别特征：该种体色与构造近似 *P. spinilabria* Zhong & Wei，但额区及邻近内眶部分褐色；翅脉除前缘脉、亚前缘脉、Rs 脉浅褐色外，其余翅脉黑褐色，翅痣中部大部分黑褐色；中窝基半部深，端半部浅；上唇大，仅端部延长呈针状等特征明显与之不同。

24. 红头方颜叶蜂 *Pachyprotasis rufocephala* Wei, 2005（图 2-25）

Pachyprotasis rufocephala Wei & Lin, 2005: 453.

雌虫：体长 7.5~8.5 mm。体红褐色，黄白色至黄褐色部分为：触角窝以下部分、内眶及后眶底部、中胸前侧片前缘小的斜斑、中胸腹板中部大斑、腹部第 2~7 节背板后缘三角形斑；黑色至黑褐色部分为：单眼三角区至单眼后区菱形小斑、触角第 2~9 节、中胸背板前叶中部三角形斑、盾片除两侧缘及后缘外其余部分、盾侧凹底部、附片、后胸背板两侧、中胸前侧片除前缘倾斜的小白斑及其后 1 个近三角形褐色斑外其余部分、前胸腹板、中胸后侧片、后胸侧板、中胸腹板除中部 1 个白斑外其余部分、后胸腹板、腹部第 2~5 节背板两侧、锯鞘除鞘基黄褐色腹缘外其余部分。足黑色，黄白色部分为：前中足基节腹侧、各足基节端部、各足转节、前中足股节及胫节腹侧、后足股节基缘、前中足跗节除背侧黑褐色条纹外其余部分、后足基跗节端部、第 2 节跗分节除端缘外其余部分、第 3 跗分节基半部；红褐色部分为：后足股节端大半部背侧及腹侧窄的条纹、胫节及基跗节除端缘外其他部分。翅透明，前缘脉及翅痣外缘浅褐色，翅痣其余部分暗褐色，其余翅脉黑褐色。

唇基及上唇刻点稀疏、浅弱，头部背侧刻点密集、粗糙，刻纹明显，具光泽。中胸背板刻点极其浅弱，光泽明显；中胸前侧片上部刻点浅弱、分散，下部刻点密集、细弱，刻纹细密，具明显光泽；后胸侧板具细密刻纹及刻点，光泽明显；中胸小盾片顶部光滑几无刻点，两侧具稀疏、浅弱刻点，光泽强；附片刻纹明显，光泽稍弱。腹部背板中部几无刻点，刻纹明显，两侧刻点浅弱、稀疏，光泽明显。后足基节刻点极其浅弱，不明显。上唇大，端部窄圆形；唇基缺口弧形，深为唇基 1/3 长，侧角钝；颚眼距小于单眼直径；复眼内缘向下明显收敛；触角窝上突不发育，额区稍隆起，侧面观低于复眼，额脊钝；中窝前半部呈深沟状，端半部浅，不明显，侧窝深窝状，向外呈弧形延伸；单眼中沟深，后沟不明显；单眼后区低，具中纵沟，宽为长的 2 倍，侧沟深；头部背后观两侧向后明显收敛。触角稍短于体长，第 3 节明显短于第 4 节（5：6），鞭节强烈侧扁。中胸小盾片棱形隆起，侧脊稍圆滑，附片中脊基半部锐利，端半部不明显。后足基跗节稍长于其后 4 个跗分节之和，爪内齿明显长于外齿；前翅臀室中柄约为 R+M 脉段的 1.5 倍。后翅臀室长柄长，约为 cu-a 脉段的 1/2 长。

锯鞘短于后足基跗节，端部尖圆形，鞘端稍长于鞘基。锯腹片 18 刃，中部刃齿式为 1~2/10~11，锯刃短、明显凸出，刃齿细小。

雄虫：未知。

分布：中国湖北（宜昌），湖南（石门），贵州（遵义）。

检查标本：正模：♀，贵州遵义大沙河，N 29°09′，E 107°36′，1 300 m，2004. Ⅴ.24，林杨采；副模：1♀，湖南，1992. Ⅶ.16，刘志伟采。

鉴别特征：该种头胸腹部背侧均暗红褐色；头部触角窝以下部分、中胸侧板腹侧以及后足股节基部白色；中胸背板及侧板光滑，刻点极其浅弱；触角强烈侧扁等特征可与本属其他相近种区别。该种还近似 Malaise1945 年描述的种类 *P. hepaticolor*，但唇基沟白色；中胸前侧片具 1 个三角形红褐色斑；头部背侧刻点、粗糙等特征可与之区别。

25. 暗红方颜叶蜂 *Pachyprotasis hepaticolor* Malaise, 1945

*Pachyprotasis hepaticolo*r Malaise, 1945：146.

Pachyprotasis hepaticolor：Saini, 2007：65.

雌虫：体长 7.5~8.0 mm。头部红褐色，白色部分为：唇基、上唇、触角窝以下颜面，黑色部分为：触角除柄节外其余部分、单眼区上小斑。胸腹部暗红褐色，白色部分为：中胸侧板基部条纹及腹侧沟两侧各 1 条纹、腹部第 2~9 节背板缘折部分基部三角形斑，黑色部分为：前胸背板前缘、中胸背板前叶两侧大斑、中胸侧板、后胸除小盾片外其余部分、腹部第 1~2 节背板大部分、锯鞘。足红褐色，白色部分为：前中足前侧、各足转节、后足基节端部、后足第 2~4 跗分节，黑色部分为：前中足胫跗节后侧、各足爪节端部、后足胫节端部小斑。触角窝上突明显隆起，头部背侧刻点密集、明显、无光泽；中胸背板和侧板具光泽，刻点分散。单眼中沟窄，后沟无；单眼后区稍隆起，两侧向后明显收敛，具宽浅中沟，宽大于长（2：1），侧沟深。触角等长于胸腹长之和，第 3 节短于第 4 节。中胸小盾片棱形，后侧下陷，光滑，光泽强。中窝沟状，基半部深，端半部不明显。

雄虫：体长 7.5~8.0 mm。雌虫红色部位在雄虫则替代为黑褐色或黑色，仅以下部分红褐色：内眶及后眶、腹部第 2~4 节极窄后缘、后足股节后侧条纹、后足胫节除端部外其余部分、后足基跗节基部；中胸侧板腹侧全部黑色，无白色条纹；腹部第 1 节背板和腹板大部分为白色。

分布：中国云南 – 缅甸边境，印度。

模式标本保存于瑞典斯德哥尔摩自然历史博物馆（NHRS）。

26. 锈斑方颜叶蜂 *Pachyprotasis rubiginosa* Wei & Nie, 1999（图 2-26）

Pachyprotasis rubiginosa Wei & Nie in Nie & Wei, 1999：110.

雌虫：体长 9.5 mm。体黑色，黄白色至黄褐色部分为：上唇、内眶及后眶底部、颜面中部、颚眼距、触角基部 2 节腹面、后胸前侧片后上角、后胸后侧片后半部、腹部第 1 节背板两侧、第 2~3 节背板前侧角；红褐色或锈褐色部分为：颜面两侧、上眶及相连的上眶斑、后眶上半部、单眼后区后缘、额区中部不规则斑、后头、前胸背板后叶、翅基片、中胸背板前叶两侧前半部、后胸后背板中部、腹部腹板中部、第 4~5 节背板大部；唇基大部红棕色；唇基端缘黑色；中胸小盾片及附片中部条斑、后胸小盾片后角和腹部基部腹板黄褐色；上唇中部具大的黑褐色斑。前足浅褐色，基节、转节和股节基部的外侧全部黑色，胫节和第 1~4 跗分节背侧具细长黑条斑；端跗节端部黑色；中足黑色，转节腹侧黄白色，股节腹侧褐色，胫节和跗节的腹侧浅黄褐色；后足基节背侧基部及腹侧上的不规则斑、转节腹侧、股节基部 1/9 和内侧全部、胫节端部 1/6、基跗节除基部及端部外其余部分均为黑色，股节外侧端部 8/9 和胫节基部 5/6 红褐色，第 2~5 跗节黄白色，端跗节端部黑色。翅浅烟色、透明，翅痣前缘和前缘脉浅褐色，翅痣中后部暗褐色，其余翅脉大部黑褐色。

唇基刻点大、稍浅，上唇刻点稍小、分散；头部背侧区域刻点大、粗糙，刻纹致密，光泽较弱。中胸背板刻点密集，具细密刻纹，光泽弱；中胸前侧片下部刻点和刻纹细密，光泽较强，上部刻点大、深、明显；中胸后上侧片前部刻纹粗糙，光泽较弱，后部光滑，几无刻点及刻纹，光泽较强；中胸侧板刻点浅弱，光泽明显；中胸小盾片刻点弱，光泽较暗；附片及后胸背板光滑，光泽强。腹部背板刻点浅弱、模糊，刻纹及光泽明显。后足基节刻点极其浅弱。

上唇宽大，端部截形，中间具微浅缺口；唇基缺口宽，深约为唇基 1/3 长，底部钝直，侧叶尖小；颚眼距短于单眼直径；复眼内缘向下微收敛；触角窝上突不发育；额区微隆起，侧面观低于复眼，额脊宽、钝；中窝沟状，伸达中单眼，侧窝稍浅；单眼中沟深、明显，后沟痕迹状；单眼后区隆起，约与内眶等宽，宽 1.6 倍于长，侧沟稍深，向后分歧；背观后头两侧强烈收敛。触角丝状，长于胸腹部之和，第 3 节稍长于第 4 节（45∶43），鞭节端部数节侧扁，中部宽于端部。中胸小盾片近棱形隆起，侧脊圆滑，附片具纵脊；后足基跗节长于其余跗分节之和；后足跗节不膨大，爪内齿微长于外齿。前翅臀室中柄等长于基臀室，2 倍于 R+M 脉段长；后翅臀室柄等于 cu-a 脉 1/2 长。

锯鞘长于中足基跗节长，端部椭圆形，鞘端长于鞘基。锯腹片 22 刃，中部刃齿式为 2~3/10~12，锯刃倾斜，稍凸出。

雄虫：未知。

分布：中国湖北（宜昌），河南（内乡、嵩县）。

检查标本：正模：♀，河南内乡宝天曼，N 33°30′，E 111°56′，1 800 m，1998.Ⅶ.12，肖炜采。

鉴别特征：该种近似 *P. rufocephala* Wei，但触角第 3 节稍长于第 4 节；中胸侧板黑色，基部无白斑，腹侧白色；头部背侧大部分黑色，中胸背板黑色，仅胸部背板前叶两侧及中胸小盾片两侧红棕色；腹部黑色，第 4~5 节背板大部红褐色，腹部中部具红褐色；唇基大部红棕色；单眼后区无中沟，中胸前侧片上部刻点大、深、明显等特征易与之区别。

27. 红翅基方颜叶蜂 *Pachyprotasis rufotegulata* Zhong & Wei, 2010〔图 2-27〕

Pachyprotasis rufotegulata Zhong & Wei, 2010:15.

雌虫：体长 7.5 mm。体红褐色；白色部分为：上唇、唇基两后侧、唇基上区中部、颚眼距、内眶、附片中部纵形条斑、后胸侧板后大半部、腹部第 10 节背板端部三角形斑；黑褐色至黑色部分为：单眼三角区、触角第 1~2 节背侧不规则斑、第 3~9 节除腹侧浅褐色窄条纹外其余部分、复眼、中胸前侧片底部宽的横斑及腹板沟、中胸侧板沟及其邻近后侧片部分、后胸侧板基部、腹部各节背板两侧端部不规则斑、各节腹板后部、锯鞘基除腹缘外其余部分；腹部第 10 节背板端部三角形斑、锯鞘基腹缘及锯鞘端黄棕色。前、中足黄棕色，基节除基部不规则黑斑及浅黄斑外其余部分、转节、股节基部黄白色，股节背侧全长具宽的黑色条斑，胫跗节背侧具模糊窄黑条纹，后足红褐色，基节除基部背侧及腹侧不规则黑斑外其余部分、转节、股节基部 2/7、基跗节端部至端跗节基大半部黄白色，股节端部内侧具暗褐色条斑，胫节端缘黑褐色。翅透明，前缘脉及翅痣外缘浅褐色，翅痣其余部分深褐色，其余翅脉黑色。

唇基及上唇刻点稀疏、浅、稍大；头部背侧刻点密集、稍深，刻纹粗糙，具光泽。中胸背板刻点细小，刻点间距小于或等于刻点直径，具光泽；中胸前侧片上部刻点大小与头部刻点相似，但较之分散，刻纹密致，下部刻点细弱，光泽明显，后侧片外部刻纹显著，内部光滑无刻点及刻纹，光泽强；后胸侧板刻点极其浅弱，分散，具光泽；中胸小盾片刻点较中胸背板稍大，刻纹明显，光泽暗；附片具刻纹，刻点不明显，光泽弱。腹部背板中部几无刻点，两侧刻点浅弱、稀疏，光泽明显。后足基节光滑，刻点极其浅弱，不明显。

上唇大，端部截形；唇基缺口弧形，深为唇基 1/3 长，侧叶锐三角形；颚眼距稍长于单眼直径；复眼内缘向下收敛不明显；触角窝上突不发育；额区隆起，侧面观等高于复眼，额脊宽钝；中窝沟状，基半部深、明显，端半部浅、不明显，侧窝深；单眼中沟深、明显，后沟痕迹状；单眼后区隆起，宽长比为 11：7，侧沟深、弧形；背观后头两侧强烈收敛。触角丝状，稍短于胸腹部之和，第 3 节微长于第 4 节（21：20），鞭节侧扁。中胸小盾片棱形隆起，侧脊锐利，附片中纵脊不明显。后足基跗节长于其余跗分节之和，爪内齿明显短于外齿；前翅臀室中柄明显长于 R+M 脉段（13：8）；后翅臀室柄短于 cu-a 脉 1/2 长。

锯鞘略短于中足基跗节长，端部尖圆形，鞘端略长于鞘基。锯腹片 20 刃，中部刃齿式为 2/6~5，锯刃低平。

雄虫：未知。

分布：中国四川（康定）。

检查标本：正模：♀，四川康定跑马山，N 30°01′，E 101°58′，2 505 m，2005.Ⅶ.29，肖炜采。

鉴别特征：该种近似于 *P. kalatopensis* Saini & Kalia，但触角鞭节除腹侧浅褐色窄条纹外其余部分黑色；唇基中部及唇基上区两侧具红褐色斑；中胸前侧片底部具宽的黑色

横斑；后足基节黄白色，无红斑；单眼后区无中纵沟；中胸侧板具刻点等特征易与后者区别。

28. 红腹方颜叶蜂 *Pachyprotasis rufigaster* Zhong & Wei, 2010（图 2-28）

Pachyprotasis rufigaster Zhong & Wei, 2010: 3.

雌虫：体长 7.5 mm。头及胸部黑色，黄白色部分为：上唇除端部外其余部分、中窝及其邻近颜面、触角窝以下颜面、内眶宽的底半部及后眶宽的底大半部、内眶上部狭边及相连的上眶斑、后头除中部下侧、触角柄节腹侧、前胸背板底大半部、翅基片除后缘、中胸背板前叶两侧"V"形斑、侧叶中部大的蝴蝶形斑及两后侧缘、中胸小盾片、附片、后胸背板中部及两后侧缘、后胸小盾片、后胸后背板中部前缘、中胸侧板除侧板沟外其余部分、后胸侧板；上唇端部、唇基、后胸后上侧片、胸部腹板浅黄褐色，触角腹侧暗褐色；腹部褐色，第 1~2 节背板及 5~7 节背板两侧基部具大的黑斑，第 1 节背板后部两侧宽的横斑及缘折部分、第 6~7 节背板缘折部分、第 8~9 节背板除中部宽的三角形斑外其余部分黄褐色；锯鞘基腹缘及鞘端褐色，鞘基除腹缘外其余部分黑色。前、中足黄褐色，股节基部至基跗节后背侧具黑色条纹，第 2~3 跗分节背侧具模糊窄暗褐色条纹，端跗节端缘黑色；后足红褐色，基节黄白色，腹侧及背侧具大的不规则褐色斑块，基节内侧、外侧近端部具窄黑条纹、转节外侧不规则斑、股节端部 2/5 内侧、胫节端部 1/8、端跗节端缘黑色。翅浅烟色，透明，翅痣及翅脉黑褐色。

上唇具少数几个浅、小刻点，唇基刻点稍大、浅、分散；头部背侧具明显油质光泽，刻点稍浅弱、分散。中胸背板刻点稍密集，中胸前侧片刻点较背板刻点大、分散，具明显光泽；中胸后上侧片刻纹及光泽明显，后下侧片刻点稀疏、弱，具强光泽；后胸侧板光泽较暗，刻点稍浅弱。中胸小盾片具少数几个大、浅刻点，光泽明显；附片刻点大、明显，光泽稍弱。腹部背板刻纹明显，刻点浅弱、稀疏，光泽明显。后足基节外侧具大、明显刻点。

上唇宽大，端部截形，中间具浅缺口；唇基缺口底部平直，深为唇基 2/5 长，侧角钝；颚眼距约为单眼直径 2 倍；复眼内缘向下平行；触角窝上突不发育，额区隆起，侧面观略低于复眼，额脊钝圆；中窝及侧窝浅；单眼中沟及后沟宽浅；单眼后区稍隆起，宽稍大于长（4∶3），侧沟浅、直；后头短，两侧向后明显收敛。触角明显短于胸腹长之和，第 3 节长于第 4 节（17∶15），鞭节端部侧扁。中胸小盾片近棱形隆起，两侧脊基部明显，端部无；附片中脊锐利。后足基跗节稍长于其后 4 个跗分节之和，爪内齿等长于外齿。前翅臀室中柄明显短于基臀室，稍长于 R+M 脉段；后翅臀室柄稍短于 cu-a 脉段 1/2 长。

锯鞘稍短于后足基跗节，端部长圆形，鞘端稍长于鞘基。锯腹片 22 刃，中部刃齿式 3/14~15，锯刃倾斜。

雄虫：未知。

分布：中国青海（班玛），云南（丽江）。

检查标本：正模：♀，云南丽江云龙山，N 27°08′，E 100°12′，2 500 m，1996. Ⅵ. 15，卜文俊采。

鉴别特征：该种头部后头除中部下侧以外其余部分、中胸侧板除侧板沟外其余部分黄棕色；胸部背板黑色，中胸背板前叶两侧、侧叶中部蝴蝶形斑、中胸小盾片、附片及后胸小盾片黄白色；腹部背板除第 1~2 节背板及第 5~7 节背板两侧基部黑斑外其余部分褐色，腹部背板缘折部分以及腹板全部黄棕色；颚眼距约 2 倍于单眼直径；头部背侧及中胸侧板刻点深、分散，刻点间隙光滑等特征可与相近种区别开来。

29. 游氏方颜叶蜂 *Pachyprotasis youi* Zhong & Wei, 2010（图 2-29）

Pachyprotasis youi Zhong & Wei, 2010: 18.

雄虫：体长 6 mm。体黑色，白色至黄褐色部分为：触角窝以下部分、中窝及其邻近部分、上眶底半部及相连的后眶底大半部、触角腹侧全长、前胸背板后部、翅基片除后缘外其余部分、中胸背板前叶两侧“V”形斑、侧叶中部小斑、中胸小盾片除两侧、后胸小盾片中部条斑、中胸侧板下部及相连的中胸腹板、后胸侧板后部、腹部各节背板中部极窄后缘、各节背板缘折部分及各节腹板；腹部第 4~5 节背板褐色，附片中部具暗褐色条斑。足白色，黑色部分为：前、中足股节背侧以远部分、后足基节外侧条斑、股节内侧全长条斑及外侧端大半部条斑、胫节端部 2/9、基跗节除基缘及端缘外其余部分、端跗节端半部及爪节基部；后足股节端部 3/5 外侧及内侧部分、胫节基部 7/9、胫节距以及爪节端半部红棕色。翅浅烟色，透明，翅痣及翅脉黑褐色。

上唇及唇基刻点稀少、不明显；头部背侧刻点浅、稍大、分散，刻点间隙具显著刻纹，光泽明显。中胸背板刻点极其细密，具光泽；中胸前侧片刻点极其浅弱，不明显，光泽明显；中胸后上侧片刻纹及光泽明显，后下侧片光滑，无刻点及刻纹，具强光泽；后胸侧板刻点及刻纹不明显，光泽较强；中胸小盾片两侧刻点小、分散，中部无刻点，光泽稍弱；附片刻点无，刻纹细密，光泽稍强。腹部背板刻纹明显，刻点浅弱、稀疏，光泽明显；后足基节外侧刻点极其浅弱。

上唇端部弧形；唇基缺口底部弧形，深为唇基 2/5 长，侧角钝；颚眼距宽为单眼直径 3 倍；复眼内缘向下明显发散；触角窝上突不发育，额区隆起，侧面观略低于复眼，额脊钝圆；中窝浅沟状，伸达中单眼，侧窝浅；单眼中沟宽、浅，后沟无；单眼后区稍隆起，宽为长的 2 倍，侧沟稍深；后头短，两侧向后强烈收敛。触角短于胸腹长之和，第 3 节微长于第 4 节（37：36），鞭节强烈侧扁。中胸小盾片近棱形隆起，两侧脊不明显；附片中脊锐利。后足基跗节等长于其后 4 个跗分节之和，爪内齿稍长于外齿。前翅臀室中柄稍短于基臀室，2 倍长于 R+M 脉段；后翅臀室柄稍短于 cu-a 脉段 1/2 长。

雌虫：未知。

分布：中国贵州（梵净山）。

检查标本：正模：♂，贵州梵净山，N 28°00′，E 108°04′，2 200 m，2001. Ⅵ. 24，游章强采。

鉴别特征：该种胸部背板黑色，腹板黄白色，胸部背板具明显白斑；腹部第4~5节背板褐色；附片中部具暗褐色条斑；中窝浅沟状，伸达中单眼；中胸前侧片及后足基节刻点极其浅弱、不明显等特征可与相近的种类相区别。

30. 红端方颜叶蜂 *Pachyprotasis rubiapicilia* Wei & Nie, 1999（图2-30）

Pachyprotasis rubiapicilia Wei & Nie, 1999: 107.

雌虫：体长10.0 mm。体黑色，黄白色部分为：上唇、唇基、触角窝以下颜面、内眶及后眶底部、内眶上部狭边以及相连的上眶小斑、触角基部2节腹侧、中胸背板前叶后角、翅基片前角、中胸小盾片顶部、附片后部、后胸小盾片、后胸前侧片后上部及后缘、后胸后侧片大部、后胸腹板、腹部第10节背板大部、各节背板缘折大部及腹部腹板；上唇中部小斑、唇基端缘及中部模糊小斑黑褐色；腹部第4~8节背板背侧锈褐色。前、中足浅黄褐色，前足基节基部背侧、中足基节前侧、前、中足股节、胫节、跗节背侧均具黑色条斑，中足股节腹面锈褐色；后足基节、转节、股节基部1/5和跗节大部黄褐色，基节外侧具黑色条斑，股节内侧端半部、胫节端缘黑色，股节端部4/5及胫节除端缘外红褐色，胫节端距锈褐色，第1~2跗节除端部外暗褐色。翅烟灰色，前缘脉、翅痣前缘、R1和2r脉浅褐色，其余翅脉和翅痣下部黑褐色。体毛大部浅褐色。

唇基及上唇刻点浅、稍分散；头部背侧刻点密集、稍大、浅，刻纹细密，其余部分刻纹细弱。前胸背板后角、中胸背板前叶、中胸盾片及翅肩片具细密刻纹和细密刻点，光泽较弱；前胸背板下角光滑，刻点稀弱，光泽强；中胸小盾片顶部光滑，后缘和两侧具细密刻纹，刻点不明显，稍具光泽；附片光滑，光泽较强；中胸前侧片具细密刻纹，上部刻点稍大、浅，下部刻点细弱，光泽强；中胸后上侧片具显著刻纹，中胸后下侧片和后胸背板光滑，光泽较强。腹部背板刻点浅、稍大、密集，刻纹及光泽明显。后足基节刻点极其浅弱。

上唇宽大，端部钝截形；唇基微隆起，缺口深达唇基长的2/5，底部平直，侧叶尖小；额眼距等于单眼直径；复眼内缘向下微弱收敛；颜面微隆起，侧面观明显低于复眼；触角窝上突低平，以浅弱斜沟与触角窝分开；额脊宽钝，中窝极深，伸达中单眼，侧窝浅沟状；单眼中沟非常细弱，后沟消失；单眼后区稍隆起，约与内眶等宽，宽2倍于长，侧沟较深，向后稍分歧；背观后头两侧极短且强烈收敛。触角丝状，约等长于胸腹部之和，第3节、第4节等长，鞭节侧扁。中胸小盾片圆钝形隆起，两侧脊基部锐利、端部圆滑；附片具细弱中脊。后足跗节不膨大，基跗节长于其后各跗分节之和，爪内外齿几乎等长。前翅臀室中柄稍短于基臀室长，2倍于R+M脉段；后翅臀室柄为cu-a脉段1/2长。

锯鞘短于中足基跗节，端部长椭圆形，鞘端约 2 倍于鞘基长。锯腹片 21 刃，中部刃齿式为 2/9~11，锯刃低，稍凸出。

雄虫：未知。

分布：中国河南（内乡、栾川）。

检查标本：正模：♀，河南内乡宝天曼，N 33°30′，E 111°56′，1 600 m，1998.Ⅶ.15，魏美才采。

鉴别特征：该种头胸部黑色，仅触角窝以下部分、中胸背板前叶箭头形小斑、中胸小盾片附片和后胸小盾片黄白色；唇基端缘黑色；腹部背板红褐色，前 3 节黑色；后足基节至股节基部 1/5 黄白色，基节外侧具明显黑色条斑；后足股节、胫节和基跗节基大部分红褐色；触角第 3 节等长于第 4 节；中窝沟状，伸达中单眼等特征可与相近种区别。

31. 斑背板方颜叶蜂 *Pachyprotasis maculotergitis* Zhu & Wei, 2008（图 2-31）

Pachyprotasis maculotergitis Zhu & Wei, 2008: 176.

雌虫：体长 9.0 mm。体黑色，黄白色部分为：上唇、唇基、唇基上区、内眶及后眶底部、内眶上部狭边及上眶模糊小斑、触角柄节腹侧、翅基片基缘、中胸背板前叶中部小斑、中胸小盾片中部、附片端部小斑、后胸小盾片后部、后胸前侧片后上角、后侧片上部及后部、中胸腹板中部、后胸腹板、腹部第 3~6 节背板后缘中部三角形小斑、第 10 节背板大部分、第 1 节及第 4~7 节背板缘折部分、第 2~3 节背板前侧角及各节腹板后部；上唇及唇基中部各具黄褐色斑；腹部第 3 节背板端部至第 5 节背板端部及其缘折部分褐色，具黑斑，锯鞘基红褐色。足黄白色，黑色部分为：前中足基节外侧条斑、股节至跗节背侧全长、后足基节外侧全长条斑、后足胫节端缘、各足端跗节端部；后足股节端部 7/8、胫节除端缘外其余部分红褐色；中足股节端部 2/3、胫节基部 2/3 内侧、后足胫节距以及基跗节除端部外其余部分褐色。翅烟灰色，前缘脉、翅痣上部、R1 和 2r 脉浅褐色，翅痣下部暗褐色，其余翅脉黑褐色。

唇基刻点浅弱、模糊；头部背侧刻点密集、稍大，刻点间隙具明显刻纹，光泽较弱。中胸背板刻点细密，光泽弱；中胸前侧片上部刻点大小与头部背侧刻点相似，但较之稍浅，刻点间隙较之光滑，下部刻点细密，光泽强；后上侧片刻纹显著，无光泽，后下侧片光滑，刻点及刻纹不明显，光泽较强；后胸前侧片刻点细弱，光泽较弱，后侧片刻点较之稍大、浅、分散，刻点间隙较光滑，刻纹不明显，光泽较强；中胸小盾片刻点少、浅，刻点间隙光滑，附片刻纹明显，均具光泽。腹部背板刻点大小与中胸前侧片上部刻点相似，但较之分散，具微刻纹，光泽稍弱。后足基节外侧刻点大小与头部刻点相似，稍深。

上唇端部近弧形；唇基缺口底部近平直，深约为唇基 1/3 长，侧角锐；颚眼距宽于单眼直径；复眼内缘向下略微内聚；触角窝上突不发育；额区稍隆起，额脊钝；中窝沟状、伸达中单眼，侧窝稍深；单眼中沟稍浅，后沟痕迹状；单眼后区隆起，宽大于长（3∶2），

侧沟较深，向后稍分歧；后头极短，头部背后观两侧向后强烈收敛。触角约等长于胸腹部之和，第3节略长于第4节（35：32）。中胸小盾片圆钝形，稍隆起，两侧脊钝圆；附片中脊锐利。后足基跗节长于其后4个跗分节之和，爪内齿短于外齿。前翅臀室中柄短于基臀室，约为R+M脉段的2倍长；后翅臀室柄稍长于cu-a脉段的1/2长。

锯鞘长于中足基跗节，端部椭圆形，鞘端稍长于鞘基。锯腹片22刃，中部刃齿式为2/8~9，锯刃凸出。

雄虫：未知。

分布：中国陕西（西安、镇安、佛坪）。

检查标本：正模♀，陕西镇安，N 33°24′，E 109°08′，1 300~1 600 m，2005. Ⅶ. 10，杨青采；副模：1♀，采集地点、采集者同前。

鉴别特征：该种体色与构造近似 *P. rubiapicilia* Wei & Nie，但腹部背板黑色，第3~5节背板红褐色，后缘中部具白色三角形小斑；中胸侧板腹侧具明显黄白斑；锯腹片中部刃齿式为2/8~9，锯刃突出等特征可与之区别。

32. 褐斑方颜叶蜂 *Pachyprotasis fulvomaculata* Wei & Zhong, 2002（图 2-32）

Pachyprotasis fulvomaculata Wei & Zhong, 2002: 224.

雌虫：体长 7.5 mm。体黑色，黄白色部分为：上唇、唇基、唇基上区、内眶及后眶底部、触角基部2节腹面、中胸背板前叶端部近箭头形斑、侧叶中部蝴蝶形斑、中胸小盾片除两侧、附片中后部、后胸小盾片中部大部分、后胸前侧片上部、后侧片除前缘、腹部第1节背板缘折部分、第2节背板前侧角；内眶上半部、额区前半部、中窝、翅基片及腹部第10节背板浅褐色；腹部第4~8节背板背部及缘折部分、各节腹板及锯鞘基红棕色；腹部第2节、第3节背板缘折部分及第3节背板中部具锈褐色斑。足黄褐色，前中足股节至爪节背侧全长具黑条纹，后足股节端部内侧2/3具锈褐色斑，胫节端缘、端跗节端部及爪节黑色，中足股节端部2/3褐色，后足股节端部3/4除内侧、胫节除端缘、胫节距以及基跗节除端部外其余部分红褐色。翅透明，前缘脉、翅痣前缘、R1及2r脉浅褐色，翅痣其余部分及其余翅脉黑色。

唇基刻点浅弱、模糊；头部背侧刻点密集、稍大，刻纹致密，光泽较弱。中胸背板刻点细密，光泽弱；中胸前侧片光滑，刻点浅弱，光泽强，后上侧片刻纹显著，无光泽，后下侧片光滑无刻点及刻纹，光泽较强；后胸前下侧片刻点密集、浅弱，光泽稍弱，后上侧片光滑，刻点微弱、不明显，光泽较强；中胸小盾片刻点稀少、浅弱，具光泽；附片刻纹明显，光泽强；腹部背板刻点不明显，具微刻纹，光泽明显；后足基节外侧上部刻点稍大，下部刻点浅弱。

上唇宽大，端部截形；唇基缺口底部近平直，深为唇基2/5长，侧角锐；颚眼距宽大于单眼直径；复眼内缘向下稍内聚；触角窝上突不发育；额区稍隆起，侧面观低于复眼，额脊钝；中窝沟状、伸达中单眼，侧窝浅；单眼中沟非常细弱，后沟消失；单眼后区隆起，宽约为长的 2 倍，侧沟较深，向后稍分歧；后头极短，头部背后观两侧向后强烈收敛。触角约等长于胸腹部长之和，第 3 节略长于第 4 节（33：32），鞭节端部数节侧扁。中胸小盾片棱形，低平，两侧脊明显；附片中脊基部锐利，端部平滑；后足基跗节长于其后 4 个跗分节之和，爪内齿明显短于外齿。前翅臀室中柄短于基臀室，长于 R+M 脉段的 2 倍；后翅臀室柄稍长于 cu-a 脉段 1/2 长。

锯鞘稍长于中足基跗节，端部椭圆形，鞘端明显长于鞘基。锯腹片 22 刃，中部刃齿式为 2/4~5，锯刃稍凸出。

雄虫：未知。

分布：中国河南（卢氏、嵩县、栾川），陕西（佛坪）。

检查标本：正模：♀，河南卢氏大块地，N 33°45′，E 110°59′，1 700 m，2001. Ⅶ.21，钟义海采。

鉴别特征：该种与 *P. rubiapicilia* Wei & Zhong 近似，但唇基及上唇全部黄白色，无黑斑；后足股节基部黄色部分长于股节 1/4 长；腹部第 4~8 节背板及腹板全部红褐色；触角第 3 节长于第 4 节；中胸前侧片上部刻点浅、小等特征可与之区别。该种与 *maculotergitis* Wei & Zhu 也近似，但后者腹部背板黑色，仅第 3~5 节背板红褐色，后缘中部具白色三角形小斑；中胸侧板腹侧具明显黄白斑；后足股节仅基部 1/5 处黄白色等特征与可之区别。

33. 江氏方颜叶蜂 *Pachyprotasis jiangi* Zhong & Wei, 2010（图 2-33）

Pachyprotasis jiangi Zhong & Wei, 2010: 6.

雌虫：体长 9.5 mm。体黑色，黄白色部分为：上唇除中部暗褐色小斑外其余部分、唇基两侧缘、触角窝以下颜面、内眶底部及后眶底部内侧、内眶上部狭边及相连的上眶斜斑、触角基部两节腹侧、中胸小盾片顶部、后胸小盾片、后胸后侧片后部、腹部第 1 节背板缘折部分、第 2~3 节背板缘折部分基部及第 10 节背板后缘；唇基暗褐色；后眶底部外侧、前胸背板基部及外缘、翅基片、附片黑褐色；腹部第 4~5 节背板、第 6 节背板基部、第 4~5 节腹板及锯鞘端红棕色；唇基、第 2~3 节背板及第 6 节背板缘折部分、第 7~9 节背板后侧缘、第 10 节背板大部分暗褐色。前、中足基节黑色，转节黄白色，转节内、外侧具暗褐色斑，股节及胫节红棕色，股节端部 2/5 外侧具暗色斑，跗节黄棕色；后足红褐色，基节、胫节端部 1/6 黑色，转节、股节基缘黄白色，股节端部内侧具黑斑，基跗节端半部及其后各跗分节浅黄白色。翅透明，前缘脉浅褐色，翅痣及其余翅脉黑褐色。

上唇刻点小，唇基刻点大、浅；头部背侧刻点大、密集、粗糙，具油质光泽。中胸背板刻点密集、稍大，具油质光泽；中胸前侧片上部刻点大、密集、粗糙，下部刻点稍小、密集，具明显光泽，后上侧片刻纹显著，刻点稀疏，稍具光泽，后下侧片刻纹细密，刻点

大、分散，光泽稍强；后胸前侧片刻点密集，刻纹明显，光泽稍弱，后侧片光滑，刻点大、浅、稀疏，光泽较强；中胸小盾片顶部光滑，刻点不明显，两侧刻点浅、分散，具光泽；附片刻纹细密，无刻点，光泽稍强。腹部背板刻纹细密，两侧刻点稍小、分散，具光泽。后足基节刻点密集、大、粗糙。

上唇宽大，端部截形；唇基缺口底部平直，深约为唇基 1/3 长，侧角锐；颚眼距宽于单眼直径；复眼内缘向下内聚，内眶底部稍隆起；触角窝上突不发育，额区稍隆起，侧面观低于复眼，额脊钝圆、不明显；中窝浅沟状，但不伸达中单眼，侧窝底部稍深，端部浅；单眼中沟及后沟宽、浅；单眼后区隆起，宽大于长（17：11），侧沟浅；头部背后观两侧向后明显收敛。中胸小盾片圆钝形隆起，具宽浅中沟；附片中脊宽钝隆起。后足基跗节长于其后 4 个跗分节之和。前翅臀室中柄稍长于基臀室 1/2 长，长于 R+M 脉段（5：4）；后翅臀室柄长于 cu-a 脉段 1/2 长。

锯鞘明显短于后足基跗节，但长于中足基跗节，端部长椭圆形，鞘端长于鞘基。锯腹片细长，18 刃，中部刃齿式为 2/10~11，锯刃稍凸出，刃齿短小。

雄虫： 未知。

分布：中国湖北（十堰）。

检查标本：正模：♀，湖北武当金顶，N 32°65′，E 110°08′，1982. Ⅶ . 7，采集人不详。

鉴别特征：该种体大部黑色，仅中胸小盾片中部及后胸小盾片浅褐色；腹部第 4~5 节背板及腹板全部和第 6 节背板基部红褐色；后胸侧板后部、第 1 节腹板缘折部分及第 2~4 节背板气门附近小斑黄白色；唇基暗褐色；前、中足股节及胫节红棕色，跗节黄棕色；中胸小盾片具宽浅中沟；头部背侧及中胸侧板刻点密集、大、粗糙等特征易与其他相近种区别。

34. 周虎方颜叶蜂 *Pachyprotasis zhouhui* Zhong & Wei, 2010（图 2-34）

Pachyprotasis zhouhui Zhong & Wei, 2010: 26.

雄虫：体长 6.0 mm。体黑色，白色部分为：上唇、唇基、触角窝以下颜面、中窝两侧小斑、内眶底半部及后眶底部、触角腹侧全长、翅基片基部、中胸背板前叶两侧 "V" 形斑、侧叶中部蝴蝶形斑、中胸小盾片中部、附片除两侧缘、中胸前侧片基部近腹侧 1 个不规则斑、后胸前侧片后上角及相连后侧片的后下角、腹部第 8 节背板端部小型三角形斑；额唇基沟中部及颊基沟黑色；腹部第 4~5 节背板及第 3~4 节腹板红棕色；第 6 节背板及第 5 节腹板基部具不规则红棕色斑。前、中足白色，前足基节背侧、股节至跗节背侧全长、中足基节基部、股节背侧全长、胫节端部至跗节背侧全长黑色，前足胫节、胫节距、跗节、中足胫节距及跗节浅黄色；中足胫节黄棕色；后足红褐色，基节端缘、转节背腹侧、股节基部 3/10 白色，基节除端缘、转节及相连的股节基部内外侧不规则斑、股节端部 7/10 内侧、胫节端部 3/11 以及端跗节端部黑色，第 2 跗分节至端跗节基半部黄棕色。翅浅烟色，透明，翅痣及翅脉黑褐色。

上唇及唇基刻点小、浅；头部背侧刻点密集，刻纹细密，具油质光泽。中胸背板刻点细密，稍具光泽；中胸前侧片上部刻点大小与头部背侧刻点相似、密集，下部刻点细密，具明显光泽，后上侧片刻纹显著，光泽稍弱，后下侧片光滑，刻纹及刻点不明显，光泽较强；后胸前侧片刻点密集、浅弱，刻纹明显，光泽稍弱，后侧片刻点不明显，刻点间隙光滑，光泽较强；中胸小盾片顶部刻点不明显，两侧具浅弱刻点；附片刻纹细密，无刻点。腹部背板光泽强，刻纹细密，刻点浅弱。后足基节刻点浅弱、密集。

上唇端部截形；唇基缺口底部弧形，深于唇基 1/3 长，侧角稍钝；颚眼距明显宽于中单眼直径；复眼内缘向下平行，内眶底部隆起；触角窝上突不发育，额区明显隆起，侧面观略高于复眼，额脊钝圆；中窝沟状，基部深，端部浅，伸达中单眼，侧窝浅；单眼中沟及后沟浅；单眼后区隆起，宽为长的 2 倍，侧沟稍深；头部背后观两侧向后明显收敛。触角略长于胸腹部之和，第 3 节略长于第 4 节（33∶32），触角强烈侧扁。中胸小盾片近棱形，稍隆起，端部向后倾斜，两侧脊基部明显，端部平滑；附片中脊锐利。后足基跗节稍短于其后 4 个跗分节之和，爪内齿短于外齿。前翅臀室中柄短于基臀室，长于 R+M 脉段（27∶15）；后翅臀室柄稍长于 cu-a 脉段 1/2 长。

雌虫： 未知。

分布：中国云南（德钦、丽江）。

检查标本：正模：♂，云南德钦，N 27°49′，E 99°32′，3 200 m，2004.Ⅶ.15，周虎采；副模：1♂，云南丽江玉龙雪山牦牛坪，N 27°08′，E 100°12′，3 100 m，2004.Ⅶ.23，周虎采。

鉴别特征：该种近似 *P. rufocinctilia* Wei，但后足股节红褐色，端部内侧具黑褐色斑；后足基节外侧无白斑，胫节除极窄端部黑色外其余部分红褐色；后胸侧板全部黑色，无白斑；中窝沟状，基部深，端部浅，伸达中单眼；抱器及阳茎瓣形状明显与之不同等特征可与之区别。

35. 红环方颜叶蜂 *Pachyprotasis rufocinctilia* Wei, 1998（图 2-35、图 2-36）

Pachyprotasis rufocinctilia Wei in Wei & Nie, 1998: 168.

雄虫： 体长 7.0 mm。体黑色，白色部分为：头部触角窝以下部分、中窝及邻近部分、内眶及后眶底半部、触角腹侧全长、前胸背板后侧缘、翅基片基部、中胸小盾片中部、附片及后胸小盾片中部纵形斑、中胸前侧片前缘大斑、后胸前侧片后上缘、后侧片后半部及中胸腹板中部大斑；腹部第 3~5 节背板中部及缘折部分、第 1~6 节腹板红褐色，第 3~5 节背板两侧具暗褐色斑；前、中足黑褐色，基节前侧、转节、股节至第 4 跗分节前侧及端跗节基部黄白色；后足黑色，黄白色部分为：基节端缘、转节除外侧黑斑、股节腹侧基

部 1/3、胫节距基部、基跗节基部及端部、第 2~4 跗分节以及端跗节基大半部；胫节基半部褐色。翅透明，前缘脉及翅痣外缘浅褐色，翅痣下部及其余翅脉黑褐色。

上唇及唇基刻点浅、分散；头部背侧刻点密集、粗糙，刻纹明显，光泽较弱。中胸背板刻点及刻纹密集，无光泽；中胸前侧片上部刻点稍分散、大、深，下部刻点稍小，具光泽；后侧片后背缘具显著刻纹，刻点浅弱，稍具光泽，前腹缘光滑无刻点，光泽强；后胸前侧片刻点细密，光泽较弱，后侧片刻点分散、稍大、浅，光泽稍强；中胸小盾片两侧具稀疏、细弱刻点，光泽稍弱；附片刻纹明显，光泽稍强。腹部背板刻点浅弱、稀少，光泽较强。后足基节刻点密集、深、明显。

上唇小，端部截形；唇基缺口截形，深约为唇基 1/3 长，侧角钝；颚眼距宽于单眼直径；复眼内缘向下平行，内眶底部隆起；触角窝上突不发育，额区明显隆起，侧面观等高于复眼，额脊钝圆、不明显；中窝基部坑状，端部沟状，但不伸达中单眼，侧窝浅沟状；单眼中沟浅弱，后沟无；单眼后区稍隆起，宽 2 倍于长，侧沟浅，向后分歧；头部背后观两侧向后强烈收敛。触角长于胸腹长之和，第 3 节长于第 4 节（13：12），鞭节强烈侧扁。中胸小盾片近棱形隆起，两侧脊不明显；附片中脊钝圆；后足基跗节等长于其后 4 个跗分节之和，爪内齿明显短于外齿。前翅臀室中柄约为基臀室 1/2 长，等长于 R+M 脉段；后翅臀室柄长于 cu-a 脉段 1/2 长。

雌虫：体长 8 mm。颜色与构造近似雄虫，不同点为：中胸前侧片及中胸腹板全部黑色，无白斑；后足基节外侧具明显白斑；触角鞭节全部黑色；触角鞭节不强烈侧扁，颚眼距窄于中单眼直径；锯鞘明显短于后足基跗节，端部尖圆形，鞘端约等长于鞘基。锯腹片 19 刃，无锯齿，纹孔线几乎与锯腹片平行，锯刃端部不强烈凸起。

分布：中国山西（永济），河南（嵩县、内乡、栾川）。

检查标本：正模：1♂，河南嵩县，N 33°54′，E 111°59′，1996.Ⅶ.19，魏美才采。

鉴别特征：该种体黑色，腹部第 3~5 节背板及第 2~6 节腹板红棕色；中胸小盾片除两侧外其余部分、附片、后胸小盾片及后胸后上部白色；后足基节、股节大部分黑色，后足基节基部外侧具白斑；中胸小盾片近棱形，隆起不明显，光滑无刻点；头部背侧刻点密集，刻纹明显，刻点间隙不光滑，中胸侧板刻点小、稍密集，刻纹不明显等特征可与其他相近种区别。

2.3.3 绿痣方颜叶蜂种团 *Pachyprotasis pallidistigma* group

种团鉴别特征：翅痣和前缘脉新鲜时绿色，干燥时浅褐色至土黄色；虫体新鲜时绿色，仅 1 个种类中胸侧板红色；干燥后大部分种类背侧黄白色或浅黄色，具窄小黑斑，少部分种类头背侧黑色或具大的黑斑；腹侧全部黄白色至浅黄色，或中胸侧板沟邻近区域黑色；足黄绿色，股节和胫节端部黑色或具黑斑。

目前，本种团已发现 20 种。其中，有 16 种分布于中国及中国云南 – 缅甸边境，1 种分布于老挝，4 种分布于印度，3 种分布于日本，另外，有 1 种广泛分布于日本、韩国和欧洲地区。本种团种类主要分布于中国北部高寒地区，向北延伸至日本和欧洲地区，部分种类向南延伸至中国的四川、云南、西藏等高海拔地区以及缅甸和印度。

中国已知种类分种检索表

1	胸部侧板黄白色，无红色部分；中胸侧板上部有时或具小的黑斑或侧板沟邻近区域黑色⋯⋯ **2**
	中胸侧板上半部红色，下半部黄白色；中胸腹板及中胸后侧片黑色。中国（西藏）
	⋯⋯⋯⋯⋯⋯⋯⋯⋯⋯⋯⋯⋯⋯⋯⋯⋯⋯⋯⋯⋯⋯⋯⋯ *P. pleurochroma* Malaise, 1945
2	后足黄白色，基节及股节外侧或具黑色条纹，无红色部分；后足胫节黑色或全长具黑色条纹；转节外侧无黑斑（如转节外侧具黑斑，后足通常外侧全长具黑色条纹）⋯⋯ **3**
	后足股节端部、胫节、跗节红棕色；后足胫节外侧无黑色条纹，转节外侧具黑斑；头部背侧刻点大、明显，刻点间具明显光泽。中国（青海、四川、云南、西藏）
	⋯⋯⋯⋯⋯⋯⋯⋯⋯⋯⋯⋯⋯⋯⋯⋯⋯⋯ *P. daochengensis* Wei & Zhong, 2007
3	中胸小盾片侧面观强烈隆起⋯⋯⋯⋯⋯⋯⋯⋯⋯⋯⋯⋯⋯⋯⋯⋯⋯⋯⋯⋯⋯ **4**
	中胸小盾片侧面低平或稍稍隆起⋯⋯⋯⋯⋯⋯⋯⋯⋯⋯⋯⋯⋯⋯⋯⋯⋯⋯ **5**
4	腹部背板黑色，各节背板后缘中部具 1 个三角形黄白斑；中胸前侧片和后侧片相连部位具 1 个黑色斜斑；头部上眶具 1 个黑斑，后头上部黑色。中国（河南）⋯⋯ *P. eleviscutelli* Wei & Nie, 1999
	腹部背板浅黄色，第 4~8 节背板两前侧各具 1 个大的黑斑；中胸侧板浅黄色，无黑斑；头部上眶及后头全部浅黄色，无黑斑。中国（河南、湖北）⋯⋯ *P. flavocapita* Wei & Zhong, 2002
5	中胸前侧片上部刻点细小或无，后足基节无黑斑或仅具 1 条黑色条纹⋯⋯⋯⋯⋯ **6**
	中胸前侧片上部刻点大、深，后足基节外侧具 2 条黑色条纹。中国（云南）
	⋯⋯⋯⋯⋯⋯⋯⋯⋯⋯⋯⋯⋯⋯⋯⋯⋯⋯⋯⋯ *P. bilineata* Zhong & Wei, 2012
6	腹部背板浅黄色，无黑斑，或仅第 2 背板基部具细小黑斑，其他背板无明显黑斑⋯⋯ **7**
	腹部背板黑色，各节背板后缘浅黄色，或腹部背板浅黄色，各节背板基部具明显黑斑⋯⋯ **11**
7	触角第 3 节等长于或长于第 4 节⋯⋯⋯⋯⋯⋯⋯⋯⋯⋯⋯⋯⋯⋯⋯⋯⋯⋯ **8**
	触角第 3 节明显短于第 4 节；雌虫单眼后区宽等于长，雄虫宽长比为 5：4。中国（云南）；缅甸，印度⋯⋯⋯⋯⋯⋯⋯⋯⋯⋯⋯⋯⋯⋯⋯⋯⋯ *P. vittata* Forsius, 1931
8	中胸背板浅黄色，中胸背板前叶及侧盾片各具 1 个大的椭圆形黑斑；雌雄虫单眼后区黑斑均较大
	⋯⋯⋯⋯⋯⋯⋯⋯⋯⋯⋯⋯⋯⋯⋯⋯⋯⋯⋯⋯⋯⋯⋯⋯⋯⋯⋯⋯⋯⋯⋯⋯ **9**
	中胸背板浅黄色，中胸背板前叶及侧盾片各具 1 个狭窄的黑色条纹；雌虫单眼后区黑斑较小，但在雄虫较大。中国（四川、云南、西藏）；印度 ⋯⋯ *P. pallens* Malaise, 1945
9	后足跗节黑色，雄虫各跗分节基部腹侧或具浅褐色条斑⋯⋯⋯⋯⋯⋯⋯⋯⋯ **10**
	后足基跗节基部及第 2~4 跗分节全部白色，有时第 3 跗分节端部 1/3 黑色。中国（四川）
	⋯⋯⋯⋯⋯⋯⋯⋯⋯⋯⋯⋯⋯⋯⋯⋯⋯⋯ *P. sichuanensis* Zhong & Wei, 2012
10	中窝伸达中单眼；雌雄虫触角腹侧均为浅黄色；锯刃基部明显凸起。中国（四川、云南）；亚洲（韩国、日本），欧洲［奥地利、捷克、爱沙尼亚、德国、英国、拉脱维亚、立陶宛、波兰、俄罗斯（西伯利亚）、斯洛伐克、瑞士］⋯⋯ *P. nigronotata* Kriechbaumer, 1874
	中窝不伸达中单眼；雌虫触角背腹侧黑色（雄虫未发现）；锯刃基部低平。中国（湖北）
	⋯⋯⋯⋯⋯⋯⋯⋯⋯⋯⋯⋯⋯⋯⋯⋯⋯⋯ *P. shennongjiai* Zhong & Wei, 2012
11	腹部背板黑色，各节背板后缘浅黄色或具窄的浅黄色三角形斑⋯⋯⋯⋯⋯⋯ **12**

腹部背板浅黄色，第 2~8 节背板中段各具 1 黑色条斑；头部浅黄色，额区后半部及相邻的单眼后区、侧窝黑色；胸部浅黄色，中胸背板前叶及侧叶各具 1 个椭圆形黑斑；后足浅黄色，基节及股节外侧具黑色条纹。中国（四川、云南）······························ *P. zhoui* Wei & Zhong, 2007

12	体长 7.5~10.5 mm；后足浅黄色，雌虫外侧无黑色条纹，雄虫外侧全长或具黑色条纹 ········13	
	体长 5.5~6.0 mm；后足浅黄色，雌雄虫外侧全长均具黑色条纹。中国（青海、西藏）；中国云南 – 缅甸边境）·································· *P. alpina* Malaise, 1945	
13	腹部背板黑色，后缘全部浅黄色·······································14	
	腹部背板黑色，各节背板中部具窄的浅黄色三角形斑。中国（宁夏、四川）；中国云南 – 缅甸边境，印度 ····························· *P. scalaris* Malaise, 1945	
14	雌虫···15	
	雄虫···17	
15	单眼后区宽为长的 1.2~1.5 倍·································16	
	单眼后区宽约为长的 2 倍。中国（甘肃）；印度，日本，俄罗斯（萨哈林岛）··· *P. longicornis* Jakovlev, 1891	
16	触角腹侧浅黄色；锯刃明显凸出。中国（内蒙古、山西、河南、陕西、宁夏、甘肃、青海、湖北、四川、云南、西藏）···························· *P. pallidistigma* Malaise, 1931	
	触角背腹侧均为黑色；锯刃倾斜。中国（河南、陕西、宁夏、甘肃、湖北、湖南）··· *P. qinlingica* Wei & Nie, 1999	
17	腹部各节背板端部各具 1 宽的黄绿色三角形斑，三角形斑伸达背板中部；中胸侧板浅黄色，无黑斑。中国（内蒙古、山西、河南、陕西、宁夏、甘肃、青海、湖北、四川、云南、西藏）··· *P. pallidistigma* Malaise, 1931	
	腹部各节背板端部各具 1 宽的浅黄色三角形斑，但不伸达背板中部；中胸侧板浅黄色，中胸侧板沟邻近区域黑色。中国（甘肃）；俄罗斯（萨哈林岛），印度，日本 ··· *P. longicornis* Jakovlev, 1891	

36. 稻城方颜叶蜂 *Pachyprotasis daochengensis* Wei & Zhong, 2007（图 2-37）

Pachyprotasis daochengensis Wei & Zhong, 2007: 209.

雌虫：体长 8.5~9.0 mm。体黄绿色，黑色部分为：额区后半部至单眼后区大部、侧沟、上眶后缘横斑、后头中区边缘、触角背侧全长、前胸背板中段、翅基片后缘、中胸背板前叶中部大斑、盾片除中部蝴蝶形斑外其余部分、盾侧凹除上缘外其余部分、后胸背板凹陷部分、中胸前侧片底部 1 个小型横斑、侧板缝中段、腹部第 1~7 节背板除两侧及端部宽的三角形斑外其余部分、锯鞘端缘。足黄绿色，后足股节端部、胫节和跗节大部红褐色，前、中足转节至跗节背侧全长具黑色条纹，后足基节内侧具 1 个大的黑斑，转节及相邻的股节基部外侧具模糊小黑斑，胫节末端、胫节距端部以及各跗分节端缘黑色。翅透明，前缘脉及翅痣黄绿色，其余翅脉黑色。

上唇及唇基具少数几个浅弱刻点，光滑，刻纹十分微弱；额区中后部及邻近的内眶部分刻点大、深且较密集，间隙刻纹微细，光泽较强；内眶大部及上眶大部刻纹较明显，刻点少且浅弱。中胸背板刻点不十分密集，光泽强；中胸小盾片顶面光滑，几无刻点，光泽强，后坡刻点稍多；附片刻点较密，光泽弱；后胸小盾片较光滑；中胸前侧片上部刻点稍大、不很深，中等密度，向下部刻点渐变浅弱，光泽强，中胸后侧片刻纹明显，光泽强；后胸后侧片刻点浅弱、稍分散，具刻纹，前侧片刻点间隙光滑，刻纹不明显，刻点细弱，光泽较强。腹部背板刻点十分浅弱，刻纹明显，具光泽。后足基节刻点较多、大，但较稍浅。

上唇端部近截形突出；唇基缺口底部截形，深约为唇基 2/7 长，侧角钝三角形；颚眼距约 3 倍于单眼直径；复眼内缘向下稍收敛；触角窝上突不隆起，额区低台状隆起，侧面观略低于复眼，中部平坦，额脊宽钝、模糊；中窝浅弱且小，侧窝深，纵沟状；单眼中沟及后沟不明显；单眼后区稍隆起，宽约为长的 2 倍，侧沟深，向后微弱分歧；头部背面观两侧向后几乎不收敛。触角短于胸腹部之和，第 3 节稍长于第 4 节（26：25）。中胸小盾片低台状隆起，顶面平坦，具低弱但明显的弧形横脊，附片中脊锐利，后胸小盾片低平，后缘横脊锐利。后足胫节内距等长于基跗节 1/2 长，基跗节微短于其后 4 个跗分节之和；爪内齿明显短于外齿。前翅 Cu-a 脉位于 M 室内侧 2/5 处，2Rs 室明显长于 1Rs 室，臀室中柄约等于或短于基臀室 1/3 长，通常稍长于 R+M 脉段，后翅臀室柄约等长于或稍短于 cu-a 脉段 1/2 长。

锯鞘等长于后足基跗节，末端具弱尖，鞘端较宽，稍长于鞘基。锯腹片 19 刃，中部刃齿式为 3/13~14，锯刃倾斜。

雄虫：未知。

个体差异：中胸前侧片全部黄绿色，底部无黑色横斑。

分布：中国青海（囊谦、称多、久治），四川（稻城、炉霍、石渠、康定、理塘），云南（德钦），西藏（八宿、左贡）。

检查标本：正模：♀，四川稻城北郊，N 28°24′，E 100°15′，3 700 m，2005.Ⅶ.21，肖炜采；副模：5♀，采集记录同正模。

鉴别特征：该种后足股节端部、胫节、跗节红褐色；后足基节内侧具 1 个大的黑斑，转节及相邻的股节基部外侧具模糊小黑斑纹；腹部背板黑色，第 1~7 节背板两侧黄绿色，端部具宽的黄绿色三角形斑；中胸小盾片低平，后缘具脊；头部背侧及中胸侧板刻点稍大、深，刻点间隙具明显刻纹及油质光泽等特征易与其他种类鉴别。

37. 红胸方颜叶蜂 *Pachyprotasis pleurochroma* Malaise, 1945

Pachyprotasis pleurochroma Malaise, 1945: 143.

Pachyprotasis pleurochroma: Saini, 2007: 74.

雄虫：体长 6.0 mm。中胸腹板、中胸前侧片、后胸侧板、前胸背板大部分、腹部各节背板基部 2/3、头部背侧大部分黑色，白色部分为：上唇、唇基、颚眼距、触角窝以下宽的内眶、中胸背板前叶纵形条斑、小盾片及附片中部纵形条斑、各节腹板宽的后缘、各节背板缘折部分基部大斑；中胸侧板上半部红褐色，下半部白色。足白色，黑色部分为：后足股节外侧窄的条斑、后足胫节端部 2/3、基跗节、端跗节端部；后足第 4 跗分节全部

及端跗节基部红色。触角黑色，雄虫腹侧白色；触角第 3 节亚等长于第 4 节。翅痣、前缘脉新鲜时绿色，干燥后变成浊黄色；雄虫翅痣和翅脉黑色、褐色或黄棕色，但透明；其余翅脉黑色。单眼后区平，侧沟窄，宽大于长（3∶2）。额区及邻近区域、中胸背板、中胸侧板刻点密集、明显。侧窝大、深、坑状；中窝缺。

雌虫：未知。

分布：中国西藏。

模式标本采于中国西藏，标本保存于瑞典斯德哥尔摩自然历史博物馆（NHRS）；部分标本保存于英国伦敦博物馆（BMNH）。

38. 绿腹方颜叶蜂 *Pachyprotasis pallens* Malaise, 1945（图 2-38、图 2-39）

Pachyprotasis pallens Malaise, 1945: 144.

Pachyprotasis pallens: Saini & Kalia, 1989: 147.

Pachyprotasis pallens: Saini, 2007: 68.

雌虫：体长 6.0~6.5 mm。体黄绿色，腹部黄褐色，黑色部分为：单眼三角区 1 个小的 "V" 形黑斑，两侧向前伸达额区前半部、触角背侧全长、中胸背板前叶中部及侧叶两侧中部各 1 个线形长斑、侧盾凹下部及中胸后背片；足黄绿色，后足基节黄褐色，前、中足股节端部背侧以远以及后足股节端部至胫节近端部背侧具窄黑色条纹，后足胫节端缘、各跗节除基部外其余部分黑色。翅透明，前缘脉及翅痣黄绿色，其他翅脉黑褐色。

上唇及唇基具少数几个浅弱刻点；头部额区及相连内眶刻点微弱、不明显，光泽稍弱。中胸背板刻点微弱，密集，光泽稍弱；中胸前侧片刻点微弱、分散，刻点间隙光滑，刻纹不明显，光泽强，后侧片刻纹明显，无刻点，光泽强；后胸侧板刻点浅弱，刻纹不明显，光泽强；中胸小盾片光滑无刻点及刻纹，光泽强，附片具微刻纹，刻点不明显，光泽强。腹部背板具刻纹，刻点浅弱、稀疏，光泽强。后足基节外侧刻点不明显。

上唇端部近截形；唇基缺口底部近截形，深为唇基 1/3 长，侧角锐；颚眼距宽于单眼直径的 2 倍；复眼内缘向下稍内聚；额区明显隆起，侧面观等高于复眼，额脊无；中窝沟状、浅，不伸达中单眼，侧窝深；单眼中沟浅，后沟无；单眼后区隆起，宽大于长的 1.5 倍，侧沟浅，向后分歧；后头两侧向后收敛不明显。触角稍短于胸腹部之和，第 3 节稍长于第 4 节（41∶38）。中胸小盾片棱形隆起，两侧脊锐利，顶部具微浅中沟；附片中脊基部低钝，端部无；后足基跗节短于其后 4 个跗分节之和，爪内齿短于外齿。前翅臀室为基臀室 1/2 长，约为 R+M 脉段长的 2 倍；后翅臀室柄长，稍长于 cu-a 脉段 1/2 长。

锯鞘短于后足基跗节，端部近椭圆形，鞘端长于鞘基；锯腹片 21 刃，中部刃齿式 2/11~12，锯刃倾斜，刃齿小。

雄虫：体长 5.5mm。体色和构造与雌虫近似，仅头部背侧黑斑较大，两侧延伸至内眶中部；腹部各节背板基部两侧具宽的黑斑，中部窄型相接；后足基节及股节外侧全长具黑色条纹；上唇小，唇基缺口浅弧形；颚眼距大于单眼直径的 3 倍，复眼内缘向下分歧，内眶底部明显隆起；单眼后区宽为长的 2 倍；触角鞭节强烈侧扁。

分布：中国四川（峨眉山、泸定），云南（丽江、中甸、德钦、贡山），西藏（拉格、墨脱、波密、亚东）；印度（Himachal Pradesh, Uttar Pradesh, Jammu, Kashmir）★，中国云南 – 缅甸边境★。

模式标本保存于瑞典斯德哥尔摩自然历史博物馆（NHRS）。

鉴别特征：体黄绿色，仅中胸背板前叶及侧叶各具 1 个线形黑色条纹；头部黑色，仅单眼区附近具黑斑；头部背侧及中胸背板光滑，刻点不明显；中胸小盾片隆起不明显，两侧脊锐利；锯刃低平等特征可与相近种区别。

39. 斑腹方颜叶蜂 *Pachyprotasis vittata* Forsius, 1931

Pachyprotasis vittata Forsius, 1931: 39.

Pachyprotasis vittata: Malaise, 1945: 144.

Pachyprotasis vittata: Saini, 2007: 68.

雌虫：体长 7.0~8.0 mm。头黄白色，额区上部及单眼后区黑色；雌虫触角黑色，雄虫触角腹侧浅褐色。胸部黄白色，黑色部分为：中胸背板侧叶和中叶各 1 个黑色斑块、腹部各节背板两侧横斑。足黄白色，各足股节端部半后侧以远具黑色条纹，后足胫节和跗节黑色。触角窝上突不隆起，头部光滑，具少数几个稀疏刻点；单眼中沟浅，后沟无；单眼后区不隆起，宽等长于长，向后不收敛，侧沟浅，但明显。 触角雌虫等长于胸腹长之和，第 3 节明显短于第 4 节（7 : 9）。中胸背板刻点小、密集，中胸侧板光滑，刻点不明显，具油质光泽；中胸小盾片棱形，但侧脊圆滑，光泽强。

雄虫：体长 6.0 mm。单眼后区不隆起，宽大于长（5 : 4），向后不收敛，侧沟浅，但明显。

分布：中国云南 – 缅甸边境，印度。

模式标本保存于奥地利维也纳自然历史博物馆。

40. 四川方颜叶蜂 *Pachyprotasis sichuanensis* Zhong & Wei, 2012（图 2-40、图 2-41）

Pachyprotasis sichuanensis Zhong & Wei, 2012: 12.

雌虫：体长 7.0 mm。头及胸部黄绿色，腹部黄褐色，黑色部分为：侧窝、额区及单眼后区除额区基部 1 个梯形斑以及单眼后区近端缘外其余部分、内眶内侧、触角背侧、中胸背板前叶及侧叶中部各 1 个长椭圆形大斑、盾侧凹下缘、后背片、后胸后背板两后侧缘、锯鞘端缘；触角鞭节腹侧黑褐色。足黄绿色，前、中足股节端大半部后背侧以远具窄黑色条纹，后足股节端部 2/5 内侧具宽的黑色条斑，胫节、基跗节、第 2 跗分节及第 5 跗分节端部黑色。翅透明，前缘脉、翅痣、R1 脉及 2r 脉浅绿色，其余翅脉黑褐色。

唇基、上唇及头部背侧刻点稀疏、浅、稍大，刻点间隙具明显刻纹及光泽。中胸背板刻点细弱、密度适中、具光泽；中胸前侧片刻点微弱、分散，刻点间隙光滑，光泽较强，后上侧片刻纹明显，后下侧片光滑，刻点及刻纹不明显，光泽较强；后胸侧板刻点微弱、不明显，刻纹密致，光泽稍弱；中胸小盾片及附片光滑无刻点及刻纹，光泽较强。腹部背板刻点浅弱、稀疏，刻纹明显，具油质光泽。后足基节外侧上部刻点微弱、不明显。

上唇大，端部截形；唇基缺口底部近截形，深约为唇基 1/3 长，侧角钝；颚眼距约为单眼直径的 2 倍；复眼内缘向下平行；触角窝上突不发育，额区稍隆起，侧面观低于复眼；中窝沟状，伸达中单眼，侧窝浅；单眼中沟浅，后沟无；单眼后区稍隆起，宽约为长的 2 倍，侧沟深，反弧形向后延伸；后头短，两侧向后明显收敛。触角稍长于胸腹部之和，第 3 节稍长于第 4 节（35 : 33）。中胸小盾片近棱形隆起，两侧具锐脊；附片中脊基部锐利，端部圆滑。后足基跗节等长于其后 4 个跗分节之和，爪内齿短于外齿。前翅臀室中柄短于基臀室长（37 : 27），为 R+M 脉段 2 倍长；后翅臀室柄长于 cu-a 脉段 1/2 长。

锯鞘明显短于后足基跗节，端部椭圆形，鞘端明显长于鞘基；锯腹片 21 刃，中部刃齿式为 2/19~21，锯刃低平，刃齿小、多。

雄虫： 体长 6.0~7.0 mm。体色和构造与雌虫差异较大。头部黄白色，额区及相邻的内眶、单眼后区及后头全部黑色；胸腹部背侧黑色，黄白色部分为：前胸背板除中段外其余部分、翅基片、中胸背板前叶两侧、侧叶蝴蝶形斑、中胸小盾片、盾侧凹上缘、附片、后胸小盾片、腹部各节背板中部及后缘、各节背板缘折部分；胸腹部腹侧黄白色。足黄白色，前中足股节背侧以远具黑色条纹，后足股节内侧具黑色条纹，后足胫节黑色，近端部具白环，各跗分节基部黄白色，其余部分黑色。颚眼距大于单眼直径的 3 倍，复眼内缘向下发散，内眶底部明显隆起；单眼后区宽为长的 2 倍；触角鞭节强烈侧扁。

分布：中国四川（峨眉山），西藏（波密、墨脱、樟木、林芝），云南（贡山、泸水）。

检查标本：正模：♀，四川峨眉山金顶，N 29°52′，E 103°33′，3 000 m，2001.Ⅶ.18，魏美才采；副模：1♀，采集信息同正模；1♀，四川峨眉山金顶，N 29°52′，E 103°33′，3 076 m，2006.Ⅶ.27，魏美才采；1♀，四川峨眉山雷洞坪，N 29°06′，E 103°04′，3 400 m，2006.Ⅶ.26，魏美才采；5♀，四川峨眉山接引殿，N 29°30′，E 103°18′，2 500~2 900 m，2009.Ⅶ.3，Blank 等采。

鉴别特征：该种近似 *P. pallens* Malaise，但中窝深沟状，伸达中单眼；头部黑斑较大；中胸背板前叶及侧叶各具 1 个长椭圆形黑斑；触角鞭节腹侧黑褐色；后足胫节全黑，第 3~4 跗分节全部黄绿色；锯腹片锯刃低平，刃齿小、多等特征易与之区别；该种与 *P. nigronotata* Kriechbaumer 也近似，但后足第 3~4 跗分节全部黄绿色；中胸小盾片棱形，侧脊锐利；头部刻点不明显等特征可与之区别。

41. 车前方颜叶蜂 *Pachyprotasis nigronotata* Kriechbaumer, 1874（图 2-42、图 2-43）

Pachyprotasis nigronotata Kriechbaumer, 1874: 51.

Pachyprotasis nigronotata: Benson, 1952: 128.

Pachyprotasis nigronotata: Scobiola-Palade, 1978: 198.

Pachyprotasis nigronotata: Enslin, 1912–1918: 131

Pachyprotasis nigronotata: Muche, 1968: 9.

雌虫：体长 8.0~9.0 mm。头及胸黄绿色，腹部黄褐色，黑色部分为：头部额区后缘至单眼后区前缘、后头中部模糊小斑、触角背侧全长、中胸背板前叶及侧叶中部各 1 大斑、后胸后背板两侧中部窄斑及锯鞘端缘；中胸盾侧凹底部深褐色。足黄绿色，黑色部分为：前、中足胫节背侧以远、后足股节内侧端部条斑、胫节基部背侧条纹、胫节端部、胫节距端部、各跗分节除基部外其余部分、爪节。翅透明，前缘脉、翅痣、R1 脉及 2r 脉黄绿色，其余翅脉黑褐色。

上唇及唇基刻点浅弱、稀少；头部背侧刻点稍大、浅、分散，刻纹细密，具明显油质光泽。中胸背板刻点和刻纹细密，光泽稍弱；中胸前侧片刻点极其浅弱、模糊，光泽明显，后上侧片刻纹显著，光泽稍弱，后下侧片刻点及刻纹不明显，光泽强；后胸侧板刻点微弱，刻纹不明显，光泽较强。中胸小盾片及附片具细密刻纹，刻点不明显，光泽强；腹部背板刻点稍大、浅、分散，具微刻纹，光泽明显；后足基节外侧片浅、弱刻点。

上唇宽大，端部截形，中部具微浅缺口；唇基缺口弧形，深约为唇基长 1/3，侧角钝；颚眼距 2 倍于单眼直径；复眼内缘向外稍发散，内眶底部隆起；触角窝上突不发育，额区隆起，侧面观略低于复眼，额脊钝圆、不明显；中窝沟状、浅，伸达中单眼，侧窝深、窄；单眼中沟宽、浅，后沟无；单眼后区隆起，宽约为长的 2 倍，侧沟浅、弧形；头部背后观两侧向后收敛不明显。触角短于胸腹长之和，第 3 节明显长于第 4 节（24：21），鞭节稍侧扁。中胸小盾片近钝形隆起，附片中脊稍锐利；前翅臀室中柄约为基臀室 1/2 长，明显长于 R+M 脉段（13：9）；后翅臀室柄稍短于 cu-a 脉段 1/2 长。

锯鞘长于中足基跗节，端部椭圆形，鞘端稍长于鞘基。锯腹片 21 刃，中部刃齿式为 2/5~7，锯刃明显凸出。

雄虫：体长 7 mm。体色和构造与雌虫近似，仅后足股节外侧全长具黑条纹，股节内侧端部无黑条纹；上唇小，唇基缺口浅弧形，深为唇基 1/4 长；颚眼距大于单眼直径的 3 倍，复眼内缘向下明显发散，内眶底部明显隆起；触角鞭节强烈侧扁。

分布：中国四川（稻城、康定），云南（德钦）；亚洲（韩国、日本），欧洲［奥地利、捷克、爱沙尼亚、德国、英国、拉脱维亚、立陶宛、波兰、俄罗斯（西伯利亚）、斯洛伐克、瑞士］。

检查标本：1♀1♂，借阅于德国昆虫博物馆（Senckenberg Deutsches Entomologisches Institut, Müncheberg, Germany），采集时间、地点不详。

模式标本保存于德国慕尼黑动物博物馆（ZSM）。

鉴别特征：该种与 *P. pallens* Malaise 均为腹部背板黄绿色的种类，但个体较大；中胸背板前叶及侧叶各具1个大的黑斑；中窝沟状伸达中单眼，触角鞭节侧扁；头部背侧刻点大；中胸小盾片侧脊钝圆等特征易与之区别。

42. 双纹方颜叶蜂 *Pachyprotasis bilineata* Zhong & Wei, 2012（图2-44）

Pachyprotasis bilineata Zhong & Wei, 2012: 2.

雌虫：体长10.5 mm。头及胸部黄绿色，腹部黄褐色，黑色部分为：额区除中窝及邻近区域外其余部分、单眼三角区、单眼后区除后缘、侧窝及相连的内眶部分、后眶上端、后头后侧中部不规则斑、触角除柄节腹侧外其余部分、前胸背板中段及两后侧角、翅基片后缘、中胸背板前叶除两侧"V"形斑外其余部分、盾片除中部蝴蝶形斑外其余部分、盾侧凹下部、中胸后背片、后胸后背板两后侧缘、中胸侧板沟、腹部各节背板基部横斑及锯鞘端缘；足黄绿色，黑色部分为：前中足基节至转节外侧模糊条斑、股节后背侧以远部分、后足基节内侧1条纹及外侧2条不相连的条纹、转节外侧模糊小斑、股节内侧全长宽的条斑及外侧全长窄条纹、胫节除近端部腹侧1个椭圆形小斑外其余部分、胫节距除基部外其余部分、基跗节除基缘、第2~5跗分节除基部腹侧外其余部分；后足胫节基部、基跗节基缘及腹侧窄形条斑黄褐色。翅透明，前缘脉、翅痣及R1脉浅绿色，其余翅脉黑色。

唇基、上唇具少数几个浅弱刻点；头部额区及邻近内眶刻点稍大、深、明显，刻点间隙具显著刻纹，光泽弱。中胸背板刻点密集，具光泽；中胸前侧片上部刻点稍大、深、明显，下部刻点细密，刻点间隙光滑无刻纹，光泽较强，后上侧片刻纹明显，后下侧片光滑无刻点，刻纹不明显，具油质光泽；后胸侧板刻点浅弱，刻纹不明显，光泽稍强；中胸小盾片顶部光滑无刻点，两后侧刻点稍大、明显，具油质光泽，附片光滑具少数几个大、浅刻点，刻纹不明显，光泽较强。腹部背板刻点浅弱、分散，刻纹明显，具油质光泽。后足基节外侧刻点稍小、密度适中。

上唇端部近弧形，中间具浅的缺口；唇基缺口底部近截形，深于唇基1/3长，侧角锐；颚眼距约1.5倍于单眼直径；复眼内缘向下收敛；触角窝上突不发育，额区隆起，侧面观低于复眼，额脊钝；中窝浅沟状，但不伸达中单眼，侧窝浅；单眼中沟浅，后沟无；单眼后区明显隆起，宽约2倍于长，侧沟深、直；后头短，两侧向后明显收敛。触角短于胸腹部之和，第3节稍长于第4节（28∶27）。中胸小盾片棱形隆起，顶部具浅弱中沟，两侧稍锐利，附片中脊锐利；后足基跗节明显长于其后4个跗分节之和，爪内齿等长于外齿。前翅臀室中柄约为基臀室长1/2长，约1.5倍于R+M脉段；后翅臀室柄稍长于cu-a脉1/2长。

锯鞘明显短于后足基跗节，端部窄长，鞘端长于鞘基；锯腹片21刃，中部刃齿式为0/6~7，锯刃低平。

雄虫：未知。

分布：中国云南（德钦）。

检查标本：正模：♀，云南德钦，N 27°49′，E 99°32′，3 200 m，2004. Ⅶ. 15，肖炜采。

鉴别特征：该种中胸侧板刻点大、深、明显，头部背侧刻点致密，刻纹明显；后足基节内侧具 1 黑色条纹及外侧具 2 条分离黑色条纹，后足股节内、外侧全长各具窄黑条纹；腹部背板黄绿色，各节背板基部黑色等特征可与其他相近种类区别。

43. 黄头方颜叶蜂 *Pachyprotasis flavocapita* Wei & Zhong, 2002（图 2-45）

Pachyprotasis flavocapita Wei & Zhong, 2002: 225.

雌虫：体长 11.0 mm。头及胸部黄绿色，腹部黄褐色，黑色部分为：额区端半部至单眼后区大部、后头后侧中部模糊小斑、触角除基部 2 节腹侧外其余部分、中胸背板前叶及侧叶中部各 1 个大斑、盾侧凹下部、后胸背板凹陷部分，腹部第 4~8 节背板两侧基部各 1 个横斑、锯鞘端缘。足黄绿色，黑色部分为：前中足股节端半部背侧以远细窄条纹、后足股节近端部内、外侧各 1 条细窄条纹、胫节内侧条斑及端部、胫节距及跗节。翅透明，前缘脉、翅痣、R1 脉、2r 脉及翅痣浅绿色，其余翅脉黑色。

上唇刻点不明显，唇基具少数几个大、浅刻点；额区及邻近的内眶刻点浅弱、分散，刻点间隙具微刻纹，光泽明显。中胸背板刻点和刻纹细密，具光泽；中胸前侧片上部刻点浅弱，稍密集，下部刻点极其微弱、不明显，刻点间隙光滑，光泽强，后上侧片刻纹明显，后下侧片光滑，刻点及刻纹不明显，光泽强；后胸前侧片刻点微弱，后侧片光滑几无刻点及刻纹，光泽强；中胸小盾片顶部光滑无刻点，两侧脊具少数几个浅弱刻点，光泽明显；附片光滑无刻点及刻纹，光泽强。腹部背板刻纹细密，刻点十分浅弱，光泽明显。后足基节外侧刻点稍大、浅。

上唇端部近弧形；唇基稍隆起，缺口近弧形，深为唇基 1/3 长，侧角宽钝；颚眼距 2 倍于单眼直径；复眼内缘向下稍内聚，内眶底部稍隆起；触角窝上突不明显，额区稍隆起，侧面观低于复眼，额脊钝圆；中窝宽、浅，伸达中单眼，侧窝稍深、沟状；单眼中沟浅，后沟痕迹状；单眼后区稍隆起，宽约为长的 2 倍，侧沟深，向后稍分歧；头部背后观两侧向后强烈收敛。触角短于胸腹长之和，第 3 节稍长于第 4 节（10∶9）。中胸小盾片棱形强烈隆起，两侧脊明显，附片中脊锐利；后足胫节内距长于基跗节 1/2，基跗节明显长于其后 4 个跗分节之和，爪内齿短于外齿。前翅臀室中柄长于基臀室 1/2 长，为 R+M 脉段的 2 倍长；后翅臀室柄短于 cu-a 脉段 1/2 长。

锯鞘明显短于后足基跗节，端部椭圆形，鞘端略长于鞘基。锯腹片 23 刃，中部刃齿式为 2/9，锯刃凸出。

雄虫：未知。

分布：中国河南（嵩县），湖北（宜昌）。

检查标本：正模：♀，河南嵩县白云山，N 33°54′，E 111°59′，1 800 m，2001. Ⅶ . 24，钟义海采。

鉴别特征：该种头部黄绿色，仅额区端半部至单眼后区大部、后头后侧中部模糊小斑黑色；胸腹部黄绿色，中胸背板前叶及侧叶各具 1 个大的椭圆形黑斑，腹部第 4~8 节背板两侧基部各具 1 个黑色横斑；足黄绿色，前、中足股节端部以远外侧具黑色条纹，后足股节仅近端部内、外侧具短黑条纹；中胸小盾片棱形强烈隆起，两侧脊钝；中窝宽、浅，伸达中单眼等特征与其他相近种明显区别开来。

44. 周氏方颜叶蜂 *Pachyprotasis zhoui* Wei & Zhong, 2007（图 2-46）

Pachyprotasis zhoui Wei & Zhong in Zhong & Wei, 2007: 208.

雌虫： 体长 8.5~9.5 mm。体黄绿色，黑色部分为：额区后半部及相连单眼后区前缘、与额区相连的内眶条斑、后头中部下缘、触角背侧、前胸背板中部极窄的前缘、中胸背板前叶前半部中央、盾片纵宽条斑、盾侧凹大部、后胸背板盾侧凹底部、后胸后背板后缘、腹部第 2~8 节背板中部前缘 1/3 左右、锯鞘端部。足黄绿色，前、中足股节 2/3 至端跗节背侧全长具细黑条斑；后足基节外侧中部条纹、内侧条斑、股节外侧全长、股节内侧端部 1/3 处各具狭窄黑色条纹；后足胫节端部、胫节距端部和跗节除基部腹侧外其余部分黑色；胫节背侧具宽黑色条斑。翅透明，前缘脉、R1 脉及翅痣黄绿色，其余翅脉黑色。

上唇及唇基无明显刻点，具明显刻纹；头部额区及邻近的内眶部分刻点大而稀疏，间隙具明显刻纹，光泽较弱。中胸背板刻点细密，并杂以明显的微细刻纹；中胸小盾片无明显刻点，具微细刻纹，光泽弱；附片光滑，光泽强；中胸前侧片具细刻纹，上部刻点分散、浅小，下部刻点细弱、不明显；中胸后上侧片无刻点，刻纹显著，光泽较弱，后下侧片刻纹弱，光泽强；后胸侧板刻点不明显，刻纹弱，光泽强。腹部背板具微细刻纹，两侧和端部刻点稀疏、浅弱。后足基节后背侧刻点明显。

上唇宽大，端部钝截形突出；唇基缺口底部截形，深约为唇基 1/3 长，侧角钝三角形；颚眼距约 3 倍于单眼直径；复眼内缘向下稍分歧，内眶底部明显隆起；触角窝上突不发育，额区低台状隆起，额脊宽平、不明显；中窝浅弱沟状，侧窝深沟状；额区中部稍凹入；单眼中沟宽、浅，后沟模糊；单眼后区稍隆起，宽长比为 5：3，侧沟深直，向后互相平行；头部背面观两侧向后几乎不收敛。触角短于胸腹部之和，第 3 节长于第 4 节（21：19）。中胸小盾片明显隆起，顶部圆钝，无脊和顶角；附片中脊细低，但很明显。后足胫节内距稍长于基跗节 1/2，基跗节稍长于其后 4 个跗分节之和；爪内齿稍短于外齿。前翅 Cu-a 脉位于 M 室内侧 1/3 处，2Rs 室长于 1Rs 室，臀室中柄约为基臀室 1/2 长，稍短于 R+M 脉段的 2 倍长；后翅臀室柄短于 cu-a 脉段的 1/3 长。

锯鞘稍短于后足基跗节，端部圆钝，鞘端窄，等长于鞘基；锯腹片 19 刃，中部锯刃齿式 2/5~6，锯刃较凸出。

雄虫：未知。

个体差异：部分个体腹部背板黑色，仅后缘黄白色。

分布：中国四川（稻城、康定、炉霍、石渠、理塘），云南（中甸、德钦、贡山）。

检查标本：正模：♀，四川稻城亚丁龙坝，N 28°24′，E 100°15′，3 760 m，2005.Ⅶ.22，周虎采；副模：11♀，采集记录同正模，肖炜、周虎采；4♀，云南中甸，N 27°50′，E 99°40′，3 400 m，1996.Ⅵ.11，卜文俊采；2♀，云南中甸小中甸，N 27°50′，E 99°40′，3 400 m，1996.Ⅵ.11，卜文俊采；2♀，云南玉龙，N 27°08′，E 100°12′，2 500 m，1996.Ⅵ.4，卜文俊采；1♀，云南香格里拉松赞林寺，N 27°50′，E 99°40′，3 000 m，2004.Ⅶ.18，周虎采；1♀，云南香格里拉松赞林寺，N 27°50′，E 99°40′，3 100 m，2004.Ⅶ.24，肖炜采。

鉴别特征：该种头部上眶无黑斑，后头黑斑很小；腹部黄绿色，仅第2~8节背板基部各具较窄黑色横带；触角第3节长于第4节；中胸小盾片明显隆起，附片具细低中纵脊；头胸部背侧具微细刻纹，额区刻点稀疏；中部锯刃齿式为2/5~6等特征与该种团内已知种类可以区别。

45. 神农方颜叶蜂 *Pachyprotasis shennongjiai* Zhong & Wei, 2012（图 2-47）

Pachyprotasis shennongjiai Zhong & Wei, 2012: 11.

雌虫：体长 8.5 mm。头及胸部黄绿色，腹部黄褐色，黑色部分为：侧窝、额区后部至单眼后区前缘近碗形大斑、触角除基部两节腹侧外其余部分、中胸背板前叶及侧叶中部各1个长椭圆形大斑、盾侧凹下缘、后背片、后胸背板两前侧、后背板后缘、腹部各节背板基部两侧各1条细长条纹、锯鞘端缘；足黄绿色，黑色部分为：前中足股节端部后背侧以远宽的条纹、后足股节端部2/5内侧宽的条斑、后足胫节背侧及端部、胫节距端部、基跗节除基缘腹侧外其余部分、第2~5跗分节全部。翅透明，前缘脉、翅痣、R1脉及2r脉浅绿色，其余翅脉黑褐色。

唇基、上唇刻点稀疏、浅弱、不明显；头部额区及邻近内眶刻点稍大、浅，刻纹致密，光泽明显。中胸背板刻点细密，光泽明显；中胸前侧片刻点微弱、不明显，刻点间隙光滑，光泽较强，后上侧片刻纹明显，后下侧片光滑无刻点，刻纹细密，光泽明显；后胸侧板刻点微弱、致密，刻纹密致，光泽稍弱；中胸小盾片顶部无刻点，两侧刻点浅弱、稀疏，光泽稍弱，附片光滑无刻点，具刻纹，光泽较强。腹部背板刻点微弱、稀疏，刻纹不明显，具油质光泽。后足基节外侧刻点微弱、不明显。

上唇端部近弧形；唇基缺口底部近弧形，深约为唇基1/3长，侧角锐；颚眼距约2倍宽于单眼直径；复眼内缘向下平行，内眶底部隆起；触角窝上突不发育，额区隆起，侧面观略低于复眼，额脊钝圆；中窝沟状、浅，不伸达中单眼，侧窝浅；单眼中沟及后沟浅；单眼后区稍隆起，宽为长的2倍，侧沟较深、直；头部背后观两侧向后收敛不明显。触角

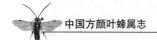

长于胸腹部之和，第 3 节稍长于第 4 节（26∶23）。中胸小盾片钝形，明显隆起，两侧脊基部锐利，向后渐圆滑；附片中脊锐利。后足基跗节长于其后 4 个跗分节之和，爪内齿稍长于外齿。前翅臀室中柄短于基臀室长，长于 R+M 脉段 1.5 倍；后翅臀室柄较短，点状。

锯鞘稍短于后足基跗节，末端具弱尖，鞘端稍长于鞘基；锯腹片 21 刃，中部刃齿式为 2/19~20，锯刃低平，刃齿小、多。

雄虫：未知。

分布：中国湖北（宜昌）。

检查标本：正模♀，湖北神农架，N 31°21′，E 110°34′，2 100 m，2003.Ⅶ.20，姜吉刚采；副模：4♀，湖北神农架，N 31°21′，E 110°34′，2 100~2 200 m，2003.Ⅶ.21~23，周虎、姜吉刚采。

鉴别特征：该种体色与构造近似 *P. sichuanensis* Wei & Zhong，但中窝不伸达中单眼；腹部各节背板基部两侧各具 1 个细长黑色条纹；复眼内缘向下稍分歧；后足胫节腹侧大部分黄绿色，跗节全部黑色等特征易与之区别。

46. 隆盾方颜叶蜂 *Pachyprotasis eleviscutellis* Wei & Nie, 1999（图 2-48）

Pachyprotasis eleviscutellis Wei & Nie in Nie & Wei, 1999: 111.

雌虫：体长 9.5~10.5 mm。体黄绿色，黑色部分为：额区后半部至单眼后区、侧窝及相连的内眶、后眶上端、后头后侧、触角除基部 2 节腹侧外其余部分、前胸背板中段、中胸背板前叶除两侧"V"形斑外其余部分、侧叶除后缘中部三角形斑外其余部分、盾侧凹、中胸后背板、中胸后侧片前缘、后胸背板除后胸小盾片和后胸后背板中部外其余部分、中胸侧板沟邻近区域；腹部背板背侧黑色，各节背板后部具三角形黄绿斑，黄绿斑中部向前突出，伸达背板中部；锯鞘端部及背、腹缘黑色。足黄绿色，前中足股节、胫节、跗节的背侧全长及后足基节、股节的外侧全长和后足股节内侧端半部各具黑色条斑，后足胫节、胫节距、跗节黑色。翅亚透明，翅脉黑色，前缘脉、R1 脉、2r 脉和翅痣浅绿色，亚透明，其余翅脉黑褐色。

上唇宽大，端部近截形；唇基微隆起，缺口宽浅，深约为唇基 2/7 长，底部平直，侧叶稍小；颚眼距宽于单眼直径；复眼内缘向下稍微收敛；触角窝上突宽平，额区低，额脊钝、圆；中窝浅，伸达中单眼，侧窝深沟状；单眼中沟及后沟稍深、窄；单眼后区微隆起，宽明显大于长（5∶3）；侧沟较深，互相平行；头部背后观两侧向后收敛。触角丝状，微短于胸腹部之和，第 3 节长于第 4 节（47∶42），鞭节不明显侧扁。中胸小盾片棱形强烈隆起，两侧脊明显，侧观前后坡等长，附片中脊锐利。后足胫节内距长于基跗节1/2，基跗节长于其后 4 个跗分节之和，爪内齿稍短于外齿。前翅 Cu-a 脉位于 M 室基部1/3 偏外侧，2Rs 室稍长于 1Rs 室，臀室中柄短于基臀室，约为 R+M 脉段的 1.7 倍；后翅臀室柄较短，约为 cu-a 脉段的 1/4 长。

上唇及唇基刻纹细弱，刻点稀少、浅弱；头部额区及相连内眶刻点稍大、浅，密度适中，刻纹细致，光泽稍强。中胸背板刻点细密，具油质光泽；中胸前侧片上部刻点浅弱，下部刻点极其微弱、不明显，光泽较强，后上侧片刻纹明显，光泽稍弱，后下侧片光滑，无刻点，刻纹不明显，光泽较强；后胸侧板刻点微弱，刻纹不明显，光泽稍强；中胸小盾片无明显刻点和刻纹，光泽稍弱；附片光滑、半透明，光泽较强。腹部背板刻纹显著，刻点稍大、浅，光泽明显。后足基节外侧刻点稍大、浅。

锯鞘明显短于后足基跗节，端部长椭圆形，鞘端明显长于鞘基。锯腹片23刃，中部刃齿式为2/7~8，锯刃凸出。

雄虫：未知。

分布：中国河南（西峡、嵩县、卢氏）。

检查标本：正模：♀，河南西峡老界岭，N 33°37′，E 111°46′，1998. Ⅶ. 17，孙素平采；副模：1♀，河南嵩县，N 33°54′，E 111°59′，1996. Ⅶ. 19，魏美才采。

鉴别特征：该种体腹侧黄绿色，背侧黑色，前胸背板除中段外其余部分、中胸背板前叶两侧"V"形斑、侧叶中部小斑、中胸小盾片、附片、后胸小盾片、腹部各节背板后部三角形斑黄绿色；后足基节与股节外侧具黑色条纹；中胸小盾片强烈隆起，侧观前后坡等长；头部背侧具明显刻点等特征可与相近种区别。

47. 高山方颜叶蜂 *Pachyprotasis alpina* Malaise, 1945（图 2-49）

Pachyprotasis alpina Malaise, 1945: 145.

Pachyprotasis alpina: Saini, 2007: 89.

雌虫：体长 5.5~6.0 mm。体黄绿色，头部背侧黑色，雌虫复眼内眶黄绿色，雄虫内眶黑色或黄绿色部分较窄，上眶具大的黄绿色斑。胸部背板黑色，中胸背板前叶两侧、侧叶中部斑、中胸小盾片、后胸小盾片、胸部侧板及腹板黄白色。腹部背板黑色，仅后缘中部黄绿色。足黄绿色，前、中足外侧转节以远具黑色条纹，后足外侧全长具黑色条纹。雌虫头部背侧具明显刻纹，无明显刻点，雄虫具分散刻点，均具光泽；胸部光滑无刻点（部分个体刻纹明显，中胸背板具分散、明显刻点）。中窝沟状，基半部深，端半部窄，伸达中单眼；单眼后区隆起，宽2倍于长，雄虫后头两侧向后强烈收敛。雌虫触角等长于胸腹部之和，第3节长于第4节，雄虫触角等长于体长，第3节短于第4节。

雄虫：未见。

分布：中国青海（互助），西藏；中国云南－缅甸边境。

模式标本保存于瑞典斯德哥尔摩自然历史博物馆（NHRS）。

鉴别特征：该种体小；胸腹部背侧黑色，腹侧黄绿色，中胸背板前叶两侧、侧叶中部斑、中胸小盾片、后胸小盾片以及腹部各节背板后缘黄绿色；单眼后区宽约2倍于长；后足股节外侧全长具黑色条纹；中窝沟状、浅，伸达中单眼等特征可与其他相近种区别。

48. 斯卡里方颜叶蜂 *Pachyprotasis scalaris* Malaise, 1945（图 2-50）

Pachyprotasis scalaris Malaise, 1945: 145.

Pachyprotasis scalaris: Saini, 2007: 81.

雌虫：体长 8.0 mm。头黄绿色，黑色部分为：头部额区端半部至单眼后区后缘及相连的内眶部分、后头后侧中部、触角除基部两节腹侧外其余部分；胸部及腹部背侧黑色，黄绿色部分为：前胸背板除中段外其余部分、翅基片、中胸背板前叶两侧"V"形斑、侧叶中部蝴蝶形斑及两侧缘、中胸小盾片、附片、后胸小盾片、后胸后背板中部倒三角形斑、腹部第 1~5 节背板后缘中部极窄条纹及第 10 节背板端部；胸部及腹部腹侧黄绿色，中胸侧板沟、锯鞘端部及背缘黑色。足黄绿色，黑色部分为：前中足股节端部以远细窄条纹、后足股节端部 3/7 处内外侧各 1 条宽的条纹、后足胫节除腹侧中部外其余部分、基跗节除基部外其余部分、第 2~5 跗分节除各节基部腹侧外其余部分；胫节距及跗节其余部分浅褐色。翅透明，前缘脉、翅痣、R1 脉及 2r 脉黄绿色，其余翅脉黑色。

唇基及上唇刻点稀疏、浅弱，头部额区及邻近内眶刻点稍小、浅、分散，刻点间隙具细致刻纹及明显油质光泽。中胸背板刻点细密，具光泽；中胸前侧片刻点微弱、不明显，后上侧片刻纹显著，光泽稍弱，后下侧片刻纹细致，光泽强；后胸侧板刻点微弱，光泽明显；中胸小盾片及附片光滑几无刻点，刻纹细致，具光泽。腹部背板光滑，刻点较稀疏、浅弱，刻纹细致，光泽明显。后足基节外侧刻点稍深、明显。

上唇端部截形，中间具微浅缺口；唇基稍隆起，缺口近弧形，深为唇基 1/3 长，侧角稍锐；颚眼距为单眼直径的 2 倍；复眼内缘向下微微分歧，内眶底部隆起；触角窝上突宽、平，额区隆起，侧面观略低于复眼，额脊钝、圆；中窝及侧窝浅沟状；单眼中沟及后沟浅弱；单眼后区稍隆起，宽明显大于长（3：2），侧沟浅，向后稍分歧；背后观后头两侧向后明显收敛。触角短于胸腹长之和，第 3 节微长于第 4 节（31：29）。中胸小盾片棱形，稍隆起，两侧脊锐利，附片中脊稍锐利。后足胫节内距长于基跗节 1/2 长，基跗节明显等长于其后 4 个跗分节之和，爪内齿长于外齿。前翅臀室中柄长于基臀室 1/2 长，约为 R+M 脉段的 2 倍；后翅臀室柄极短、点状。

锯鞘等长于后足基跗节，端部窄长，鞘端稍长于鞘基；锯腹片 20 刃，中部刃齿式 2/4~5，锯刃稍凸出。

雄虫：未见。

分布：中国宁夏（泾源），四川（阿坝县）；中国云南－缅甸边境，印度。

模式标本保存于瑞典斯德哥尔摩自然历史博物馆（NHRS）。

鉴别特征：该种腹部背板几乎全部黑色，仅基部各节背板后缘中部具窄的三角形黄绿色斑；胸部背侧黑色，前胸背板除中段外其余部分、翅基片、中胸背板前叶两侧"V"形斑、侧叶中部蝴蝶形斑及两侧缘、中胸小盾片、附片、后胸小盾片、后胸后背板中部倒三角形斑黄绿色；后足股节仅端部内外侧具黑斑；触角几乎全部黑色；中胸前侧片光滑几无刻点，头部背侧刻点明显，刻点间隙具刻纹；中胸小盾片钝形，稍隆起等特征可与相近种区别。

49. 长角方颜叶蜂 *Pachyprotasis longicornis* Jakovlev, 1891

Pachyprotasis longicornis Jakovlev, 1891: 42.

Pachyprotasis longicornis: Malaise, 1931: 131.

Pachyprotasis longicornis: Malaise, 1945: 146.

Pachyprotasis longicornis: Saini, 2007: 77.

雌虫：体长 9.0~10.5 mm。中胸背板及腹部背板基部 3/4 黑色，黄绿色部分为：中胸背板前叶两侧宽的"V"形斑、侧叶中部斑、中胸小盾片、后胸小盾片、腹部背板宽的后缘、胸腹部腹侧；触角腹侧全长白色。足黄绿色，前、中足胫跗节后侧具黑条纹，后足股节中部以远具黑条斑，端部内侧具黑色椭圆斑；胫节基大半部黄绿色，端部黑色（雌虫胫节外侧全长具黑色条斑，雄虫胫节基部 2/3 黑色，近端部具 1 个黄绿色圆环，端部黑色），各跗分节基半部黄绿色，端部黑色。头部背侧刻点分散、浅，具刻纹，光泽明显。中胸侧板刻点极其细弱、不明显。雌虫触角第 3 节长于第 4 节。

雄虫：未见。

分布：中国（甘肃）；俄罗斯（萨哈林岛），印度，日本。

模式标本保存于俄罗斯圣彼得堡博物馆（ZIN）。

鉴别特征：该种与 *P. pallidistigma* Malaise, 1931 近似，但后足基跗节短于其后 4 跗分节之和；单眼后区强烈隆起，宽长比为 2 : 1，侧沟宽、极深，中窝很窄；额区明显，额脊锐利；锯鞘黑色等特征可与之区别。

50. 秦岭方颜叶蜂 *Pachyprotasis qinlingica* Wei, 1998（图 2-51、图 2-52）

Pachyprotasis qinlingica Wei in Wei & Nie, 1998: 165.

雌虫：体长 9.0~10.5 mm。头黄绿色，黑色部分为：额区端半部至单眼后区后缘及相连的内眶、后眶上端、后头后侧、触角除基部两节腹侧外其余部分；胸部及腹部背侧黑色，黄绿色部分为：前胸背板除中段外其余部分、翅基片、中胸背板前叶两侧"V"形斑、侧叶中部蝴蝶形斑及两侧缘、中胸小盾片、附片、后胸小盾片、后胸背板两后侧缘、后背板中部、腹部各节背板后部；胸部及腹部腹侧黄绿色，锯鞘端部及背、腹缘黑色。足黄绿色，黑色部分为：前中足股节端部背侧以远细窄条纹、后足股节内侧端部 3/7 宽的条纹、后足胫节背侧全长及端部、胫节距端部、基跗节除基部外其余部分、第 2~5 跗分节除各节基部腹侧外其余部分。翅浅烟色，亚透明，前缘脉、翅痣、R1 脉及 2r 脉浅褐色，其余翅脉黑色。

唇基及上唇具少数几个浅弱刻点；头部额区及邻近内眶刻点稍大、浅、分散，刻点间隙具细致刻纹及油质光泽。中胸背板刻点细密，具弱光泽；中胸前侧片除上部少数几个大、浅刻点外，其余刻点浅弱、不明显，光泽强，后上侧片刻纹显著，后下侧片刻点浅、分散，刻纹细致，光泽较强，后胸侧板刻点浅弱，光泽稍强；中胸小盾片顶部无刻点，后侧刻点浅弱，光泽稍弱，附片光滑无刻点，刻纹不明显，光泽较强。腹部背板光滑，刻点较稀疏、浅弱，具明显刻纹，光泽强。后足基节外侧刻点稍深、明显。

上唇宽大，端部截形；唇基稍隆起，缺口近截形，深为唇基 1/3 长，侧角稍锐；颚眼距 2 倍宽于单眼直径；复眼内缘向下微微发散，内眶底部隆起；触角窝上突无，额区隆起，侧面观低于复眼，额脊钝、圆；中窝宽、浅，伸达中单眼，侧窝稍深；单眼中沟浅，后沟痕迹状；单眼后区稍隆起，宽明显大于长（3:2），侧沟深、直；背后观后头短小，两侧向后明显收敛。触角短于胸腹长之和，第 3 节长于第 4 节（8:7）。中胸小盾片棱形隆起，两侧脊锐利，附片中脊锐利。后足胫节内距长于基跗节 1/2，基跗节明显长于其后 4 个跗分节之和，爪内齿稍短于外齿。前翅臀室中柄约为基臀室 1/2 长，稍长于 R+M 脉段；后翅臀室具柄，为 cu-a 脉段的 1/3 长。

锯鞘明显短于后足基跗节，端部椭圆形，鞘端明显长于鞘基。锯腹片 23 刃，中部刃齿式为 2/10~12，锯刃倾斜。

雄虫：体长 8 mm。体色和构造与雌虫近似，不同点为：后足基节至股节外侧全长具模糊窄黑条纹；腹部各节后部的三角形黄绿斑较宽，伸达基半部；单眼后区宽为长的 2 倍；触角腹侧全长黄绿色，长于体长，鞭节强烈侧扁；上唇小，端部近弧形，唇基缺口浅，深约为唇基 1/4 长；颚眼距宽于单眼直径的 3 倍；复眼内缘向下明显发散，内眶底部明显隆起。

分布：中国河南（内乡、嵩县、栾川），陕西（太白、镇安、眉县），宁夏（泾源），甘肃（天水、秦州、甘南），湖北（宜昌），湖南（石门）。

检查标本：正模：♀，河南栾川，N 33°40′，E 111°48′，1996.Ⅶ.15，文军采；副模：3♀，河南栾川，N 33°40′，E 111°48′，1996.Ⅶ.14~15，文军、魏美才采。

鉴别特征：该种与 *P. pallidistigma* Malaise, 1931 近似，但触角鞭节黑色；后足各跗分节除基部腹侧浅褐色外其余部分黑色；锯刃形状与之不一致等特征可与之区别。

51. 淡痣方颜叶蜂 *Pachyprotasis pallidistigma* Malaise, 1931（图 2-53、图 2-54）

Pachyprotasis pallidistigma Malaise, 1931: 131.

Pachyprotasis pallidistigma: Malaise, 194: 146.

Pachyprotasis pallidistigma: Saini, 2007: 73.

雌虫：体长 9.0~10.0 mm。头黄绿色，黑色部分为：额区端半部至单眼后区后缘及相连的内眶、后眶上端、后头后侧、触角背侧全长；胸部及腹部背侧黑色，黄绿色部分为：前胸背板除中段外其余部分、翅基片、中胸背板前叶两侧"V"形斑、侧叶中部蝴蝶形斑及两侧缘、中胸小盾片、附片、后胸小盾片、后胸后背板中部及腹部各节背板后部；胸部及腹部腹侧黄绿色，锯鞘端部黑色。足黄绿色，黑色部分为：前中足股节端部背侧以远细窄条纹、后足股节内侧端部 2/5 宽的条纹、后足胫节背侧及端部、胫节距端部、基跗节背侧及端部、第 2~5 跗分节端部。翅透明，前缘脉、翅痣、R1 脉、2r 脉浅褐色，其余翅脉黑褐色。

唇基及上唇具少数几个浅弱刻点；头部额区及邻近内眶刻点稍大、浅、分散，刻点间隙具细致刻纹及油质光泽；中胸背板刻点细密，具光泽。中胸前侧片上部刻点分散、稍小、浅，下部刻点微弱、不明显，光泽强，后上侧片刻纹显著，后下侧片刻点浅弱、分散，刻纹细致，光泽较强，后胸侧板刻点浅弱、密集，光泽稍强；小盾片中部光滑几无刻点，两后侧刻点分散，稍小，附片光滑，刻点及刻纹不明显，光泽较强。腹部背板光滑，刻点浅、稀疏，刻纹细致，光泽明显。后足基节外侧刻点稍小、深、明显。

上唇宽大，端部截形；唇基稍隆起，缺口近截形，深为唇基 1/3 长，侧角稍锐；颚眼距 2 倍于单眼直径；复眼内缘向下分歧，内眶底部隆起；触角窝上突不明显，额区隆起，侧面观等高于复眼，额脊钝；中窝浅沟状，但不伸达中单眼，侧窝稍深；单眼中沟稍深，后沟浅弱；单眼后区稍隆起，宽明显大于长（3∶2），侧沟稍浅、直；背后观后头两侧向后明显收敛。触角短于胸腹长之和，第 3 节长于第 4 节（37∶35）。中胸小盾片钝形隆起，附片具明显中脊。后足胫节内距长于基跗节 1/2，基跗节明显长于其后 4 个跗分节之和，爪内齿稍短于外齿。前翅臀室中柄明显短于基臀室，约为 R+M 脉段的 2 倍长；后翅臀室具柄，为 cu-a 脉段的 1/3 长。

锯鞘短于后足基跗节，端部长椭圆形，鞘端长于鞘基；锯腹片 21 刃，中部刃齿式 2/9~10，锯刃凸出。

雄虫： 体长 8 mm。体色和构造与雌虫近似，不同点为：后足基节至股节外侧全长具窄黑条纹；腹部各节后部的三角形黄绿斑较宽，伸达基半部；后眶上端、单眼后区后缘、后头后侧除两侧底部模糊黑斑外其余部分黄绿色；触角长于胸腹部之和，鞭节强烈侧扁；唇基缺口浅，弧形，深为唇基 1/5 长；颚眼距宽于单眼直径的 3 倍；复眼内缘向下明显发散，内眶底部明显隆起。

分布：中国内蒙古（呼和浩特），山西（五台），河南（卢氏），陕西（西安、蓝田、凤县、留坝、佛坪、眉县、安康、太白、周至），宁夏（泾源），甘肃（岷县、文县、榆中、清水、甘南），青海（民和、互助、囊谦），湖北（宜昌），四川（崇州、峨眉山、稻城），云南（德钦），西藏（波密、墨脱）。

模式标本保存于瑞典斯德哥尔摩自然历史博物馆（NHRS）。

鉴别特征：该种头黄绿色，额区后半部及相邻的单眼后区、后头、后眶上部斑黑色；胸腹部背侧黑色，前胸背板除中段外其余部分、翅基片、中胸背板前叶两侧"V"形斑、侧叶中部蝴蝶形斑及两侧缘、中胸小盾片、附片、后胸小盾片、后胸后背板中部及腹部各节背板后缘黄绿色；翅痣浅褐色；中胸小盾片钝形隆起；前部背侧及中胸侧板刻点分散、浅等特征可与相近种区别。

2.3.4 红足方颜叶蜂种团 *Pachyprotasis flavipes* group

种团鉴别特征：体背侧黑色，具白斑，体腹侧黑色或黄白色；触角黑色，雄性腹侧或浅褐色；头胸部或具红色部分；前中足黑色或白色，或具红色部分；部分头胸部具红色部分；后足股节和胫节红色，部分种类端部黑色或具黑斑；基节、转节和跗节黑色或白色；翅痣及翅脉黑色或黑褐色。

目前，本种团已发现 44 种。其中，27 种分布于中国及中国云南 – 缅甸边境，20 种分布于印度，2 种分布于尼泊尔，3 种分布于日本，另外，有 1 种广泛分布于中国北部、日本、蒙古国、欧洲等地。本种团在中国大陆各个省份均有分布，向南延伸至中国（西藏）及缅甸、印度和尼泊尔等国家，向北延伸至日本、海参崴等国家和地区。

中国已知种类分种检索表

1	胸部背板及侧板红褐色或具红斑 ···	2
	胸部背板及侧板黑色或黄白色，无红斑 ···	3
2	中胸背板前叶和侧叶红褐色；中胸侧板底部具宽的白色横斑；触角第 3 节长于第 4 节。中国（吉林、陕西、宁夏、湖北、四川、西藏）················· *P. rufodorsata* Zhong, Li & Wei, 2021	
	中胸背板前叶和侧叶黑色；中胸侧板底部无白斑；触角第 3 节短于第 4 节。中国（湖南）·· *P. nigritarsalia* Zhong, Li & Wei, 2021	
3	后足跗节黑色，端跗节或具白色或红褐色部分 ···	4
	后足跗节白色或红褐色，基跗节基部及端跗节端部或具黑色 ·························	12
4	中胸侧板白色，底部或具窄黑条斑，或者中胸侧板黑色，底部具宽的白色横斑，且不窄于 1/4 中胸侧板 ··	5
	中胸侧板黑色，基部有时具白斑，底部或具白色窄条斑，但不宽于 1/4 中胸侧板 ··········	9
5	中胸侧板黑色，底部具宽的白色横斑，且不窄于 1/4 中胸侧板 ·························	6
	中胸侧板除底部窄的横斑外其余部分均为黄白色；胸部背板黑色，中胸背板前叶两侧宽的"V"形斑、侧叶中部小斑、中胸小盾片、附片、后胸小盾片均为黄白色；中胸前侧片刻点大、深、明显。中国（西藏）；印度，尼泊尔 ························· *P. citrinipicta* Malaise, 1945	
6	后足股节基部红褐色，无白色部分，或邻近转节部分白色，但不长于 1/3 股节长 ············	7
	后足股节至少基部 1/3 以上部分白色 ··	8
7	中胸侧板刻点深、明显；中胸背板前叶两侧黄白色；腹部各节背板缘折部分全部黄白色。中国（北部）；亚洲（蒙古国、日本），欧洲（阿尔巴尼亚、奥地利、比利时、保加利亚、克罗地亚、捷克、丹麦、爱沙尼亚、芬兰、法国、德国、英国、意大利、拉脱维亚、立陶宛、卢森堡、挪威、波兰、罗马尼亚、俄罗斯、斯洛伐克、瑞士、瑞典、乌克兰）··········· *P. variegata* Fallen, 1808	
	中胸侧板刻点浅、不明显；中胸背板前叶两侧仅端部黄白色；腹部各节背板仅侧缘黄白色。中国（云南）；中国云南 – 缅甸边境 ······················· *P. corallipes* Malaise, 1945	

8 头部背侧光滑，刻纹缺失或不明显，刻点分散；中胸背板前叶两侧仅端部黄白色。中国（陕西、浙江、江西、湖南、福建）·································· *P. wui* Wei & Nie, 1998

头部背侧粗糙，刻纹明显，刻点密集；中胸背板前叶两侧全部黄白色。中国（浙江、江西、湖北、湖南、福建、四川、云南）······················· *P. parawui* Zhong, Li & Wei, 2020

9 后足股节至少基部 1/3 白色；中胸侧板黑色，无白斑··································**10**

后足股节红褐色，无白色部分；中胸侧板腹侧具白斑。中国（甘肃）
·· *P. sanguinipes* Malaise, 1931

10 腹部背板全部黑色，无白斑··**11**

腹部各节背板中部具大的三角形白斑。中国（河南、陕西、甘肃、湖北、湖南、四川、贵州、云南）·· *P. zuoae* Wei, 2005

11 后足股节外侧仅基部 1/2 处具黑色条纹；各节锯刃基部明显隆起。中国（吉林、河南、陕西、甘肃、湖北、湖南、四川、贵州）························· *P. parasubtilis* Wei, 1998

后足股节外侧全长具黑色条纹；各节锯刃基部隆起不明显。中国（河南、陕西、甘肃、湖北、四川、西藏）······························ *P. lineatifemorata* Wei & Nie, 1999

12 中胸前侧片黄白色，底部或具黑色横斑，或中胸前侧片黑色，中部具宽的白色横斑，且不窄于 1/4 中胸前侧片宽度···**13**

中胸前侧片黑色，基部或具白斑，或中部具白色横斑，但不宽于 1/4 中胸前侧片宽度·········**16**

13 中胸侧板顶部黑色，底部黄白色；头部复眼眶上部及后头黑色···················**14**

胸部侧板全部黄白色，或仅侧板沟具 1 个极窄的黑线；头部复眼眶全部黄白色，上部具黑斑，后头黄白色··**15**

14 上唇端部截形；后足第 2~5 跗分节基部黄白色；中窝沟状，基部深，端部浅，但不伸达中单眼。中国（陕西、青海、湖北、四川、西藏）；印度 ················ *P. flavipes*（Cameron, 1902）

上唇端部尖三角形；后足全部跗分节红褐色；中窝沟状，伸达中单眼。中国（河南、陕西、宁夏、甘肃、湖北、四川）····························· *P. acutilabria* Wei, 1998

15 中胸侧板全部黄白色，无黑斑；腹部第 1~6 节背板中部具宽的三角形白斑；后足股节基部黄白部分长于股节 2/3，基节至股节外侧全长无黑色条纹。中国（西藏）；印度
·· *P. subtilissima* Malaise, 1945

中胸侧板黄白色，底部具 1 个窄短黑斑，侧板沟黑色；腹部第 2~5 节背板仅后缘中部具白边；后足股节基部黄白部分短于股节 1/3，基节至股节基部外侧具窄黑条纹。中国（四川、云南、西藏）
·· *P. zhengi* Wei & Zhong, 2006

16 中胸侧板刻点粗糙、不规则，刻点间隙不光滑······························**17**

中胸侧板刻点不粗糙、规则，刻点间隙光滑··································**18**

17 唇基及上唇白色，无黑斑；头部内眶仅底部白色，顶部黑色；后足基节红褐色，基部外侧具 1 个明显白斑，后足跗节白色，基跗节基部有时黑色。中国（浙江、湖南）
·· *P. rufinigripes* Wei & Nie, 1998

唇基及上唇或具黑斑；头部内眶全部白色；后足基节黑色或红褐色，外侧无白斑；后足跗节全部红褐色。中国（四川、云南、西藏）；缅甸，印度 ················ *P. maesta* Malaise, 1934

18 头部额区光滑，无刻纹；额脊圆滑，额区不内陷······························**19**

头部额区不光滑，具明显刻纹；额脊尖锐，额区内陷··························**20**

19 体长 11.0~12.0 mm；头部内眶全部黄白色；中胸侧板刻点大、深；中胸前侧片基部及底部各具 1 大的白斑；后足基节具大的黑斑；腹部各节背板具大的三角形白斑。中国（安徽、浙江、江西、福建、湖南、贵州）··································· *P. xanthotarsalia* Wei & Nie, 2003

体长 8.0~8.5 mm；内眶仅底部白色，顶部黑色；中胸侧板刻点小、浅；中胸前侧片黑色，无白斑；后足基节无黑斑；腹部各节背板三角形白斑较小。中国（浙江、湖南）······························ *P. rufofemorata* Zhong, Li & Wei, 2010

20	后足股节红褐色，无白色部分，或仅基部黄白，但不长于 1/3 股节长 ····················21
	后足股节至少基部 1/3 白色，其余部分红褐色或黑色 ······································23
21	上唇及唇基黄白色，无明显红褐色斑；中窝坑状、深，但不伸达中单眼；中胸侧板刻点大，刻点间距小于或等于刻点直径······································22
	上唇及唇基中部大部红褐色；中窝沟状，伸达中单眼；中胸侧板刻点小，刻点间距远大于刻点直径。中国（河南、陕西、甘肃、湖北、湖南、四川、云南）··········· *P. shengi* Wei & Nie, 1999
22	中胸背板及腹部背板无明显白斑；后足转节全部白色，股节基部无白色部分。中国云南－缅甸边境，印度 ··· *P. validicornis* Malaise, 1945
	中胸背板前叶端部箭头形斑、侧叶中部小斑及腹部各节背板后缘窄短三角形斑白色；后足转节外侧具黑斑，股节基部白色。中国（河南、陕西、四川、贵州）；中国云南－缅甸边境，印度 ··· *P. subtilis* Malaise, 1945
23	中胸侧板刻点浅、小，刻点间距远大于刻点直径；刻点间隙光滑，无明显刻纹 ·············24
	中胸侧板刻点深、大，刻点间距小于或等于刻点直径，刻点间隙不光滑，具明显刻纹···········25
24	后足股节黄白色部分仅为 1/10 股节长；中胸前侧片刻点无或极其微弱，不明显。中国（河南、陕西、湖北、四川、西藏）··· *P. weni* Wei, 1998
	后足股节黄白部分约为 1/4 股节长；中胸前侧片刻点小、分散。中国（河南）·· *P. magnilabria* Wei, 1998
25	中窝沟状，伸达中单眼；腹部各节背板后缘具明显黄白色三角形斑；中胸侧板刻点浅、小，等宽于刻点间距···26
	中窝坑状、深，但不伸达中单眼；腹部各节背板黑色，无明显白斑；中胸侧板刻点深、大，明显宽于刻点间距。中国（河南、陕西、安徽、浙江、湖北、江西、湖南、福建、广东、广西、四川、贵州、云南）；中国云南－缅甸边境，印度 ················· *P. subulicornis* Malaise, 1945
26	唇基端缘及中部黑褐色，上唇中部具大的黑褐色斑；中胸侧板全部黑色，无白斑；触角第 3 节短于第 4 节。中国（湖南）··· *P. longipetiolata* Zhong, Li & Wei, 2018
	唇基及上唇黄白色，无黑斑；中胸侧板腹侧黄白色，基部或具白斑；触角第 3 节长于第 4 节。中国（河南、甘肃、安徽、浙江、湖北、湖南、四川、贵州、云南）··· *P. henanica* Wei & Zhong, 2002

52. 红背方颜叶蜂 *Pachyprotasis rufodorsata* Zhong, Li & Wei, 2021（图 2-55、图 2-56）

Pachyprotasis rufodorsata Zhong, Li & Wei, 2021: 9.

雌虫：体长 8.0~9.0 mm。体黑色，黄白色部分为：上唇、唇基、唇基上区、内眶及后眶底部近 1/4、触角柄节腹侧、翅基片、中胸小盾片中部、后胸小盾片中部小斑、中胸前侧片底部横斑、后胸前侧片除基缘外其余部分、后胸后侧片、腹部各节背板缘折部分、各节腹板端部及锯鞘基底部；中胸背板及相连的盾侧凹、小盾片两侧、附片、中胸前侧片除上角及底部横斑外其余部分、后侧片后下角、中胸腹板红褐色；后胸腹板黄褐色。足黄褐色，黑色部分为：前中足胫节端部背侧以远模糊条纹、后足胫节端半部、胫节距、第

1~3 跗分节及端跗节端半部；红褐色部分为：后足基节除端部外其余部分、股节背侧全长条斑及内侧基半部条斑、胫节基半部。翅透明，前缘脉、R1 脉、2r 脉及翅痣浅褐色，其余翅脉黑褐色。

唇基及上唇刻点稀少、不明显；头部背侧刻点浅弱，刻点间隙具细密刻纹，光泽弱。中胸背板刻点细密，光泽弱；中胸前侧片上部刻点分散、浅弱，下部刻点极其微弱，光泽明显；中胸后侧片前部刻纹显著，后部光滑几无刻点及刻纹，光泽明显；后胸前侧片刻点极其微弱，光泽弱，后侧片光滑无刻点，光泽较强；中胸小盾片两侧具少数几个浅弱刻点，无光泽。腹部背板刻纹明显，刻点稀疏，具光泽。后足基节外侧刻点细弱、不明显。

上唇大，端部近弧形；唇基缺口底部截形，深约为唇基 1/3 长，侧角稍锐；颚眼距明显宽于单眼直径；复眼内缘向下略为收敛；触角窝上突不发育；额区隆起，侧面观略低于复眼，额脊宽钝；中窝沟状，伸达中单眼，侧窝沟状；单眼中沟宽、稍浅，后沟无；单眼后区稍隆起，宽大于长的 2 倍，侧沟深，向后分歧；后头短，两侧向后明显收敛。触角短于胸腹长之和，第 3 节稍长于第 4 节（32：31），鞭节端部侧扁。中胸小盾片棱形隆起，两侧具锐脊；附片中脊锐利。后足基跗节等长于其后 4 个跗分节之和，爪内齿等长于外齿。前翅臀室中柄长于基臀室，长于 R+M 脉段（8：3）；后翅臀室长于 cu-a 脉段的 1/2 长。

锯鞘明显短于后足基跗节，端部窄，鞘端明显长于鞘基，锯腹片 22 刃，锯刃低平，中部刃齿式 2/21~23，刃齿小、多。

雄虫：体长 7 mm。体色和构造与雌虫近似，仅触角除背侧全长黑色外，其余部分均为浅褐色；后足基节黄褐色；颚眼距大于单眼直径的 2 倍；复眼内缘向下发散，内眶底部明显隆起；触角鞭节强烈侧扁。

分布：中国吉林（长白山），陕西（西安、佛坪），宁夏（泾源），湖北（神农架），四川（峨眉山、泸定），西藏（墨脱）。

检查标本：正模：♀，四川峨眉山雷洞坪，N 29°06′，E 103°04′，2 500 m，2001. Ⅶ.18，魏美才采；副模：1♂，陕西长安区鸡窝子，N 33°31′，E 108°50′，2 077 m，2008. Ⅵ.28，蒋小宇采；4♀，宁夏六盘山西峡，N 35°23′，E 106°18′，1 974 m，2008. Ⅶ.1，刘飞采；1♀，湖北神农架小龙潭，N 31°15′，E 109°56′，2 100 m，2002. Ⅵ.26，钟义海采；11♂，湖北宜昌神农架，N 31°30′，E 110°20′，1 920 m，2011. Ⅴ.20~26，李泽建采；7♀，四川峨眉山雷洞坪，N 29°32′，E 103°19′，2 350 m，2009. Ⅶ.3~7，钟义海、李泽建采；2♀12♂，四川峨眉山金顶，N 29°32′，E 103°19′，3 071 m，2011. Ⅵ.26，朱朝阳、姜吉刚采。

鉴别特征：该种中胸背板和侧板红褐色，中胸前侧片底部具白色横斑；后足基节红褐色，股节背侧黄棕色，腹侧黄白色，胫节基半部红棕色，端半部黑色；中窝沟状，宽、深，伸达单眼等特征易与其他种区别。

53. 黑跗方颜叶蜂 *Pachyprotasis nigritarsalia* Zhong, Li & Wei, 2021（图 2-57、图 2-58）

Pachyprotasis nigritarsalia Zhong, Li & Wei, 2021: 14.

雌虫：体长 8.0~9.0 mm。体黑色，黄白色部分为：唇基两侧、触角窝以下颜面、内眶底部 1/4 及相连的后眶底部 1/8、触角柄节腹侧、翅基片、中胸小盾片中部条斑、中胸后侧片外缘、后胸前侧片端半部、后侧片后部及上缘、侧板后部及上缘、腹部各节背板后缘中部窄三角形斑及缘折部分、各节腹板端部、锯鞘基部；上唇及唇基中部橘黄色；前胸背板后缘、中胸背板前叶两侧缘及中部小斑、盾侧凹、中胸小盾片两侧、中胸后背板两侧、后胸背板两侧、中胸前侧片、后侧片中部不规则斑红褐色。足黄褐色，黑色部分为：前中足基节、转节及股节基部、后足转节、股节除端部内侧及外侧条斑外其余部分黄色、后足胫节端部 2/9 以远部分；前中足各跗分节端部背侧或具黑色条纹。翅透明，前缘脉、R1 脉、2r 脉及翅痣浅褐色，其余翅脉黑色。

上唇及唇基刻点浅弱、稀疏；头部背侧刻点浅弱、稍密集，刻点间隙具微细刻纹及油质光泽。中胸背板及中胸前侧片下部刻点细密，中胸前侧片上部刻点分散、大小适中，刻点间隙具微细刻纹及明显油质光泽；后侧片外部刻纹显著，光泽较弱，内部光滑几无刻点，刻纹不明显，光泽强；后胸侧板刻点微弱、不明显，具明显油质光泽；中胸小盾片中部光滑无刻点及刻纹，两侧具少数几个大、浅刻点，刻纹及光泽明显；附片刻纹显著，光泽明显。腹部背板刻点稀疏，稍浅，刻纹明显，具光泽。后足基节外侧刻点浅弱、不明显。

上唇大，端部截形；唇基缺口近弧形，深于唇基 1/3 长，侧角稍钝；颚眼距等宽于单眼直径；复眼内缘向下稍内聚；触角突上突不发育；额区隆起，侧面观略高于复眼，额脊钝圆；中窝浅沟状，伸及中单眼，侧窝稍浅；单眼中沟宽、稍深，单眼后沟浅；单眼后区隆起，宽长比为 13∶8，侧沟深，稍向后分歧；后头短，两侧向后强烈收敛。触角长于胸腹长之和，第 3 节短于第 4 节（38∶41），鞭节端部数节侧扁。中胸小盾片棱形隆起，两侧具锐脊；附片中脊基部锐利，端部不明显。后足基跗节长于其后 4 个跗分节之和，爪内齿长于外齿。前翅臀室中柄短于基臀室，长于 R+M 脉段的 2 倍；后翅臀室具，柄明显长于 cu-a 脉段的 1/2 长。

锯鞘长于中足基跗节，端部尖圆，鞘端明显长于鞘基，锯腹片 22 刃，锯刃低平，中部刃齿式 2/15~16。

雄虫：体长 7.0 mm。体色和构造与雌虫近似，触角除背侧全长黑色外，其余部分均为浅褐色；中胸前侧片仅上半部红褐色；足基节黄褐色；颚眼距大于单眼直径的 2 倍；复眼内缘向下发散，内眶底部明显隆起；触角鞭节强烈侧扁。

分布：中国湖南（永州、绥宁、武冈）。

检查标本：正模：♀，湖南永州舜皇山，N 26°24′，E 111°03′，900~1 200 m，2004.

Ⅳ.28，肖炜采；副模：29♀，湖南永州舜皇山，N 26°24′，E1 11°03′，900~1 200 m，2004.
Ⅳ.27~28，魏美才等采；5♀，湖南绥宁黄桑，N 26°26′，E 110°04′，600~900 m，2005.
Ⅳ.21，魏美才、肖炜采；3♀，湖南云山云峰阁，N 26°38′，E 110°37′，1 170 m，2010.
Ⅳ.13~14，王晓华、刘艳霞采；5♀7♂，湖南武冈云山电视塔，N 26°38′，E 110°37′，
1 380 m，2013.Ⅳ.12~13，李泽建、祁立威、褚彪采；1♀9♂，湖南武冈云山云峰阁，
N 26°38′，E 110°37′，1 170 m，2013.Ⅳ.10~14，李泽建、祁立威、褚彪采；2♀2♂，湖南
武冈云山云峰阁，N 26°38′，E 110°37′，1 145 m，2013.Ⅳ.10~14，李泽建采；3♀18♂，湖
南武冈云山，N 26°38′，E 110°37′，1 068 m，2018.Ⅳ.4，张宁、杜诗雨、蓝柏成采。

鉴别特征：该种与 *P. rufodorsata* Wei & Zhong 均为胸部具红色部分种类，但前者
胸部背板黑色，仅中胸背板侧叶两侧及中部斑、盾侧凹、中胸小盾片两侧红褐色；中胸
侧板上部红褐色，下部白色，中部无白色横斑；腹部各节背板端部具三角形白斑；后足
跗节全部黑色；触角第 3 节短于第 4 节，中胸前侧片刻点较之稍大、明显等特征易与之
区别。

54. 珊瑚红方颜叶蜂 *Pachyprotasis corallipes* Malaise, 1945（图 2-59）

Pachyprotasis corallipes Malaise, 1945: 151.

Pachyprotasis corallipes: Saini, 2007: 79.

雌虫：体长 6.0 mm。体黑色，黄白色部分为：头部触角窝以下部分、中窝及邻近颜
面、内眶及后眶底部、内眶狭边及相连的上眶斜斑、触角柄节腹侧、前胸背板前下侧缘及
后下侧缘、翅基片基部、中胸背板前叶两前侧角、侧叶中部小斑、中胸小盾片除两侧缘、
附片中部、后胸小盾片、中胸前侧片中部宽的横斑、后侧片后缘、后胸前侧片除前下角外
其余部分、后侧片后部、中胸腹板、腹部各节背板中部极窄后缘及后侧缘、各节腹板后缘
及锯鞘基部。足红褐色，前中足基节、后足基节腹侧不规则斑及各足转节黄白色；前中足
胫节和跗节前侧黄褐色，背侧黑色；后足胫节端缘、胫节距端部、跗节除基跗节基半部外
其余部分黑色。翅亚透明，前缘脉褐色，翅痣及其余翅脉黑褐色。

头部额区及邻近内眶刻点稍大、浅，刻纹明显，具光泽。中胸背板细弱、稍密集，具
光泽；中胸前侧片刻点微弱、分散，刻点间隙光滑，具明显光泽，后上侧片刻纹显著，光
泽弱，后下侧片光滑，刻点不明显，光泽强，后胸侧板刻点浅弱、密集，光泽明显；中胸
小盾片中部光滑无刻点，两侧刻点浅，附片具明显刻纹，光泽强。腹部背板刻点浅弱、稀
疏，刻纹细致，光泽明显。后足基节外侧刻点稍小。

上唇宽大，端部截形；唇基缺口底部平直，深为唇基 2/5 长，侧角稍钝；颚眼距宽于
单眼直径；复眼内缘向下内聚；触角窝上突不明显，额区隆起，侧面观等高于复眼，额脊
钝；中窝浅，侧窝稍深，单眼中沟及后沟稍深、明显；单眼后区隆起，具中沟，宽约为长
的 2 倍，侧沟深；头部背后观两侧向后明显收敛。触角短于胸腹部之和，第 3 节长于第 4

节（11：10）。中胸小盾片近棱形，不隆起，两侧脊基部锐利，端部向后平滑，附片中脊低钝。后足胫节内距稍长于基跗节 1/2，基跗节亚等于其后 4 个跗分节之和，爪内齿显著短于外齿。前翅臀室中柄约为基臀室 1/3 长，长于 R+M 脉段（3：2）；后翅臀室柄长于 cu-a 脉段的 1/2 长。

锯鞘约等长于后足基跗节，端部稍尖，鞘端长于鞘基。锯腹片细长，22 刃，中部刃齿式 2~3/14~16，锯刃低平。

雄虫：未见标本。

分布：中国云南（中甸）；中国云南 – 缅甸边境。

模式标本保存于瑞典斯德哥尔摩自然历史博物馆（NHRS）。

鉴别特征：该种近似 *P. sanguinipes* Malaise，但体小；中胸前侧片刻点微弱、不明显；单眼后区具中沟，宽约 2 倍于长；锯腹片低平等特征可与之区别。

55. 杂色方颜叶蜂 *Pachyprotasis variegata* (Fallén, 1808)（图 2-60、图 2-61）

Tenthredo variegata Fallén, 1808：99.

Pachyprotasis variegata: Cameron, 1882：125.

Pachyprotasis variegata: Costa, 1894：178.

Pachyprotasis variegata: Enslin, 1912–1918：134.

Pachyprotasis variegata: Malaise, 1931：134.

Pachyprotasis variegata: Berland, 1947：155.

Pachyprotasis variegata: Verzhutskii, 1966：97.

Pachyprotasis variegata: Muche, 1968：199.

Pachyprotasis variegata: Vassile, 1978：92.

Pachyprotasis variegata: Zhelochovtsev, 1993：342.

Pachyprotasis variegata: Lee, Ruy, Quan & Jung, 2000：172.

Pachyprotasis variegata: Magis, 2008：102.

雌虫：体长 8.0~9.0 mm。体黑色，黄白色部分为：头部触角窝以下部分、中窝及相邻的额区、宽的内眶及相连的上眶斜斑、后眶底大半部、触角柄节腹侧、前胸背板底半部、翅基片基大半部、中胸背板前叶两侧宽的"V"形斑、侧叶中部蝴蝶形斑、中胸小盾片、附片中部大部分、后胸小盾片、中胸前侧片除上角及底部宽的横斑外其余部分、后侧片后部、后胸前侧片、后侧片后部、中胸腹板、腹部各节背板极窄后缘、各节背板缘折部分、各节腹板后半部、锯鞘基腹侧；触角梗节以远腹侧浅褐色；锯鞘端暗褐色。前中足黄白色，股节红褐色，腹侧或具浅黄褐色条斑，端部背侧以远黑褐色；后足红褐色，基节、转节、股节基部 1/7 黄白色，基节内侧具黑斑，腹侧具不规则红褐色条斑；胫节端部、基跗节除基部外其余部分、第 2~5 跗分节除各节基部腹侧外其余部分黑色。翅透明，前缘脉褐色，其余翅脉及翅痣黑褐色。

上唇及唇基刻点稀疏、微弱；额区及邻近内眶刻点大、浅、分散，刻纹细致，光泽明显。中胸背板刻点稍密集，光泽明显；中胸前侧片上部刻点稍大、浅、分散，下部刻点密集、小，刻点间隙光滑，光泽明显；后上侧片刻纹粗糙，光泽弱，后下侧片光滑，刻点无，刻纹微弱，光泽强；后胸侧板刻点浅弱、密集，光泽明显，中胸小盾片顶部光滑无刻点，两后侧刻点稍小、浅，光泽强，附片刻点浅弱，刻纹细密，光泽明显。腹部背板刻点浅、稀疏，刻纹明显，具光泽。后足基节后外侧刻点稍小、浅、密集。

上唇小，端部截形；唇基缺口近截形，深约为唇基 1/3 长，侧角小；颚眼距明显宽于单眼直径；复眼内缘向下平行，内眶底部稍隆起；触角窝上突不明显，额区明显隆起，侧面观等高于复眼，额脊钝圆，不明显；中窝无，侧窝浅；单眼中沟宽、明显，后沟无；单眼后区稍隆起，具中沟，宽明显大于长（17∶10），侧沟浅、向后弧形延伸；头部背后观两侧向后收敛不明显。触角短于体长，第 3 节稍长于第 4 节（23∶21）。中胸小盾片圆钝形，稍隆起，附片中脊钝。后足胫节内距长于基跗节 1/2 长，基跗节明显短于其后 4 个跗分节之和，爪内齿明显短于外齿。前翅臀室中柄短于基臀室 1/3 长，等长于 R+M 脉段；后翅臀室柄稍长于 cu-a 脉段的 1/2 长。

锯鞘稍短于后足基跗节，端部宽，椭圆形，鞘端长于鞘基。锯腹片 18 刃，中部刃齿式为 2/8~10，锯刃凸出。

雄虫：体长 9.0 mm。体色与雌虫相差极大，不同点为：内眶黄白部分狭窄，触角腹侧全长黄白色，中胸背板前叶两侧"V"形斑窄，腹部各节背板后缘中部具明显三角形黄白斑；足黄白色，各足基节基部腹侧具不规则黑斑，前中足股节背侧以远部分、后足基节及股节外侧全长、内外侧端半部各具黑褐色条纹，后足胫节背侧及端缘、胫节内距端半部、基跗节除基部及浅褐色腹侧外其余部分、第 2~5 跗分节及爪节黑褐色。复眼内缘向下稍分散；颚眼距 2.5 倍于单眼直径；额区稍隆起，中部内陷，额脊稍锐利、明显，中窝沟状，伸达中单眼；单眼后区宽 2 倍于长；触角鞭节强烈侧扁。

分布：中国（北部）；亚洲（蒙古国、日本），欧洲（阿尔巴尼亚、奥地利、比利时、保加利亚、克罗地亚、捷克、丹麦、爱沙尼亚、芬兰、法国、德国、英国、意大利、拉脱维亚、立陶宛、卢森堡、挪威、波兰、罗马尼亚、俄罗斯、斯洛伐克、瑞士、瑞典、乌克兰）。

检查标本：1♂，A, Salzburg Gro Bortltal Hutlschlag. ZW. Karteis U. Muhlegg, 1 050~1 280 m, 1992.Ⅴ.29, Neumayer Johann leg.

模式标本保存于德国昆虫博物馆（Senckenberg Deutsches Entomologisches Institut, Müncheberg, Germany）。

鉴别特征：该种胸腹部背侧黑色，中胸背板前叶两侧、侧叶中部小斑、中胸小盾片、附片及后胸小盾片黄白色，腹部背板黑色，无明显白斑；体腹侧黄白色，中胸侧板底部具

黑色横斑，腹部各节背板缘折部分及腹板黄白色；后足基节及转节黄白色，股节和胫节红褐色，胫节端缘黑色等特征可与相近种区别。

56. 红体方颜叶蜂 *Pachyprotasis sanguinipes* Malaise, 1931

Pachyprotasis sanguinipes Malaise, 1931: 128.

Pachyprotasis sanguinipes: Malaise, 1945: 152.

Pachyprotasis sanguinipes: Saini, 2007: 80.

雌虫：体长 9.5 mm。体黑色，白色部分：触角窝以下部分、窄的内眶及相连的上眶斑、前胸背板底部侧缘、中胸背板前叶侧缘、侧叶中部小斑、附片、后胸小盾片、中胸侧板底部横斑（基部缺，端部缩小成点状）、后胸侧板斑、中胸及后胸腹板中部、腹部各节背板中部三角形斑；腹部各节背板缘折部分黑色，后缘白色，第 2~5 节背板基部各 1 个小白斑。各足基节、转节红色，前、中足股节红色，胫跗节黄白色，背侧具黑色条纹；后足股节红色，胫节端部、跗节黑色。触角稍长于腹部，第 3 节明显长于第 4 节。中胸侧板刻点大、明显；单眼后区稍内陷，具不明显中纵沟；宽大于长（3：2）。后足基跗节长于其后跗分节之和。头部背侧及中胸侧板刻点明显，头部背侧具刻纹。额区平，额脊不明显；中窝及侧窝缺；头部背后观向后收敛不明显。

雄虫：未知。

分布：中国（甘肃）。

模式标本保存于瑞典斯德哥尔摩自然历史博物馆（NHRS）。

57. 宽角方颜叶蜂 *Pachyprotasis validicornis* Malaise, 1945

Pachyprotasis validicornis Malaise, 1945: 153.

Pachyprotasis validicornis: Saini, 2007: 67.

雌虫：体长 6.0~6.5 mm。体黑色，白色部分：上唇、唇基。足黑色，白色部分为：全部转节、前中足前侧、后足第 2~5 跗分节；后足股节或具红色部分。头部背侧刻点大、明显，中胸背板刻点密集、中胸侧板上部刻点大、密集、明显，下部刻点稍小、分散，腹部背侧具明显分散刻点。触角短于体长，第 3 节不长于第 4 节，鞭节强烈侧扁。

雌虫：未知。

分布：中国（甘肃）；中国云南 – 缅甸边境，印度。

模式标本保存于瑞典斯德哥尔摩自然历史博物馆（NHRS）。

58. 吴氏方颜叶蜂 *Pachyprotasis wui* Wei & Nie, 1998（图 2-62、图 2-63）

Pachyprotasis wui Wei & Nie, 1998: 372.

雌虫：体长 9.5 mm。体黑色，黄白色部分为：头部触角窝以下部分、内眶底半部及相邻的后眶底大半部、内眶狭边及相连的上眶斜斑、触角柄节腹侧、前胸背板后上缘、翅基片除后缘外其余部分、中胸背板前叶端部箭头形斑、侧叶中部小斑、中胸小盾片除两侧缘、附片中部大部分、后胸小盾片、中胸前侧片中部大型横斑、后侧片后部、后胸前侧片全部、后侧片后部、腹部第1~8节背板中部后缘三角形斑、第10节背板大部分、各节背板缘折部分、各节腹板后部、锯鞘基及鞘端基部。足橙黄色，前中足股节缘端背侧以远黑色，后足股节端半部、胫节基部2/3、胫节距基部2/3红褐色，胫节端部1/3、胫节距端部及跗节黑色。翅透明，翅痣及翅脉黑色。

上唇及唇基刻点稀疏、浅；头部额区及相邻内眶刻点稀少、浅弱，刻点间隙光滑，刻纹细致，光泽明显。中胸背板刻点稀疏、浅弱，光泽强。中胸前侧片上部刻点稍大、浅，稀疏，下部刻点浅弱、分散，刻点间隙光滑，光泽较强，后上侧片刻纹显著，光泽稍弱，后下侧片光滑几无刻点，光泽较强；后胸侧板刻点浅弱、分散，刻纹细致，光泽明显。中胸小盾片顶部光滑无刻点，两后侧刻点稍大、浅、分散，光泽较强，附片光滑，具少数几个浅弱刻点，光泽强。腹部背板具明显刻纹，光泽强，侧缘具浅弱刻点。后足基节光滑，刻点不明显。

上唇大，端部截形，中间具浅缺口；唇基缺口深弧形，底部短直，深为唇基2/5长，侧叶大；颚眼距约1.5倍于单眼直径；复眼内缘向下内聚；触角窝上突发育，额区明显隆起，侧面观等高于复眼，顶平，额脊锐、明显；中窝浅坑状，侧窝浅；单眼中沟稍深，后沟模糊；单眼后区稍隆起，宽约明显大于长（15∶9），侧沟深直；后头短，背后观两侧向后明显收敛。触角丝状，稍短于胸腹部，第3节长于第4节（8∶7）。中胸小盾片钝形，稍隆起，附片中脊低钝。后足胫节内距约为基跗节1/2长，基跗节略短于其后4个跗分节之和，爪内齿等长于外齿。前翅臀室中柄短于基臀室1/2长，约等长于R+M脉段；后翅臀室柄等长于cu-a脉段的1/2长。

锯鞘明显短于后足基跗节，端部尖，鞘端长于鞘基。锯腹片21刃，中部刃齿式为2/12~14，锯刃稍凸出。

雄虫：体长6.5 mm。体色和构造近似雌虫，但触角腹侧全长黄白色；中胸小盾片仅中部白色，中胸腹板中部具黄白斑；后足黄白色，无红色部分，股节端部2/5除背侧条斑外其余部分、胫节、跗节黑色；颚眼距约2.5倍宽于单眼直径；复眼向下发散，中窝无；额区明显隆起，额脊钝圆；单眼后区，宽2倍于长；鞭节强烈侧扁。

分布：中国陕西（佛坪），浙江（安吉、临安、龙泉、丽水），江西（武功山），湖南（炎陵、石门、桑植、绥宁、宜章、永州、衡山、浏阳、武冈），福建（武夷山、永安）。

检查标本：正模：1♀，浙江安吉龙王山，N 30°24′，E 119°26′，1999.Ⅴ.14，吴鸿采。

鉴别特征：该种中胸侧板黑色，底部具宽的白色横斑；后足基节至股节基半部黄白色，股节端部至胫节端部6/7红褐色，胫节端部1/7以远部分黑色；头部背侧及中胸侧板刻点浅弱、稀少，刻点间隙光滑，刻纹不明显；头部额区明显隆起，两侧脊锐利，中窝浅

坑状，不伸达中单眼；中胸小盾片钝形隆起，两侧脊圆滑，光滑无刻点等特征可与相近种区别。

59. 永州方颜叶蜂 *Pachyprotasis parawui* Zhong, Li & Wei, 2020（图 2-64）

Pachyprotasis parawui Zhong, Li & Wei, 2020: 324.

雌虫：体长 8.5 mm。体黑色，黄白色部分为：头部触角窝以下部分、内眶底半部及相邻的后眶底大半部、内眶狭边及相连的上眶斜斑、前胸背板模糊边缘、翅基片除后缘、中胸背板前叶两侧宽的"V"形斑、侧叶中部蝴蝶形斑、中胸小盾片除两侧缘、附片中部大部分、后胸小盾片、中胸前侧片中部大型横斑、后侧片后下角、后胸前侧片全部、后侧片后部、腹部第 1~8 节背板中部后缘三角形斑、第 10 节背板大部分、各节背板缘折部分、各节腹板后部、锯鞘基及鞘端基部腹侧；触角腹侧全长浅褐色；足黄白色，前、中足股节基部背侧以远具黑色条纹，后足股节端部 1/3、胫节基部 2/3、胫节距基部 2/3 红褐色，股节端缘背侧、胫节端部 1/3、胫节距端部及跗节黑色。翅透明，翅痣及翅脉黑色。

上唇及唇基刻点稀疏、浅；头部额区及相邻内眶刻点小、浅、稍分散，刻点间隙具明显刻纹及油质光泽。中胸背板刻点浅弱、分散，光泽强；中胸前侧片上部刻点大、浅、稍分散，下部刻点浅弱、分散，刻点间隙光滑，光泽较强，后上侧片刻纹显著，光泽稍弱，后下侧片光滑，刻点浅弱、分散，光泽强；后胸侧板刻点微弱、不明显，光泽强；中胸小盾片顶部光滑无刻点，两后侧刻点浅、分散，光泽较强，附片光滑无刻点，刻纹细致，光泽强。腹部背板具明显刻纹，光泽强，刻点浅弱。后足基节刻点微弱、稀疏。

上唇大，端部截形；唇基缺口深弧形，深为唇基 1/3 长，侧叶大；颚眼距约 1.5 倍于单眼直径；复眼内缘向下明显内聚；触角窝上突发育，额区明显隆起，侧面观等高于复眼，顶平，额脊锐、明显；中窝不明显，侧窝浅；单眼中沟短、浅，后沟模糊；单眼后区稍隆起，宽约为长的 1.5 倍，侧沟深直；背后观两侧向后收敛不明显。触角丝状，明显短于胸腹部，第 3 节长于第 4 节（26:23）。中胸小盾片钝形，稍隆起，附片中脊低钝；后足胫节内距约为基跗节 1/2 长，基跗节略短于其后 4 个跗分节之和，爪内齿等长于外齿。前翅臀室中柄约为基臀室 1/2 长，约等长于 R+M 脉段；后翅臀室柄等长于 cu-a 脉段的 1/2 长。

锯鞘稍短于足基跗节，鞘端宽大，端部尖，鞘端长于鞘基。锯腹片 18 刃，中部刃齿式为 2/5~6，锯刃稍凸出。

雄虫：未知。

分布：中国浙江（丽水、临安、龙泉），江西（安福），湖北（兴山），湖南（永州、绥宁、武冈），福建（武夷山），四川（贡嘎山），云南（腾冲）。

检查标本：正模：♀，湖南永州阳明山，N 26°04′，E 111°56′，1 000~1 300 m，2004.

Ⅳ.24，肖炜采；副模：4♀，浙江丽水九龙湿地新亭村，N 28°24′，E 119°51′，50 m，2015.
Ⅲ.22，李泽建采；6♀，江西武功山红岩谷，N 27°29′，E 114°08′，580 m，2016.Ⅳ.3，盛茂
领、李涛采；1♀，湖南永州舜皇山，N 26°24′，E 111°03′，900~1 200 m，2004.Ⅳ.28，周虎
采；1♀，福建武夷山，N 27°39′，E 117°57′，2014.Ⅴ.1，秦枚、徐骏采。

鉴别特征：该种与 *P. wui* Wei & Zhong 相似，但头部额区及中胸前侧片刻点较之大、
深，刻点间隙具明显刻纹，不光滑；单眼后区宽约为长的 3 倍；锯腹片形状与之不一致
等特征可与之区别。

60. 柠檬黄方颜叶蜂 *Pachyprotasis citrinipicta* Malaise, 1945（图 2-65、图 2-66）

Pachyprotasis citrinipictus [recte: *citrinipicta*]: Malaise, 1945:148.

Pachyprotasis citrinipictus [recte: *citrinipicta*]: Huang & Zhou, 1982: 341.

Pachyprotasis citrinipictus [recte: *citrinipicta*]: Saini & Kalia, 1989: 153.

Pachyprotasis citrinipictus [recte: *citrinipicta*]: Saini, 2007: 73.

雌虫：体长 8.5~10.0 mm。体黑色，黄绿色部分为：头部触角窝以下部分、中窝及其
邻近内眶、宽的内眶及相连的大上眶斑、宽的后眶、触角柄节腹侧、前胸背板底大半部、
翅基片除后缘、中胸背板前叶两侧宽的"V"形斑、侧叶中部小斑、中胸小盾片、附片、
后胸小盾片、中胸前侧片除底部窄的横斑外其余部分、后侧片除侧板沟外其余部分、后胸
侧板、中胸腹板除前缘外其余部分、腹部第 10 节背板全部、各节背板缘折部分、各节腹
板、锯鞘除鞘端端缘外其余部分；触角梗节腹侧以远具浅褐色条纹。足黄绿色，前中足股
节端缘至爪节背侧全长具黑条纹，后足基节内侧具黑斑；后足股节端部 3/5、胫节除端缘
外其余部分、胫节距基部红褐色；后足胫节端缘、胫节距端部、跗节黑色。翅烟色，翅痣
及翅脉黑色。

上唇刻点稀疏、浅弱，唇基刻点大、浅、稀疏，额区及其邻近内眶具分散、明显刻
点，刻点间隙光滑，光泽强。中胸背板光泽明显，刻点稍分散、浅弱；中胸前侧片上部刻
点大、深、明显，下部刻点密集、稍小，光泽稍弱，后上侧片刻纹显著，光泽弱，后下侧
片具少数浅弱刻点，光泽稍弱；后胸侧板刻点浅弱、密集，光泽稍弱；中胸小盾片及附
片刻点不明显，光泽稍弱。腹部背板刻点极其浅弱，刻纹及光泽明显。后足基节外侧具密
集、明显刻点。

上唇大，端部截形；唇基缺口近截形，深约为唇基 1/3 长，侧角稍钝；颚眼距明显大
于单眼直径；复眼内缘向下平行，触角窝上突不明显，额区稍隆起，侧面观低于复眼，顶
平，额脊钝圆，不明显；中窝无，侧窝浅；单眼中沟及后沟浅；单眼后区低平，宽长比
为 4∶3，侧沟浅，向后稍分歧；后头向后收敛不明显。触角稍长于腹部，第 3 节长于第 4
节（23∶18）。中胸小盾片棱形，稍隆起，两侧脊锐利，附片中脊锐利；后足胫节内距长
于基跗节 1/2，基跗节等长于其后 4 个跗分节之和，爪内齿等长于外齿。前翅臀室中柄明

显短于基臀室 1/2 长，稍长于 R+M 脉段；后翅臀室柄约为 cu-a 脉段的 1/3 长。

锯鞘稍短于后足基跗节，端部狭长，鞘端长于鞘基。锯腹片 23 刃，中部刃齿式 2/12~14，锯刃凸出。

雄虫：体长 7.5~8.0 mm。体色和构造与雌虫近似，但内眶仅底半部、中胸小盾片中部、附片中部、后胸小盾片中部、触角腹侧全长黄白色；中胸前侧片黄白色，上角黑色，底部具较宽黑色横斑，后胸侧板后部黄白色；后足基节腹侧黑斑较大，基节外侧及股节外侧基部具黑色条纹；颚眼距 2 倍于单眼直径，内眶底部明显隆起；鞭节强烈侧扁；中胸小盾片低平。

分布：中国西藏（亚东、墨脱、错那）；印度，尼泊尔。

模式标本保存于瑞典斯德哥尔摩自然历史博物馆（NHRS）；部分标本保存于英国伦敦博物馆（BMNH）。

鉴别特征：该种体腹侧黄色，中胸前侧片底部具黑色横斑；后足基节黄白色，外侧具 2 条不相连的黑色条纹；中胸前侧片上部刻点大、深、明显，头部背侧刻点稍小、分散，刻点间隙光滑；中胸小盾片低平，两侧脊锐利，中部光滑无刻点等特征可与其他相近种区别。

61. 副色方颜叶蜂 *Pachyprotasis parasubtilis* Wei, 1998（图 2-67、图 2-68）

Pachyprotasis parasubtilis Wei & Nie, 1998: 162.

雌虫：体长 9.0~10.5 mm。体黑色，黄白色部分为：头部触角窝以下部分、内眶及相邻后眶下部、触角柄节腹侧、中胸背板前叶端部箭头形小斑、侧叶中部小斑、中胸小盾片除两侧外其余部分、附片中部、后胸小盾片、后胸前侧片后上角及后缘、后侧片除前下角外其余部分、腹部各节背板缘折部分基部小斑及后缘、各节腹板后缘及锯鞘基外缘；上眶斜斑及翅基片橙褐色。前中足棕褐色，基节端缘、转节、股节基部黄色，基节外侧基部具黑斑；后足红褐色，转节、股节基半部黄色，股节端部 1/2 红褐色，转节、股节外侧基半部具黑色条斑；股节端缘不规则小斑、胫节、胫节距及跗节黑色。翅浅烟色，透明，翅痣前缘和前缘脉浅褐色，翅痣其余部分和其余翅脉黑褐色。

上唇及唇基刻点浅、稀疏；头部额区及邻近内眶刻点密集、明显，刻点间隙不光滑，具细致刻纹及光泽。中胸背板刻点细小、稍密集，光泽明显；中胸前侧片上部刻点大、浅、不密集，下部刻点小、分散，刻点间隙光滑，光泽强，后上侧片刻纹显著，具光泽，后下侧片光滑，光泽较强，后背缘具稀疏、微弱刻点；后胸侧板光滑，刻点极其浅弱、不明显，光泽明显；中胸小盾片刻点浅弱，光泽稍弱；附片刻纹及光泽明显。腹部背板刻点浅弱、稀疏，刻纹明显，光泽强。后足基节上侧刻点大、深、不密集。

上唇端部钝截形，中间具很浅缺口；唇基缺口近弧形，深于唇基 1/3，侧叶短三角形，稍锐；颚眼距等于或小于单眼直径；复眼内缘向下稍内聚；触角窝上突不明显，额区隆起，侧面观低于复眼，额脊钝；中窝沟状，基部深，端部稍浅，伸达中单眼，侧窝深沟状；单眼中沟稍深，后沟不明显；单眼后区稍隆起，约与内眶等宽，宽1.6倍于长，侧沟深，相互平行；背观后头短，两侧向后强烈收敛。触角丝状，短于胸腹长之和，第3节等长于第4节，鞭节侧扁。中胸小盾片近棱形隆起，两侧脊稍锐利，附片中脊明显。后足胫节内距约等于基跗节2/3长，基跗节稍长于其后4个跗分节之和，爪内齿稍短于外齿。前翅Cu-a脉位于M室内侧1/3处，2Rs室长于1Rs室，臀室中柄约为R+M脉段的2倍；后翅臀室柄约为cu-a脉1/2长。

锯鞘微长于中足基跗节，端部椭圆形，鞘端长于鞘基。锯腹片21刃，中部刃齿式为2/14~17，锯刃低平，刃齿细小。

雄虫：体长9.0 mm。体色和构造与雌虫近似，但触角鞭节腹侧棕色；翅基片黄白色，外缘黑色；前中足黄白色，基节外侧具黑斑，股节至爪节背侧具黑色条纹；后足黑色，转节、股节基部3/5及背侧全长条纹黄白色，转节及股节基部外侧具黑色条纹；鞭节强烈侧扁。

个体差异：雄虫部分个体基节具红色部分。

分布：中国吉林（长白山），河南（嵩县、内乡、栾川），陕西（安康），甘肃（文县），湖北（神农架），湖南（石门、张家界），四川（峨眉山、泸定、汶川），贵州（遵义）。

检查标本：正模：♀，河南嵩县，N 33°54′，E 111°59′，1996. Ⅵ. 15，文军采；15♀19♂，采集记录同正模。

鉴别特征：该种与 *P. subtilis* Malaise 近似，但触角短于胸腹部之和；后足胫节和跗节全部黑色；雌虫后足基节红色等特征可与之区别。该种与 *P. lineatifemorata* Nie 也近似，但后足股节仅基半部外侧具黑条斑；锯腹片形状不同，可与之区别。

62. 纹股方颜叶蜂 *Pachyprotasis lineatifemorata* Wei & Nie, 1999（图 2-69）

Pachyprotasis lineatifemorata Wei & Nie in Nie & Wei, 1999: 109.

雌虫：体长10.0~11.0 mm。体黑色，黄白色部分为：头部触角窝以下部分、内眶及相邻的后眶底部、触角柄节腹侧、中胸背板前叶端部箭头形小斑、侧叶中部小斑、中胸小盾片除两侧、附片后角、后胸小盾片、后胸前侧片后半部、后侧片除前下角外其余部分、腹部各节背板缘折部分后缘、各节腹板后缘及锯鞘基腹缘；上眶斜斑及翅基片棕褐色。足红褐色，前中足基节端部、转节、后足转节、股节基半部浅黄色；前中足基节外侧基部具黑斑，后足转节外侧、股节内侧端部及外侧全长具黑色条斑；后足胫节、胫节距、跗节黑色。翅浅烟色，透明，翅痣前缘和前缘脉浅褐色，翅痣其余部分和其余翅脉大部黑褐色。

上唇及唇基刻点浅、稀疏；头部额区及邻近内眶刻点密集、明显，刻点间隙不光滑，具细致刻纹及光泽。中胸背板刻点细小、稍密集，光泽明显；中胸前侧片上部刻点稍大、

浅、不密集，下部刻点小，稍密，刻点间隙光滑，光泽强，后上侧片刻纹显著，具光泽，后下侧片光滑，光泽较强，后背缘具稀疏、微弱刻点；后胸侧板光滑，刻点极其浅弱、不明显，光泽明显；中胸小盾片刻点稍大、浅，光泽稍弱；附片刻纹细致，光泽稍弱。腹部背板刻点浅弱、稀疏，刻纹明显，光泽强。后足基节后上侧刻点明显、不密集。

上唇端部钝截形，中间具很浅缺口；唇基缺口宽，浅于唇基 1/3，底部平直，侧叶短三角形，稍锐；颚眼距等于单眼直径；复眼内缘向下稍内聚；触角窝上突不明显，额区隆起，侧面观稍低于复眼，额脊钝圆；中窝宽，基部深，端部浅，伸达中单眼，侧窝沟状；单眼中沟稍深，后沟浅；单眼后区稍隆起，约与内眶等宽，宽 1.6 倍于长，侧沟深，相互平行；背观后头短，两侧向后强烈收敛。触角丝状，约等于胸腹部长之和，第 3 节等长于第 4 节，鞭节侧扁。中胸小盾片圆钝形隆起，附片中脊稍锐利。后足胫节内距约等于基跗节 2/3 长，基跗节稍长于其后 4 个跗分节之和，爪内齿稍短于外齿。前翅 Cu-a 脉位于 M 室内侧 1/3 处，2Rs 室长于 1Rs 室，臀室中柄短于基臀室，约为 R+M 脉段的 2 倍；后翅臀室柄稍长于 cu-a 脉段的 1/2 长。

锯鞘微长于中足基跗节，端部椭圆形，鞘端长于鞘基。锯腹片 21 刃，中部刃齿式为 2/14~16，锯刃短且低，刃齿细小。

雄虫：未知。

分布：中国甘肃（天水），河南（内乡、卢氏、嵩县），陕西（凤县），湖北（宜昌），四川（峨眉山、天全），西藏（墨脱）。

检查标本：正模：♀，河南内乡宝天曼，N 33°30′，E 111°56′，1998.Ⅶ.14，魏美才采；副模：1♀，采集记录同正模。

鉴别特征：该种头部及胸腹部背侧黑色，无明显白斑；中胸侧板全部黑色，无白斑；后足基节和股节端半部红褐色，股节基半部浅黄色，股节外侧全长具黑条斑；后足胫节和跗节全部黑色；中窝宽，基部深，端部浅，伸达中单眼，侧窝沟状；头部背侧刻点密集，刻纹明显，刻点间隙不光滑，中胸侧板刻点稍密集，刻点间距小于刻点直径，刻点间隙稍光滑；中胸小盾片刻点稍大、浅，光泽稍弱等特征可与相近种区别。

63. 左氏方颜叶蜂 *Pachyprotasis zuoae* Wei, 2005（图 2-70）

Pachyprotasis zuoae Wei, 2005: 487.

雌虫：体长 9.5~10.5 mm。体黑色，黄白色部分为：头部触角窝以下部分、内眶及相邻的后眶底部、触角基部 2 节腹侧、中胸背板前叶端部箭头形斑、侧叶中部小斑、小盾片除两侧缘、附片中部小斑、小盾片、后胸前侧片后上角、后侧片后部、腹部第 1~8 节背板后缘中部三角形斑、第 10 节背板中部、各节背板缘折部分基部小斑及后缘、各节腹板后部及锯鞘基腹缘；内眶狭边及相连的上眶斜斑、翅基片棕褐色。足棕褐色，前中足基节、后足基节端缘、各足转节及股节基部 2/5 黄白色，前中足胫节及各跗分节端缘背侧、后足转节及股节基部 2/7 外侧具黑斑，后足基节及股节端部 3/5 红褐色，后足胫节和跗节黑色。翅浅烟色，亚透明，前缘脉棕褐色，翅痣外缘浅褐色，其余部分深褐色，其余翅脉黑褐色。

上唇及唇基刻点微弱、不明显，头部额区及邻近内眶刻点较弱且模糊，刻点间隙不光滑，具细致刻纹及光泽。中胸背板刻点细小、不很密集，光泽明显；中胸前侧片上部刻点稍大、不密集，下部刻点小、稍密，刻点间隙具细致刻纹，光泽强，后上侧片刻纹显著，具光泽，后下侧片光滑，光泽较强，后背缘具稀疏刻点；后胸侧板光滑，刻点极其微弱、不明显，光泽明显；中胸小盾片顶部具分散、大、浅刻点，光泽稍弱；附片刻纹细致，光泽明显。腹部背板刻点浅弱、稀疏，刻纹明显，光泽强。后足基节后上侧刻点分散、明显。

上唇端部截形；唇基缺口底部平直，深约为唇基 1/3 长，侧叶尖小；颚眼距等长于单眼直径；复眼内缘向下明显内聚；触角窝上突不明显，额区稍隆起，侧面观远低于复眼，额脊钝圆；中窝深坑状，侧窝深沟状；单眼中沟宽、稍深，后沟无；单眼后区微弱隆起，宽长比为 13：8，侧沟深直；后头短，两侧向后强烈收敛。触角稍短于胸腹长之和，第 3 节等长于第 4 节，鞭节端部侧扁。中胸小盾片近钝形隆起，顶部十分平坦，具明显横脊，两侧脊稍钝，附片中脊基部锐利，端部不明显。后足胫节内距约为基跗节 3/5 长，基跗节长于其后 4 个跗分节之和，爪内齿等长于外齿。前翅 Cu-a 脉位于 M 室内侧 2/5 处，2Rs 室稍长于 1Rs 室，臀室中柄短于基臀室，约为 R+M 脉段的 2 倍长；后翅臀室柄短于 cu-a 脉段的 1/2 长。

锯鞘短于后足基跗节，端部椭圆形，鞘端明显长于鞘基。锯腹片 22 刃，中部刃齿式 1/15~17，锯刃低平，刃齿细小。

雄虫：未知。

分布：中国河南（嵩县、内乡），陕西（周至、宁陕、佛坪、留坝），甘肃（文县），湖北（宜昌），湖南（桑植、石门、炎陵、永州），四川（崇州、泸定、青城、天全），贵州（雷山、习水），云南（景东、云龙）。

检查标本：正模：♀，贵州习水坪河 – 蔺江，N 28°19′，E 106°12′，1 500~1 800 m，2000．Ⅵ．2，肖炜采；副模：7♀，采集记录同正模；2♀，贵州雷公山林场，N 26°21′，E 108°12′，1 600 m，2005．Ⅴ．31，梁旻雯采；1♀，河南嵩县白云山，N 33°54′，E 111°59′，1 650 m，2002．Ⅶ．19，姜吉刚采；1♀，湖南桑植天平山，N 29°47′，E 110°00′，1981．Ⅶ．8，童新旺采；1♀，湖南桑植天平山，N 29°47′，E 110°00′，1981．Ⅵ．18，童新旺采；1♀，湖南桑植八大公山，N 29°40′，E 109°44′，1 250 m，2001．Ⅷ．13，文军、黄宁廷采。

鉴别特征：该种与 *P. parasubtilis* Wei 以及 *P. lineatifemorata* Wei & Nie 两种很近似，但该种腹部各节背板后缘中部具显著白斑；后足股节端部无黑斑；中胸小盾片顶部十分

平坦，具明显横脊；额区刻点较弱且模糊；锯腹片的锯刃较低平等，与后两种不同，可以鉴别。

64. 锥角方颜叶蜂 *Pachyprotasis subulicornis* Malaise, 1945（图 2-71、图 2-72）

Pachyprotasis subulicornis Malaise, 1945: 153.

Pachyprotasis subulicornis: Saini & Kalia, 1989: 163.

Pachyprotasis subulicornis: Saini, 2007: 71.

Pachyprotasis subulicornis: Wei, 2005: 487.

Pachyprotasis subulicornis: Wei, 2006: 622.

Pachyprotasis subulicornis: Wei & Lin, 2005: 450.

Pachyprotasis subulicornis: Wei, Liang & Liao, 2007: 611.

雌虫：体长 7.0 mm。体黑色，黄白色部分为：头部触角窝以下部分、内眶及相连的后眶底部、上眶小的斜斑、前胸背板极窄后侧缘、翅基片基部、中胸背板前叶端部箭头形斑、侧叶中部小斑、中胸小盾片中部、附片中部小斑、后胸小盾片、中胸前侧片近腹侧基部不规则小斑、后胸后侧片后部、腹部第 8 节及第 10 节背板中部三角形斑、各节背板缘折部分基部三角形斑；翅基片端部暗褐色。足黄白色，各足基节基部腹侧具黑斑；前足股节后侧除基缘外其余部分及中足股节除基部外其余部分褐色；前中足股节端部背侧以远黑色，后足股节端部 4/5 及胫节基部 2/3 红褐色；后足股节端部背侧、胫节端部 1/3、胫节距、基跗节除端部、端跗节端部黑色。翅透明，前缘脉浅褐色，翅痣暗褐色，其余翅脉黑色。

上唇刻点不明显，唇基刻点密集、浅弱；头部额区及邻近内眶刻点细密，刻点间隙不光滑，具明显刻纹及光泽。中胸背板刻点及刻纹细密，光泽明显；中胸前侧片上部刻点稍大、深、粗糙，下部刻点细密，刻点间隙具细致刻纹及明显光泽，后上侧片刻纹显著，光泽稍弱，后下侧片刻纹明显，后背缘具分散、浅弱刻点，光泽强；后胸前侧片刻点极其浅弱、密集，稍具光泽，后侧片光滑，刻点浅弱、分散，光泽稍强；小盾片刻点稍浅、密集，光泽稍弱，附片无刻点，刻纹细致，光泽稍弱。腹部背板刻纹明显，刻点稀疏、稍大、浅，光泽强。后足基节后上侧具稀疏、明显刻点。

上唇大，端部截形；唇基缺口底部平直，深为唇基 1/3 长，侧角稍钝；颚眼距等于单眼直径；复眼内缘向下内聚；触角窝上突不明显，额区隆起，略低于复眼，顶部平，额脊钝；中窝及侧窝浅坑状；单眼中沟明显，后沟无；单眼后区隆起，宽约为长的 2 倍，侧沟深，向后稍分歧；后头短，两侧向后明显收敛。触角约等长于胸腹部之和，第 3 节等长于第 4 节，鞭节端部稍侧扁。中胸小盾片钝形隆起，附片中脊锐利。后足基跗节长于其后 4 个跗分节之和，爪内齿亚等于外齿。前翅臀室中柄为基臀室 1/2 长，稍长于 R+M 脉段；后翅臀室柄长于 cu-a 脉段的 1/2 长。

锯鞘等长于中足基跗节，端部椭圆形，鞘端等长于鞘基。锯腹片 18 刃，中部刃齿式 2/5~6，锯刃明显突出。

雄虫：体长 6.0~6.5 mm。体色和构造与雌虫近似，仅触角腹侧全长黄白色；前、中足股节黄白色，无褐色部分；鞭节强烈侧扁；复眼内缘向下平行；颚眼距约 2 倍于单眼直径。

个体差异：部分个体唇基端缘及基部具黑褐色斑，部分雄虫后足股节端部 4/5 全部黑色，无红褐色部分。

分布：中国河南（栾川），陕西（丹凤），安徽（岳西、金寨、青阳），浙江（临安、龙泉、奉化、余姚），湖北（五峰、神农架），江西（宜春、安福、资溪），湖南（炎陵、武冈、桑植、石门、绥宁、浏阳），福建（武夷山、将乐），广东（始兴），广西（田林、龙胜），贵州（梵净山、习水、贵阳、遵义、雷山），四川（洪雅），云南（贡山、腾冲、丽江）；中国云南–缅甸边境，印度。

模式标本保存于瑞典斯德哥尔摩自然历史博物馆（NHRS）。

鉴别特征：该种胸部背板和侧板黑色，仅中胸小盾片、附片、后胸小盾片和中胸前侧片中部前缘具小的白斑；唇基中部和端缘黑色；后足基节至股节基部黄白色，股节端部 4/5 和胫节基部 4/7 红褐色，跗节除基跗节基大半部及端跗节端部黑色外其余部分黄白色；头部背侧和中胸侧板刻点密集，刻纹明显，刻点间隙不光滑，中胸小盾片不光滑，顶部具明显刻点；中窝浅坑状等特征可与其他相近种区别。

65. 红褐方颜叶蜂 *Pachyprotasis rufinigripes* Wei & Nie, 1998（图 2-73）

Pachyprotasis rufinigripes Wei & Nie, 1998: 372.

雌虫：体长 9.0 mm。体黑色，黄白色部分为：上唇、唇基、上眶小型斜斑、翅基片前缘、中胸背板前叶端部箭头形斑、侧叶中部小斑、中胸小盾片除两侧外其余部分、附片中部大部分、后胸小盾片、腹部第 1~7 节背板中部后缘三角形斑、第 8 节及第 10 节背板中部、各节背板缘折部分基部三角形斑、第 7 节背板后缘和锯鞘基。足红褐色，各足转节白色，前中足基节大部黑色，胫节端部及跗节背侧全长具黑色条斑，跗节腹侧黄白色；后足基节外侧基部具小型白斑，股节末端背侧、胫节端部 1/3 及基跗节大部黑色，基跗节端部及其余跗分节白色。翅浅烟色，透明，前缘脉除末端外其余部分褐色，前缘脉端部、翅痣及其余翅脉黑色。体毛大部分灰白色。

上唇及唇基具稀疏、大、浅刻点；头部额区及邻近内眶刻点小、浅，稍密集，刻点间隙不光滑，具明显刻纹，光泽稍弱。中胸背板刻点细密，中胸前侧片上部刻点大、粗糙、密集，下部刻点细小、密集，刻点间隙不光滑，刻纹细致，光泽稍弱；后侧片刻纹显著，光泽弱；后胸侧板刻点密集、浅弱，光泽弱；中胸小盾片两侧具大、浅刻点，无光泽，附片刻点浅，刻纹细致，光泽弱。腹部刻点稀少，刻纹细致，具光泽。后足基节外侧刻点密集、明显。

上唇小，端部弧形；唇基缺口弧形，深于唇基 1/3 长，侧角钝圆；颚眼距略宽于单眼直径，复眼内缘向下内聚；触角窝上突不明显，额区隆起，侧面观略低于复眼，额脊稍钝；中窝不明显，侧窝浅；单眼中沟深，后沟模糊；单眼后区稍隆起，宽约为长的 2 倍，侧沟深，向后反弧形；背观后头两侧向后明显收敛。触角丝状，长于腹部，第 3 节短于第 4 节（33：35），鞭节不侧扁。中胸小盾片钝形隆起，两侧基部具锐利横脊，附片中脊锐利。后足基跗节等于其后 4 个跗分节之和，爪内齿稍长于外齿。前翅臀室中柄长于基臀室 1/2 长，明显长于 R+M 脉；后翅臀室柄极短，近于点状。

锯鞘明显短于后足基跗节长，端部尖三角形，鞘端明显长于鞘基。锯腹片 18 刃，中部刃齿式为 2/6，锯刃凸出。

雄虫：未知。

分布：中国浙江（安吉、临安、丽水），湖南（绥宁、宜章、武冈）。

检查标本：正模：1♀，浙江安吉龙王山，N 30°23′，E 119°24′，1996. Ⅳ. 13，吴鸿采。

鉴别特征：该种与 *P. subulicornis* Malaise 相似，但触角窝以下颜面全部白色，无黑斑；腹部第 1~7 节背板中部后缘具明显三角形白斑；各足股节、胫节除末端外均红褐色，后足基节红色；无单眼后沟；后翅臀室柄点状；触角较短；中胸侧板刻点粗糙、不规则等特征可与之区别。

66. 红跗方颜叶蜂 *Pachyprotasis maesta* Malaise, 1934（图 2-74）

Pachyprotasis maesta Malaise, 1934: 465.

Pachyprotasis maesta: Saini & Kalia, 1989: 152.

Pachyprotasis maesta: Saini, 2007: 80.

雌虫：体长 6.5~8.0 mm。体黑色，黄白色部分为：上唇、唇基除基部外其余部分、触角窝以下颜面、触角窝上部两侧小斑、内眶及相连的后眶底部、内眶狭边及相连的上眶斜斑、翅基片基部、中胸背板前叶两侧“V”形斑、侧叶中部小斑、中胸小盾片中部、附片中部、后胸小盾片、中胸前侧片近腹侧不规则斑、后胸前侧片后上角、相连的后侧片后半部、腹部中部数节背板极窄后缘、第 10 节背板全部、各节背板缘折部分后缘及各节腹板后缘。足红褐色，各足转节黄白色；前中足股节端部至跗节后背侧具窄黑条纹；各足基节基部不规则斑、后足股节端部背侧、胫节端部黑色。翅亚透明，前缘脉褐色，翅痣及其余翅脉黑褐色。

上唇及唇基刻点稍小、浅、分散；头部额区及邻近内眶刻点大、深、稍分散，刻点间隙光滑，刻纹不明显，光泽强。中胸背板刻点不密集、深、明显，具光泽；中胸前侧片上部刻点粗糙、大、密集，下部刻点稍小、密集，刻点间隙光滑，具光泽，后上侧片刻纹显著，刻点密集、稍浅，光泽弱；后下侧片刻点稀疏、浅、小，具光泽；后胸侧板刻点浅、小、密集，稍具光泽；中胸小盾片顶部光滑几无刻点，两侧具少数几个大、浅刻点，光泽明显，附片刻纹及光泽明显。腹部背板稍具光泽，刻点分散、浅、稍大，刻纹明显。后足基节刻点密集、大、深。

上唇端部近截形；唇基缺口底部近弧形，深约为唇基 2/7 长，侧角钝；颚眼距等宽于单眼直径；复眼内缘向下内聚；触角窝上突不明显，额区稍隆起，侧面观低于复眼，额脊钝圆；中窝浅坑状、不明显，侧窝浅；单眼中沟浅，后沟无；单眼后区亚隆起，宽大于长的 1.5 倍，侧沟浅直；头部背后观两侧向后稍收敛。触角短于胸腹长之和，第 3 节长于第 4 节（22：21），鞭节端部稍侧扁。中胸小盾片棱形，两侧具锐脊，稍微隆起，附片中脊锐利，明显隆起。后足基跗节稍短于其后 4 个跗分节之和，爪内齿稍短于外齿。前翅臀室中柄短于基臀室 1/2 长，稍长于 R+M 脉段；后翅臀室柄短于 cu-a 脉段 1/2 长。

锯鞘短于后足基跗节，端部尖锐，鞘端稍长于鞘基。锯腹片 19 刃，锯刃低平，刃齿细小，中部刃齿式 2/13~14。

雄虫：未见标本。

分布：中国四川（天全、泸定、石渠），云南（昆明、腾冲、泸水、德钦、丽江、景福、景东），西藏（墨脱、吉隆）；缅甸，印度。

模式标本保存于印度加尔各答博物馆（Indian Museum, Calcutta）。

鉴别特征：该种中胸侧板刻点大、粗糙、不规则，刻点间隙不光滑；头部背侧刻点大、密集，刻点间隙光滑；唇基中部和端缘黑色；后足基节黑色，股节和胫节除端部黑色部分外，其余部分红褐色；中窝浅坑状，不伸达中单眼；中胸小盾片棱形，两侧脊锐利，中部光滑无刻点，两侧具少数几个大、浅刻点，光泽明显等特征可与其他种区别。

67. 红股方颜叶蜂 *Pachyprotasis rufofemorata* Zhong, Li & Wei, 2020（图 2-75）

Pachyprotasis rufofemorata Zhong, Li & Wei. 2020: 322.

雌虫：体长 8.5 mm。体黑色，黄白色部分为：触角窝以下部分、内眶底部及相连的后眶底部、触角基部 2 节腹侧、翅基片除后缘、中胸背板前叶端部箭头形斑、中胸小盾片除两侧、附片端部大部分、后胸小盾片、腹部第 1~7 节背板后缘后部三角形斑、第 8 节及第 10 节背板中部大部分、各节背板缘折部分基部三角形大斑、各节腹板极窄后缘及锯鞘基腹侧。足黄白色，前中足股节浅红褐色，胫跗节后背侧具窄黑条纹；后足股节、胫节除极端部外其余部分、胫节距基部红褐色；后足胫节极端部、胫节距端部、基跗节除极端部外其余部分黑色。翅透明，前缘脉褐色，翅痣及其余翅脉黑褐色。

上唇及唇基刻点稀疏、浅弱；头部额区及邻近内眶刻点稀疏、浅弱，刻点间隙光滑无刻纹，光泽强。中胸背板刻点细小、分散，光泽明显；中胸前侧片上部刻点稍大、不密集，下部刻点细小、分散，刻点间隙光滑，刻纹不明显，光泽强，后上侧片刻纹显著，光泽较弱，后下侧片刻纹明显，刻点稀疏、浅弱，光泽稍强；后胸侧板刻点密集、浅弱，光

泽明显；中胸小盾片中部光滑无刻点，两侧具稀疏、浅刻点，光泽强，附片光滑几无刻点，刻纹细致，光泽较强。腹部背板刻点浅、分散，刻纹细致，光泽明显。后足基节刻点深、明显、稍分散。

上唇大，端部截形；唇基底部平直，深约为唇基 1/3 长，侧角锐；颚眼距宽于单眼直径；复眼内缘向下稍为收敛；触角窝上突不明显，额区明显隆起，侧面观高于复眼，额脊不明显；中窝不明显，侧窝浅；单眼中沟宽、浅，后沟浅；单眼后区隆起，宽约为长的 2 倍，侧沟深，向后稍分歧；后头两侧向后明显收敛。触角短于胸腹长之和，第 3 节微长于第 4 节（17∶16），鞭节端部稍侧扁。中胸小盾片钝形隆起，附片中脊稍钝；后足基跗节长于其后 4 个跗分节之和，爪内齿稍长于外齿。前翅 Cu-a 脉位于 M 室内侧 2/5 处，2Rs 室等长于 1Rs 室，臀室中柄为基臀室 1/2 长，明显长于 R+M 脉段；后翅臀室柄短于 cu-a 脉段的 1/2 长。

锯鞘明显短于后足基跗节，端部椭圆形，鞘端宽，稍长于鞘基。锯腹片短，16 刃，锯刃钝形突出，中部刃齿式 2/3~4。

雄虫： 未知。

分布： 中国浙江（临安），湖南（绥宁）。

检查标本： 正模：♀，湖南绥宁黄桑，N 26°26′，E 110°04′，600~900 m，2005. Ⅳ.21，刘守柱采；副模：1♀，浙江临安西天目山禅源寺，N 30°19′，E 119°26′，405 m，2018. Ⅳ.20，李泽建、刘萌萌、高凯文采；2♀，浙江临安西天目山禅源寺，N 30°19′，E 119°26′，405 m，2017. Ⅳ.19~20，姬婷婷采；1♀，湖南绥宁黄桑，N 26°26′，E 110°04′，600~900 m，2005. Ⅳ.22，刘守柱采。

鉴别特征： 该种头部背侧光滑无刻纹；额区明显隆起，不内陷，额脊钝圆；中窝浅坑状；中胸前侧片刻点深、明显，刻点间隙不光滑；中胸小盾片光滑几无刻点；后足基节黄白色，无黑色条斑，股节和胫节红褐色，胫节端缘黑色，基跗节基大半部暗褐色，其余部分黄白色；锯刃基部钝圆隆起等特征可与其他种容易区别。

68. 黄跗方颜叶蜂 *Pachyprotasis xanthotarsalia* Wei & Nie, 2003（图 2-76、图 2-77）

Pachyprotasis xanthotarsalia Wei & Nie, 2003: 200.

Pachyprotasis xanthotarsalia: Wei, 2006: 621.

雌虫： 体长 11.0~12.0 mm。体黑色，黄白色部分为：触角窝以下部分、中窝及其邻额区部分、宽的内眶及相连的上眶斑、后眶、触角基部 2 节腹侧、前胸背板后侧角、翅基片除后缘、中胸背板前叶两侧"V"形斑、中胸小盾片、附片端部、后胸小盾片、中胸前侧片基部腹侧、后侧片后上角、中胸腹板两侧大的长椭圆形斑、腹部各节背板中后部三角形斑、第 2~6 节背板缘折部分基部三角形大斑、第 7~8 节背板缘折部分、各节腹板极窄后缘及锯鞘基腹侧。足橘黄色，前中足基节、各足转节、前中足胫跗节、后足基节外侧基部、基跗节除极基部外其余部分、第 2~5 跗分节黄白色；前中足胫节端部背侧以远具窄的黑条纹；后足基节外侧端部、各足股节极端部背侧斑，后足胫节端部黑色。翅透明，前缘脉及翅痣基部浅褐色，翅痣其余部分及其余翅脉黑褐色。

上唇及唇基刻点稀疏、浅弱；头部额区及邻近内眶刻点极其分散、浅弱，刻点间隙光滑无刻纹，光泽强。中胸背板刻点细小、稍密集，光泽明显；中胸前侧片上部刻点深、明显，稍密集，下部刻点稍小、分散，刻点间隙光滑，刻纹不明显，光泽强，后上侧片刻纹显著，光泽较弱，后下侧片刻纹明显，刻点稀疏、浅弱，光泽强；后胸前侧片刻点密集、深，刻点间隙具明显刻纹，光泽弱，后侧片刻点浅、稍分散，光泽明显；中胸小盾片光滑，具稀疏、浅弱刻点，光泽明显，附片光滑几无刻点，刻纹不明显，光泽较强。腹部背板刻点稍大、浅、稀疏，刻纹及光泽明显。后足基节外侧刻点大、明显、稍分散。

上唇大，端部近截形，中间具微浅缺口；唇基底部平直，深约为唇基 1/3 长，侧角锐；颚眼距稍宽于单眼直径；复眼内缘向下稍为收敛；触角窝上突不明显，额区稍隆起，侧面观远低于复眼，额脊不明显；中窝浅坑状，侧窝浅；单眼中沟及后沟浅；单眼后区稍隆起，宽约为长的 2 倍，侧沟稍深且直，向后平行；后头两侧向后稍收敛。触角等长于胸腹长之和，第 3 节微短于第 4 节（39：41）。中胸小盾片圆钝形隆起，两侧脊基部具锐利横脊，附片中脊锐利；后足胫节内距稍长于基跗节 1/2，基跗节稍短于其后 4 个跗分节之和，爪内齿稍长于外齿。前翅 Cu-a 脉位于 M 室内侧 2/5 处，2Rs 室约等长于 1Rs 室，臀室中柄短于基臀室 1/2 长，稍长于 R+M 脉段；后翅臀室柄约为 cu-a 脉段的 1/2 长。

锯鞘短于后足基跗节，端部稍尖，鞘端长于鞘基。锯腹片 25 刃，中部刃齿式 2/12~14，锯刃稍突出。

雄虫：体长 10.5 mm。体色和构造极其近似雌虫，仅后足股节端部及基跗节基大半部黑色；触角腹侧全长黄白色；颚眼距 2 倍宽于单眼直径；鞭节强烈侧扁。

分布：中国安徽（青阳），浙江（临安），江西（宜丰），福建（武夷山、光泽），湖南（武冈、炎陵、绥宁、浏阳、张家界），贵州（梵净山）。

检查标本：正模：♀，湖南炎陵桃源洞，N 26°29′，E 114°02′，900~1 000 m，1991.Ⅳ.24，魏美才、张开健采；副模：1♀，采集记录同正模；2♀，湖南炎陵桃源洞，N 26°29′，E 114°02′，1995.Ⅴ.20，刘志伟采；1♀，福建光泽司前，N 27°54′，E 117°32′，450~600 m，1960.Ⅳ.26，金根桃、林杨明采；1♀，福建光泽止马，N 27°28′，E 117°10′，200~300 m，1960.Ⅳ.4，金根桃、林杨明采。

鉴别特征：该种体长 11.0~12.0 mm；头部背侧刻点浅弱、分散，刻点间隙光滑无刻纹；中胸侧板刻点大、深、明显；触角第 3 节稍短于第 4 节；腹部第 2~6 节背板中部及缘折部分各具 3 个不相连的三角形黄白斑；后足橘黄色，基节外侧基部黄白色，端部黑色，跗节黄褐色等特征可与其他相近种区别。

69. 纤腹方颜叶蜂 *Pachyprotasis subtilissima* Malaise, 1945（图 2-78）

Pachyprotasis subtilissima Malaise, 1945: 150.

Pachyprotasis subtilissima: Saini, 2007: 70.

Pachyprotasis subtilissima: Saini & Kalia, 1989: 150.

雌虫： 体长 8.5 mm。头部黄绿色，头部额区后半部至单眼后区后缘及相连的内眶、侧窝、后眶上端、触角背侧全长黑色；胸部及腹部背板黑色，前胸背板除后上缘、翅基片除后缘、中胸背板前叶两侧宽的"V"形斑及两侧缘、侧叶中部蝴蝶形斑、中胸小盾片、附片、后胸小盾片、后胸背板中部、腹部第 1~6 节背板中部宽的三角形斑以及第 10节背板全部黄白色，体腹侧全部黄绿色。足黄绿色，前中足股节至爪节后背侧全长具黑色条纹；后足股节端部 1/4 及背侧全长条斑、胫节除极窄端缘、胫节距、基跗节除端部红褐色；后足胫节端缘及端跗节端部黑色。翅透明，前缘脉及翅痣褐色，其余翅脉黑褐色。

头部背侧刻点浅弱、不明显，刻纹细致，具光泽。中胸背板刻点细弱、不明显，具光泽；中胸侧板刻点浅弱、分散，刻纹细致，具明显光泽；后胸侧板刻点不明显，光泽稍弱；中胸小盾片及附片刻点模糊，光泽弱。腹部背板刻纹明显，无刻点，光泽强。

上唇宽大，端部截形；唇基缺口底部近截形，深约为唇基 2/5 长，侧角尖锐；颚眼距 2 倍宽于单眼直径；复眼内缘向下平行；触角窝上突不明显，额区明显隆起，略高于复眼，额脊钝圆；中窝浅，伸达中单眼，侧窝浅沟状；单眼中沟浅，后沟无；单眼后区隆起，宽大于长（11∶7），侧沟稍深；后头短，背后观两侧向后明显收敛。触角丝状，明显短于胸腹部之和，第 3 节微短于第 4 节（29∶30），鞭节不侧扁。中胸小盾片棱形隆起，两侧脊锐利，附片中脊锐利。后足胫节内距 1/2 于基跗节长，基跗节稍短于其后 4 个跗分节之和，爪内齿短于外齿。前翅臀室中柄短于基臀室，约为 R+M 脉的 2 倍；后翅臀室柄脉短于 cu-a 脉段的 1/2 长。

侧面观锯鞘短于后足基跗节，端部椭圆形，鞘端狭长，长于鞘基。锯腹片 20 刃，中部锯刃齿式 2/18~20，刃齿细密，稍微倾斜。

雄虫： 未知。

分布：中国西藏（亚东、吉隆、樟木、喜马拉雅）；缅甸，印度。

模式标本保存于瑞典斯德哥尔摩自然历史博物馆（NHRS）；部分标本保存于英国伦敦博物馆（BMNH）。

鉴别特征：该种头部黄绿色，仅额区后半部至单眼后区黑色；胸部及腹部背侧黑色，黄绿色部分为：中胸背板前叶两侧、侧叶中部蝴蝶形斑、中胸小盾片、附片、后胸小盾片以及腹部各节背板中部宽的三角形斑；胸部及腹部腹侧全部黄绿色；复眼向下平行；触角第 3 节微短于第 4 节；头部及中胸背板、侧板上的刻点浅弱、不明显；中窝浅，伸达中单眼；中胸小盾片棱形隆起，两侧脊锐利，附片中脊锐利等特征可与其他相近的种区别。

70. 郑氏方颜叶蜂 *Pachyprotasis zhengi* Wei & Zhong, 2006（图 2-79）

Pachyprotasis zhengi Wei & Zhong in Zhong & Wei, 2006: 621.

雌虫：体长 9.0 mm。体黑色，黄白色部分为：触角窝以下部分、头部中窝及其邻近小斑、内眶底半部及相连的后眶底大半部、内眶上部狭边及相邻的上眶斑、后头除后侧外其余部分、触角柄节腹侧、前胸背板除中段、翅基片前部 2/3、中胸背板前叶两侧 "V" 形斑、侧叶中部斑、中胸小盾片除两侧缘、附片、后胸小盾片、中胸侧板除侧板沟及前侧片底后部 1 个小型横斑外其余部分、后胸侧板、胸部腹板、腹部第 2~5 节背板中部极窄的后缘、各节腹板、锯鞘基全部和锯鞘端中基部；锯鞘端边缘及触角鞭节腹侧全长暗褐色。足黄白色，前中足转节至跗节后背侧全长黑色，后足基节至股节基部 1/4 外侧具黑色窄条纹；后足股节端部 4/7、胫节除端缘外其余部分、胫节距基半部、跗节除端跗节的端半部外其余部分均为红褐色；后足胫节端缘、胫节距端部及端跗节端部黑色。翅透明，前缘脉浅褐色，翅痣暗褐色，其余翅脉黑褐色。

上唇及唇基具少数浅弱、分散的刻点；额区及邻近的内眶刻点大、深，但不密集，间隙较光滑，刻纹弱，光泽明显，内眶下部刻点微细，具弱刻纹，后眶光滑几无刻点。中胸背板刻点较额区的浅弱、稍密集，光泽明显；中胸前侧片刻点大、浅且分散，光泽明显；中胸后侧片刻纹明显，光泽弱，中部具浅弱刻点；后胸前侧片刻点细密、浅弱，具光泽，后侧片光滑，刻点分散且浅，光泽明显；中胸小盾片大部光滑无刻点，光泽强；附片刻纹明显，具刻点，光泽稍强。腹部背板刻纹明显，具光泽，中部无刻点，两侧刻点稀疏，浅弱。后足基节刻点明显，但不密集。

上唇端部钝弧形突出；唇基缺口底部平直，深约为唇基 1/3 长，侧角短三角形；颚眼距 1.5 倍于单眼直径；复眼内缘向下稍收敛；触角窝上突不明显，额区稍隆起，侧面观低于复眼，顶部平，额脊低钝，但明显；中窝及侧窝浅，单眼中沟宽、浅，后沟不明显；单眼后区稍隆起，宽大于长（13：9），侧沟浅、直；头部背后观两侧向后微弱收敛。触角明显短于胸、腹长之和，第 3 节明显长于第 4 节（27：24）。中胸小盾片钝形低度隆起，两侧脊基部锐利，附片中脊锐利。后足胫节内距稍长于基跗节 1/2，基跗节等长于其后 4 个跗分节之和，爪内齿短于外齿。前翅 Cu-a 脉位于 M 室内侧 1/3 处，2Rs 室稍长于 1Rs 室，臀室中柄为基臀室 1/2 长，明显长于 R+M 脉段；后翅臀室具短柄，短于 cu-a 脉段的 1/2 长。

锯鞘等长于后足基跗节，端部椭圆形，鞘端显著长于鞘基。锯腹片 22 刃，中部刃齿式 3/15~17，锯刃较低平，稍突出。

雄虫：未知。

分布：中国四川（泸定、折多山），云南（德钦、丽江、中甸、大理），西藏（昌都）。

检查标本：正模：♀，云南德钦白马雪山，N 28°28′，E 98°56′，3 500 m，2004. Ⅶ.16，周虎采；副模：4♀，云南丽江玉龙雪山，N 27°08′，E 100°12′，2 500 m，1996.

Ⅵ.15，卜文俊采；1♀，云南丽江玉龙雪山，N27°08′，E100°12′，3 000 m，1996. Ⅵ.15，郑乐怡采；1♀，云南香格里拉小中甸，N27°78′，E99°72′，3 000 m，2004.Ⅶ. 18，周虎采。

鉴别特征：该种中胸侧板除侧板沟及底部窄短黑色横斑外，其余部分均为黄白色；后足基节至股节基半部黄白色，股节端半部以远部分红褐色，基节至股节基半部外侧具黑色条纹；头部背侧刻点大，刻点间距稍窄于刻点直径，刻纹明显；中胸侧板刻点稍小，刻点间距明显宽于刻点直径，刻点间隙光滑；中胸小盾片隆起程度不高，两侧脊基部锐利等特征可与相近种区别。

71. 黄足方颜叶蜂 *Pachyprotasis flavipes*（Cameron, 1902）（图 2-80）

Lithartia flavipes Cameron, 1902: 441.

Pachyprotasis flavipes: Malaise, 1945: 149.

Pachyprotasis flavipes: Saini & Kalia, 1989: 164.

Pachyprotasis flavipes: Saini, 2007: 81.

雌虫：体长 7.0 mm。体黑色，黄白色部分为：上唇、唇基、唇基上区、中窝及邻近内眶、内眶底半部及相连的后眶底大半部、内眶上部狭边及相连的上眶斜斑、触角基部两节腹侧、翅基片前缘、中胸背板前叶端部箭头形斑、侧叶中部蝴蝶形斑、中胸小盾片除两侧外其余部分、附片端部大部分、后胸小盾片、中胸侧板底部大部分、后胸侧板除前上角外其余部分、中胸腹板、腹部第 2~6 节及第 10 节背板中部三角形斑、各节背板缘折部分、各节腹板及锯鞘基腹缘；前胸背板底部、翅基片除前缘外其余部分、中胸盾侧凹及中胸侧板近顶部黑褐色。足黄白色，前中足股节至跗节后背侧全长具黑褐色细窄条纹；后足股节端部 5/7、胫节基部 4/5 以及跗节除基跗节端部外其余部分红褐色；后足胫节端部 1/5 以及基跗节端部 1/4 黑色。翅透明，前缘脉、2r 脉及 R1 脉黄褐色，翅痣暗褐色，其余翅脉黑褐色。

头部背侧刻点不明显，刻纹细致，光泽稍弱。胸部背板刻点极其细密，稍具光泽；中胸前侧片刻点微弱、不明显，刻点间隙光滑，光泽强，后上侧片刻纹明显，光泽稍弱，后下侧片光滑无刻点，光泽强；后胸侧板刻点不明显，光泽明显；中胸小盾片及附片光滑，刻点不明显，刻纹细致，具光泽。腹部背板刻纹细致，刻点浅弱、稀疏，光泽明显。后足基节刻点极其微弱、不明显。

上唇端部截形；唇基缺口底部近弧形，深为唇基 1/3 长，侧角稍锐；颚眼距约 2 倍于单眼直径；复眼内缘向下内聚，内眶底部稍隆起；触角窝上突不明显，额区隆起，略低于复眼，额脊钝圆；中窝沟状，基部深，端部不明显，侧窝浅沟状；单眼中沟宽、浅，后沟无；单眼后区不隆起，宽约为长的 2 倍，侧沟深直；后头短，两侧向后明显收敛。触角明显短于胸腹长之和，第 3 节长于第 4 节（6:5），鞭节端部稍侧扁。中胸小盾片钝形隆起，两侧脊基部稍锐利，端部向后圆滑。附片中脊锐利；后足基跗节稍长于其后 4 个跗分节之和，爪内齿短于外齿。前翅 Cu-a 脉位于 M 室内侧 2/5 处，2Rs 室亚等于 1Rs 室，臀室中柄短于基臀室，约 2 倍于 R+M 脉段，后翅臀室具长柄，长于 cu-a 脉段的 1/2 长。

侧面观锯鞘短于后足基跗节，端部近椭圆形，鞘端长于鞘基。锯腹片 20 刃，中部刃齿式 2/7~9，锯刃凸出。

雄虫：未知。

分布：中国陕西（佛坪），青海（互助），湖北（宜昌），四川（天全、峨眉山），西藏（樟木）；印度。

模式标本保存于英国自然历史博物馆（BMNH）。

鉴别特征：该种腹部各节背板具明显三角形白斑；中胸侧板顶角黑色，底部及腹侧白色；后足基节到股节基半部黄白色，股节端半部、胫节基部 3/4 以及基跗节红褐色，2~5 跗分节黄棕色；中胸侧板刻点浅弱、不明显，刻点间隙光滑，光泽强；中胸小盾片及附片光滑，刻点不明显，刻纹细致，具光泽；中胸小盾片钝形隆起，两侧脊基部稍锐利，端部向后圆滑等特征可与相近种区别。

72. 尖唇方颜叶蜂 *Pachyprotasis acutilabria* Wei, 1998（图 2-81、图 2-82）

Pachyprotasis acutilabria Wei in Wei & Nie, 1998:164.

雌虫：体长 8.0 mm。体黑色，黄白色部分为：上唇、唇基、唇基上区、头部中窝及邻近小斑、内眶及相连的后眶底部、内眶狭边及相连上眶斜斑、触角基部 2 节腹侧、翅基片前缘、中胸背板前叶端部箭头形斑、侧叶中部小斑、中胸小盾片除两侧、附片后部、后胸小盾片、中胸侧板下部及相连的中胸腹板、后胸侧板后下部、腹部各节背板中后部三角形斑、各节背板缘折部分、各节腹板、锯鞘除端部外其余部分；触角鞭节腹侧浅褐色。足黄白色，前中足股节基部后背侧以远具黑条斑；后足股节端部 3/5、胫节除端部 1/8 外其余部分、跗节红棕色；后足胫节端部、端跗节端部以及爪节黑色。翅透明，前缘脉、R1 脉、2r 脉及翅痣基部浅褐色，翅痣其余部分及其余翅脉黑褐色。

上唇及唇基刻点微细、不明显；头部额区及邻近内眶刻点细小、浅、分散，刻点间隙具细致刻纹，光泽弱。中胸背板刻点细密，光泽较弱；中胸前侧片刻点极其细小、不明显，刻点间隙光滑，刻纹弱，光泽明显，后上侧片刻纹显著，光泽弱，后下侧片光滑，刻纹及刻点不明显，光泽强；后胸侧板刻点极其浅弱、不明显，具光泽；中胸小盾片中部光滑无刻点，两侧具稀疏、浅弱刻点，具光泽；附片刻纹弱，具光泽。腹部背板刻点稀疏、浅小，刻纹明显，光泽强。后足基节外侧刻点稀疏、浅小。

上唇长明显大于宽，端部尖三角形；唇基缺口近截形，深为唇基 1/3 长，侧角锐；颚眼距稍长于单眼直径；复眼内缘向下内聚，内眶底部稍隆起；触角窝上突不明显，额区隆起，侧面观低于复眼，额脊钝圆；中窝沟状，宽、稍深，伸达中单眼，侧窝深沟状；单眼

中沟宽、深，后沟无；单眼后区稍隆起，宽为长的 2 倍；侧沟深；头部背后观两侧向后明显收敛。触角短于胸腹长之和，第 3 节稍长于第 4 节（24：23）。中胸小盾片钝形隆起，两侧脊基部锐利，附片中脊稍钝。后足胫节内距为基跗节 5/7 长，基跗节长于其后 4 个跗分节之和，爪内齿短于外齿。前翅 Cu-a 脉位于 M 室内侧 2/5 处，2Rs 室短于 1Rs 室，臀室中柄短于基臀室，稍长于 R+M 脉段的 2 倍；后翅臀室柄短于 cu-a 脉 1/2 长。

侧面观锯鞘短于后足基跗节，端部尖，鞘端长于鞘基。锯腹片 20 刃，中部刃齿式为 2/8~10，锯刃凸出。

雄虫：体长 7.5 mm。体色和构造与雌虫极其近似，但触角腹侧全长黄白色，鞭节强烈侧扁；翅基片除端缘外其余部分黄白色；后足股节黄白色，无红色部分，基节至股节端部外侧全长及股节端部 2/5 内侧具黑色条斑，胫节近端部具浅黄色圆环；颚眼距 2 倍宽于单眼直径。

分布：中国河南（嵩县、栾川、内乡、西峡），陕西（眉县、佛坪），宁夏（泾源），甘肃（天水），湖北（神农架），四川（崇州、峨眉山）。

检查标本：正模：♀，河南嵩县，N 33°54′，E 111°59′，1996.Ⅶ.19，魏美才采；副模：12♀，采集记录同正模；2♀，河南栾川，N 33°40′，E 111°48′，1996.Ⅶ.13~14，魏美才采。

鉴别特征：该种上唇长明显大于宽，端部尖三角形；腹部各节背板中部白色三角形斑伸达基部；中窝沟状，伸达中单眼；中胸侧板刻点微细、不明显；触角特别细长等特征与其相近种容易区别。

73. 文氏方颜叶蜂 *Pachyprotasis weni* Wei, 1998（图 2-83）

Pachyprotasis weni Wei in Wei & Nie, 1998: 164.

雌虫：体长 7.5~8.5 mm。体黑色，黄白色部分为：头部触角窝以下部分、内眶底部及相连的后眶底部、上眶上部极窄狭边、触角基部两节腹侧、侧叶中部小斑、中胸小盾片中部、附片端部小斑、后胸小盾片中部、中胸前侧片中部前缘模糊斑、后胸侧板后半部、腹部第 1~9 节背板中部后缘三角形斑、第 10 节背板中部大部分、各节背板缘折部分及各节腹板。足黄白色，黑色部分为：前中足股节后侧、胫跗节背侧窄条纹、后足股节内侧端部条斑、胫节端缘、端跗节端部及爪节；红褐色部分为：后足股节除基部 1/10 外其余部分、胫节除端缘外其余部分、胫节距、基跗节除端缘外其余部分。翅亚透明，前缘脉、R1 脉及 2r 脉浅褐色，翅痣暗褐色，其余翅脉黑褐色。

上唇及唇基刻点稀疏、浅弱；头部额区及邻近内眶刻点密集、稍浅，刻点间隙不光滑，具细致刻纹，具光泽。中胸背板刻点及刻纹细密，光泽明显；中胸前侧片刻点极其微弱、不明显，刻点间隙光滑，刻纹不明显，光泽强，后上侧片刻纹显著，暗淡，后下侧光滑无刻点及刻纹，光泽较强；后胸侧板刻点极其浅弱、不明显，光泽强；中胸小盾片顶部刻点浅弱，光泽弱，附片光滑，刻点浅弱、稀疏，刻纹细致，光泽强。腹部背板刻点浅弱、稀疏，刻纹细致，光泽较强。后足基节刻点分散、浅。

上唇宽大，端部近截形；唇基缺口底部平直，深约为唇基 1/3 长，侧叶尖小；颚眼距明显宽于单眼直径；复眼内缘向下内聚；触角窝上突不明显，额区隆起，侧面观低于复眼，额脊宽、钝；中窝窄沟状、深，伸达中单眼，侧沟深沟状；单眼中沟窄、稍深，后沟无；单眼后区明显隆起，宽约为长的 2 倍，具浅弱中沟，侧沟较深、反弧形；后头短，两侧向后强烈收敛。触角稍短于胸腹长之和，第 3 节明显长于第 4 节，鞭节端部侧扁。中胸小盾片近棱形隆起，两侧脊稍锐利，附片中脊低钝。后足基跗节等长于其后 4 个跗分节之和，爪内齿明显长于外齿。前翅 Cu-a 脉位于 M 室内侧 2/5 处，2Rs 室稍长于 1Rs 室，臀室中柄 2 倍长于 R+M 脉段，几乎等长于基臀室；后翅臀室柄长于 cu-a 脉段的 1/2 长。

锯鞘等长于中足基跗节，鞘端长椭圆形，端部稍尖。锯腹片 18~19 刃，中部刃齿式 2/8~9，锯刃稍突出。

雄虫： 未知。

分布：中国河南（嵩县、栾川），陕西（眉县、周至），湖北（宜昌），四川（崇州、峨眉山）、西藏（墨脱）。

检查标本：正模：♀，河南嵩县，N 33°54′，E 111°59′，1996.Ⅶ.19，魏美才采；副模：1♀，河南栾川，N 33°40′，E 111°48′，1996.Ⅶ.13，文军采。

鉴别特征：该种中胸前侧片刻点极其微弱、不明显；头部刻点细密；上眶、中胸背板前叶、翅基片及中胸侧板全部黑色，腹部腹板黄白色；额区隆起，侧面观低于复眼，额脊宽、钝；中窝窄沟状、深，伸达中单眼，单眼后区宽约为长的 2 倍，具浅弱中沟，侧沟较深、反弧形；后头短，两侧向后强烈收敛；前翅臀室中柄稍短于基臀室，2 倍长于 R+M 脉段等特征可与相近种区别。

74. 盛氏方颜叶蜂 *Pachyprotasis shengi* Wei & Nie, 1999（图 2-84、图 2-85）

Pachyprotasis shengi Wei & Nie in Nie & Wei, 1999: 108.

雌虫： 体长 8.0~9.0 mm。体黑色，白色部分为：头部触角窝以下颜面、唇基两后侧角、内眶及相连的后眶底部、触角基部 2 节腹侧、中胸小盾片中部、后胸前侧片后上角、后侧片除前下角外其余部分、腹部各节背板缘折部分、各节腹板后缘及锯鞘基腹侧；上唇及唇基其余部分橘黄色；上眶斜斑及翅基片外部褐色。前中足褐色，基节、转节、股节基部 1/4、胫跗节前侧浅黄色，股节端部背侧以远具黑色条纹；后足红褐色，基节、转节及股节基部 1/4 浅黄色，股节端部 2/5 内侧条斑、胫节端部 2/7 及端跗节端部黑色。翅浅烟色，亚透明，前缘脉、翅痣外缘、R1 和 2r 脉浅褐色，翅痣其余部分暗褐色，其余翅脉黑褐色。

上唇及唇基刻点浅弱、不明显；头部额区及相邻内眶刻点浅、小、密集，刻点间隙不光滑，刻纹致密，光泽较弱。中胸背板刻点和刻纹细密，光泽较弱；中胸前侧片上部刻点浅、小、不密集，下部刻点细小、稍密集，刻点间隙光滑，刻纹弱，具油质光泽，后上侧片刻纹致密，光泽弱，后下侧片光滑无刻点，刻纹细致，光泽强；后胸前侧片刻点细弱、密集，光泽较弱，后侧片光滑，刻点及刻纹浅弱，光泽较强；中胸小盾片两侧具浅、稍密集刻点，无光泽；附片刻纹细致，具光泽。腹部背板刻点浅小、稀疏，刻纹明显，具光泽。后足基节外侧刻点细小、分散。

上唇端部钝截形，中部具微浅缺口；唇基微隆起，缺口宽浅，底部平直，深为唇基1/3长，侧角锐，短三角形；颚眼距等宽于单眼直径；复眼内缘向下收敛；触角窝上突不明显，额区稍隆起，侧面观低于复眼，额脊稍钝；中窝深沟状，伸达中单眼，侧窝深坑状；单眼中沟深，后沟浅；单眼后区隆起，宽稍大于长（4：3），侧沟深，亚平行；头部背后观两侧向后强烈收敛。触角丝状，略短于胸腹长之和，第3节稍短于第4节（12：13），鞭节几乎不侧扁。中胸小盾片钝形隆起，两侧脊基部明显，附片中脊锐利。后足胫节内距为基跗节3/5长，基跗节稍长于其后4个跗分节之和，爪内齿显著短于外齿。前翅Cu-a脉位于M室内侧2/5处，2Rs室与1Rs室几乎等长，臀室中柄短于基臀室，约为R+M脉段的2倍长；后翅臀室柄稍长于cu-a脉段的1/2长。

锯鞘稍短于后足基跗节，但明显长于中足基跗节，端部尖，鞘端明显长于鞘基。锯腹片21刃，强烈骨化，十分细长，纹孔线几乎与锯腹片腹缘平行，中部刃齿式为1/8~9，锯刃低，稍凸出。

雄虫：体长7.5 mm。体色和构造与雌虫极相近，但上唇及唇基全部黄白色；前中足无褐色斑，后足股节端部3/5内、外侧均具黑条斑；触角腹侧全长黄白色，鞭节显著侧扁。

个体差异：后足黑色，仅胫节距、第2~4跗分节及端跗节基部2/3褐色，股节基部1/6黄白色。

分布：中国河南（内乡、西峡、卢氏、嵩县、栾川），陕西（佛坪、眉县），甘肃（天水），湖北（宜昌），湖南（桑植），四川（峨眉山、洪雅、天全、泸定、崇州、康定、汶川），云南（昆明、丽江、贡山、腾冲）。

检查标本：正模：河南内乡宝天曼，N 33°30′，E 111°56′，1998. Ⅶ. 115，魏美才采；副模：7♀6♂，河南内乡宝天曼，N 33°30′，E 111°56′，1 300~1 600 m，1998. Ⅶ. 12~15，魏美才等采；5♀9♂，河南西峡老界岭，N 33°37′，E 111°46′，1 500 m，1998. Ⅶ. 17~19，盛茂领等采；1♀，河南嵩县，N 33°54′，E 111°59′，1996. Ⅶ. 17，文军采。

鉴别特征：该种与 *P. weni* Wei 比较近似，但中胸侧板刻点密集、明显，刻点间隙具刻纹，不光滑；后足基节红褐色，基部具黑斑，股节基部1/3黄色；唇基中部和端缘、上唇全部黄棕色；腹部背板全部黑色，无明显白斑；锯鞘狭长，锯腹片骨化强，纹孔线与锯腹片腹缘亚平行等特征与之不同。

75. 大唇方颜叶蜂 *Pachyprotasis magnilabria* Wei, 1998（图 2-86）

Pachyprotasis magnilabria Wei in Wei & Nie, 1998: 163.

雌虫：体长 7.5~8.0 mm。体黑色，黄白色部分为：头部触角窝以下部分、内眶底部 2/3、内眶上部狭边及上眶斑、后眶底半部、触角柄节腹侧、前胸背板极窄后上缘、翅基片基部、中胸背板前叶端部箭头形斑、侧叶中部小斑、中胸小盾片除两侧缘、附片端部、后胸小盾片、中胸前侧片腹侧基部模糊斑、后胸前侧片后上角及后缘、后侧片上缘及后半部、腹部第 1~6 节背板后缘中部三角形斑、第 10 节背板中部大部分、各节背板缘折部分基部三角形斑、各节腹板后缘；中胸腹板中部及各节背板缘折部分后缘暗褐色。足黄白色，黑色部分为：各足基节外侧条斑、前中足股节后侧、胫跗节背侧窄条纹、后足股节端大部背侧条斑、胫节背侧端缘、端跗节端部及爪节；红褐色部分为：后足股节端部 3/4、胫节除端缘外其余部分、胫节距、基跗节除端缘外其余部分；中足股节端半部腹侧暗褐色。翅亚透明，前缘脉、R1 脉及 2r 脉浅褐色，翅痣暗褐色，其余翅脉黑褐色。

唇基及上唇刻点分散、稍大、浅；头部额区及邻近内眶刻点浅、密集，刻点间隙不光滑，刻纹明显，光泽稍弱。中胸背板刻点及刻纹细密，无光泽；中胸前侧片上部刻点浅、稀疏，下部刻点细小、稍密集，刻点间隙光滑，光泽明显，后上侧片刻纹显著，暗淡，后下侧片光滑无刻纹及刻点，光泽较强；后胸前侧片刻点极其浅弱、密集，光泽稍弱，后侧片刻点不明显，光泽明显；中胸小盾片刻点浅弱，光泽稍弱，附片光滑无刻点，刻纹细致，光泽强。腹部背板刻纹细致，两侧刻点浅弱、分散，光泽较强。后足基节刻点浅弱、不明显。

上唇宽大，端部近弧形；唇基缺口底部平直，深约为唇基 2/7 长，侧叶尖小；颚眼距等于单眼直径；复眼内缘向下明显内聚；触角窝上突不明显，额区稍隆起，侧面观远低于复眼，额脊宽、钝；中窝基部深，端部浅，伸达中单眼，侧沟深沟状；单眼中沟窄、稍深，后沟无；单眼后区明显隆起，宽大于长（12 : 7），前部具浅弱中沟，侧沟深、向后稍分歧；后头短，两侧向后强烈收敛。触角稍短于胸腹部之和，第 3 节明显长于第 4 节（11 : 10），鞭节端部数节侧扁。中胸小盾片钝形隆起，附片中脊钝。后足胫节内距长于基跗节 1/2，基跗节长于其后 4 个跗分节之和，爪内齿明显短于外齿。前翅 Cu-a 脉位于 M 室内侧 2/5 处，2Rs 室稍长于 1Rs 室，臀室中柄为基臀室 1/2 长，长于 R+M 脉段（4 : 3）；后翅臀室柄为 cu-a 脉段的 1/2 长。

锯鞘稍长于中足基跗节，端部尖，鞘端稍长于鞘基。锯腹片 19 刃，中部刃齿式 2/5~7，锯刃低平。

雄虫：未知。

分布：中国河南（栾川、嵩县）。

检查标本：正模：1♀，河南栾川，N 33°40′，E 111°48′，1996.Ⅶ.13，魏美才采；副模：1♀，河南嵩县，N 33°54′，E 111°59′，1996.Ⅶ.19，魏美才采。

鉴别特征：该种与 *P. subtilis* Malaise 近似，但中胸侧板刻点浅、分散，刻点间距明显宽于刻点直径，刻点间隙光滑，无明显刻纹；后足基节黄白色，外侧具黑色条斑；后足股节仅基部 1/4 黄白色，转节和股节基部全部黄白色，无黑斑；触角短，第 3 节明显长于第 4 节等特征可与之区别。该种与 *P. weni* Wei 比较近似，但后者中胸前侧片刻点无或极其微弱，不明显；后足股节黄白色部分仅为 1/10 股节长，基节外侧无黑斑；中窝沟状，伸达中单眼；中胸小盾片全部黄白色，光滑几无刻点等特征可与之区别。

76. 纤体方颜叶蜂 *Pachyprotasis subtilis* Malaise, 1945（图 2-87、图 2-88）

Pachyprotasis subtilis Malaise, 1945: 150.

Pachyprotasis subtilis: Wei, 2006: 622.

Pachyprotasis flavipes: Saini & Kalia, 1989: 151.

Pachyprotasis subtilis: Saini, 2007: 72.

雌虫：体长 7.5~8.5 mm。体黑色，黄白色部分为：头部触角窝以下部分、内眶底部及相连的后眶底部、触角基部 2 节腹侧、中胸背板前叶端部箭头形斑、侧叶中部小斑、中胸小盾片除两侧、附片端部、后胸小盾片、后胸前侧片上部及后缘、后侧片后半部、腹部第 1~9 节背板后缘中部三角形斑、第 10 节背板大部分、各节背板缘折部分基部小斑及后缘、各节腹板后部及锯鞘基腹缘；翅基片橙褐色。前中足黄白至褐色，基节基部外侧具黑斑，股节端缘至爪节背侧具模糊窄黑条纹，股节除基部及中足胫节浅红褐色；后足红褐色，黄白色部分为：转节、股节基部 1/3、基跗节端部、第 2~4 跗分节、端跗节基部；黑色部分为：转节外侧、股节基部外侧条纹、背侧端缘不规则小斑、胫节端部、端跗节端部。翅亚透明，前缘脉及 R1 脉浅褐色，翅痣暗褐色，其余翅脉黑褐色。

上唇及唇基刻点稀疏、浅；头部额区及邻近内眶刻点密集，刻点间隙不光滑，具明显刻纹及光泽。中胸背板刻点及刻纹细密，光泽明显；中胸前侧片上部刻点大、浅、稍分散，下部刻点细密，刻点间隙光滑，刻纹细致，光泽明显，后上侧片刻纹显著，光泽稍弱，后下侧片光滑，光泽强，背侧缘具稀疏、浅弱刻点；后胸侧板刻点密集、浅弱，光泽明显；中胸小盾片两侧具浅弱刻点，光泽明显，附片刻纹细致，光泽强。腹部背板刻纹细致，刻点分散、浅弱，光泽强。后足基节外侧上部具稀疏、明显刻点。

上唇小，端部截形；唇基缺口底部近弧形，深为唇基 1/3 长，侧角稍锐，颚眼距小于单眼直径；复眼内缘向下明显内聚；触角窝上突不明显，额区稍隆起，远低于复眼，额脊钝；中窝基部深、明显，端部浅、不明显，伸达中单眼，侧窝稍深；单眼中沟稍深，后沟无；单眼后区稍隆起，具微弱中沟，宽长比为 13：8，侧沟较深、直；后头短，两侧向后强烈收敛。触角约等长于胸腹部之和，第 3 节等长于第 4 节，鞭节端部数节侧扁。中胸小盾片钝形隆起，两侧脊基部明显，端部钝圆，附片中脊锐利。后足胫节内距为基跗节 4/5 长，基跗节长于其后 4 个跗分节之和，爪内齿明显长于外齿。前翅 Cu-a 脉位于 M 室内侧

2/5 处，2Rs 室短于 1Rs 室，臀室中柄明显短于基臀室，但长于 R+M 脉段；后翅臀室柄约为 cu-a 脉段的 1/3 长。

锯鞘明显短于后足基跗节，鞘端狭长，端部稍尖，鞘端长于鞘基。锯腹片 22 刃，中部刃齿式 2/11~13，锯刃凸出，刃齿细小。

雄虫：体长 6.5~7.5 mm。构造近似雌虫，但触角鞭节腹侧全长浅褐色；翅基片除后缘外其余部分黄白色；腹部基部数节背板中部具不规则暗褐色斑；前中足黄白色，基节基部外侧、股节背侧全长黑色，胫跗节背侧具窄黑褐色条纹；后足基节黑褐色，背侧红褐色；转节、股节基部 1/3、基跗节端缘、第 2~4 分节、端跗节基部黄白色；转节外侧、股节基部外侧及端部 2/3 内侧各具黑色条斑；胫节黑褐色，胫节距、基跗节除端缘外其余部分、端跗节端部暗褐色；唇基缺口浅于唇基 1/6 长，侧叶宽钝；颚眼距 1.5 倍于单眼直径；触角鞭节强烈侧扁。

个体差异：部分雌虫个体腹部基部数节背板具不规则褐色斑。

分布：中国河南（嵩县、内乡），陕西（华阴），甘肃（天水），四川（崇州），贵州（梵净山）；中国云南 – 缅甸边境，印度。

模式标本保存于瑞典斯德哥尔摩自然历史博物馆（NHRS）。

鉴别特征：该种与 *P. weni* Wei 较相似，但中胸侧板刻点较之大、明显；后足基节红褐色，股节基部 1/3 黄白色，转节及股节基部外侧具黑斑；中窝坑状、深，但不伸达中单眼等特征可与之区别。该种也近似 *P. shengi* Malaise，但上唇及唇基黄白色，无明显红褐色斑；中胸背板前叶端部具白色箭头形斑、侧叶中部具白色小斑及腹部各节背板后缘具窄短三角形白斑等特征可与之区别。

77. 河南方颜叶蜂 *Pachyprotasis henanica* Wei & Zhong, 2002（图 2-89、图 2-90）

Pachyprotasis henanica Wei & Zhong in Zhong & Wei, 2002: 217.

雌虫：体长 8.5 mm。体黑色，黄白色部分为：头部触角窝以下部分、内眶底半部及相连的后眶底部 1/3、内眶狭边及相连的上眶斑、触角柄节腹侧、前胸背板极窄后上缘、翅基片基缘、中胸背板前叶端部箭头形斑、小盾片除两侧外其余部分、跗片端部、后胸小盾片中部、中胸前侧片前缘大斑、后胸前侧片后上部、后侧片除前下角外其余部分、中胸腹板、后胸腹板、腹部第 3~6 节背板后缘中部三角形斑、第 10 节背板全部、各节背板缘折部分基部大的三角形斑、各节腹板、锯鞘基。足黄白色，黑色部分为：前中足基节基部外侧窄短条斑、股节至跗节背侧条纹、后足基节腹侧全长条纹、胫节端缘、胫节距、基跗节近端部、端跗节端部及爪节；红褐色部分为：后足股节端部 5/6、胫节、基跗节基大半部；中足股节端部 3/5 红棕色。翅亚透明，前缘脉、R1 脉、2r 脉及翅痣浅褐色，其余翅脉黑褐色。

唇基及上唇刻点浅弱、稀疏；头部额区及邻近内眶刻点浅、稍密集，刻点间隙不光滑，刻纹明显，光泽稍弱。中胸背板刻点及刻纹细密，光泽明显；中胸前侧片上部刻点浅、稍分散，下部刻点细小、稍密集，刻点间隙光滑，光泽明显，后上侧片刻纹显著，暗淡，后下侧片光滑几无刻点及刻纹，光泽较强；后胸前侧片刻点极其浅弱、密集，光泽稍弱，后侧片刻点不明显，光泽稍强；中胸小盾片中部光滑无刻点，两侧具少数几个浅弱刻点，光泽强，附片光滑无刻点，刻纹细致，光泽强。腹部背板刻纹细致，两侧刻点浅弱、分散，光泽较强。后足基节刻点稍深、明显。

上唇端部截形，中部具浅缺口；唇基底部平直，深约为唇基 2/5 长，侧角尖锐；颚眼距约等宽于单眼直径；复眼内缘向下收敛；触角窝上突不明显，额区稍隆起，侧面观低于复眼，中部内陷，额脊锐、明显；中窝浅沟状，伸达中单眼，侧窝沟状；单眼中沟窄，后沟模糊；单眼后区明显隆起，宽大于长（13∶8），侧沟深直；后头短，两侧向后强烈收敛。触角短于胸腹长之和，第 3 节长于第 4 节（11∶10），鞭节端部数节侧扁。中胸小盾片钝形稍隆起，两侧脊基部锐利，附片中脊锐利。后足胫节基跗节长于其后 4 个跗分节之和，爪内齿亚等于外齿。前翅臀室中柄明显短于基臀室，为 R+M 脉段的 1.5 倍。后翅臀室柄长于 cu-a 脉段 1/2 长。

锯鞘等长于中足基跗节，端部稍尖，鞘端长于鞘基。锯腹片 20 刃，中部刃齿式为 1/8~9，锯刃凸出。

雄虫：体长 8 mm，体色和构造与雌虫近似，但中足股节黄白色，无红棕色部分；后足黑色，仅股节端部 3/4 腹侧红褐色，基节端部、转节、股节基部 1/4 内侧及相连的腹侧、基跗节端部至跗节基大半部黄白色；触角腹侧全长黄白色，鞭节强烈侧扁；复眼内缘向下平行；颚眼距 2 倍宽于单眼直径。

个体差异：中胸前侧片全部黑色，无白斑。

分布：中国河南（嵩县、内乡），甘肃（天水），安徽（岳西），浙江（临安），湖北（宜昌），湖南（浏阳、石门、桑植），四川（洪雅、崇州、峨眉山），贵州（遵义），云南（丽江、腾冲）。

检查标本：正模：♀，河南嵩县，N 33°54′，E 111°59′，1996.Ⅶ.18，魏美才采。

鉴别特征：该种中胸侧板黑色，腹侧具白斑；腹部背板黑色，第 3~6 节背板具明显三角形白斑；后足基节至股节基部 2/7 黄白色，股节端部 5/7 和胫节红褐色，跗节黄棕色，基节外侧全侧全长具黑色条纹；中窝沟状，伸达中单眼。此外，该种体色和构造与 *P. magnilabria* Wei 极其近似，但后者中胸前侧片刻点稀疏、浅弱，中窝坑状，不伸达中单眼；腹部背板缘折部分和腹部黄白部分较之宽，小盾片及锯刃的形状也明显与之不同。

78. 长柄方颜叶蜂 *Pachyprotasis longipetiolata* Zhong, Li & Wei, 2018（图 2-91、图 2-92）

Pachyprotasis longipetiolata Zhong, Li & Wei, 2018: 287.

雌虫：体长 8.5~10.0 mm。体黑色，黄白色部分为：头部触角窝以下部分、内眶及相连的后眶底部、上眶狭边及相连的小斜斑、触角基部两节腹侧、中胸背板前叶端部箭头形斑、侧叶中部小斑、中胸小盾片除两侧、附片端部、后胸小盾片、后胸前侧片后缘及上缘、后侧片后半部、腹部第3~7节背板后缘中部三角形斑、第10节背板大部分、各节背板缘折部分基部（端部数节背板黄白色部分延长至整个缘折部分）、各节腹板后部；上唇中部、唇基前缘及中部三角形斑暗褐色。足黄白色，黑色部分为：前中足基节、后足基节腹侧全长条斑、前中足股节基部背侧以远、中后足股节基部不规则斑、后足股节背侧端缘小斑、胫节端部、基跗节除端部外其余部分、端跗节端部；中足股节褐色；后足股节端部7/8以及胫节基部5/6红褐色。翅透明，前缘脉、R1、脉翅痣外缘浅褐色，翅痣其余部分及其余翅脉黑褐色。

上唇及唇基具稍大、浅、分散刻点；头部额区及邻近内眶刻点密集、明显，刻点间隙不光滑，刻纹及光泽明显。中胸背板刻点细密，具光泽，中胸前侧片刻点细小、稍分散，刻点间隙光滑，刻纹不明显，光泽强，后上侧片刻纹显著，光泽稍弱，后下侧片光滑，刻纹细致，后缘具稀疏、浅弱刻点，光泽强；后胸前侧片刻点极其浅弱、密集，光泽弱，后侧片光滑几无刻点，光泽强；中胸小盾片中部光滑无刻点，两侧刻点浅、分散，光泽稍弱，附片刻纹及光泽明显。腹部背板刻纹细致，刻点分散、浅弱，光泽强。后足基节后上侧刻点稍密集、明显。

上唇宽大，端部近截形；唇基缺口底部平直，深于唇基1/3长，侧叶尖小；颚眼距稍宽于单眼直径；复眼内缘向下内聚；触角窝上突不明显，额区隆起，侧面观稍低于复眼，中部内陷，额脊稍锐利；中窝稍深，伸达中单眼，侧窝稍深；单眼中沟宽、稍深，后沟无；单眼后区稍隆起，宽大于长（12：7），侧沟深、短；后头短，两侧向后强烈收敛。触角短于胸腹部之和，第3节等长于第4节。中胸小盾片棱形，不隆起，附片中脊锐利。后足基跗节长于其后4个跗分节之和，爪内齿等长于外齿。前翅臀室中柄微短于基臀室，2倍长于R+M脉段；后翅臀室柄约为cu-a脉段的1/3长。

锯鞘稍长于中足基跗节，端部尖，鞘端长于鞘基。锯腹片22刃，中部刃齿式为2/9~10，锯刃稍倾斜。

雄虫：体长7 mm。体色和构造与雌虫近似，但中胸前侧片基部具不规则白斑，中胸腹板或具白斑；胸部及腹部背板黑色，无明显白斑；上唇及唇基白色，无褐色斑；触角腹侧全长白色，鞭节强烈侧扁。

分布：中国湖南（石门、平江）。

检查标本：正模：♀，湖南石门壶瓶山江坪，N 30°07′，E 110°48′，1 200~1 600 m，2004.Ⅵ.9，姜洋采；副模：1♀，湖南石门壶瓶山，N 30°07′，E 110°48′，1 300 m，2003.Ⅴ.31，姜洋采；2♀，湖南石门壶瓶山，N 30°07′，E 110°48′，900~1 400 m，2003.Ⅵ.1，姜洋采；3♀，湖南石门壶瓶山江坪，N 30°07′，E 110°48′，1 200~1 600 m，2003.Ⅴ.9，周虎采。

鉴别特征：该种近似 *P. henanica* Wei & Zhong, 2002，但上唇中部、唇基前缘及中部三角形斑黑褐色；中胸侧板全部黑色，无白斑；前、中足基节黑色；腹部各节背板缘折部分及各节腹板白色部分较窄；触角第 3 节微短于第 4 节。后者上唇及唇基黄白色，无黑斑；中胸侧板腹侧黄白色，基部或具白斑；前、中足基节黄白色，仅外侧具窄的黑斑；腹部各节背板缘折部分及各节腹板白色部分较宽；触角第 3 节长于第 4 节等特征可与之区别。

2.3.5 白跗方颜叶蜂种团 *Pachyprotasis opacifrons* group

种团鉴别特征：体背侧黑色，部分种类具明显白斑；体腹侧全部黑色，个别种类仅上角黑色，底部全部白色或具明显白斑；足黑色或白色，无红色部分；后足跗节白色，部分种类基跗节基部和端跗节端部黑色；触角黑色，部分种类雄性触角腹侧白色或浅褐色；翅痣及翅脉黑色或黑褐色。

目前，已发现 40 种。其中，23 种分布于中国及中国云南 – 缅甸边境，9 种分布于印度，1 种分布于尼泊尔，10 种分布于日本，此外，还有 3 种分布至俄罗斯（海参崴）。本种团在中国大陆各个省份均有分布，向南延伸至缅甸、印度和尼泊尔等国家，向北延伸至日本、俄罗斯（海参崴和西伯利亚）等国家和地区。

中国已知种类分种检索表

1	体无蓝色金属光泽 ··· 2
	头、胸、腹均具明显金属蓝色光泽。缅甸，印度 ···················· *P. caerulescens* Malaise, 1945
2	中胸侧板黑色，基部有时具白斑，或底部具 1 个宽于 1/4 中胸侧板的白色横斑；或中胸侧板黄白色，底部具 1 个贯穿全长黑色横斑，且宽于 1/4 中胸侧板宽 ···································· 3
	中胸侧板顶部黑色，底大半部黄白色，中部或具窄短黑色横斑，但不宽于 1/8 中胸侧板 ·······21
3	后足黑色，基节和股节有时具部分白色；中胸侧板黑色，前后侧有时具白斑；中胸腹板黑色 ··· 4
	后足至少基节至股节基半部白色；中胸侧板及腹板黄白色，底部具大型黑斑；或侧板黑色，底部具大型横白斑，腹板黑色 ··12
4	中胸侧板刻点粗糙，刻点直径、间距不规则 ·· 5
	中胸侧板刻点不粗糙，刻点直径、间距规则 ·· 7
5	中胸小盾片棱形强烈隆起，端部具宽浅中沟；腹部各节背板中部具 1 个明显三角形白斑 ········ 6
	中胸小盾片不强烈隆起，端部无中沟；腹部各节背板黑色，无明显白斑；中窝沟状，伸达中单眼；上唇及唇基白色，中部各具 1 个大的黑褐色斑。中国（陕西、湖北、湖南、四川） ·· *P. hunanensis* Wei, Li & Zhong, 2022
6	体长 9.0 mm；腹部第 3~7 节背板中部三角形白斑较宽，伸达背板中部；后足转节白色，股节黑色，无白色部分；上唇全部白色，唇基除基部外其余部分白色。中国（四川） ·· *P. supracoxalis* Malaise, 1934
	体长 11.0 ~12.0 mm；腹部第 3~7 节背板中部三角形白斑较窄，不伸达背板中部；后足转节黑色，股节基部 2/5 白色；上唇及唇基白色，中部各具暗褐色斑。中国（甘肃、湖北、宁夏） ·· *P. liupanensis* Zhong, Li & Wei, sp. nov.
7	中窝沟状，伸达中单眼；后足基节背侧具白斑 ·· 8

中窝浅坑状，不伸达中单眼；后足基节全部黑色，背侧无白斑·····················**10**

8　腹部各节背板全部黑色，或具不明显白斑；中胸侧板光滑无刻点或刻点小·················· **9**
　　腹部第2~6节背板中部后缘各具三角形白斑；中胸侧板刻点大、密集。中国（湖北、甘肃）
　　···························· *P. macrophyoides* Jakovlev, 1891

9　体长8.0~9.0 mm；后足股节基部1/3白色；中胸侧板底部及腹部各节背板中部具窄的白斑。中
　　国云南 – 缅甸边境·······················*P. sulcifrons* Malaise, 1945
　　体长11.5 mm；后足股节全部黑色；中胸侧板及腹部各节背板黑色，无白斑。中国（河南、安
　　徽、浙江、湖北、湖南、四川）················ *P. eulongicornis* Wei & Nie, 1999

10　后足股节黑色，无白色部分；胸部背板黑色，无明显白斑；上唇及唇基黑色，或具小白斑 ···**11**
　　后足股节基部1/3白色；中胸背板前叶及侧叶具白斑，中胸小盾片、附片及后胸小盾片黑色；上
　　唇及唇基白色，唇基基部黑色；中胸侧板刻点密集，刻点间隙光滑。中国（湖北、湖南）
　　··················· *P. leucotrochantera* Zhong, Li & Wei, 2022

11　体长8.0 mm；上唇及唇基黑褐色，上唇基部、唇基基部及端部白色；额区隆起，侧面观高于复
　　眼，中窝基部凹陷成坑状，端部平；头部背侧刻点间隙不粗糙；中胸侧板及后胸侧板后缘白色；
　　腹部各节背板缘折部分后缘白色。中国（黑龙江、河南、陕西、宁夏、甘肃、湖北）
　　····························· *P. wangi* Wei & Zhong, 2002
　　体长10.5 mm；上唇黑色，基部具小白斑，唇基全部黑色；额区不隆起，侧面观低于复眼，中窝
　　基部凹陷成沟状，端部平；头部背侧刻点间隙粗糙；中胸侧板及后胸侧板黑色，无白斑；腹部各
　　节背板缘折部分全部黑色。中国（吉林、山西、四川）
　　··················· *P. compressicornis* Zhong, Li & Wei, sp. nov.

12　中胸侧板黑色，基部和底部或具白斑·······················**13**
　　中胸侧板黄白色，中部具黑色中纵斑，底部具黑色横斑。中国（宁夏、甘肃、青海、四川、云
　　南、西藏）；中国云南 – 缅甸边境，印度 ·············· *P. opacifrons* Malaise, 1945

13　头部额区及邻近内眶刻点分散，刻点间距至少2倍宽于刻点直径；刻纹不明显，光泽强；后足基
　　节至股节基半部黄白色，无黑斑·······················**14**
　　头部额区及邻近内眶刻点密集，刻点间距小于刻点直径；刻纹明显，光泽稍弱；后足基节及股节
　　基部具大的黑斑·······························**15**

14　中胸前侧片腹侧基部及中部具白斑；后足股节基部黄白部分长于3/5股节；锯刃低平。中国（浙
　　江、湖南、广西、贵州）···················· *P. xiaoi* Wei, 2006
　　中胸前侧片全部黑色无白斑；后足股节基部黄白部分短于2/5股节；锯刃明显凸出。中国（浙
　　江、福建、湖南）···················· *P. nigrosternitis* Wei & Nie, 1998

15　腹部各节背板后缘具明显黄白斑；头部及胸部背侧具大的白斑·················**16**
　　腹部背板全部黑色，无白斑；头部及胸部背板黑色，或具小的白斑················**17**

16　上唇及唇基中部具暗褐色斑；额区凹陷，侧面观远低于复眼平面；中胸侧板刻点浅、规则，刻点
　　间隙光滑；中胸背板前叶两侧基部黑色，端部具白色箭头形斑。中国（浙江、湖南、福建）
　　····························· *P. lii* Wei & Nie, 1998
　　上唇及唇基中部白色，无暗褐色斑；额区不凹陷，侧面观远高于复眼平面；中胸侧板刻点深、不
　　规则、间隙不光滑，中胸背板前叶两侧基部白色，端部黑色。中国（河南、宁夏、湖北）
　　····························· *P. baiyuna* Wei & Nie, 1999

17　雄虫·····································**18**
　　雌虫·····································**20**

18　腹部各节背板缘折部分及各节腹板全部白色，或后部白色；后足基节黑色，具明显白斑·········**19**

腹部各节背板缘折部分及各节腹板黑色，无白斑；后足基节黑色，无白斑。中国（河南）
·· *P. scleroserrula* Wei & Zhong, 2007

19 体长 7.0~8.0 mm；中窝沟状，伸达中单眼；中胸小盾片中部白色，光滑，刻点无或不明显。中国（河南、陕西、浙江、湖北、江西）·················· *P. shaanxiensis* Wei & Zhu, 2008

体长 5.0~6.0 mm；中窝坑状，不伸达中单眼；中胸小盾片全部黑色，具明显刻点。中国（河南、陕西、宁夏、甘肃、青海、浙江、湖北、四川、云南）·················· *P. nigrodorsata* Wei & Nie, 1999

20 后足股节基部黄白部分短于 1/6 股节，后足基节黑色，外侧具 1 个明显白斑；复眼内眶上部黑色，无白斑；锯刃无齿，纹孔线几乎与锯腹片平行。中国（河南）
·· *P. scleroserrula* Wei & Zhong, 2007

后足股节基部黄白部分长于 2/5 股节，后足基节无明显白斑；复眼内眶上部狭边及相连的上眶斑白色；锯刃具齿，纹孔线几乎与锯腹片垂直。中国（河南、陕西、浙江、湖北、江西）
·· *P. shaanxiensis* Wei & Zhu, 2008

21 后足胫节黑色，无白环；中胸背板前叶仅端部具箭头形白斑；中胸前侧片仅顶角黑色，其他部分均为黄白色 ··· 22

后足胫节近端部具白环；中胸背板前叶两侧白色；中胸前侧片黄白色，中部具窄黑条斑。中国（吉林、山西、河南、陕西、宁夏、甘肃、青海、湖北、湖南、四川、贵州）；日本，俄罗斯（海参崴、东西伯利亚）·· *P. lineicoxis* Malaise, 1931

22 体长 7.5~8.5 mm；腹部背板黑色，无白斑，或白斑较小 ································· 23

体长 11.0~12.0 mm；腹部各节背板端部具大的三角形白斑。中国（陕西、甘肃、浙江、湖北、湖南、福建、广东、广西、四川、贵州、云南）·············· *P. boyii* Wei & Zhong, 2006

23 触角显著长于腹部，第 3 节长于复眼长径；锯刃短，刃间段长。中国（河南、贵州）
·· *P. pingi* Wei & Zhong, 2002

触角稍长于腹部，第 3 节等长于复眼长径；锯刃较长，刃间段短。中国（北京、山西、河南、陕西、宁夏、青海、浙江、湖北、四川）·········· *P. brevicornis* Wei & Zhong, 2002

79. 兰黑方颜叶蜂 *Pachyprotasis caerulescens* Malaise, 1945

Pachyprotasis caerulescens Malaise, 1945: 155.

Pachyprotasis caerulescens: Saini & Kalia, 1989: 179.

雌虫：体长 8.0~10.0 mm。体黑色，具弱黑紫色光泽，腹部具蓝色金属光泽，白色部分为：唇基宽的端部、上唇除中部大斑外其余部分、唇基上区、触角窝两侧分斑小斑、内眶及后眶底半部、上眶斑、前胸背板外缘、后胸侧板腹侧、腹部第 2 节背板缘折部分、其后各节背板两侧小斑及缘折部分后部、各节腹板端大半部。足黑色，白色部分为：前中足前侧、中后足转节部分区域、后足股节基部短的条斑、后足第 3 跗分节端半部至第 5 跗分节基半部。翅痣和前缘脉黑色。触角窝上突明显隆起，头部背侧刻点分散、明显，刻点间隙具刻纹，不光滑，具弱光泽；中胸背板和中胸小盾片刻点密集、小，不光滑；侧板刻点小、分散，具油质光泽。中胸小盾片棱形强烈隆起，端部具中沟。中窝宽、伸达中单眼；单眼中沟浅，后沟无；单眼后区宽大于长，稍隆起，向后不收敛，侧沟基部深，端部浅。触角雌虫等长于胸腹长之和，雄虫等长于头部和体长之和，第 3 节等长于第 4 节。

雄虫：体长 7.0 mm。体色与构造近似雌虫，但白色部分更多为：触角窝以下部分、触角腹侧全长、前胸背板除中段外其余部分、翅基片基部、中胸侧板基部三角形斑、中胸后侧片后部、腹部第 1 节背板端部、各足基节端部腹侧。

分布：中国云南 – 缅甸边境，印度。

模式标本保存于瑞典斯德哥尔摩自然历史博物馆（NHRS）。

80. 湖南方颜叶蜂 *Pachyprotasis hunanensis* Zhong, Li & Wei, 2022（图 2-93、图 2-94）

Pachyprotasis hunanensis Zhong, Li & Wei, 2022: 64.

雌虫：体长 10.0 mm。体黑色，白色部分为：上唇和唇基除中部大的不规则斑外其余部分、触角窝以下颜面、内眶及相连的后眶底部、上眶极窄斜斑、触角柄节腹侧小斑、翅基片内缘、后胸前侧片后缘、腹部第 2 节背板缘折部分、第 3~5 节背板缘折部分基部小斑，第 7~8 节背板缘折部分后缘、各节腹板后部；上唇及唇基中部斑块黑色。足黑色，前足基节至胫节端部前侧及中足基节至股节基部 2/5 前侧各具白色条斑，前中足跗节除基跗节基部背侧及端跗节端部外，其他部分黄白色，后足转节背侧及股节基部 1/7 背侧窄的条斑、基跗节极窄端部至端跗节基半部黄白色。翅浅烟色，前缘脉、R1 脉、2r 脉及翅痣黑褐色，其余翅脉黑色。

上唇及唇基具稀疏、浅弱刻点；头部额区及邻近内眶刻点密集、浅，刻点间隙不光滑，具显著刻纹，光泽稍弱。中胸背板刻点和刻纹细密，暗淡无光泽；中胸前侧片上部刻点密集、大、粗糙、不规则，下部刻点细密、粗糙，刻纹明显，光泽弱；后侧片刻纹显著，光泽弱；后胸前侧片刻点及刻纹细密，光泽弱；后侧片刻点分散、浅，刻点明显，具油质光泽；中胸小盾片刻点密集、粗糙，光泽弱，附片刻点浅弱，刻纹细密，稍具光泽。腹部中部背板刻点具少数几个浅弱刻点，两侧背板分散、浅弱，刻纹及光泽明显。后足基节刻点密集、浅。

上唇宽长，端部截形；唇基缺口近截形，深为唇基 2/7 长，侧角钝；颚眼距等宽于单眼直径；复眼内缘向下内聚；触角窝上突不明显，额区隆起，侧面观等高于复眼，额脊宽、钝；中窝深沟状，伸达中单眼，侧沟深；单眼中沟及后沟宽、稍深；单眼后区稍隆起，宽为长的 2 倍，侧沟稍深、直；背后观后头两侧向后稍收敛。触角丝状，约等长于胸腹部之和，第 3 节亚等长于第 4 节，鞭节稍侧扁。中胸小盾片钝形隆起，两侧脊稍钝，附片中脊锐利；后足基跗节长于其后 4 个跗分节之和，爪内齿稍长于外齿。前翅 Cu-a 脉位于 M 室内侧 2/7 处，2Rs 室明显长于 1R1 室，臀室中柄约为基臀室 1/2 长，明显长于 R+M 脉段；后翅臀室具短柄，短于 cu-a 脉段的 1/3 长。

锯鞘稍短于后足基跗节，端部稍尖，鞘端明显长于鞘基。锯腹片 23 刃，中部刃齿式 2/9~10，锯刃凸出。

雄虫：体长 8.5 mm。体色与构造近似雌虫，不同点为：触角窝以下部分除额唇基沟中段外其余部分、内眶底半部及相连的后眶底大半部、触角腹侧全长、前胸背板后部、翅基片基半部、中胸前侧片腹侧基部不规则大斑、后侧片后缘、后胸前侧片端大半部、前中足基节到端跗节端部前侧、后足股节基部 4/5 背侧条斑黄白色；复眼向下不明显收敛，内眶底部隆起，颚眼距约 2.5 倍于单眼直径；触角长于体长，鞭节强烈侧扁；中胸小盾片棱形，两侧脊锐利。

分布：中国陕西（西安、太白），湖北（宜昌），湖南（桑植、石门、武冈、绥宁、永州），四川（泸定）。

检查标本：正模：♀，湖南桑植八大公山，N 29°40′，E 109°44′，2000. Ⅴ. 1，邓铁军采；副模，1♀，同前，魏美才采；1♀，湖北神农架板壁岩，N 31°28′，E 110°13′，2 500 m，2002. Ⅵ. 29，钟义海采；1♀，湖北神农架麂子沟，N 31°28′，E 110°13′，1 756 m，2008. Ⅴ. 30，赵赴采；1♀，湖南石门壶瓶山，N 30°07′，E 110°48′，2000. Ⅳ. 30，陈明利采；1♀3♂，湖南绥宁黄桑，N 26°26′，E 110°04′，600~900 m，2005. Ⅳ. 21，22，肖炜、林杨采；1♀，湖南永州舜皇山，N 26°24′，E 111°03′，800~1 000 m，2004. Ⅳ. 27，魏美才采；1♀，湖南武冈云山，N 26°38′，E 110°37′，1 100 m，2005. Ⅳ. 25，贺应科采。

鉴别特征：该种中胸侧板刻点粗糙、不规则，刻纹明显，刻点间隙不光滑，头部背侧刻点密集、规则，刻纹明显；体黑色，仅腹部各节背板气门附近具小白斑；唇基上区以下部分白色，唇基和上唇各具黑斑；后足股节基部黑色，仅基部 1/7 背侧具窄的黄白条斑；中窝深沟状，明显伸达中单眼；触角第 3 节明显长于第 4 节等特征可与相近种区别。

81. 巨基方颜叶蜂 *Pachyprotasis supracoxalis*（Malaise, 1934）

Macrophya supracoxalis Malaise, 1934: 27.

Pachyprotasis supracoxalis: Malaise, 1945: 154.

Pachyprotasis supracoxalis: Saini, 2007: 91.

雌虫： 体长 9.0 mm。体黑色，无蓝色光泽；白色部分为：上唇、唇基除基部外其余部分、后眶底部 2/3、宽的内眶、前胸背板后缘、翅基片、中胸背板前叶两侧、中胸小盾片、附片、后胸小盾片、腹部第 3~7 节及第 9 节背板中部三角形斑；第 4~7 节背板缘折部分；腹部第 1~2 节及第 8 节背板几乎全部黑色。足黑色，白色部分为：各足转节和跗节、前足股节及胫节前侧。头部背侧刻点及中胸侧板刻点密集、粗糙，无光泽；中胸背板刻点稍小、无光泽。头部背后观向后不明显收敛；单眼后区宽长比为 5：3；触角第 3 节等长于第 4 节。中胸小盾片棱形强烈隆起，端部具 1 个宽、浅中纵沟，附片中脊锐利。

雄虫： 未知。

分布：中国（四川）。

模式标本保存于瑞典斯德哥尔摩自然历史博物馆（NHRS）。

82. 六盘方颜叶蜂 *Pachyprotasis liupanensis* Zhong, Li & Wei, sp. nov.（图 2-95）

雌虫：体长 10.5 mm。体黑色，黄白色部分为：上唇、唇基除中部暗褐色斑外其余部分、触角窝以下颜面、中窝、宽的内眶及相连的上眶斑、颚眼距及相连的后眶底大半部、触角基部 2 节腹侧小斑、前胸背板后侧角、翅基片基大半部、中胸背板前叶两侧基部、中胸小盾片除两侧缘、后胸小盾片、中胸后侧片后部、后胸前侧片后下角、后侧片后部、中胸腹板端部两侧大斑、腹部第 2~6 节及第 10 节背板中部后缘三角形斑、各节背板缘折部分基部小斑及后缘、各节腹板后缘；足黑色，白色部分为：前中足转节前侧、前足股节端半部至胫节前侧、前中足跗节、后足转节内侧、股节基部 1/3、第 2~5 跗分节除端跗节极窄端缘外其余部分。翅烟褐色，翅痣和翅脉黑褐色。

上唇刻点微弱、分散，唇基刻点浅弱；头部额区及邻近内眶刻点密集、大、粗糙，刻点间隙不光滑，具明显刻纹，光泽暗。中胸背板、中胸前侧片下部刻点及刻纹细密，中胸前侧片上部刻点密集、大、粗糙，光泽暗，中胸后上侧片刻纹显著，光泽暗，后下侧片刻纹细致，刻点浅、分散，具光泽；后胸前侧片刻点密集、浅弱，光泽暗，后侧片刻纹细致，刻点分散，稍具光泽；中胸小盾片中部光滑无刻点，两侧刻点浅弱、稍密集，光泽弱，附片光滑，刻纹不明显，稍具光泽。腹部背板刻点稀疏、浅弱，刻纹细致，具光泽；后足基节外侧刻点稍密集、深、明显。

上唇宽大，端部近截形；唇基缺口底部平直，浅于唇基 1/3 长，侧叶锐；颚眼距宽于单眼直径；复眼内缘向下内聚；触角窝上突不明显，额区隆起，侧面观约等高于复眼，额脊宽；中窝及侧窝浅；单眼中沟宽、浅，后沟模糊；单眼后区隆起，宽约 2 倍于长，侧沟深直；头部背后观两侧向后稍收敛。触角丝状，短于胸、腹部之和，第 3 节明显长于第 4 节（15：13），鞭节端部数节侧扁。中胸小盾片钝形明显隆起，顶部具明显中沟，两侧脊稍钝，附片中脊锐利。后足基跗节长于其后 4 个跗分节之和，爪内齿短于外齿。前翅 Cu-a 脉位于 M 室内侧 2/5 处，2Rs 室明显长于 1R1 室，臀室中柄约为基臀室 1/2 长，长于 R+M 脉段；后翅臀室柄约为 cu-a 脉段的 1/3 长。

锯鞘稍短于后足基跗节，端部宽大、椭圆形，锯鞘明显长于鞘基；锯腹片 22 刃，中部刃齿 2/12~15，锯刃凸出。

雄虫：未知。

词源：新种以模式标本采集地命名。

分布：中国陕西（留坝），宁夏（泾源），甘肃（天水、徽县），湖北（宜昌）。

检查标本：正模：♀，宁夏六盘山，N 35°23′，E 106°18′，1995. Ⅵ. 15，林采；副模：1♀，陕西留坝大坝沟，N 33°46′，E 107°09′，1 320 m，2007. Ⅴ. 20，朱巽采；1♀，陕西眉县太白山开天关，N 34°01′，E 107°51′，1 852 m，2014. Ⅵ. 9，祁立威、康玮楠采；

1♂，宁夏六盘山和尚铺，N 35°23′，E 106°18′，1 945 m，2008. Ⅵ. 21，刘飞采；1♀，甘肃秦州藉源汤家山，N 34°32′，E 106°13′，2006. Ⅶ. 3，辛恒采；1♀，甘肃徽县麻沿林场，N 34°04′，E 105°43′，2007. Ⅵ. 5，武星煜采；2♀，湖北神农架大龙潭，N 31°29′，E 110°16′，2 200 m，2002. Ⅵ. 30，钟义海采；1♀，湖北神农架千家坪，N 31°24′，E 110°24′，1 789 m，2009. Ⅶ. 7，焦嫯采。

鉴别特征：该种个体大；宽的内眶及相连的上眶斑、后眶底大半部黄白色；中胸小盾片明显隆起，顶部具明显中沟；中胸前侧片上部刻点密集、大、粗糙，光泽暗；锯鞘宽、端部椭圆形等特征可与其他相近种区别。

83. 白云方颜叶蜂 *Pachyprotasis baiyuna* Wei & Nie, 1999（图 2-96）

Pachyprotasis baiyuna Wei & Nie, 1999: 157.

雄虫：体长 10.0 mm。体黑色，白色部分为：上唇、唇基除基部中段外其余部分、触角窝以下颜面、中窝及其邻近额区部分、内眶底半部及相连的后眶底大半部、内眶上部狭边、触角腹侧全长、前胸背板侧缘、翅基片基半部、中胸背板前叶两侧基部斑、中胸小盾片顶部、后胸小盾片、中胸前侧片腹侧基部圆形小斑、后侧片后缘、后胸前侧片后下部、后侧片后部、中胸腹板端部两侧椭圆形大斑、腹部第 2~5 节背板后缘中部三角形斑、各节背板缘折部分基部小斑及后缘、各节腹板中后部。足黑色，白色部分为：前中足前侧、后足基节腹侧宽的条斑、转节内侧、股节基部 2/5 除外侧窄的条斑外其他部分、基部 4/5 背侧窄的条斑、基跗节基部 1/3、第 2~4 跗分节全部和端跗节基部 2/3。体毛背侧暗褐色，腹侧浅褐色。翅浅烟色，亚透明，端部 1/3 颜色稍深，翅痣和翅脉黑褐色。

上唇及唇基刻点稍大、浅；头部额区和邻近内眶刻点密集、粗糙，刻点间隙具明显刻纹，光泽弱。中胸背板及中胸前侧片下部刻点及刻纹细密，中胸前侧片上部刻点密集、大、粗糙，稍具光泽；中胸后上侧片刻纹显著，光泽弱，后下侧片光滑，刻纹细致，中部具分散、稍大、浅刻点，光泽明显；后胸前侧片刻点密集、浅小，刻纹细致，光泽弱，后侧片光滑，刻点分散、浅，光泽明显；中胸小盾片顶部十分光滑，刻点不明显，两侧刻点分散、稍小，光泽强；附片刻纹明显，光泽稍弱。后足基节外侧刻点稍分散、大、明显。

上唇短小，端部截形；唇基缺口浅，底部平直，深约为唇基 1/4 长，侧角钝；颚眼距 2 倍宽于单眼直径；复眼内缘直，互相平行；额区稍隆起，侧面观低于复眼，额脊不明显；中窝及侧窝浅坑状；单眼中沟及后沟浅；单眼后区隆起，宽为长的 2 倍，侧沟稍深，向后亚平行；后头短，两侧向后收敛。触角等长于体长，第 3 节等长于第 4 节，鞭节强烈侧扁；中胸小盾片钝形隆起，两侧脊稍钝，附片中脊锐利。后足胫节内距为基跗节 2/3 长，基跗节等长于其后 4 个跗分节之和，爪内齿约等长于外齿。前翅 Cu-a 脉位于 M 室内侧 1/3 处，臀室中柄稍短于基臀室，长于 R+M 脉段的 2 倍；后翅臀室柄约等长于 cu-a 脉段的 1/2 长。

雌虫：未知。

分布：中国河南（嵩县），宁夏（泾源），湖北（宜昌）。

检查标本：正模：♂，河南嵩县白云山，N 33°54′，E 111°59′，1999. Ⅴ. 20，盛茂领采。

鉴别特征：该种头部背侧和中胸侧板刻点密集、粗糙、不规则，刻纹明显，刻点间隙不光滑；中胸侧板底部和腹侧各具1个大的白斑；腹部第2~5节背板后缘中部三角形斑和腹部各节腹板后缘白色；后足基节腹侧具宽的白斑，股节背侧及腹侧各具白色条纹等特征可与相近种区别。

84. 白转方颜叶蜂 *Pachyprotasis leucotrochantera* Zhong, Li & Wei, 2022（图 2-97）

Pachyprotasis leucotrochantera Zhong, Li & Wei, 2022: 68.

雌虫：体长 8.0 mm。体黑色，黄白色部分为：上唇、唇基除基部外其余部分、唇基上区、内眶底半部及相连的后眶底大半部、内眶上部狭边及相连的上眶斜斑、前胸背板侧缘、翅基片基部、中胸背板前叶两侧基部斑、侧叶中部小斑、中胸小盾片中部、附片、后胸小盾片、中胸前侧片腹侧近中部不规则斑、后侧片后缘、后胸后侧片后缘、腹部各节背板缘折部分基部小斑及后缘、第 10 节背板中部大部分、各节腹板后缘。足黑色，黄白色部分为：前中足基节外侧窄的条斑、前中足转节除后侧小斑外其他部分、前足股节基缘及端部前侧、前中足胫跗节前侧、后足转节、后足股节基部 1/3、后足第 2~5 跗分节。翅亚透明，翅痣及翅脉黑褐色。

上唇及唇基具少数几个浅弱、分散刻点；头部额区及邻近内眶刻点小、稍分散，刻点间隙密布细致刻纹，光泽弱。中胸背板及中胸前侧片下部刻点及刻纹细密，光泽弱，中胸前侧片上部刻点密集、稍浅、粗糙，刻纹细致，光泽弱；中胸后上侧片刻纹显著，暗，无光泽，后下侧片刻纹细致，刻点不明显，光泽稍强；后胸前侧片刻点密集、浅弱，刻纹细致，光泽弱；后侧片光滑，刻点分散、浅弱，刻纹细致，光泽稍强；中胸小盾片中部光滑无刻点，两侧刻点稍大、深、明显，具光泽；附片刻纹细致，刻点分散、稍浅，光泽弱。腹部背板刻纹细致，两侧刻点稀疏、浅，具光泽。后足基节外侧刻点稍密集、明显。

上唇端部近截形；唇基缺口底部截形，深于唇基 1/3 长，侧角锐；颚眼距宽于单眼直径；复眼内缘向下内聚；触角窝上突不明显，额区隆起，侧面观略低于复眼，额脊钝圆；中窝及侧窝浅、不明显；单眼中沟宽、浅，后沟无；单眼后区隆起，宽为长的 2.5 倍，侧沟稍深，向后分歧；后头两侧向后收敛。触角亚等长于胸腹部之和，第 3 节等长于第 4 节。中胸小盾片钝形隆起，两侧脊钝，附片中脊稍钝。后足基跗节等长于其后 4 个跗分节之和，爪内齿短于外齿。前翅臀室中柄约为基臀室 1/2 长，长于 R+M 脉段；后翅臀室柄长于 cu-a 脉段的 1/2 长。

锯鞘稍短于后足基跗节，端部椭圆形，鞘端约等长于鞘基。锯腹片 21 刃，中部刃齿式 2/10~11，锯刃凸出。

雄虫：未知。

分布：中国湖北（宜昌），湖南（永州、武冈）。

检查标本：正模：♀，湖南永州舜皇山，N 26°24′，E 111°03′，900~1 200 m，2004.Ⅳ.28，刘卫星采；副模：1♀，湖南云山云峰阁，N 26°38′，E 110°37′，1 170 m，2010.Ⅳ.18，王晓华采；1♀，湖北兴山，N 31°29′，E 110°16′，1 300 m，1994.Ⅴ.12，采集人不详；2♀，湖北神农架千家坪，N 31°24′，E 110°24′，1 530 m，2010.Ⅴ.22，李泽建采。

鉴别特征：该种后足黑色，转节和股节基部 1/3 以及第 2~4 跗分节白色；中胸背板前叶、中胸小盾片、附片、后胸小盾片具明显白斑，腹部背板黑色，无明显白斑；触角窝以下部分白色，唇基基部黑色；头部背侧和中胸侧板刻点密集，刻纹明显，刻点间隙不光滑，中胸小盾片两侧脊钝，中部光滑无刻点，两侧刻点稍大、深、明显等特征可与相近种区别。

85. 肖氏方颜叶蜂 *Pachyprotasis xiaoi* Wei, 2006（图 2-98）

Pachyprotasis xiaoi Wei, 2006: 624.

雌虫：体长 9.5 mm。体黑色，黄白色部分为：触角窝以下部分、内眶底部及相连的后眶底部、内眶上部狭边及相连的上眶斜斑、触角基部两节腹侧、前胸背板后下缘、翅基片基大半部、中胸背板前叶端部箭头形斑、中胸小盾片除两侧外其余部分、附片端部、后胸小盾片、中胸前侧片腹侧基部小斑、后胸前侧片后上角、后侧片后部、中胸腹板中后部小斑、腹部第 3~7 节背板及第 10 节背板中部后缘三角形斑、第 1~4 节背板缘折部分基部小斑、第 5~8 节背板缘折部分、各节腹板后缘、锯鞘除端部外其他部分。足黄白色，黑色部分为：前中足股节端半部前侧宽的条斑、胫跗节后侧窄的条纹、后足股节端半部、胫节、胫节距、基跗节基大半部。翅浅烟色，亚透明，翅痣及翅脉黑褐色。

唇基及上唇刻点稀疏、浅弱；头部额区中部刻点浅弱，稍密集，额区外围及内眶刻点稀疏、浅弱，刻点间隙光滑，刻纹不明显，光泽强。中胸背板刻点细小，稍密集，具光泽。中胸前侧片上部刻点稍大、深、不密集，下部刻点细小，具光泽；后上侧片刻纹显著，光泽暗，后下侧片光滑，刻纹细致，具明显油质光泽；后胸前侧片刻点细弱、密集，光泽弱，后侧片光滑，刻点浅、分散，刻纹细致，具光泽；中胸小盾片光滑，刻点不明显，稍具光泽；附片刻纹细致，刻点稀疏、浅，稍具光泽。腹部背板刻点浅、分散，具明显刻纹及光泽。后足基节背侧刻点稍小、浅、分散。

上唇小，端部近截形，中间具缺口；唇基缺口近弧形，深为唇基 1/3 长，侧叶尖锐；颚眼距约 2 倍于单眼直径；复眼内缘向下稍内聚；触角窝上突不明显，额区隆起不明显，侧面观远低于复眼，额脊圆滑、不明显；中窝不明显，侧窝浅；单眼中沟及后沟浅；单眼后区稍隆起，宽约为长的 2 倍，侧沟浅，向后反弧形；背后观后头两侧向后稍收敛。触角丝状，稍长于腹部，第 3 节微长于第 4 节（28：27）。中胸小盾片棱形隆起，两侧脊稍锐利，附片中脊锐利。后足胫节内距约为基跗节 3/5 长，基跗节约等长于其后 4 个跗分节之和，爪内齿明显长于外齿。前翅 Cu-a 脉位于 M 室 2/5 外侧，2Rs 室稍长于 1R1 室，臀室中柄约为基臀室 1/2 长，稍长于 R+M 脉段；后翅臀室柄稍长于 cu-a 脉段的 1/2 长。

锯鞘稍短于后足基跗节，端部钝，鞘端长于鞘基；锯腹片 22 刃，锯刃低平，刃齿小、多。

雄虫：未知。

分布：中国浙江（临安），湖南（石门、永州），广西（龙胜），贵州（遵义、梵净山）。

检查标本：正模：♀，贵州梵净山，N 28°00′，E 108°04′，1982．Ⅴ．14，采集人不详；副模：4♀，湖南石门壶瓶山，N 30°07′，E 110°48′，2000．Ⅳ．30，肖炜、陈明利、钟义海采。

鉴别特征：该种头部背侧刻点极其浅弱、稀疏，刻纹无，刻点间隙光滑，中胸侧板刻点密集、刻点间隙光滑；触角窝以下部分白色，无黑斑；中胸前侧片基部和腹侧各具大的白斑；腹部第 2~6 节背板端部具明显三角形白斑；后足基节至股节基半部白色，无黑斑；中胸小盾片棱形隆起，两侧脊稍锐利；锯刃低平等特征可与相近种区别。

86．黑胸方颜叶蜂 *Pachyprotasis nigrosternitis* Wei & Nie, 1998（图 2-99）

Pachyprotasis nigrosternitis Wei & Nie, 1998：370.

Pachyprotasis nigrosternitis：Wei & Lin, 2005：452.

雌虫：体长 9.0 mm。体黑色，黄白色部分为：触角窝以下部分、内眶底部及相连的后眶底部、上眶斜斑、触角柄节腹侧、翅基片基部、中胸背板前叶端部箭头形斑、中胸小盾片除两侧外其余部分、附片端部、后胸小盾片、后胸前侧片后上角、后侧片后部、中胸腹板中后部小斑、腹部第 2~6 节背板中部后缘三角形斑、第 10 节背板中部大部分、各节背板缘折部分后缘、各节腹板后缘、锯鞘除端部外其他部分。足黄白色，黑色部分为：前中足股节后侧宽的条斑、胫跗节背侧全长窄的条纹、后足股节端部 3/5、胫节、胫节距、基跗节。翅亚透明，前缘脉浅褐色，翅痣深褐色，其余翅脉黑褐色。

唇基及上唇刻点稀疏、稍大、浅；头部额区刻点稍分散、大、明显，邻近内眶刻点稍浅、分散，刻点间隙光滑，刻纹不明显，光泽强；中胸背板刻点细小，稍密集，具光泽。中胸前侧片上部刻点大、深、不密集，下部刻点细小，具光泽；后上侧片刻纹显著，光泽暗，后下侧片光滑，刻纹细致，具明显油质光泽；后胸前侧片刻点细弱、密集，光泽弱，后侧片光滑，刻点浅、分散，刻纹细致，具光泽；中胸小盾片光滑，刻点不明显，稍具光泽；附片刻纹细致，刻点稀疏、浅，光泽明显；腹部背板刻点稍大、浅、分散，刻纹不

明显，光泽稍强；后足基节背侧刻点稍小、深、不密集。

上唇小，端部近弧形，中间具缺口；唇基缺口弧形，深为唇基 1/3 长，侧叶稍钝；颚眼距 1.5 倍宽于单眼直径；复眼内缘向下稍内聚；触角窝上突稍发育，额区稍隆起，侧面观远低于复眼，额脊圆滑、不明显；中窝浅坑状，侧窝稍深；单眼中沟浅，后沟无；单眼后区稍隆起，宽大于长（13 : 9），侧沟深，向后稍分歧；背后观后头两侧向后稍收敛。触角丝状，稍长于腹部，第 3 节明显长于第 4 节（12 : 11）。中胸小盾片钝形隆起，两侧脊稍钝，附片中脊锐利；后足胫节内距约为基跗节 3/5 长，基跗节稍长于其后 4 个跗分节之和，爪内外齿等长。前翅 Cu-a 脉位于 M 室内侧 1/3 处，2Rs 室稍长于 1R1 室，臀室中柄稍长于基臀室 1/2 长，明显长于 R+M 脉段；后翅臀室柄短，短于 cu-a 脉段的 1/3 长。

锯鞘稍短于后足基跗节，端部钝，鞘端稍长于鞘基。锯腹片 20 刃，中部刃齿式为 2/6~7，锯刃凸出。

雄虫： 未知。

分布： 中国浙江（临安、安吉），湖南（石门），福建（武夷山）。

检查标本： 正模：♀，浙江安吉龙王山，N 30°23′，E 119°24′，1996. Ⅵ. 14，吴鸿采。

鉴别特征： 该种与 P. xiaoi Wei 近似，但中胸前侧片全部黑色，无白斑；后足股节基部黄白部分短于 2/5 股节；头部背侧刻点较之密集、刻点间隙不光滑，锯刃明显凸出等特征易与之区别。

87. 拟钩瓣方颜叶蜂 *Pachyprotasis macrophyoides* Jakovlev, 1891（图 2-100）

Pachyprotasis macrophyoides Jakovlev, 1891: 40.

Pachyprotasis misera: Jakovlev, 1891: 41.

雌虫： 体长 9.0 mm。体黑色，黄白色部分为：上唇基部及端部、唇基两侧、唇基上区、内眶底部及相连的后眶底部、触角柄节腹侧、中胸小盾片中部条斑、后胸小盾片中部、腹部第 2~5 节背板中部后缘三角形斑、各节背板缘折部分基部小斑、各节腹板后缘；上唇中部大斑、唇基除两侧外其他部分、腹部其他缘折部分及各节腹板基大半部分黑褐色。足黑色，黄白色部分为：前足基节端部外侧、各足转节外侧斑、前足股节至胫节前侧、中足胫节前侧、前中足跗节除背侧窄黑条纹外其余部分、后足基节背侧、股节基部 1/3 背侧细窄黄条纹、第 2 跗分节基部、第 3~4 节全部及端跗节基大半部。翅浅烟色，亚透明，前缘脉、翅痣、R1 脉及 2r 脉浅褐色，其余翅脉黑褐色。

上唇及唇基具分散、浅弱刻点；头部额区及邻近内眶刻点密集、大、浅，刻点间隙不光滑，刻纹明显，具光泽。中胸背板刻点和刻纹细密，稍具光泽；中胸前侧片上部刻点大、密集，下部刻点细密，刻点间隙具细致刻纹及明显油质光泽；后上侧片刻纹显著，光泽弱，后下侧片光滑，后背缘具稀疏、浅弱刻点，光泽较强；后胸前侧片刻点浅弱、密集、光泽弱，后侧片光滑，刻点及刻纹极其浅弱、不明显，光泽强；中胸小盾片刻点浅、稍分散，刻纹细致，光泽弱；附片刻纹细密，具光泽。腹部背板刻点浅、分散，刻纹及光泽明显。后足基节刻点浅、小、稍密集。

上唇端部截形；唇基缺口长方形，深为唇基 2/7 长，侧角尖锐；颚眼距稍宽于单眼直径；复眼内缘向下稍内聚；触角窝上突不明显，额区稍隆起，侧面观远低于复眼，额脊锐利、明显；中窝浅沟状，伸达中单眼，侧窝稍浅；单眼中沟深，后沟无；单眼后区稍隆起，宽约为长的 2 倍，侧沟深直；后头短，两侧向后明显收敛。触角稍短于胸腹长之和，第 3 节稍长于第 4 节（35：33），端部数节鞭节侧扁。中胸小盾片近棱形隆起，两侧脊基部稍锐利，端部钝圆；附片中脊锐利。后足胫节内距 3/5 于基跗节，基跗节明显长于其后 4 个跗分节之和，爪内齿长于外齿。前翅 Cu-a 脉位于 M 室内侧 1/3 处，2Rs 稍长于 1Rs 室，臀室中柄稍短长于基臀室，2.5 倍于 R+M 脉段；后翅臀室柄为 cu-a 脉段的 1/3 长。

锯鞘短于后足基跗节，端部椭圆形，鞘端稍长于鞘基。锯腹片 22 刃。中部刃齿式 2/10~12，锯刃稍凸出。

雄虫：未见标本。

分布：中国甘肃，湖北（宜昌）。

模式标本保存于俄罗斯圣彼得堡博物馆（ZIN）。

鉴别特征：该种胸部背侧黑色，仅中胸小盾片、附片、后胸小盾片中部具小的白斑，中胸侧板及中胸腹板全部黑色，无白斑；上唇和唇基中部黑褐色；后足黑色，基节背侧、第 2 跗分节至端跗节基部白色；头部额区和邻近内眶刻点及中胸前侧片上部刻点密集、浅；中窝浅沟状，伸达中单眼；单眼后区宽约为长的 2 倍；中胸小盾片近棱形隆起，两侧脊基部稍锐利，端部钝圆，具浅、分散刻点等特征可与其他相近种区别。

88. 商城方颜叶蜂 *Pachyprotasis eulongicornis* Wei & Nie, 1999（图 2-101）

Pachyprotasis eulongicornis Wei & Nie, 1999: 172.

雌虫：体长 11.5 mm。体黑色，黄白色部分为：上唇除中部褐斑外其他部分、唇基两侧、触角窝以下颜面、内眶底部及相连的后眶底部、内眶上部狭边、触角柄节腹侧斑、翅基片前缘、中胸小盾片中部纵形小斑、后胸小盾片中部、后胸后侧片上缘及后部、腹部第 1 背板缘折部分、第 2~6 节背板气门周围小斑；上唇中部大斑、唇基除两侧外其他部分黑褐色。足黑色，黄白色部分为：前足股节及胫节前侧、中足胫节端部前侧、前中足跗节除第 1~2 跗分节背侧窄黑条纹外其他部分、后足基节背侧、基跗节极端部至端跗节基大半部。翅浅烟色，亚透明，前缘脉、翅痣外缘、R1 脉及 2r 脉浅褐色，翅痣其余部分暗褐色，其余翅脉黑色。

上唇刻点浅弱、稀疏，唇基刻点大、浅、稀疏；头部额区及邻近内眶刻点密集，刻点间隙不光滑，刻纹明显，具油质光泽。中胸背板刻点和刻纹细密，光泽明显；中胸前侧片

下部刻点和刻纹细密，上部刻点较之大、分散，刻点间隙具细致刻纹及明显油质光泽，后上侧片刻纹显著，光泽弱，后下侧片光滑，刻点及刻纹微弱，光泽较强；后胸前侧片刻点浅弱、密集、光泽弱，后侧片光滑，刻点及刻纹极其浅弱、不明显，光泽强；中胸小盾片刻点浅、稍密集，具光泽；附片刻纹细密，具明显光泽。腹部背板刻点浅弱、分散，刻纹及光泽明显；后足基节刻点浅小、分散。

上唇大、长，端部近截形；唇基缺口深弧形，深为唇基 1/3 长，侧角稍钝；颚眼距宽于单眼直径；复眼内缘向下稍微内聚；触角窝上突不明显，额区不隆起，侧面观远低于复眼，额脊钝；中窝沟状，伸达中单眼，侧沟稍深；单眼中沟深、明显，后沟模糊；单眼后区稍隆起，宽明显大于长（19∶12），侧沟深，向后分歧；后头短，背后观两侧向后强烈收敛。触角丝状，约等长于胸腹部之和，第 3 节等长于第 4 节，鞭节不侧扁。中胸小盾片钝形隆起，两侧脊钝，附片中脊锐利。后足胫节内距为基跗节 4/7 长，基跗节长于其后 4 个跗分节之和，爪内齿稍长于外齿。前翅 Cu-a 脉位于 M 室内侧 2/5 处，2Rs 室明显长于 1R1 室，臀室中柄稍短于基臀室，长于 R+M 脉段的 2 倍；后翅臀室柄短于 cu-a 脉段的 1/2 长。

锯鞘等长于中足基跗节，鞘端宽，端部稍尖，鞘端约 2 倍于鞘基。锯腹片 23 刃，中部刃齿式 2/10~12，锯刃凸出，刃齿细小。

雄虫：未知。

分布：中国河南（商城、嵩县），安徽（岳西），浙江（龙泉），湖北（宜昌），湖南（石门），四川（峨眉山）。

检查标本：正模♀，河南商城黄柏山，N 31°26′，E 115°18′，700 m，1999.Ⅶ.12，魏美才采；副模：1♀，采集记录同正模。

鉴别特征：该种和分布于甘肃的 *P. macrophyoides* Jakovlev 十分近似，但腹部背板后缘无白斑；前缘脉、翅痣外缘浅褐色，翅痣其余部分暗褐色；单眼后区宽长比稍大于 2；中胸小盾片棱形，两侧脊锐利；锯鞘黑色等特征与之不同。

89. 沟额方颜叶蜂 *Pachyprotasis sulcifrons* Malaise, 1945

Pachyprotasis sulcifrons Malaise, 1945: 156.

Pachyprotasis sulcifrons: Saini, 2007: 91.

雌虫：体长 8.0~9.0 mm。体黑色，无蓝色光泽；白色部分为：上唇、唇基、唇基上区、内眶狭边、上眶斜斑、触角柄节腹侧斑、中胸小盾片中部纵形小斑、中胸侧板底部窄的横斑（或缺失）、腹部各节背板中部不明显或缺失斑纹、各节背板缘折大部分、各节腹板部分、锯鞘除端部外其余部分。足黄白色，黑色部分为：前中足股节背侧以远部分、后足基节大斑、股节端部 2/3、胫节和基跗节。头部背侧刻点小、密集，无光泽；中胸背板刻点小、密集，中胸侧板光滑无刻点。中窝宽、浅，伸达中单眼，头部背后观向后强烈收敛；单眼后区隆起，宽长比为 2：1，侧沟深，向后平行。触角等长于体长，第 3 节短于第 4 节。中胸小盾片近棱形隆起，两侧端部圆滑。

雄虫：体长 7.0 mm。触角长于头和胸腹部之和。体色与雌虫近似，仅触角腹侧全长、后眶底部 2/3、中胸侧板底部宽的横斑黄白色。触角强烈侧扁。

分布：中国云南 – 缅甸边境。

模式标本保存于瑞典斯德哥尔摩自然历史博物馆（NHRS）。

90. 王氏方颜叶蜂 *Pachyprotasis wangi* Wei & Zhong, 2002（图 2-102、图 2-103）

Pachyprotasis wangi Wei & Zhong in Zhong & Wei, 2002: 220.

雌虫：体长 8.0 mm。体黑色，黄白色部分为：上唇和唇基外缘、唇基上区不规则横斑、内眶狭边及相连的上眶线状斜斑、下眶狭斑、前胸背板前下缘及外缘狭边、翅基片基部、中胸后侧片后缘、后胸前侧片后缘、后侧片后半部、腹部各节背板前侧角及后侧缘、各节腹板后缘狭边。足黑色，黄白色部分为：前足股节端大半部前侧、胫节及基跗节前侧、中足胫节前侧、各足第 2 跗分节至端跗节基大半部、后足第 2 转节不规则斑。翅浅烟褐色，翅痣及翅脉黑褐色。

上唇刻点浅小、分散，唇基刻点大、浅、分散；头部额区及邻近内眶刻点和刻纹致密，光泽较弱。中胸背板及中胸前侧片刻点和刻纹细密，光泽较弱；中胸后上侧片刻纹显著，光泽弱，后下侧片光滑，刻纹细致，刻纹稀疏、浅弱，具油质光泽；后胸前侧片刻点致密，光泽弱，后侧片光滑，刻点浅弱、不明显，刻纹微细，光泽明显；中胸小盾片中部刻点稀疏，两侧刻点及刻纹密集，光泽弱；附片具密集刻纹，光泽暗淡。腹部背板刻点稀疏、浅弱，具明显微刻纹，具光泽。后足基节刻点密集、明显。

上唇小，端部近截形；唇基缺口近弧形，深约为唇基 1/3 长，侧角钝；上颚眼距等宽于单眼直径；复眼内缘向下收敛；触角窝上突稍发育；额区隆起，侧面观约等高于复眼，顶平，额脊钝平、不明显；中窝模糊，侧窝深；单眼中沟浅，后沟不明显；单眼后区稍隆起，宽 2 倍于长，侧沟稍深；头部背后观两侧向后稍稍收敛。触角明显短于胸腹长之和，第 3 节明显长于第 4 节（30：27）。中胸小盾片近棱形，稍隆起，两侧脊锐利；附片中脊锐利；后足胫节内距 3/5 于基跗节长，基跗节稍长于其后 4 个跗分节之和，爪内齿明显短于外齿。前翅 Cu-a 脉位于 M 室内侧 2/5 处，2Rs 室明显长于 1Rs 室，臀室中柄短于基臀室 1/2 长，为 R+M 脉段的 1.5 倍；后翅臀室柄稍长于 cu-a 脉段的 1/2 长。

锯鞘长于中足基跗节 1.5 倍，鞘端窄，长于鞘基。锯腹片 20 刃，中部刃齿式为 2/8~9，锯刃凸出。

雄虫：体长 7.0 mm。体色与构造近似雌虫，但触角窝以下部分除唇基基部中段外其他部分、中窝及邻近内眶、触角腹侧全长、内眶底半部及相连的后眶底大半部、中胸前侧片腹侧基部斑、中胸腹板两侧近椭圆形斑、前足前侧、中足基节及转节背侧不规则斑、

中足股节基部前侧以远部分、后足转节内侧不规则斑黄白色；触角第 3 节稍短于第 4 节
（23：24），鞭节强烈侧扁；内眶底部隆起，颚眼距 2 倍宽于单眼直径，单眼后区宽 2.5 倍
于长。

分布：中国黑龙江（伊春），河南（栾川、嵩县），陕西（西安、眉县、佛坪、留坝），
宁夏（泾源），甘肃（天水、甘南），湖北（宜昌）。

检查标本：正模♀，河南栾川龙峪湾，N 33°40′，E 111°48′，1 800 m，2001. Ⅵ. 5，
钟义海采；副模：1♀，河南嵩县白云山，N 33°54′，E 111°59′，1 500 m，2001. Ⅴ. 31，
钟义海采；1♀，甘肃文县文殊乡，N 32°57′，E 104°41′，1988. Ⅴ. 27，王金川采。

鉴别特征：该种与 P. eulongicornis Wei & Nie 和 P. macrophyoides Jakovlev 比较近
似，但体小，体长 8 mm；体背侧全部黑色，无明显白斑；后足基节黑色，无白色部
分；中窝浅坑状，触角等长于腹部，不侧扁；翅痣黑色，中胸小盾片及附片具密集刻
纹；而后两者体长 11 mm；触角等长于胸腹部之和，显著侧扁；后足基节背侧白色；
中胸小盾片具白斑；额区中窝沟状，伸达中单眼；中胸小盾片及附片刻纹微弱等特征
容易鉴别。

91. 扁角方颜叶蜂 *Pachyprotasis compressicornis* Zhong, Li & Wei, sp. nov.（图 2-104）

雌虫：体长 11 mm。体黑色，腹部第 1~5 节背板气门周围小斑黄白色。足黑色，各
足第 2 跗分节基部至端跗节基大半部黄白色。翅浅烟褐色，前缘及翅痣黑褐色，其余翅脉
黑色。

上唇及唇基刻点大、浅、分散；头部背侧、中胸背板、胸部侧板刻点和刻纹致密，刻
点间隙不明显，暗淡无光泽；中胸小盾片及附片刻纹致密，暗淡无光泽。腹部背板中部几
无刻点，两侧刻点稀疏、浅，刻纹细致，具光泽。后足基节刻点细密、明显。

上唇大，端部近弧形；唇基缺口底部平直，深为唇基 1/4 长，侧角短三角形；颚眼距
宽于单眼直径；复眼内缘向下明显收敛；触角窝上突不明显，额区稍隆起，侧面观远低于
复眼，顶平，额脊钝平、不明显；中窝浅坑状，侧窝深；单眼中沟浅，后沟模糊；单眼
后区低平，不隆起，宽 2 倍于长，侧沟浅，向后分歧；头部背后观两侧向后强烈收敛。触
角等长于胸腹长之和，第 3 节稍长于第 4 节（21：20），鞭节侧扁。中胸小盾片棱形，稍
隆起，两侧脊锐利；附片中脊锐利；后足胫节内距约为基跗节 1/2 长，基跗节稍长于其后
4 个跗分节之和，爪内齿明显短于外齿。前翅 Cu-a 脉位于 M 室 1/3 内侧，2Rs 室明显长
于 1Rs 室，臀室中柄短于基臀室（23：32），为 R+M 脉段的 1.5 倍长；后翅臀室柄短于
cu-a 脉段的 1/2 长。

锯鞘短于后足基跗节，鞘端窄，约 1.5 倍于鞘基长。锯腹片 21 刃，中部刃齿式为
2/6~7，锯刃凸出。

雄虫：未知。

分布：中国吉林（长白山），山西（五台山），四川（峨眉山）。

词源：本种触角鞭节侧扁，以此命名。

检查标本：正模：♀，四川峨眉山金顶，N 29°32′，E 103°19′，3 077 m，2007. Ⅵ.13，刘飞采；副模：1♀，吉林长白山温泉，N 42°00′，E 128°04′，2 000 m，1986. Ⅶ.24，陈小坚采；1♀，山西五台山鑫海宾馆，N 38°36′，E 113°20′，1 670 m，2009. Ⅶ.2，王晓华采；1♀，四川峨眉山金顶，N 29°32′，E 103°19′，3 076 m，2006. Ⅶ.3，钟义海采。

鉴别特征：该种体几乎全部黑色，仅腹部第1~5节背板气门周围具白斑，足黑色，仅各足第2跗分节基部至端跗节基大半部黄白色；单眼后区低平，不隆起；头部背侧、胸部背板及侧板刻点致密、不明显，暗淡无光泽；触角鞭节侧扁等特征易与其他相近种区别。

92. 李氏方颜叶蜂 *Pachyprotasis lii* Wei & Nie, 1998（图 2-105、图 2-106）

Pachyprotasis lii Wei & Nie, 1998: 371.

雌虫：体长 13.0 mm。体黑色，黄白色部分为：上唇除中部外其余部分、唇基除端部外其余部分、触角窝以下颜面、中窝、内眶及相连的上眶斑、后眶底大半部、触角基部2节腹侧斑、前胸背板后侧角、翅基片基大半部、中胸背板前叶端部"V"形斑、中胸小盾片中部、附片端部小斑、后胸小盾片中部、中胸前侧片腹侧基部斑、后胸后侧片后部、中胸腹板端部两侧小斑、腹部第2~6节背板中部后缘三角形斑、第10节背板中部、各节背板气门周围、各节腹板中部后缘三角形斑及锯鞘基腹侧。前中足黄白色，黑色部分为：前足基节和股节后侧、中足基节、股节除基部及端部腹侧外其他部分、前中足胫跗节背侧条纹；后足黑色，黄白色部分为：转节、股节基部 1/3、基跗节端半部背侧、第 2~4 跗分节全部及端跗节基大半部。翅烟褐色，前缘脉、R1脉、2r脉及翅痣浅褐色，其余翅脉黑褐色。

上唇及唇基具浅弱、稀疏刻点，头部额区及邻近内眶刻点密集，刻点间隙不光滑，具明显刻纹，光泽弱。中胸背板及中胸前侧片下部刻点细密，中胸前侧片上部刻点稍大、浅，稍具光泽；中胸后上侧片刻纹显著，暗淡无光泽，后下侧片光滑，刻纹细致，后部具分散、细小刻点，光泽强；后胸前侧片刻点及刻纹细密，光泽弱；后侧片光滑，刻点浅、不明显，光泽强；中胸小盾片刻点稍密集、浅弱，光泽稍弱；附片光滑，刻纹及光泽明显。腹部背板刻点稀疏、浅，刻纹细致，具光泽；后足基节外侧刻点稍密集、明显。

上唇宽大，端部近截形；唇基缺口弧形，深为唇基 1/3 长，侧叶锐三角形；颚眼距宽于单眼直径；复眼内缘向下内聚；触角窝上突不明显，额区不隆起，侧面观远低于复眼，额脊宽钝；中窝及侧窝浅；单眼中沟深，后沟模糊；单眼后区稍隆起，宽约为长的2倍，

侧沟浅直；头部背后观两侧向后强烈收敛。触角丝状，稍短于胸腹部之和，第 3 节短于第 4 节（18∶19），鞭节端部数节侧扁。中胸小盾片棱形，稍隆起，两侧脊锐利，附片中脊锐利。后足胫节内距稍长于基跗节 1/2，基跗节长于其后 4 个跗分节之和，爪内齿长于外齿。前翅 Cu-a 脉位于 M 室内侧 1/3 处，2Rs 室明显长于 1R1 室，臀室中柄稍短于基臀室，长于 R+M 脉段的 2 倍；后翅臀室柄约为 cu-a 脉段的 1/2 长。

锯鞘约等长于中足基跗节，端部椭圆形，鞘端明显长于鞘基。锯腹片 22 刃，中部锯刃齿式为 2/6~8，锯刃凸起。

雄虫：体长 10.0 mm。体色和构造与雌虫极相似，但触角腹侧全长黄褐色；前胸背板后大半部黄白色，中胸前侧片及腹板黄白斑较大；后足基节背侧及腹侧具宽的黄白条斑，股节黄白色，内侧端半部及外侧全长具黑色条斑；颚眼距约 3 倍于单眼直径，复眼内缘向下明显分歧，内眶底部隆起；触角第 3 节微长于第 4 节，鞭节强烈侧扁。

分布：中国浙江（临安、松阳），湖南（炎陵），福建（武夷山）。

检查标本：正模：♀，浙江松阳，N 28°46′，E 119°48′，1989.Ⅶ.15~17，何俊华采；副模：1♀，浙江天目山老殿，N 30°23′，E 119°41′，1957.Ⅵ.2，杨集昆采；1♀，浙江天目山，N 30°23′，E 119°41′，1994.Ⅵ.8，采集人不详。

鉴别特征：该种体长 13 mm；腹部第 3~5 节背板具显著三角形白斑；上唇和唇基中部暗褐色；中胸侧板黑色，中胸前侧片基部具小的白斑；后足黑色，仅转节和股节基部白色；头部背侧和中胸侧板刻点密集，刻纹明显，刻点间隙不光滑；头部内陷，侧面观远低于复眼，侧窝浅沟状，但不伸达中单眼等特征可与之区别。

93. 骨刃方颜叶蜂 *Pachyprotasis scleroserrula* Wei & Zhong, 2007（图 2-107、图 2-108）

Pachyprotasis scleroserrula Wei & Zhong in Zhong & Wei, 2007: 955.

雌虫：体长 8.0 mm。体黑色，以下部分黄白色：上唇、唇基、触角窝以下颜面除额唇基沟中部以外、内眶中下部及相连的颚眼距斑、触角窝上突两侧圆形小斑、上眶微小点斑、触角柄节腹侧、中胸小盾片除两侧外其余部分、附片除基缘外其余部分、后胸小盾片、后胸前侧片后上角、后侧片后部。足黑色，黄白色部分为：各足基节端缘及转节（后足转节外侧具黑斑）、前足股节前腹侧全长条斑、中足股节腹侧基部及端部、前中足胫节及跗节腹侧全长、后足基节基部外侧大斑、股节基部 1/6 除内侧黑条斑外其余部分、第 2~4 跗分节全部及端跗节基部；后足胫节距基半部及基跗节基部浅褐色。翅透明，C 脉、R1 脉及翅痣前缘 1/3 浅褐色，翅痣其余部分及其余翅脉黑褐色。体毛银褐色，鞘毛暗褐色。

上唇及唇基刻点微弱、模糊，刻点间隙刻纹显著；头部背侧刻点浅但较密集，刻点间隙具显著微细刻纹，几乎无光泽。中胸背板刻点细密，光泽较弱；中胸侧板刻点稍小、分散，刻点间隙具微刻纹，光泽稍弱；中胸后上侧片刻纹细密，光泽弱，后下侧片刻纹较弱；后胸前侧片刻点细弱，后侧片光滑，刻点较不明显，具微刻纹和光泽；中胸小盾片顶部光滑，无刻点及刻纹，两侧刻点浅弱，附片两侧具明显刻纹，中胸小盾片及附片均具较强光泽。腹部各节背板刻点微弱、模糊，均具微细刻纹及明显的光泽。后足基节外侧刻点稍小，密度适中。

上唇宽大，端部截形；唇基缺口稍深于唇基 1/3 长，底部钝截形，侧角短三角形；颚眼距稍窄于单眼直径；复眼内缘向下稍稍收敛；触角窝上突微弱发育，额区低台状隆起，侧面观等高于复眼，额脊宽钝；中窝浅坑状，不伸达中单眼，侧窝稍深；无单眼中沟，单眼后沟痕状；单眼后区稍隆起，具微弱中纵沟，宽为长的 2 倍，侧沟浅细，向后显著分歧；后头很短，两侧向后强烈收敛。触角明显短于胸腹长之和，第 3 节稍长于第 4 节（15：13），鞭节侧扁，端部较尖，第 3 节、第 4 节明显粗于第 2 节、第 5 节。中胸小盾片低弱隆起，两侧缘脊圆滑，无中纵脊和顶角，附片具较低但明显的中脊；后胸小盾片平坦，后缘具刃状缘脊。后足基跗节稍长于其后 4 个跗分节之和，爪内齿明显短于外齿。前翅臀室中柄明显短于基臀室 1/2 长，约等长于 R+M 脉段；后翅臀室柄等长于 cu-a 1/2 长。

锯鞘明显短于后足基跗节，鞘端稍窄，端部具弱尖，鞘端略长于鞘基。锯腹片 19 刃，无刃齿，纹孔线几乎与锯腹片平行。

雄虫：体长 7 mm。体色与构造近似雌虫，但触角腹侧全长黄白色；触角窝上突两分离小斑完全融合；前胸侧板后侧白色，中胸前侧片前缘及腹侧中部各具 1 个大的白斑；前、中足基节前侧白色，后足基节全部黑色，端部腹侧黄白色；触角强烈侧扁，唇基缺口底部浅弧形，深约为唇基 1/4 长，侧角钝；颚眼距稍宽于单眼直径；复眼内缘向下平行；下生殖板端部圆弧形突出。

分布：中国河南（辉县、栾川）。

检查标本：正模：♀，河南辉县西莲寺，N 35°46′，E 113°46′，1 020 m，2002.Ⅶ.14，姜吉刚采；副模：1♂，河南栾川龙峪湾，N 33°48′，E 111°06′，1 600~1 800 m，2004.Ⅶ.20，刘卫星采；1♂，河南栾川龙峪湾，N 33°49′，E 111°06′，1 600~1 800 m，2004.Ⅶ.21，刘卫星采。

鉴别特征：该种上唇及唇基黄白色；后足基节外侧具明显白斑、转节黄白色、外侧具黑斑；中胸小盾片圆钝形隆起、两侧脊圆滑、顶部光滑无刻点；锯刃无齿、纹孔线几乎与锯腹片平行等特征易与种团内其他种类区别。

94. 黑背方颜叶蜂 *Pachyprotasis nigrodorsata* Wei & Nie, 1999（图 2-109）

Pachyprotasis nigrodorsata Wei & Nie, 1999: 159.

雄虫：体长 6.5 mm。体黑色，黄白色部分为：触角窝以下部分、中窝、内眶底半部及相连的后眶底大半部、上眶小型斜斑、触角腹侧全长、前胸背板后下缘、翅基片前缘、中胸背板前叶两侧前缘小斑、中胸前侧片基部大斑、后侧片后缘、后胸前侧片后缘、后侧片后部、中胸腹板中部、后胸腹板后缘、各节背板前侧角及后侧缘、各节腹板后缘。足黑色，黄白色部分为：后足基节腹侧宽的条斑、转节内侧、股节基部 1/2 下侧及背侧基缘、胫节端距大部、基跗节基部、第 2~4 跗分节全部和端跗节基部 2/3；前中足前侧浅黄褐色。翅烟色，翅痣及翅脉黑褐色；体毛背侧暗褐色，腹侧浅褐色。

上唇及唇基刻点浅小、稀疏；头部背侧刻点密集，刻点间隙具明显刻纹，无光泽。中胸背板、中胸前侧片刻点和刻纹细密，光泽较弱；中胸后上侧片刻纹显著，暗淡无光泽，中胸后下侧片光滑，后缘具稀疏、浅弱刻点，光泽明显；后胸前侧片刻点细密、浅弱，光泽弱，后侧片光滑，刻点及刻纹不明显，光泽明显；中胸小盾片刻点稍密集、明显，光泽弱；附片刻纹密集，光泽弱。腹部背板刻点浅弱、稀疏，刻纹细致，具光泽。后足基节外侧刻点细小、密集。

上唇短小，端部截形；唇基缺口底部平直，深约为唇基 1/4 长，侧角钝；颚眼距约 2 倍于单眼直径；复眼内缘向下平行，内眶底部隆起；额区明显隆起，侧面观约等高于复眼，额脊钝，不明显；中窝深小、圆形，侧窝微小；单眼中沟浅，后沟不明显；单眼后区稍隆起，宽长比等于 2.2：1；侧沟短、深，向后分歧；头部背后观两侧向后明显收敛。触角等长于胸腹部，第 3 节稍短于第 4 节（25：27），鞭节强烈侧扁。中胸小盾片棱形隆起，两侧脊锐利；附片中脊稍钝。后足胫节内距稍长于基跗节 1/2，基跗节等长于其后 4 个跗分节之和，爪内齿稍短于外齿。前翅 Cu-a 脉位于 M 室内侧 1/3 处，2Rs 室稍长于 1Rs 室，臀室中柄长于基臀室 3/5 长，等于 R+M 脉段 1.5 倍；后翅臀室具长柄，长于 cu-a 脉段的 1/2 长。

雌虫：未知。

分布：中国河南（嵩县），陕西（眉县、周至、佛坪），宁夏（泾源），甘肃（天水、文县、甘南），青海（民和、囊谦），浙江（临安），湖北（宜昌），四川（巫山、峨眉山），云南（中甸、丽江）。

检查标本：正模：♂，河南嵩县白云山，N 33°54′，E 111°59′，1 500 m，1999. Ⅴ. 20，盛茂领采。

鉴别特征：该种头、胸、腹部背侧全部黑色，无白斑，中胸侧板黑色，中胸前侧片基部及腹侧具大的白斑；头部背侧和中胸侧板刻点密集、刻点间隙不光滑；中胸小盾片棱形，两侧脊锐利，具密集刻点和刻纹，不光滑；额区隆起，中窝深小，颚眼距宽大；阳茎瓣头具冠状叶，背缘平直等特征可与相近种区别。

95. 白跗方颜叶蜂 *Pachyprotasis obscura* Jakovlev, 1891

Pachyprotasis obscura Jakovlev, 1891：41.

雄虫：体长 7.5 mm。体黑色，黄白色部分为：额区以下部分、内眶底半部、上眶小型斜斑、后眶底大半部、触角腹侧全长、前胸背板前缘及后缘、翅基片前部、中胸背板前叶两前侧角、侧叶中部小斑、中胸小盾片及附片中部小形斑、中胸前侧片基部大斑及后缘1个斜长形斑、后侧片后缘、后胸前侧片后缘、后侧片后部、腹部各节背板缘折部分、各节腹板；腹板或具不规则黑斑。足黑色，前、中足前腹侧浅黄褐色，后足基节除背侧及外侧黑条斑外其余部分、转节内侧、股节基部 1/2 背侧及腹侧条斑或除内、外侧全长条形黑斑外其余部分、基跗节基部、胫节端距大部、第 2~4 跗分节全部和端跗节基部 2/3 黄白色。翅烟色，翅痣及翅脉黑褐色。上唇及唇基刻点浅弱、模糊；头部背侧刻点和刻纹细密，无光泽；中胸背板、侧板刻点和刻纹细密，光泽较弱；腹部背板刻点浅弱、稀疏，具微刻纹，光泽较弱；后足基节外侧刻点细密、浅弱。中胸小盾片棱形隆起，两侧具锐脊，顶部刻点稍稀疏，暗淡；附片中脊不明显，刻纹密集，暗淡。

雌虫：未知。

分布：中国（甘肃）。

模式标本保存于俄罗斯圣彼得堡博物馆（ZIN）。

96. 陕西方颜叶蜂 *Pachyprotasis shaanxiensis* Zhu & Wei, 2008（图 2-110、图 2-111）

Pachyprotasis shaanxiensis Zhu & Wei, 2008: 177.

雄虫：体长 8.0 mm。体黑色，黄白色部分为：上唇、唇基、唇基上区、中窝及其邻近额区部分、内眶底半部及后眶底部 2/5、上眶模糊小斑、触角腹侧全长、前胸背板外侧缘、翅基片前半部、中胸背板前叶端部箭头形小斑、侧叶中部小斑、中胸小盾片中部纵形小斑、中胸前侧片中部前缘大斑、后胸后侧片后部、中胸腹板两侧椭圆形大斑、腹部第 3~5 节背板后缘中部三角形模糊小斑、各节背板缘折部分后部及各节腹板后部。前中足黄白色，前足基节基部后侧、中足基节基部前侧及后侧不规则斑以及前中足股节端部 2/3 背侧条斑黑色，前中足胫节背侧以远具黑褐色窄条纹；后足黑色，黄白色部分为：基节外侧条斑、内侧及腹侧不规则大斑、转节除外侧小斑外其余部分、股节基部 1/4 除外侧条斑外其余部分、基跗节基部及端部、第 2~4 跗分节全部和端跗节基部 2/3；翅浅烟灰色、透明，翅痣及翅脉黑褐色。

上唇及唇基刻点浅弱、模糊；头部背侧刻点稍小，刻点间距小于刻点直径，刻点间隙具明显刻纹，稍具光泽。中胸背板刻点较头部刻点细小，有光泽，中胸前侧片上部刻点大小及密度与头部刻点相似，下部刻点稍小，刻点间隙光滑，光泽明显，后上侧片刻纹显著，光泽弱，后下侧片光滑无刻点及刻纹，光泽较强；后胸前侧片刻点细密、浅弱，稍具光泽，后侧片刻点及刻纹不明显，光泽强；中胸小盾片顶部光滑，刻点稀疏、浅弱，刻纹不明显，光泽较强，附片具微弱刻纹，有光泽。腹部第 1 背板刻纹微弱，光泽强，其余背板具浅弱和微细刻纹，刻点稀，刻点间距为刻点直径 1.5~2.0 倍长，光泽稍弱。后足基节背侧刻点大小与头部刻点相似，但稍较头部刻点稀疏。

上唇端部钝截形；唇基缺口底部平直，深约为唇基 1/4 长，侧角短钝；颚眼距 1.8 倍于侧单眼直径；复眼内缘平行，下缘间距稍宽于眼高，内眶底部稍隆起；额区低台状隆起，不低于复眼高，额脊宽钝；中窝窄横沟状，侧窝宽沟状、稍深；单眼中沟短深，后沟无；单眼后区稍隆起，宽长比为 12：7，侧沟深，向后微弱分歧；头部背面观两侧向后强烈收敛。触角稍短于胸腹部之和，第 3 节稍长于第 4 节（21：18），鞭节侧扁。中胸小盾片棱形，两侧脊显著，顶部低平，附片中脊锐利。后足基跗节等长于其后 4 个跗分节之和，爪内齿稍长于外齿。前翅臀室中柄等长于基臀室，约为 R+M 脉段 4 倍长；后翅臀室柄稍长于 cu-a 脉段的 1/2 长。

雌虫：体长 7.0 mm。体色与构造近似雄虫，但中胸侧板及腹板全部黑色，无白斑；后足基节和股节基部 2/5 全部黑色，无白斑；唇基中部及额唇基沟邻近区域黑色；中胸小盾片两侧脊基部锐利，端部圆钝，稍隆起；触角不侧扁；唇基缺口底部浅弧形，深约为唇基 1/4 长，侧角钝；颚眼距稍宽于单眼直径；复眼内缘向下稍为收敛；中窝浅坑状，不明显；锯鞘约等长于中足基跗节，端部椭圆形，鞘端明显长于鞘基。锯腹片 20 刃，中部锯刃齿式为 2/5~6，锯刃凸起。

分布：中国河南（卢氏），陕西（留坝、佛坪），浙江（临安），湖北（宜昌），江西（资溪）。

检查标本：正模：♂，陕西佛坪，N 33°33′，E 107°49′，1 000~1 450 m，2005.Ⅴ.17，朱巽采。

鉴别特征：该种体色与构造近似 *P. nigrodorsata* Wei & Nie，但触角第 3 节稍长于第 4 节；中胸小盾片顶部低平、光滑，刻点稀疏、浅弱，刻纹不明显，光泽较强；中窝沟状；前翅臀室中柄较长，R+M 脉短小；阳茎瓣形状明显不同等特征可与之区别。该种与 *P. scleroserrula* Wei & Zhong 也很近似，但臀室中柄明显长于基臀室 1/2 长；中窝浅沟状；阳茎瓣形状与后者也明显不同。

97. 粗额方颜叶蜂 *Pachyprotasis opacifrons* Malaise, 1945（图 2-112、图 2-113）

Pachyprotasis opacifrons Malaise, 1945: 157.

Pachyprotasis opacifrons: Saini & Kalia, 1989: 168.

Pachyprotasis opacifrons: Saini, 2007: 88.

雌虫：体长 8.0 mm。体黑色，黄白色部分为：上唇、唇基除基缘中段外其余部分、触角窝以下颜面、触角窝上突两侧分离小斑、内眶底半部及相连的后眶底大半部、内眶上部狭边及上眶斑、触角基部 2 节腹侧、前胸背板底半部、翅基片基部、中胸背板前叶两侧 "V" 形斑、侧叶中部小斑、中胸小盾片中部大斑、附片及后胸小盾片中部小斑、中胸前侧片基部及端部两个分离垂直大斑、后侧片后部、后胸前侧片全部、后侧片上缘及后部、中胸腹板、腹部第 10 节背板后缘、各节背板缘折部分、各节腹板、锯鞘基、鞘端中部。足黄白色，黑色部分为：前中足转节背侧小斑、股节后背侧以远部分、后足基节内侧斑及外侧两分离的长条斑、转节外侧斑及相连的股节外侧全长条斑、股节端部 3/5、胫节、胫节距端大半部、基跗节全部和端跗节端部 2/5。翅浅烟色，亚透明，翅痣及其余翅脉黑色。

上唇及唇基刻点浅、少，刻点间隙具微细刻纹；头部额区及邻近内眶刻点密集，刻点间隙具显著刻纹，几乎无光泽。中胸背板及中胸前侧片下部刻点细密，中胸前侧片上部刻点大、稍浅，刻点间隙具微刻纹，光泽稍弱；中胸后上侧片刻纹显著，光泽弱，后下侧片刻纹细致，稍具光泽；后胸前侧片刻点细弱、密集，光泽弱；后侧片光滑，刻点不明显，具微刻纹和光泽。中胸小盾片顶部具稀疏、浅弱刻点，两侧刻点稍密集、明显，中胸小盾片及附片均具微刻纹及光泽。腹部各节背板刻点微弱、稀少，均具微细刻纹及明显的光泽。后足基节外侧刻点稍密集、明显。

上唇宽大，端部截形；唇基缺口平直，深于唇基 1/3 长，侧角短三角形；颚眼距宽于单眼直径；复眼内缘向下收敛；触角窝上突微弱发育，额区隆起，侧面观稍低于复眼，额脊钝圆、不明显；中窝及侧窝浅；单眼中沟浅，单眼后沟无；单眼后区稍隆起，宽大于长（13：8），侧沟深直；后头两侧向后收敛不明显。触角明显短于胸腹长之和，第 3 节稍长于第 4 节（15：13）。中胸小盾片近棱形隆起，两侧缘脊明显，附片具锐利中脊；后胸小盾片平坦，后缘具刃状缘脊。后足基跗节稍短于其后 4 个跗分节之和，爪内齿等长于外齿。前翅臀室中柄稍短于基臀室 1/2 长，约为 R+M 脉段 1.5 倍长；后翅臀室柄等长于 cu-a 脉段的 1/2 长。

锯鞘稍短于后足基跗节，鞘端稍窄，端部具弱尖，鞘端略长于鞘基。锯腹片 21 刃，锯刃稍凸出，中部刃齿式为 2/15~16。

雄虫：体长 7.0 mm。体色与构造近似雌虫，但触角腹侧全长黄白色；后足外侧全长具黑条斑，内侧全长黑色；鞭节强烈侧扁，第 3 节稍短于第 4 节（10：11）；颚眼距 2 倍宽于单眼直径；复眼内缘向下平行。

分布：中国宁夏（泾源），甘肃（甘南），青海（巴塘、玉树、班玛、称多、囊谦），四川（峨眉山、石渠、炉霍、康定、贡嘎山），云南（中甸、德钦、丽江、泸水、贡山），西藏（墨脱、察雅、亚东、波密、米林）；缅甸，印度。

模式标本保存于瑞典斯德哥尔摩自然历史博物馆（NHRS）。

鉴别特征：该种体腹侧黄白色，中胸前侧片中部具垂直黑色条斑，将中胸前侧片分成前后两个分离的白斑，底部具窄的黑色横斑；后足基节外侧具两条分离的黑色条纹，转节及相连股节外侧全长黑色；腹部背板黑色，无明显白斑；头部背侧及中胸侧板刻点密集、大、深；中胸小盾片棱形等特征易与种团内其他种类区别。

98. 纹基方颜叶蜂 *Pachyprotasis lineicoxis* Malaise, 1931（图 2-114、图 2-115）

Pachyprotasis lineicoxis Malaise, 1931: 129.

Pachyprotasis lineicoxis: Wei, 2006: 625.

雌虫：体长 9.0~10.0 mm。体黑色，黄白色部分为：触角窝以下部分、内眶及相连上眶斜斑、后眶底大半部、触角基部 2 节腹侧、前胸背板后下侧、翅基片基大半部、中胸背板前叶两侧"V"形斑、侧叶中部蝴蝶形斑、中胸小盾片除两侧缘外其余部分、附片中部小斑、后胸小盾片、中胸前侧片除上角及腹侧基半部横斑外其余部分、后侧片后下部、后胸前侧片、后侧片后下角、腹部第 3~6 节背板后缘中部扁的三角形斑、各节背板缘折部分、各节腹板后部及锯鞘除端部外其余部分；足黄白色，黑色部分为：前中足股节背侧以远宽的条斑、后足基节内侧宽的条斑及外侧全长条斑、股节端部 3/5 除端部背侧短的条斑外其余部分、胫节除亚端部宽的白环外其余部分、基跗节除基部及端部外其余部分、端跗节端部 1/3 及爪节。翅浅烟色，翅痣及翅脉黑褐色。

上唇及唇基光滑，刻点极其浅弱、不明显；头部额区及邻近内眶刻点浅弱、不密集，刻点间隙具微细刻纹及光泽。中胸背板及中胸前侧片下部刻点极其细弱、密集，中胸前侧片上部刻点浅弱、不密集，刻点间隙光滑，刻纹不明显，具光泽；中胸后上侧片刻纹明显，暗淡无光泽，后下侧片光滑，刻点及刻纹不明显，光泽强；后胸侧板刻点浅弱、不明显，光泽稍弱；中胸小盾片及附片光滑，几无刻点，刻纹不明显，均具明显光泽。腹部背板刻点浅弱、分散，刻纹细致，光泽明显。后足基节外侧刻点稍小、不密集。

上唇宽大，端部近弧形；唇基缺口底部平直，深约为唇基 1/4 长，侧角锐；颚眼距约 2 倍于单眼直径；复眼内缘向下稍内聚，内眶底部稍隆起；触角窝上突不明显，额区隆起，侧面观略低于复眼；中窝及侧窝浅坑状；单眼中沟宽、浅，后沟模糊；单眼后区隆起，宽大于长的 2 倍，侧沟稍深、直；头部背后观两侧向后稍收敛。触角短于胸腹长之和，第 3 节长于第 4 节（28：25）。中胸小盾片近棱形，稍隆起，两侧脊稍钝，附片中脊基部稍锐利，端部圆滑、不明显。后足胫节内距约为基跗节 3/5 长，基跗节短于其后 4 个跗分节之和，爪内齿短于外齿。前翅 Cu-a 脉位于 M 室内侧 2/5 处，2Rs 室明显长于 1Rs 室，臀室中柄短于基臀室（3：4），明显长于 R+M 脉段（27：12）；后翅臀室柄为 cu-a 脉段的 1/2 长。

锯鞘明显短于后足基跗节，鞘端长椭圆形，端部具弱尖，鞘端约 2 倍于鞘基长。锯腹片 23 刃，中部刃齿式为 3/14~16。

雄虫：体长 7.0~8.0 mm。体色与雌虫极其近似，但触角腹侧全长黄白色；中胸侧板底部无黑色横斑；后足股节黄白色，端部 3/5 外侧窄的条斑及端半部内侧宽的条斑黑色；颚眼距约为单眼直径的 3 倍，复眼向下发散，内眶底部较隆起；中窝浅坑状，不伸达中单眼；触角长于胸腹部之和，第 3 节短于第 4 节（12：13），鞭节强烈侧扁。

分布：中国吉林（长白山、抚松），山西（龙泉、定襄），河南（栾川、嵩县、卢氏），陕西（西安、留坝、眉县、凤县、佛坪），宁夏（泾源），甘肃（辉南、天水、礼县），青海（民和），湖北（宜昌），湖南（武冈），四川（泸定），贵州（梵净山）；日本，俄罗斯

（海参崴、东西伯利亚）。

模式标本保存于瑞典斯德哥尔摩自然历史博物馆（NHRS）。

鉴别特征：该种体背侧黑色，胸部和腹部背板具明显白斑，腹侧白色，中胸前侧片上部黑色，底部具黑色横斑；后足股节基部 2/5 黄白色，端部 3/5 黑色，胫节亚端部具宽的黄白色圆环；头部背侧和中胸侧板刻点浅弱、不密集，中胸小盾片及附片光滑无刻点等特征可与其他相近种区别。

99. 离刃方颜叶蜂 *Pachyprotasis pingi* Wei & Zhong, 2002（图 2-116）

Pachyprotasis pingi Wei & Zhong in Zhong & Wei, 2002: 228.

Pachyprotasis pingi: Wei, 2006: 623.

雌虫：体长 8.5mm。体黑色，黄白色部分为：头部触角窝以下部分、后眶底部、内眶狭边及相连的上眶斜斑、触角基部 2 节腹侧、翅基片基缘、中胸背板前叶端部箭头形斑、侧叶中部小斑、中胸小盾片、附片及后胸小盾片、中后胸侧板中下部、胸部腹板、腹部各节背板后缘中部三角形斑、各节腹板、锯鞘除端部及上缘外其余部分；足黄白色，黑色部分为：前中足自股节端部背侧至跗节背侧条纹、后足股节端半部、胫节、胫节内距端部、基跗节大部分、端跗节端部。翅浅烟灰色，透明，翅痣及翅脉黑褐色。

唇基刻点浅弱、稀疏；头部背侧刻点稍密集、浅弱，刻纹明显，光泽弱。中胸背板刻点细密，刻纹明显，光泽较弱；胸部侧板刻点极其浅弱，刻纹不明显，具光泽；中胸小盾片及附片光滑几无刻点，刻纹微细，光泽明显。腹部背板两侧刻点稍密，中部几无刻点，刻纹及光泽明显。后足基节外侧上部刻点细小、稍密集。

上唇大，端部钝截形；唇基缺口浅弧形，深为唇基 1/3 长，侧角稍尖锐；颚眼距大于单眼直径；复眼内缘向下明显收敛，内眶底部不明显隆起；触角窝上突不明显，额区稍隆起，侧面观远低于复眼，额脊宽钝；中窝浅沟状，伸达中单眼，侧窝沟状；单眼中沟深、明显，后沟模糊；单眼后区隆起，宽长比稍小于 2，侧沟短、深，互相平行；头部背后观两侧向后明显收敛。触角稍短于胸腹长之和，第 3 节稍长于第 4 节（14：13），鞭节中端部膨胀。中胸小盾片钝形隆起，两侧脊基部稍锐利，端部钝圆，附片具微细中脊。后足胫节内距约为基跗节 1/2 长，基跗节等于其后 4 个跗分节之和，爪内齿稍短于外齿。前翅 Cu-a 脉位于 M 室内侧 3/7 处，2Rs 室明显长于 1Rs 室，臀室中柄为 R+M 脉段的 1.5 倍；后翅臀室柄为 cu-a 脉段的 1/2 长。

锯鞘短于后足基跗节，鞘端狭长，稍长于鞘基。锯腹片 19 刃，中部刃齿式为 2/5~7，锯刃凸出，刃间段较长。

雄虫：未知。

分布：中国河南（嵩县、卢氏），贵州（梵净山）。

检查标本：正模：♀，河南嵩县，N 33°54′，E 111°59′，1996．Ⅶ．15，蔡平采；副

模：1♀，河南卢氏大块地，N 33°45′，E 110°59′，1 700 m，2001．Ⅶ．21，钟义海采；1♀，河南嵩县白云山，N 33°54′，E 111°59′，1 800 m，2001．Ⅵ．2，钟义海采；2♀，贵州梵净山，N 28°00′，E 108°04′，1 300 m，1999．Ⅴ．15，魏美才采。

鉴别特征：该种体背侧黑色，胸部背板和腹部背板具明显白斑，腹侧白色，侧板上部黑色；触角窝以下白色，无黑斑；后足黄白色，股节端半部至基跗节黑色；额区稍隆起，侧面观远低于复眼，额脊宽钝；中窝浅沟状，伸达中单眼；胸部侧板刻点极其浅弱，刻纹不明显，具光泽；中胸小盾片及附片光滑几无刻点，刻纹微细，光泽明显等特征可与相近种区别。

100．波益方颜叶蜂 *Pachyprotasis boyii* Wei & Zhong, 2006（图 2-117）

Pachyprotasis boyii Wei & Zhong in Wei, 2006: 622.

雌虫：体长 11.0 mm。体黑色，黄白色部分为：头部触角窝以下部分、内眶底部及相连的后眶底部、内眶上部狭边及相连的上眶斑、触角基部 2 节腹侧、前胸背板下部、翅基片除后缘外其余部分、中胸背板前叶端部箭头形斑、侧叶中部小斑、中胸小盾片、附片中部、后胸小盾片、后胸侧板中下部、胸部腹板、腹部各节背板中部后缘三角形斑、各节背板缘折部分、各节腹板、锯鞘除鞘端外其余部分；足黄白色，黑色部分为：前中足股节端部至跗节后背侧细窄条纹、后足股节端部 2/5、胫节全部、胫节距、基跗节除端半部背侧外其余部分。翅透明，翅痣及翅脉黑色。

唇基刻点浅弱、稀疏；头部背侧刻点密集、明显，具细微刻纹及光泽。中胸背板刻点及刻纹细密，光泽较弱；中胸前侧片下部刻点极其细弱、密集，上部具稀疏、大、浅刻点，刻纹微细，具光泽；后上侧片刻纹显著，光泽暗，后下侧片光滑，刻点不明显，刻纹细致，光泽强；后胸侧板刻点极其浅弱，刻纹不明显，光泽弱；中胸小盾片光滑，刻点不明显，光泽稍弱，附片具分散、稍浅刻点，光泽强。腹部背板两侧刻点稍密，中部几无刻点，刻纹及光泽明显。后足基节外侧上部刻点细小、稍密集。

上唇大，端部截形；唇基缺口底部平直，深为唇基 2/7 长，侧角尖锐；颚眼距 1.5 倍宽于单眼直径；复眼内缘向下不收敛，触角窝上突不明显，额区不明显隆起，侧面观远低于复眼，额脊稍钝；中窝浅沟状，侧窝稍深；单眼中沟浅，后沟无；单眼后区隆起，宽为长的 2 倍，侧沟浅、直；后头短，两侧向后明显收敛。触角短于胸腹长之和，第 3 节稍长于第 4 节（33∶30）。中胸小盾片近棱形隆起，两侧脊稍锐利，附片中脊钝形隆起。后足胫节内距为基跗节 1/2 长，基跗节微长于其后 4 个跗分节之和（51∶49），爪内齿稍长于外齿。前翅 Cu-a 脉位于 M 室内侧 2/5 处，2Rs 稍长于 1Rs 室，臀室中柄短于基臀室（15∶27），长于 R+M 脉段的 1.5 倍；后翅臀室柄短于 cu-a 脉段的 1/2 长。

锯鞘明显短于后足基跗节（5∶7），鞘端狭窄，约 1.5 倍于鞘基。锯腹片 23 刃，中部刃齿式 2/8~10，锯刃凸出。

雄虫：未知。

分布：中国陕西（留坝、佛坪），甘肃（天水、徽县），浙江（临安），湖北（宜昌），湖南（炎陵、永州、武冈），福建（武夷山），广东（始兴），广西（武鸣），四川（万州、都江堰），贵州（梵净山），云南（贡山）。

检查标本：正模：♀，贵州梵净山，N 28°00′，E 108°04′，1 300 m，1999．Ⅴ．15，魏美才采；副模：1♀，浙江天目山，N 30°23′，E 119°41′，1987．Ⅵ．23，李法圣采；4♀，湖南炎陵桃源洞，N 26°29′，E 114°02′，1996．Ⅴ．25，郑波益采；1♀，福建武夷山挂墩，N 27°39′，E 117°57′，1 000~1 500 m，2004．Ⅴ．18，梁旻雯采；1♀，四川万州，N 30°48′，E 108°22′，1 200 m，1994．Ⅴ．27，采集人不详。

鉴别特征：该种近似 *P. pingi* Wei & Zhong，但个体稍大；腹部各节背板具大的三角形白斑；中胸前侧片上部具分散、大、浅刻点；复眼内缘向下分歧等特征可与之区别。

101. 短角方颜叶蜂 *Pachyprotasis brevicornis* Wei & Zhong, 2002（图 2-118、图 2-119）

Pachyprotasis brevicornis Wei & Zhong in Zhong & Wei, 2002：227.

雌虫：体长 7.5~8.5 mm。体黑色，黄白色部分为：头部触角窝以下部分、内眶底半部及相连的后眶底部、内眶上部狭边及相连的上眶斜斑、触角基部 2 节腹侧、翅基片基缘、中胸背板前叶端部箭头形斑、侧叶中部小斑、中胸小盾片、附片中部、后胸小盾片、后胸侧板下部、胸部腹板、腹部第 3~7 节背板中部后缘小三角形斑；各节腹板缘折部分、腹板全部、锯鞘除端部及上缘外其余部分黄褐色；足黄白色，黑色部分为：前中足股节端半部后背侧条斑、后足股节端半部、胫节全部、胫节距端部、端跗节端部黑色；后足基跗节基大部暗褐色。翅透明，翅痣及翅脉黑褐色。

唇基刻点浅弱、稀疏；头部背侧刻点稍密，相当浅弱，刻纹明显，光泽弱。中胸背板刻点较之头部刻点细密，刻纹明显，光泽较弱；胸部侧板刻点极其浅弱，刻纹不明显，具强光泽；中胸小盾片及附片光滑几无刻点及刻纹，具强光泽；腹部背板两侧刻点稍密，中部几无刻点，刻纹及光泽明显。后足基节外侧上部刻点细小、稍密集。

上唇大，端部钝截形；唇基缺口近截形，深为唇基 1/3 长，侧角稍尖锐；颚眼距等宽于单眼直径；复眼内缘向下明显收敛，内眶底部几乎不隆起；触角窝上突不明显，额区稍隆起，侧面观低于复眼，额脊稍钝；中窝浅沟状，伸达中单眼，侧窝稍深；单眼中沟稍深，后沟模糊；单眼后区隆起，宽大于长的 2 倍，侧沟短、深，互相平行；头部背后观两侧向后明显收敛。触角明显短于胸腹长之和，第 3 节稍长于第 4 节（14：13）。中胸小盾片钝形隆起，两侧脊基部稍锐利，附片具十分微细的中脊；后足胫节内距约为基跗节的 1/2 长，基跗节等长于其后 4 个跗分节之和，爪内外齿几乎等长。前翅 Cu-a 脉位于 M 室内侧 3/7 处，2Rs 室明显长于 1Rs 室，臀室中柄为 R+M 脉段的 1.5 倍；后翅臀室柄为 cu-a 脉段的 1/2 长。

锯鞘短于后足基跗节，鞘端窄，稍长于鞘基。锯腹片 21 刃，中部刃齿式为 2/8~10，锯刃明显凸出，刃间段很短。

雄虫：体长 6.5 mm。体色和构造与雌虫近似，但触角腹侧全长黄白色，鞭节强烈侧扁；颚眼距明显大于单眼直径，内眶底部明显隆起，复眼内缘向下稍发散；额区前部黄白色；后足股节端部内外侧均具黑条斑；中胸背板前叶两侧有时具白斑；腹部背板中部三角形白斑较小或消失；后足爪节内齿长于外齿。

分布：中国北京，山西（左权、介休、沁水、龙泉），河南（内乡、卢氏、嵩县、栾川），陕西（安康、西安、留坝、佛坪），宁夏（泾源），青海（互助、民和），浙江（临安），湖北（神农架），四川（天全、崇州、阿坝）。

检查标本：正模：♀，河南嵩县白云山，N 33°54′，E 111°59′，1 500 m，2001．Ⅴ．31，钟义海采；副模：2♀18♂，河南嵩县白云山，N 33°54′，E 111°59′，1 500~1 800 m，2001．Ⅴ．31~Ⅵ．2，钟义海采；1♀，河南卢氏大块地，N 33°45′，E 110°59′，1 700 m，2001．Ⅶ．21，钟义海采；6♂，河南栾川龙峪湾，N 33°40′，E 111°48′，1 800 m，2001．Ⅵ．5，钟义海采；1♀，湖北神农架，N 31°21′，E 110°34′，1977．Ⅴ．28，郑乐怡采。

鉴别特征：该种与 *P. pingi* Wei & Zhong 体色及构造极其近似，但触角较短，锯刃长，刃间段很短，可以鉴定。

2.3.6 黑体方颜种团 *Pachyprotasis melanosoma* group

鉴别特征：头黑色，触角窝以下颜面或具白斑；胸、腹部几乎全部黑色，背腹侧或具小的白斑；足黑色，后足基节和股节基部具白斑或白环；触角黑色，少数雄性种类鞭节腹侧浅褐色；翅痣及翅脉黑色或黑褐色。

目前，本种团已发现 19 种，在中国均有分布，其中，1 种在印度有分布，1 种在日本及俄罗斯（西伯利亚）有分布。本种团种类在中国大陆各个省份均有分布，仅有 1 种向南延伸至印度，1 种向北延伸至日本和俄罗斯（西伯利亚）。

中国已知种类分种检索表

1	雌虫 ··	2
	雄虫 ··	**17**
2	中胸前侧片刻点粗糙，刻点直径、间距不规则 ··	3
	中胸前侧片刻点不粗糙，刻点直径、间距规则 ···	7
3	后足股节基部至少 1/3 处黄白色 ···	4
	后足股节黑色，至多邻近转节部分黄白色 ··	5
4	各足转节黄白色，中胸小盾片及附片中部具明显白斑；唇基、上唇、内眶及相连的后眶底部全部白色，无黑斑。中国（云南）················ ***P. coxipunctata* Zhong & Wei, 2015**

各足转节黑色，中胸小盾片及附片全部黑色，无白斑；唇基、上唇、内眶及相连的后眶底部黑色。中国（山东、河南、湖南）·································· *P. cinctulata* Wei & Zhong, 2002

5　后足转节黑色，胸部及腹部背板黑色，无白斑···**6**

后足转节白色，中胸小盾片、附片、后胸小盾片及腹部中部背板均具明显白斑。中国（陕西、甘肃、上海、浙江、湖南）·························· *P. coximaculata* Zhong, Li & Wei, 2015

6　复眼内眶仅底半部具白色狭窄条纹；颚眼距小于中单眼直径；中胸小盾片两侧脊锐利；前翅臀室中柄长，稍短于基臀室。中国（山西、河南、陕西、宁夏、甘肃、四川、云南、西藏）

·· *P. melanosoma* Wei & Zhong, 2002

复眼内眶全长具白色狭窄条纹；颚眼距 1.5 倍宽于中单眼直径；中胸小盾片两侧脊钝，臀室中柄短，约为基臀室 1/2 长。中国（山西、宁夏、青海、四川）·········· *P. mai* Zhong & Wei, 2013

7　后足股节黑色，至多邻近转节部分黄白色，背侧或具窄长条斑·································**8**

后足股节基部至少 1/3 处黄白色···**15**

8　后足基节黑色或褐色，或具黄白斑···**9**

后足基节黄白色，腹侧或具黑斑···**12**

9　后足基节外侧具明显白斑···**10**

后足基节全部黑色或暗褐色，无白斑···**11**

10　腹部第 3~6 节背板后缘具三角形白斑；后足股节基部 1/7 白色；上唇及唇基白色，无黑斑。中国（浙江、湖南）·························· *P. maculoscutellata* Zhong, Li & Wei, 2015

腹部背板全部黑色，无白斑；后足股节全部黑色；上唇及唇基白色，具明显黑斑。中国（河南、陕西、甘肃、湖北、湖南）··························· *P. micromaculata* Wei, 1998

11　中胸小盾片顶部黄白色，光滑几无刻点；头部背侧刻点规则；腹部各节背板后侧缘白色；锯鞘端部尖圆形，锯刃基部明显凸出。中国（吉林、河南、宁夏、甘肃、青海）

··· *P. maculopleurita* Wei & Zhong, 2002

中胸小盾片全部黑色，无白斑，顶部具明显刻点，不光滑；头部背侧刻点不规则；腹部腹板缘折部分全部白色；锯鞘端部尖长形，锯刃基部稍微倾斜。中国（青海、四川、云南、西藏）

······································· *P. qilianica* Zhong, Li & Wei, 2015

12　后足基节白色，腹侧具明显黑斑；中胸小盾片明显隆起·································**13**

后足基节白色，无黑斑；中胸小盾片稍微隆起。中国（吉林、辽宁）；日本，俄罗斯（东西伯利亚）······································· *P. albicoxis* Malaise, 1931

13　唇基黄白色，无黑斑；中胸小盾片侧脊钝；各足基节均为白色，后足基节腹侧具小的黑斑 ···**14**

唇基端缘黑褐色；中胸小盾片侧脊锐利；前、中足基节黑色，后足基节白色，腹侧具大的黑斑。中国（河南、四川）·································· *P. nigroclypeata* Wei, 1998

14　中胸前侧片刻点间隙具刻纹，光泽弱；锯腹片锯刃的外侧亚基齿数 11~12 枚。中国（四川）

··· *P. chenghanhuai* Wei & Zhong, 2006

中胸前侧片刻点间隙光滑，光泽强；锯腹片锯刃的外侧亚基齿数 17~20 枚。中国（河南）

··· *P. nitididorsata* Wei & Zhong, 2002

15　头部背侧具刻点，刻纹明显，光泽弱···**16**

头部背侧光滑无刻点及刻纹，光泽强。中国（西藏）········· *P. pailongensis* Zhong, Li & Wei, 2015

16　腹部各节背板后缘具大的三角形白斑；中胸前侧片全部黑色，无白斑。中国（湖南）

··· *P. hengshani* Zhong, Li & Wei, 2015

腹部各节背板仅中部极窄后缘黄白色；中胸前侧片黑色，中后部具宽的横白斑。中国（河南、陕西、宁夏、湖北、云南）···················· ***P. maculopediba* Wei & Zhong, 2002**

17 腹部背板黑色，至多第10节背板白色；中胸侧板底部具白斑 ····························**18**

　　腹部各节背板后缘具大的三角形白斑；中胸侧板黑色，无白斑。中国（湖南）
　　···················· ***P. hengshani* Zhong, Li & Wei, 2015**

18 后足基节黑色，无褐色斑；中胸前侧片底部具2个不相连的白斑；中胸背板前叶全部黑色或仅两侧基部白色，端部无箭头形白斑····························**19**

　　后足基节暗褐色；中胸前侧片黑色，或底部仅具1个白斑；中胸背板前叶前端部具箭头形白斑。中国（河南、陕西、湖北）···················· ***P. fulvocoxis* Wei & Zhong, 2002**

19 体长9.5 mm；唇基及上唇白色；中胸前侧片中部具大型白色横斑；腹部腹板全部白色。中国（宁夏、青海）···················· ***P. xibei* Zhong & Wei, 2013**

　　体长5.5~6.0 mm；唇基及上唇黑色，上唇基部及端部白色；中胸前侧片中部无白斑；腹部腹板黑色，各节腹板后缘白色。中国（吉林、河南、宁夏、甘肃、青海）
　　···················· ***P. maculopleurita* Wei & Zhong, 2002**

102. 环股方颜叶蜂 *Pachyprotasis cinctulata* Wei & Zhong, 2002（图2-120）

Pachyprotasis cinctulata Wei & Zhong in Zhong & Wei, 2002: 228.

雌虫：体长9.5 mm。体黑色，黄白部分为：上唇端缘及两侧、内眶极窄狭边、中胸后侧片后缘、后胸后侧片后部。足黑色，前足股节端部至爪节腹侧浅褐色，后足股节基部至1/3处具1个白色圆环。翅透明，浅烟色，前缘脉棕褐色，翅痣及其余翅脉黑色。

上唇刻点分散、浅小，唇基刻点稍大、密集；头部背侧刻点及中胸背板刻点密集，刻点间隙具明显刻纹，稍具光泽。中胸前侧片上部刻点粗糙、密集，下部刻点密集，较之稍小，后侧片刻纹显著，稍具光泽；后胸前侧片刻点密集，暗淡无光泽，后侧片刻点稍分散，刻点间隙具油质光泽；中胸小盾片及附片刻点稍密集、明显，光泽弱。腹部背板刻点稀疏，刻纹明显，具光泽。后足基节刻点大、粗糙、密集。

上唇端部近截形，中间具浅缺口；唇基缺口底部平直，深约为唇基1/3长，侧角钝；颚眼距等宽于单眼直径；复眼内缘向下明显收敛，内眶底部稍隆起；额区隆起，侧面观稍低于复眼，额脊钝、不明显；中窝及侧窝浅、不明显；单眼中沟浅，后沟痕迹状；单眼后区稍隆起，宽大于长的2.5倍；侧沟浅，向后稍分歧；头部背后观两侧向后明显收敛。触角稍短于胸腹长，第3节微短于第4节（23：24），鞭节端部数节侧扁。中胸小盾片近棱形，稍隆起，两侧脊稍锐利，附片中脊锐利。后足胫节内距为基跗节4/7长，基跗节稍短于其后4个跗分节之和（9：10），爪内齿短于外齿。前翅Cu-a脉位于M室内侧2/5处，2Rs室明显短于1Rs室，前翅臀室中柄为基臀室1/2长，长于R+M脉段；后翅臀室柄长于cu-a脉段的1/2长。

锯鞘等长于后足基跗节，鞘端长椭圆形，端部具弱尖，鞘端等长于鞘基。锯腹片18刃，锯刃明显凸出，中部刃齿式为2/6~8。

雄虫：未知。

分布：中国山东（青岛），河南（嵩县），湖南（平江）。

检查标本：正模，♀，河南嵩县白云山，N 33°54′，E 111°59′，1 500 m，2001. Ⅴ. 31，钟义海采。

鉴别特征：该种身体几乎全黑，但后足股节基部 1/3 具明显白环；头部背侧及中胸侧板刻点粗糙、致密、不规则，刻点间隙不光滑；中胸小盾片近棱形，稍隆起等特征可与相近种区别。

103. 刻基方颜叶蜂 *Pachyprotasis coxipunctata* Zhong, Li & Wei, 2015（图 2-121）

Pachyprotasis coxipunctata Zhong, Li & Wei, 2015：6.

雌虫：体长 9.0 mm。体黑色，黄白部分为：上唇、唇基除基部中段横斑外其他部分、触角窝以下颜面、宽的内眶底部及后眶底部、内眶上部极窄狭边、上眶线形斜斑、中胸小盾片中部、附片中部及后胸小盾片中部、后胸前侧片后上部、后侧片后部、腹部第 3~4 节背板后缘中段、各节背板气门附近小斑及各节背板极窄后侧缘。足黑色，各足转节、前足股节基部至爪节腹侧、中足股节基部腹侧、胫跗节腹侧全长、后足股节基部 1/4 黄白色。翅浅烟色，亚透明，前缘脉棕褐色，翅痣及其余翅脉黑色。

上唇刻点分散、浅小，唇基刻点大、分散；头部背侧刻点大、密集，刻点间隙具明显刻纹，稍具光泽。中胸背板刻点密集，稍具光泽，中胸前侧片上部刻点大、粗糙、不规则，下部刻点密集、规则，较之稍小，后侧片刻点稍小，刻纹显著，稍具光泽；后胸前侧片刻点稍小、密集，稍具光泽，后侧片刻点大、分散，刻点间隙具油质光泽；中胸小盾片中部刻点浅、不明显，两侧刻点大、深、明显，刻点间隙光滑，具油质光泽，附片刻点分散、稍浅，刻点间隙具明显刻纹，光泽稍弱。腹部背板刻点稀疏、浅，刻纹细致，具光泽。后足基节刻点稍大、明显。

上唇宽大，端部近截形，中间具浅缺口；唇基缺口底部近截形，深约为唇基 1/3 长，侧角稍钝；颚眼距宽于单眼直径；复眼内缘向下明显收敛，内眶底部不隆起；触角窝上突不发育；额区隆起，侧面观稍低于复眼，额脊钝；中窝及侧窝浅、不明显；单眼中沟及后沟宽、明显；单眼后区隆起，宽大于长的 2.5 倍；侧沟浅，向后弧形收敛；头部背后观两侧向后明显收敛。触角短于胸腹长，第 3 节稍长于第 4 节（15：14），鞭节端部数节侧扁。中胸小盾片近棱形隆起，两侧脊钝，附片中脊锐利；后足基跗节稍短于其后 4 个跗分节之和（20：21），爪内齿短于外齿。前翅 Cu-a 脉位于 M 室内侧 1/3 处，2Rs 室明显短于 1Rs 室（22：27），前翅臀室中柄为基臀室 1/3 长，长于 R+M 脉段（6：5）；后翅臀室柄短于 cu-a 脉段的 1/2 长。

锯鞘等长于后足基跗节，鞘端长椭圆形，端部稍尖，鞘端长于鞘基（4：3）。锯腹片 22 刃，锯刃凸出，中部刃齿式为 2/10~11。

雄虫：未知。

分布：中国云南（中甸）。

检查标本：正模：♀，云南香格里拉松赞林寺，N 27°50′，E 99°40′，3 000 m，2004. Ⅶ.18，周虎采。

鉴别特征：该种近似 *P. cinctulata* Wei & Zhong，但各足转节、上唇、唇基除基部中段横斑外其他部分、触角窝以下颜面、宽的内眶底部及后眶底部黄白色；中胸小盾片、附片、后胸小盾片中部均具明显白斑；中胸小盾片中部无刻点；单眼后区宽长比为 2∶3；锯刃形状明显与之不同等特征可与之区别。

104. 布兰妮方颜叶蜂 *Pachyprotasis brunettii* Rohwer, 1915（图 2-122）

Pachyprotasis brunettii Rohwer, 1915：208.

Pachyprotasis brunettii: Malaise, 1945：155.

Pachyprotasis brunettii: Saini & Kalia, 1989：173.

Pachyprotasis brunettii: Saini, 2007：88.

雌虫：体长 9.0 mm。体蓝黑色，黄白色部分为：上唇、唇基、唇基上区、内眶底半部及相连的后眶底大半部、内眶狭边及相连的上眶斑、前胸背板后部、翅基片基半部、中胸背板前叶两侧、侧叶中部斑、中胸小盾片、附片中部、后胸小盾片、中胸前侧片中部前缘大斑、后侧片后部、后胸前侧片上部小斑、后侧片后大半部、腹部第 4~6 节背板中部后缘、第 2~3 节背板前侧角、第 4~8 节背板缘折部分；上唇及唇基中部具不规则暗褐色斑。足黑色，黄白色部分为：前中足基节端缘、转节、股节除端部背侧黑斑外其余部分、前足胫跗节前侧、中足胫节前侧、后足转节、股节基部 2/3；翅亚透明，翅痣及翅脉黑褐色。

上唇及唇基具稀疏、大、浅刻点。中胸前侧片上部刻点粗糙、不规则；中胸背板前叶刻点细小、稍密集，侧叶刻点稍大、分散，刻点间隙具油质光泽；中胸前侧片上部刻点粗糙、不规则，下部刻点细密，光泽弱，后侧片刻纹明显，光泽弱；后胸前侧片刻点细密、浅弱，光泽较弱，后侧片刻点分散、稍大、浅，光泽明显；中胸小盾片中部光滑几无刻点，两侧刻点稀疏、明显，附片刻纹细致，刻点分散、明显，中胸小盾片及附片均具光泽。腹部两侧具分散、大、浅刻点，刻纹细密，具光泽。后足基节刻点稍密集、明显。

上唇宽大，端部截形，中间具微浅缺口；唇基缺口底部平直，深约为唇基 2/5 长，侧角钝小；颚眼距约等宽于单眼直径；复眼内缘向下稍微收敛，内眶底部稍隆起；额区明显隆起，顶平，额脊不明显；中窝浅，侧窝不明显；单眼中沟及后沟浅；单眼后区稍隆起，宽为长的 2 倍，侧沟深、直；头部背后观两侧向后明显收敛。触角约等长于胸腹部之和，第 3 节稍长于第 4 节，鞭节端部侧扁。中胸小盾片近圆钝形，明显隆起，附片中脊钝；后足胫节内距 1/2 于基跗节长，基跗节稍长于其后 4 个跗分节之和，爪内外齿残缺。

前翅 Cu-a 脉位于 M 室内侧近 1/3 处，2Rs 长于 1Rs 室，臀室中柄短于 1/2 基臀室，稍长于 R+M 脉段；后翅臀室柄短于 cu-a 脉段的 1/2 长。

锯鞘约等长于后足基跗节，端部椭圆形，鞘端约 1.5 倍于鞘基。锯腹片 22 刃，中部刃齿式 1/9~11，锯刃低平。

雄虫：未见。

分布：中国西藏（墨脱）；印度。

检查标本：1♀，西藏墨脱，N 29°48′，E 95°41′，1979.Ⅶ.6，吴建毅采。

模式标本保存于美国史密森研究院。

鉴别特征：该种体蓝黑色；后足股节基部 2/3 白色；中胸背板前叶两侧"V"形斑及腹部背板缘折部分黄白色，中胸前侧片基部具明显黄白斑；中胸前侧片上部刻点粗糙、不规则；锯刃低平等特征易与相近种区别。

105. 斑基方颜叶蜂 *Pachyprotasis coximaculata* Zhong, Li & Wei, 2015（图 2-123）

Pachyprotasis coximaculata Zhong, Li & Wei, 2015: 5.

雌虫：体长 9.0 mm。体黑色，黄白色部分为：上唇两侧缘、内眶狭边及相连的上眶小斑、前胸背板极窄后侧缘、翅基片前缘、中胸背板前叶两侧缘中部小斑、中胸小盾片除两侧外其余部分、附片中部、后胸小盾片、腹部第 3~6 节背板后缘中段；上唇暗褐色。足黑色，前足股节端部至爪节腹侧条斑及中足胫节腹侧条斑浊白色，后足基节基部外侧斑、转节及相连的股节基缘黄白色。翅烟色，翅痣及翅脉黑色。

上唇及唇基刻点分散、浅弱；头部背侧及中胸背板刻点细密，刻点间隙具致密刻纹，稍具光泽。中胸前侧片上部刻点密集、粗糙、不规则，下部刻点细密、规则，后侧片后缘具细弱刻点，刻纹显著，光泽弱；后胸前侧片刻点细密，暗淡无光泽，后侧片刻点分散，稍具光泽；中胸小盾片中部光滑几无刻点，两侧刻点稍大、浅，刻点间隙光滑，具油质光泽，附片具细致刻纹及油质光泽。腹部背板中部几无刻点，两侧刻点稀疏、浅，刻纹致密，具光泽。后足基节刻点稍密集、浅。

上唇端部截形；唇基缺口截形，深约为唇基 1/3 长，侧角宽、钝；颚眼距宽于单眼直径；复眼内缘向下微收敛，内眶底部不隆起；触角窝上突不发育，额区明显隆起，约等高于复眼，额脊不明显；中窝不明显，侧沟浅坑状；单眼中沟及后沟浅；单眼后区隆起不明显，长约为宽的 2 倍，侧沟稍浅，向后分歧；后头两侧向后明显收敛。触角短于胸腹部之和，第 3 节约等长于第 4 节，端部侧扁。中胸小盾片近棱形隆起，两侧脊锐利，附片中脊钝形隆起；后足胫节内距约为基跗节 3/5 长，基跗节等长于其后 4 个跗分节之和，爪内齿稍长于外齿。前翅 Cu-a 脉位于 M 室内侧 2/7 处，2Rs 室宽，稍短于 1Rs 室，臀室中柄极短，为基臀室 1/4 长，短于 R+M 脉段（3∶4）；后翅臀室柄为 cu-a 脉段的 1/2 长。

锯鞘约等长于后足基跗节，端部椭圆形，鞘端约 1.8 倍于鞘基。锯腹片 19 刃，中部

刃齿式 2/3~6，锯刃基部凸出。

雄虫： 未知。

分布：中国陕西（佛坪），甘肃（天水），上海，浙江（临安），湖南（浏阳）。

检查标本：正模：♀，上海，1953.Ⅳ.11，采集人不详；副模：4♀，陕西佛坪大古坪，N 33°32′，E 107°49′，1 320 m，2006.Ⅳ.28，朱巽、何末军采；1♀，甘肃秦州南郭寺，N 34°32′，E 106°13′，2005.Ⅳ.29，陈龙采。

鉴别特征：该种体黑色，仅后足转节、中胸小盾片除两侧外其余部分、附片中部、后胸小盾片黄白色；中胸侧板和头部刻点致密，具油质光泽；中胸小盾片棱形，稍隆起，两侧脊锐利，光滑无刻点；前翅 2Rs 室短于 1Rs 室，臀室中柄极短，为基臀室 1/4 长；锯刃强烈凸出等特征易与相近种区别。

106. 黑体方颜叶蜂 *Pachyprotasis melanosoma* Wei & Zhong, 2002（图 2-124）

Pachyprotasis melanosoma Wei & Zhong in Zhong & Wei, 2002: 218.

雌虫： 体长 11.0 mm。体黑色，黄白色部分为：唇基前缘及后缘、唇基上区中部小斑、内眶底部狭边、腹部第 2 节背板前侧角及第 3~8 节背板前侧角模糊小斑；上唇外缘暗褐色；足黑色，前足股节端部至爪节腹侧全长黄白色。翅浅烟色，前缘脉、R1 脉、2r 脉浅褐色，翅痣其余部分及其余翅脉黑褐色。

上唇刻点浅弱、分散，唇基刻点大、浅；头部背侧刻点密集，刻点间隙具细密刻纹，暗淡。中胸背板刻点和刻纹细密、暗淡；中胸前侧片上部刻点深、粗糙、不规则，下部刻点细密，刻点间隙具细密刻纹，后侧片刻点浅，刻纹明显，暗淡；后胸前侧片刻点细密，后侧片刻点浅、稍分散，刻纹细密，暗淡；中胸小盾片刻点深、明显，小盾片及附片刻纹致密，无光泽。腹部背板侧缘刻点分散、浅弱，背板中部几无刻点，刻纹致密，具光泽。后足基节刻点密集、明显。

上唇大，端部近截形，中间具微浅缺口；唇基缺口近截形，深约为唇基 2/5 长，侧角稍钝；颚眼距小于单眼直径；复眼内缘向下明显内聚，内眶底部不隆起；触角窝上突不发育，额区稍隆起，侧面观明显低于复眼，额脊宽钝；中窝及侧窝浅坑状；单眼中沟深、明显，后沟稍浅；单眼后区隆起，宽为长的 1.6 倍，侧沟较深，向后稍分歧；头部背后观两侧向后强烈收敛。触角稍短于胸腹长之和，第 3 节稍长于第 4 节（40：39），鞭节明显侧扁。中胸小盾片棱形明显隆起，两侧具锐脊，附片中脊锐利；后足胫节内距约为基跗节 4/7 长，基跗节长于其后 4 个跗分节之和，爪内齿明显短于外齿。前翅 Cu-a 脉位于 M 室内侧 1/3 处，2Rs 宽大，明显长于 1Rs 室，臀室中柄稍短于基臀室，约为 R+M 脉段的 2 倍；后翅臀室柄极短，约为 cu-a 脉段的 1/6 长。

锯鞘长于中足基跗节，端部椭圆形，鞘端稍长于鞘基。锯腹片 21 刃，中部刃齿式为 2/6~8，锯刃稍凸出。

雄虫：未知。

分布：中国山西（介休），河南（嵩县、内乡），陕西（西安），宁夏（泾源），甘肃（天水、榆中），四川（峨眉山、泸定），云南（中甸），西藏（墨脱）。

检查标本：正模：♀，河南嵩县白云山，N 33°54′，E 111°59′，1 800 m，2001．Ⅵ．2，钟义海采；副模：1♀，甘肃榆中兴隆山，N 34°48′，E 103°58′，2 200 m，1993．Ⅶ．29，吕楠采。

鉴别特征：该种个体大；体几乎全部黑色，仅内眶底部狭边白色；中胸侧板刻点密集、粗糙、不规则，刻点间隙不光滑，具明显刻纹，头部背侧刻点密集、刻点间距小于刻点直径，刻纹明显；中胸小盾片棱形隆起，侧脊锐利，具明显刻点和刻纹；腹部背板光滑几无刻点和刻纹等特征可与之区别。

107. 马氏方颜叶蜂 *Pachyprotasis mai* Zhong & Wei, 2013（图 2-125）

Pachyprotasis mai Zhong & Wei, 2013: 849.

雌虫：体长 10.0 mm。体黑色，黄白色部分为：内眶狭边及相连的后眶底部、中胸后侧片后缘、后胸后侧片端部、腹部第 2 节背板前侧角及第 3~4 节背板前侧角上模糊小斑；上唇褐色，触角鞭节腹侧褐色。足黑色，前足股节端部至爪节腹侧全长黄白色。翅浅烟色，前缘脉及翅痣暗褐色，R1 脉及 2r 脉浅褐色，其余翅脉黑褐色。

上唇刻点浅弱、分散，唇基刻点大、浅；头部背侧刻点大、深、密集，刻点间隙具细密刻纹，暗淡。中胸背板刻点和刻纹细密、暗淡；中胸前侧片上部刻点深、粗糙、不规则，下部刻点细密，刻点间隙具细密刻纹，后侧片刻点浅小，刻纹明显，暗淡；后胸前侧片刻点密集、浅小，后侧片刻点浅、稍分散，刻点间隙光滑，具光泽；中胸小盾片刻点明显，小盾片及附片刻纹致密，无光泽。腹部背板侧缘刻点分散、浅弱，背板中部几无刻点，刻纹致密，具光泽。后足基节刻点密集、大、深。

上唇大，端部截形；唇基缺口近弧形，深约为唇基 2/5 长，侧角稍钝；颚眼距 1.5 倍宽于单眼直径；复眼内缘向下收敛不明显，内眶底部不隆起；触角窝上突不发育，额区隆起，侧面观略低于复眼，额脊宽钝；中窝及侧窝浅；单眼中沟及后沟浅，不明显；单眼后区隆起，宽为长的 1.6 倍，侧沟浅直；头部背后观两侧向后稍为收敛。触角明显短于胸腹长之和，第 3 节稍长于第 4 节（36∶35），鞭节不明显侧扁。中胸小盾片钝形，明显隆起，两侧脊不锐利，附片中脊锐利。后足爪内齿明显短于外齿。前翅 Cu-a 脉位于 M 室内侧 1/3 处，2Rs 宽大，明显长于 1Rs 室（9∶7），臀室中柄约为基臀室 1/2 长，约长于 R+M 脉段（7∶6）；后翅臀室柄为 cu-a 脉段的 1/2 长。

锯鞘长于中足基跗节，端部椭圆形，鞘端稍长于鞘基。锯腹片 21 刃，锯刃明显凸出，中部刃齿式为 2/8~11。

雄虫：未知。

分布：中国山西（五台），宁夏（泾源），青海（互助）、四川（康定）。

检查标本：正模：♀，青海互助北山，N 36°45′，E 102°32′，1974. Ⅵ. 16，马樊、范英采；副模：1♀，山西五台山河北村，N 39°01′，E 113°34′，1 845 m，2009. Ⅶ. 3，王晓华采；1♀，宁夏六盘山东山，N 35°23′，E 106°18′，2 050 m，2008. Ⅵ. 25，刘飞采；1♀，宁夏六盘山苏台，N 35°23′，E 106°18′，2 133 m，2008. Ⅵ. 28，刘飞采；1♀，宁夏六盘山西峡，N 35°23′，E 106°18′，1 974 m，2008. Ⅶ. 1，刘飞采；1♀，四川小西川，1991. Ⅵ. 17，叶宏安采；1♀，四川康定，N 30°04′，E 101°36′，3 000 m，1985. Ⅵ. 11，蔡正发采。

鉴别特征：该种与 *P. melanosoma* Wei & Zhong 比较近似，但复眼内缘向下收敛不明显；单眼中沟及后沟浅、不明显；中胸小盾片钝形，两侧脊钝；臀室中柄短，约为基臀室 1/2 长；锯刃形状与之明显不同等特征可与之区别。

108. 微斑方颜叶蜂 *Pachyprotasis micromaculata* Wei, 1998（图 2-126）

Pachyprotasis micromaculata Wei in Zhong & Wei, 1998: 167.

雌虫： 体长 10.0 mm。体黑色，黄白色部分为：上唇除中部不规则斑外其余部分、唇基中部大部分、唇基上区、内眶底部及相连的后眶底部、内眶狭边及与之相连的模糊上眶斑、翅基片前缘、中胸小盾片中部小斑、附片中后部小斑、后胸小盾片中部大部分、腹部第 1~4 节背板气门附近小斑。足黑色，黄白色部分为：前足基节前侧端部不规则斑、后足基节基部外侧斑、各足转节不规则斑、前足股节至爪节腹侧全长。翅透明，前缘脉、翅痣外缘、R1 脉棕褐色，翅痣其余部分及其余翅脉黑色。

上唇及唇基刻点稀疏、浅弱，头部背侧刻点密集，刻点间隙具细密刻纹，暗淡。中胸背板刻点和刻纹细密，无光泽；中胸侧板刻点细密，刻点间隙具油质光泽，后上侧片刻纹显著，光泽弱，后下侧片光滑，外侧具细小、浅弱刻点，光泽稍强；后胸前侧片刻点细密、浅弱，无光泽，后侧片刻点浅弱、分散，光泽稍强；中胸小盾片刻点大、明显，无光泽；附片无刻点，刻纹明显，具光泽。腹部背板刻点浅弱、稀疏，具微刻纹，光泽明显。后足基节外侧上部刻点不密集、稍小。

上唇大，端部截形；唇基缺口近弧形，深为唇基 2/7 长，侧角钝；颚眼距宽于单眼直径；复眼内缘向下内聚，内眶底部稍隆起；触角窝上突不发育，额区不隆起，额脊钝；中窝宽沟状，伸达中单眼，侧窝浅坑状；单眼中沟及后沟浅；单眼后区稍隆起，宽为长的 1.5 倍，侧沟稍浅；头部背后观两侧向后明显收敛。触角稍短于胸腹长之和，第 3 节长于第 4 节（32：29），鞭节端部数节侧扁。中胸小盾片钝形，强烈隆起，两侧脊稍钝，附片中脊基部锐利，端部圆滑；后足胫节内距稍长于基跗节 1/2，基跗节明显长于其后 4 个跗分节之和，爪内齿稍短于外齿。前翅 Cu-a 脉位于 M 室外侧 1/3 处，2Rs 室稍长于 1Rs 室，臀室中柄短于基臀室，明显长于 R+M 脉段（5：3）；后翅臀室柄为 cu-a 脉段的 1/3 长。

锯鞘长于中足基跗节（9∶7），端部椭圆形，鞘端长于鞘基。锯腹片23刃，锯刃倾斜，中部刃齿式为2/9~10。

雄虫：未知。

分布：中国河南（嵩县、内乡、卢氏、栾川），陕西（华山、眉县），甘肃（天水），湖北（宜昌），湖南（石门、桑植）。

检查标本：正模♀，河南嵩县，N33°54′，E111°59′，1996.Ⅶ.19，魏美才采。

鉴别特征：该种后足基节黑色，外侧具明显白斑；唇基及上唇白色，中部各具褐色斑；唇基上区、内眶底部及相连的后眶底部白色；中胸小盾片、附片和后胸小盾片中部白色；中窝宽沟状，伸达中单眼；头部背侧刻点密集，刻纹明显，不光滑，中胸侧板刻点细密，刻点间隙光滑；中胸小盾片明显隆起，两侧脊钝，刻点大，刻纹明显，无光泽等特征可与相近种区别。

109. 斑盾方颜叶蜂 *Pachyprotasis maculoscutellata* Zhong, Li & Wei, 2015（图2-127）

Pachyprotasis maculoscutellata Zhong, Li & Wei, 2015: 8.

雌虫：体长9.0 mm。体黑色，黄白色部分为：上唇、唇基、唇基上区、内眶内部及相连的上眶斜斑、翅基片前缘、中胸背板侧叶中部极小斑、中胸小盾片中部纵形长斑、附片中部及后胸小盾片中部大部分、后胸前侧片上部、腹部第3~6节背板后缘中段、各节背板后侧缘及腹板后缘。足黑色，黄白色部分为：前足股节端半部至爪节前侧、中足转节不规则斑、胫跗节前侧、后足基节基部外侧大斑、转节及相连的股节基缘。翅烟色，翅痣及翅脉黑褐色。

上唇及唇基刻点稀疏、浅；头部额区及邻近内眶刻点不密集、细小，刻点间隙光滑，具光泽。胸部背板刻点及刻纹细密，具光泽；中胸前侧片上部刻点深、明显，不密集，下部刻点细密，刻纹微弱，具光泽，后侧片刻纹显著，光泽弱；后胸侧板刻点细密、浅弱，光泽弱；中胸小盾片中部光滑几无刻点，小盾片两侧及附片端部刻点分散、深、明显，刻点间隙光滑，刻纹微弱，光泽明显。腹部背板刻纹及光泽明显，两侧刻点分散、浅。后足基节外侧刻点密集、明显。

上唇小，中间具微浅缺口；唇基缺口弧形凹入，深约为唇基2/5长，侧角稍锐；颚眼距宽于单眼直径；复眼内缘向下稍内聚；触角窝上突不发育，额区明显隆起，顶平，侧面观约等高于复眼，额脊钝圆；中窝及侧窝浅坑状；单眼中沟及后沟宽、浅；单眼后区稍隆起，宽为长的1.8倍，侧沟浅；头部背后观两侧向后稍微收敛。触角短于胸腹长之和，第3节微短于第4节（32∶33），鞭节端部数节侧扁。中胸小盾片钝形，稍隆起，两侧脊钝，附片中脊稍锐利；后足胫节内距约为基跗节1/2长，基跗节亚等长于其后4个跗分节之和，爪内齿短于外齿。前翅Cu-a脉位于M室外侧1/3处，2Rs亚等长于1Rs室，臀室中柄为基臀室1/2长，等长于R+M脉段；后翅臀室柄短于cu-a脉段的1/2长。

锯鞘稍短于后足基跗节，端部椭圆形，鞘端稍长于鞘基。锯腹片 18 刃，齿段基部明显凸出，中部刃齿式 2/5~6。

雄虫：未知。

分布：中国浙江（临安），湖南（石门）。

检查标本：正模：♀，湖南石门，N 30°07′，E 110°48′，1994.Ⅶ，刘志伟采；副模：7♀，湖南石门，N 30°07′，E 110°48′，1994.Ⅶ，刘志伟采；1♀，湖南石门壶瓶山，N 30°07′，E 110°48′，2000.Ⅴ.1，钟义海采。

鉴别特征：该种近似 *P. micromaculata* Wei，但上唇及唇基全部黄白色，无黑斑；腹部第 3~6 节背板后缘中段黄白色；额区明显隆起，中窝浅坑状；头部背侧刻点不密集，刻点间隙光滑，具光泽；锯腹片齿段基部明显凸起等特征易与之区别。

110. 斑侧方颜叶蜂 *Pachyprotasis maculopleurita* Wei & Zhong, 2002（图 2-128、图 2-129）

Pachyprotasis maculopleurita Wei & Zhong in Zhong & Wei, 2002: 219.

雌虫：体长 8.5 mm。体黑色，黄白至黄褐色部分为：唇基除中部马蹄形斑外其余部分、唇基上区不规则斑、内眶及相连的后眶下部、上眶微小斜斑、前胸背板下缘、中胸小盾片大部、后胸小盾片中央、中胸前侧片中部后缘斜斑、后侧片后缘、后胸前侧片后上缘、后侧片后部、腹部第 2~8 节背板后侧角或侧缘及各节腹板较窄的后缘。足黑色，黄白至黄褐色部分为：前中足基节外侧条斑、前足股节端部至端跗节基部前侧的宽条斑、后足胫节内距基部及基跗节基缘。翅浅烟色，翅痣及翅脉黑褐色。

上唇及唇基刻点分散、浅弱，刻纹弱，光泽较强；头部背侧刻点和刻纹致密，光泽较弱。中胸背板、侧板下部刻点和刻纹致密，中胸前侧片刻点密集，刻点间隙光滑，刻纹不明显；后胸前侧片刻点细密、浅弱，光泽较弱，后侧片刻点分散、浅，光泽稍强；中胸小盾片顶部光滑几无刻点，两侧刻点稍小、深，具光泽，附片刻点明显，刻纹细密，光泽较弱。腹部背板背侧无刻点，刻纹较弱，光泽显著，两侧刻点稀疏。后足基节后上侧刻点稍密集、明显。

上唇稍大，端部近弧形；唇基缺口底部近弧形，深约为唇基 2/5 长，侧角钝；颚眼距等宽于单眼直径；复眼内缘向下明显内聚；额区明显隆起，额脊很低，宽钝、模糊；中窝浅弧形，模糊，侧窝深沟状；单眼中沟和后沟模糊；单眼后区稍隆起，具浅弱中纵沟，宽约为长的 2 倍；侧沟后端稍深；头部背面观两侧向后明显收敛，但不强烈。触角细，约等长于腹部，第 3 节微长于第 4 节，不侧扁。中胸小盾片微弱隆起，顶面圆钝，附片中脊锐利；中胸前侧片下部稍隆起。后足胫节内距长于基跗节 1/2 长，基跗节约等于其后 4 个跗分节之和，爪内齿明显短于外齿。前翅 Cu-a 脉位于 M 室内侧 2/5 处，2Rs 室长于 1Rs 室，臀室中柄稍长于 R+M 脉段；后翅臀室柄等于 cu-a 脉段的 1/2 长。

锯鞘 1.5 倍长于中足基跗节，端部椭圆形，鞘端长于鞘基。锯腹片 18 刃，锯刃明显凸出，中部刃齿式为 2/6~8。

雄虫：体长 5.5~6.0 mm。体型和构造与雌虫近似，仅复眼内缘向下发散；颚眼距约 2 倍于单眼直径；触角第 3 节微短于第 4 节，腹侧全长白色，强烈侧扁。

分布：中国吉林（长白山），河南（济源），宁夏（泾源），甘肃（清水、岷县、徽县），青海（囊谦）。

检查标本：正模：♀，河南济源黄楝树，N35°15′，E112°07′，1 700 m，2000．Ⅵ．7，魏美才采。

鉴别特征：该种个体较小；体黑色，但中胸侧板及后胸侧板后缘具明显白斑；中胸小盾片白色，几乎不隆起，中部光滑无刻点及刻纹；头部背侧刻点密集，刻纹明显，不光滑，中胸前侧片刻点密集，刻点间隙光滑，刻纹不明显；触角细短，不侧扁；唇基和腹部背板刻纹较弱，光泽较强等特征易与相近种区别。

111. 祁连方颜叶蜂 *Pachyprotasis qilianica* Zhong, Li & Wei, 2015（图 2-130、图 2-131）

Pachyprotasis qilianica Zhong, Li & Wei, 2015: 9.

雌虫：体长 6.0 mm。体黑色，黄白色部分为：上唇外缘、唇基基部两侧、触角窝以下颜面、内眶底部及相连的后眶底部、内眶狭边及相连的上眶斜斑、触角柄节腹侧小斑、前胸背板后侧缘、腹部各节背板缘折部分及各节腹板后缘；唇基除基部两侧外其余部分、上唇除外缘外其余部分黑褐色。足黑色，前、中足股节端部腹侧具黄白色条斑，胫跗节黄白色，后足股节背侧全长具窄的黄白色条斑。翅透明，前缘脉浅褐色，翅痣及其余翅脉黑褐色。

上唇及唇基刻点稀疏、浅弱；头部背侧刻点密集、浅，刻点间隙具致密刻纹，光泽弱。中胸背板刻点及刻纹细密，稍具光泽；中胸前侧片上部刻点稍大、深，下部刻点细密，稍具光泽，后侧片刻纹显著，外部刻点浅、稍密集，无光泽；后胸前侧片刻点细密、浅弱，后侧片刻点分散、稍大，刻纹细密，光泽弱；中胸小盾片及附片刻点稍大、深、不密集，刻纹细密，光泽弱。腹部背板刻纹及光泽明显，刻点极其浅弱或无。后足基节上侧刻点稍大、浅、密集。

上唇小，端部截形，中间具微浅缺口；唇基缺口深弧形，深约为唇基 2/5 长，侧角宽钝；颚眼距稍宽于单眼直径；复眼内缘向下明显收敛，内眶底部不隆起；触角窝上突不发育，额区明显隆起，侧面观等高于复眼，顶平，额脊钝、不明显；中窝及侧窝坑状、浅；单眼中沟浅，后沟无；单眼后区隆起，宽为长的 2 倍，侧沟深；后头两侧向后收敛不明显。触角短于胸腹长之和，第 3 节长于第 4 节（8∶7），触角端部数节稍侧扁。中胸小盾片钝形、稍隆起，端部向后倾斜，两侧脊钝，附片中脊锐利。后足胫节内距 1/2 于基跗节

长，基跗节长于其后 4 个跗分节之和，爪齿缺。前翅 Cu-a 脉位于 M 室内侧 2/5 处，2Rs 室稍短于 1Rs 室，臀室中柄明显短于基臀室（2：3），长于 R+M 脉段（5：3）；后翅臀室具长柄。

锯鞘亚等于后足基跗节，鞘端尖长，明显长于鞘基。锯腹片 19 刃，锯刃稍微倾斜，中部刃齿式 2/14~15。

雄虫：体长 5.5~6.0 mm。体型和构造与雌虫近似，仅复眼内缘向下发散；颚眼距约 2 倍于单眼直径；触角第 3 节微短于第 4 节，腹侧全长白色，鞭节强烈侧扁。

分布：中国青海（门源、玉树、囊谦），四川（石渠、炉霍、理塘、稻城、泸定），云南（德钦），西藏（墨脱、八宿、左贡、波密、亚东、那曲）。

检查标本：正模：♀，青海海北门源，N 37º22′，E 101º36′，1989. Ⅶ. 20，魏美才采；副模：2♀，采集记录同正模。

鉴别特征：该种与 *P. maculopleurita* Wei & Zhong 近似，但头部背侧刻点致密，刻纹明显，光泽弱；胸部背板全部黑色，无白斑；中胸小盾片顶部不光滑，具明显刻点；鞘端尖长，锯刃稍微倾斜等特征可与之区别。

112. 白基方颜叶蜂 *Pachyprotasis albicoxis* Malaise, 1931（图 2-132）

Pachyprotasis albicoxis Malaise, 1931: 202.

Pachyprotasis albicoxis: Naito, 2004: 49.

雌虫：体长 10.5 mm。体黑色，黄白色部分为：上唇、内眶底部及相连的颚眼距、中胸小盾片除两侧外其余部分、附片中部小斑、后胸小盾片。足黑色，黄白色部分为：前足股节端部至爪节前侧、后足基节及转节除外侧小斑外其余部分。翅浅烟色，前缘脉及 R1 脉浅褐色，翅痣及其余翅脉黑褐色。

上唇刻点稀疏、浅弱，唇基刻点大、浅、分散；头部背侧刻点极其浅弱、稍分散，刻点间隙光滑，刻纹不明显，具光泽。中胸背板及前侧片刻点细小、稍密集，刻点间隙具微细刻纹及光泽，后上侧片刻纹显著，光泽弱，后下侧片光滑几无刻点，刻纹细致，光泽强；后胸前侧片刻点浅弱，刻纹致密，光泽弱，后侧片刻点极其浅弱，刻纹微细，光泽强；中胸小盾片中部光滑无刻点，两侧刻点浅小，具光泽，附片刻纹细致，具光泽。腹部背板刻纹明显，光泽强，中部几无刻点，两侧刻点浅、分散。后足基节外侧刻点不密集、深、明显。

上唇小，端部截形；唇基弧形凹入，深约为唇基 2/5 长，侧叶小；颚眼距 1.5 倍于单眼直径；唇基上区强烈隆起；复眼内缘向下收敛；触角窝上突不发育，额区隆起，侧面观约等高于复眼，额脊不明显；中窝及侧窝浅坑状；单眼中沟深，后沟无；单眼后区隆起不明显，具浅弱中沟，宽稍大于长（13：10），侧沟前部平，后部稍深；后头两侧向后收敛。触角短于胸腹长之和，第 3 节微短于第 4 节（26：27），鞭节端部数节侧扁。中胸小盾片圆钝形，稍隆起，两侧脊钝，附片中纵脊稍锐利；后足胫节内距约为基跗节 1/2 长，基跗节长于其后 4 个跗分节之和，爪内外齿缺。前翅 Cu-a 脉位于 M 室内侧 2/5 处，2Rs 室等长于 1Rs 室，臀室中柄短于基臀室 1/2，稍长于 R+M 脉段；后翅臀室具长柄，约为 cu-a 脉段的 2/3 长。

锯鞘明显短于后足基跗节，端部椭圆形，鞘端明显长于鞘基。锯腹片 22 刃，锯刃明显凸出，中部刃齿式 2/5~7。

雄虫：未见标本。

分布：中国吉林（长白山、抚松），辽宁（沈阳）；日本，俄罗斯（东西伯利亚）。

模式标本保存于瑞典斯德哥尔摩自然历史博物馆（NHRS）。

鉴别特征：该种后足基节及转节白色，无黑斑；头部除上唇白色外，其余部分均为黑色；中胸小盾片隆起不明显，光滑无刻点及刻纹；头部背侧刻点极其浅弱，额脊钝圆，中窝浅坑状等特征可与其他相近种区别。

113. 光背方颜叶蜂 *Pachyprotasis nitididorsata* Wei & Zhong, 2002（图 2-133）

Pachyprotasis nitididorsata Wei & Zhong in Zhong & Wei, 2002: 230.

雌虫：体长 8.5 mm。体黑色，黄白色部分为：触角窝以下部分、内眶及后眶底部、上眶小斜斑、触角柄节腹侧、翅基片前部、中胸背板前叶近端部三角形小斑、侧叶中部小斑、中胸小盾片大部、附片中纵脊、后胸小盾片、后胸前侧片后上部及相连的后侧片后半部、腹部第 2~7 节背板后缘中部小斑、第 10 节背板后缘大的三角形斑、各节背板后侧缘、各节腹板后缘；锯鞘黑褐色，鞘基及邻近的部分黄白色。前中足黄白色，前足股节后背侧以远具黑色条斑，中足基节腹侧具黑斑，股节端大部除背侧窄黄白条纹外其余部分黑色，胫跗节背侧全长具黑条斑；后足黑色，基节除腹侧具宽的黑斑外其余部分黄白色，转节全部黄白色。翅透明，翅痣及翅脉黑褐色至黑色。

上唇及唇基具稀疏、浅弱刻点；头部背侧刻点稍大、浅、不密集，具微刻纹，光泽稍弱。中胸背板刻点较头部刻点小、密，具光泽；侧板上部刻点稍大、明显，下部刻点细弱、具明显油质光泽；中胸小盾片光滑几无刻点；附片光滑，具油质光泽。腹部背板刻点分散、浅，具明显光泽。后足基节后上侧刻点细弱、分散。

上唇端部近截形；唇基缺口深弧形，深约为唇基 1/2 长，侧角钝；颚眼距等宽于单眼直径；复眼内缘向下明显收敛，内眶底部稍隆起；触角窝上突稍发育；额区低平，额脊低、钝圆、不明显；中窝及侧窝坑状，明显；单眼中沟及后沟不明显；单眼后区稍隆起，宽长比稍小于 2∶1；侧沟宽、深，反弧形；头部背后观两侧向后强烈收敛。触角短于胸腹长之和，第 3 节明显长于第 4 节，中部鞭节微弱膨大，端部数节细尖，稍侧扁。中胸小盾片圆钝形隆起，附片中脊锐利；后足胫节内距为基跗节 3/5 长，基跗节长于其后 4 个跗分节之和，爪内齿短于外齿。前翅 Cu-a 脉位于 M 室内侧 2/5 处，2Rs 室长于 1Rs 室，臀

室中柄约为 R+M 脉段的 1.5 倍；后翅臀室柄为 cu-a 脉段的 1/3 长。

锯鞘为中足基跗节的 1.5 倍，端部椭圆形，鞘端长于鞘基。锯腹片 19 刃，中部刃齿式 2/17~20，锯刃稍凸出，刃齿小、多。

雄虫：未知。

分布：中国河南（嵩县、栾川）。

检查标本：正模：♀，河南嵩县白云山，N 33°54′，E 111°59′，1 300 m，2001. Ⅵ. 4，钟义海采。

鉴别特征：该种与 *P. albicoxis* Malaise 比较近似，但唇基和唇基上区黄白色；后胸后侧片向后突出，后半部白色；前、中足基节和转节黄褐色，后足基节腹侧具宽的黑斑；胸部刻点较细弱；触角中部粗于两端；锯刃低，刃齿很多等特征易与之区别。

114. 黑唇基方颜叶蜂 *Pachyprotasis nigroclypeata* Wei, 1998（图 2-134）

Pachyprotasis nigroclypeata Wei in Wei & Nie, 1998: 167.

雌虫：体长 9.0~10.0 mm。体黑色，黄白色部分为：上唇、唇基基部、中窝以下颜面、内眶底部及相连的后眶底部、上眶斜斑、翅基片基部、中胸背板前叶两侧 "V" 形斑（但不伸达端部）、中胸背板侧叶中部小斑、中胸小盾片顶部、附片、后胸小盾片、后胸后侧片除前下角外其余部分、腹部第 2~6 节背板后缘中部扁三角形斑、各节腹板气孔附近小斑及后侧缘、各节腹板后缘；唇基端大半部暗褐色。前中足黑褐色，前中足转节、前足股节至爪节腹侧全长黄白色，中足胫跗节腹侧浅褐色；后足黑色，基节腹侧黑褐色，基节背侧及内侧、转节除外侧小斑外其余部分、股节基部内侧黄白色。翅浅烟色，前缘脉、R1 脉、2r 脉及翅痣外缘棕褐色，翅痣其余部分暗褐色，其余翅脉黑褐色。

上唇刻点分散、浅，唇基刻点大、浅、分散；头部背侧刻点大、浅，刻点间隙具明显刻纹，光泽较弱。中胸背板刻点和刻纹细密，光泽较弱；中胸前侧片上部刻点大、深、不密集，下部刻点细弱、不密集，刻点间隙光滑，刻纹微弱，光泽强；后上侧片刻纹明显，无光泽，后下侧片刻点及刻纹不明显，光泽较强；后胸前侧片刻点细弱，具微弱光泽，后侧片光滑几无刻点及刻纹，光泽强；中胸小盾片顶部光滑几无刻点，两侧刻点分散、稍小，具光泽，附片光滑无刻点及刻纹，光泽强。腹部背板刻点分散、浅，具明显刻纹及光泽。后足基节外侧上部刻点分散、大、浅。

上唇宽大，端部截形；唇基缺口近弧形，深为唇基 1/3 长，侧角宽钝；颚眼距宽于单眼直径；复眼内缘向下内聚，内眶底部不隆起；触角窝上突不发育，额区稍隆起，侧面观远低于复眼，中间凹陷，额脊钝圆；中窝沟状、宽、浅，伸达中单眼，侧窝稍浅；单眼中沟稍深，后沟浅；单眼后区隆起，宽为长的 1.5 倍，侧沟深、直。头部背后观两侧向后明显收敛。触角稍短于胸腹长之和，第 3 节稍长于第 4 节（37 : 35），鞭节端部 4 节侧扁。中胸小盾片棱形、强烈隆起，顶部具中沟，两侧脊锐利，附片中脊稍钝。后足胫节内距为基跗节 3/5 长，基跗节明显长于其后 4 个跗分节之和，爪内齿短于外齿。前翅 Cu-a 脉位于 M 室内侧 1/3 处，2Rs 室长于 1Rs 室，臀室中柄明显短于基臀室（7∶10），为 R+M 脉段长 1.5 倍；后翅臀室柄约为 cu-a 脉段的 1/3 长。

锯鞘长于中足基跗节（44∶34），端部椭圆形，鞘端亚等长于鞘基。锯腹片 22 刃，中部刃齿式为 2/13~15，锯刃稍凸出。

雄虫：未知。

分布：中国河南（嵩县、栾川、内乡、济源），四川（峨眉山、都江堰）。

检查标本：正模：♀，河南栾川，N 33°40′，E 111°48′，1996.Ⅶ.13，文军采。

鉴别特征：该种上唇、唇基、唇基上区、内眶下部及相连的后眶上大半部白色，唇基端半部暗褐色；中胸背板前叶两侧"V"形斑、侧叶中部小斑、中胸小盾片、附片、后胸小盾片及腹部各节背板端部三角形斑白色；后足基节黑色，背侧及内侧黄白色；中窝沟状，伸达中单眼；中胸小盾片棱形强烈隆起，具中沟等特征可与相近种区别。

115. 程氏方颜叶蜂 *Pachyprotasis chenghanhuai* Wei & Zhong, 2006（图 2-135）

Pachyprotasis chenghanhuai Wei & Zhong in Zhong & Wei, 2006: 622.

雌虫：体长 8.5 mm。体黑色，黄白色部分为：头部触角窝以下颜面、内眶及后眶底部 1/3、内眶上部狭边及相连的上眶小斑、触角基部 2 节腹侧斑、翅基片前缘、中胸背板前叶端部箭头形斑、侧叶中部小斑、中胸小盾片除两侧缘外其余部分、附片、后胸小盾片、腹部第 1 节及第 3~8 节背板中部后缘扁小三角形斑、第 10 节背板大部分、各节背板后侧缘、各节腹板后缘及锯鞘基。前中足黄白色，中足基节腹侧具深褐色斑，前足股节后侧及中足股节黑褐色，胫跗节背侧全长具黑褐色窄条纹；后足黑色，基节白色，腹侧具宽"L"形黑褐斑，转节全部白色。翅透明，翅痣及翅脉黑褐色。

上唇及唇基具稀疏、浅弱刻点；头部额区及相邻内眶部分刻点密集，刻纹模糊，具弱光泽；内眶下部及后眶刻点浅、少、不明显。中胸背板及前侧片下半部刻点细小，不十分密集，具光泽，前侧片上部刻点较大，稍密集，刻点间具显著的细密刻纹，光泽弱；后侧片上半部刻纹显著，光泽弱，下半部光滑，光泽强；后胸侧板刻点浅弱、不密集，光泽弱；中胸小盾片光滑，无刻点，附片无刻纹，光泽弱。腹部背板刻纹细弱，光泽强，两侧具浅弱刻点。后足基节外侧刻点浅弱、分散。

上唇宽大，端部截形；唇基缺口底部较平直，深约为唇基 2/5 长，侧角钝小；颚眼距稍大于单眼直径；复眼内缘向下稍收敛；触角窝上突微弱发育，额区低平，额脊不明显；中窝及侧窝稍深、明显；单眼中沟及后沟宽、浅；单眼后区稍隆起，宽长比为 2∶1，侧沟极深、宽；头部背面观两侧向后强烈收敛。触角短于体长，第 3 节明显长于第 4 节（8∶7），鞭节端部尖细，明显侧扁。中胸小盾片显著隆起，两侧前角具侧脊，后缘圆钝；后足胫节内距长于基跗节 1/2，基跗节长于其后 4 个跗分节之和，爪内齿微短于外齿。前

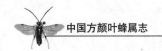

翅 Cu-a 脉位于 M 室内侧 2/5 处，2Rs 明显长于 1Rs 室，臀室中柄短于基臀室 1/2，稍长于 R+M 脉段；后翅臀室柄短。

锯鞘明显短于后足基跗节（3∶4），端部圆，鞘端长于鞘基。锯腹片 20 刃，中部刃齿式为 2/11~12，锯刃微弱倾斜隆起。

雄虫：未知。

分布：中国四川（峨眉山、崇州）。

检查标本：正模：♀，四川峨眉山，N 29°32′，E 103°19′，1 800 m，1957. Ⅶ. 7，郑乐怡、程汉华采；副模：1♀，采集记录同正模。

鉴别特征：该种与 *P. nitididorsata* Wei & Zhong 最近似，但中胸小盾片显著隆起，两侧前角具侧脊，后缘圆钝；中胸前侧片刻点间隙具显著微细刻纹，光泽弱，刻点边界较模糊；锯腹片锯刃的外侧亚基齿数仅为 11~12 枚，与后者可以区分。该种与 *P. albicoxis* Malaise 也近似，但上唇、唇基及唇基上区全部白色；中胸小盾片显著隆起；后足基节腹侧具宽的 "L" 形黑褐斑；头部背侧刻点大、明显，不光滑等特征易与之区别。

116. 排龙方颜叶蜂 *Pachyprotasis pailongensis* Zhong, Li & Wei, 2015（图 2-136）

Pachyprotasis pailongensis Zhong, Li & Wei, 2015: 13.

雌虫：体长 9.0 mm。体黑色，黄白色部分为：上唇、唇基、触角窝以下颜面以及相连的中窝基部小斑、内眶及相连的后眶底部、内眶上部狭边及相连的上眶斜斑、前胸背板后侧缘、中胸小盾片除两侧外其余部分、附片中部、后胸小盾片、中胸前侧片基部不规则斑、腹部各节背板后缘、各节背板气门处圆斑、各节背板后侧缘及各节腹板后缘。足黑色，前中足股节端部背侧以远部分、后足转节、股节基部 2/3 黄白色。翅浅烟色、亚透明，翅痣及翅脉黑褐色。

上唇及唇基光滑，具少数几个浅、小刻点；头部背侧光滑几无刻点及刻纹，光泽强。中胸背板刻点大小、密度适中，刻点间隙光滑，具光泽；中胸前侧片上部刻点大、粗糙，下部刻点密集、稍小，刻点间隙具细密刻纹，光泽稍弱；后上侧片刻纹显著，无光泽，后下侧片光滑，光泽稍弱；后胸前侧片刻点细密、浅弱，无光泽，后侧片刻点稀疏、浅小，刻纹微细，稍具光泽；中胸小盾片中部光滑无刻点，两侧刻点分散、浅、小，无刻纹，具光泽；附片刻点浅弱，刻纹致密，光泽稍弱。腹部背板刻点稀疏、浅弱，具明显刻纹及光泽；后足基节后上侧刻点大、深、密度适中。

上唇大，端部截形；唇基缺口深弧形，深约为唇基 1/3 长，侧角钝；颚眼距宽于单眼直径；复眼内缘向下稍微收敛；触角窝上突不发育，额区低平，侧面观远低于复眼平面，额脊钝；中窝模糊，侧窝浅；单眼中沟及后沟浅；单眼后区隆起，宽大于长（11∶6），侧沟深、直；头部背后观两侧向后明显收敛。触角稍短于体长，第 3 节稍长于第 4 节（25∶24），鞭节端部数节侧扁。中胸小盾片棱形隆起，两侧脊锐利，附片中脊锐利；后足胫节内距稍长于基跗节 1/2 长，基跗节明显短于其后 4 个跗分节之和，爪内齿明显长于外齿。前翅 Cu-a 脉位于 M 室外侧 2/5 处，2Rs 室稍长于 1Rs 室，臀室中柄长于基臀室 1/2 长，明显长于 R+M 脉段；后翅臀室短于 cu-a 脉段的 1/2 长。

锯鞘稍短于后足基跗节，端部尖长形，鞘端 1.5 倍长于鞘基。锯腹片 22 刃，锯刃凸出，中部刃齿式为 2/11~12。

雄虫：未知。

分布：中国西藏（波密）。

检查标本：正模：♀，西藏排龙乡大峡谷，N 30°01′，E 95°00′，2 054 m，2009.Ⅵ.15，牛耕耘采。

鉴别特征：该种后足股节基部 2/3 黄白色；上唇及唇基黄白色，无黑斑；腹部各节背板后缘黄白色；头部背侧光滑无刻点及刻纹，光泽强；中胸前侧片刻点粗糙、大、深，光泽弱等特征可与相近种区别开来。

117. 褐基方颜叶蜂 *Pachyprotasis fulvocoxis* Wei & Zhong, 2002（图 2-137）

Pachyprotasis fulvocoxis Wei & Zhong in Zhong & Wei, 2002: 229.

雄虫：体长 9.5 mm。体黑色，黄白色部分为：头部触角窝以下部分、内眶底部 1/3 及相连的后眶底部 1/4、上眶斜斑、前胸背板外侧缘、翅基片基大部、中胸背板前叶端部箭头形小斑、侧叶中部小斑、中胸小盾片除两侧外其余部分、附片端部小斑、后胸小盾片、后胸侧板后上部、腹部第 1~6 节背板前侧角及各节背板外侧缘、第 1~7 节腹板后缘及第 8 节腹板两侧；触角腹侧全长浅褐色。足黄白色，前中足基节外侧以及股节至爪节后背侧各具 1 个黑色条纹，后足基节黑色，背侧暗红褐色，后足转节外侧及股节外侧全长具黑色条斑，股节内侧亚端部具大的黑斑。翅浅烟灰色，前缘脉基大半部、R1 脉及 2r 脉浅褐色，前缘脉端部及翅痣暗褐色，其余翅脉黑色。

上唇及唇基刻点浅、稀疏；头部背侧刻点大、浅、稍密集，刻点间隙具致密刻纹，光泽较弱。中胸背板刻点细密，刻纹微弱，具光泽；中胸前侧片上部刻点大、深、不密集，下部刻点浅弱，刻点间隙光滑，光泽强；后上侧片刻纹显著，光泽弱，后下侧片后缘具少数几个浅弱刻点，刻纹不明显，光泽较强；后胸前侧片刻点细弱、密集，光泽弱，后侧片光滑，刻点极其浅弱，光泽明显；中胸小盾片刻点明显，无光泽，附片具明显刻纹及光泽。腹部背板两侧刻点浅、密集，中部刻点模糊，刻纹明显，光泽强。后足基节外侧上部刻点大而明显。

上唇小，端部截形；唇基缺口浅弧形，深为唇基 1/5 长，侧角尖锐；颚眼距宽于中单眼直径；复眼内缘向下稍内聚；额区稍隆起，额脊低钝，较窄；中窝沟状，基半部稍深，端半部浅，侧窝坑状；单眼中沟及后沟明显，后沟强烈弯曲；单眼后区隆起，宽为长的 1.5 倍，侧沟深，向后显著分歧；头部背后观两侧向后强烈收敛。触角短于胸腹长之和，

第 3 节稍长于第 4 节（17∶16），鞭节强烈侧扁。中胸小盾片棱形，显著隆起，两侧脊锐利，附片中脊锐利；后足胫节内距为基跗节 3/5 长，基跗节等长于其后 4 个跗分节之和，爪内齿微长于外齿。前翅 Cu-a 脉位于 M 室内侧 1/3 处，2Rs 室明显长于 1Rs 室，臀室中柄约为 R+M 脉段的 1.8 倍；后翅臀室柄长于 cu-a 脉段的 1/2 长。

雌虫：未知。

分布：中国河南（嵩县、内乡），陕西（西安），湖北（神农架）。

检查标本：正模：♂，河南嵩县白云山，N 33°54′，E 111°59′，1 800 m，2001. Ⅶ. 24，钟义海采。

鉴别特征：该种与 *P. micromaculata* Wei 以及 *P. nigroclypeata* Wei 很近似，但该种上唇很小，唇基白色；后足股节白色，外侧全长具黑色条斑，内侧端部黑色；前翅臀室中柄很长；中胸侧板稀疏光亮等特征与此两种不相同；此外，该种后胸后侧片后半部白色，与前者不同，而腹部背板黑色、中胸背板前叶两侧无白斑等特征，也与后者不同。

118. 斑足方颜叶蜂 *Pachyprotasis maculopediba* Wei & Zhong, 2002（图 2-138）

Pachyprotasis maculopediba Wei & Zhong in Zhong & Wei, 2002：219.

雌虫：体长 8.0 mm。体黑色，黄白色部分为：上唇除中部小斑外其余部分、内眶底部及相连的后眶底部、内眶上部狭边及相连的上眶小斑、后眶底部、触角柄节及梗节腹侧小斑、前胸背板后缘、中胸背板前叶两侧前部小条斑及端部小斑、侧叶中部小斑、中胸小盾片中部大部分、附片中部小斑、后胸小盾片大部分、中胸前侧片端部中间宽的横斑、后侧片后缘、后胸前侧片后上部、后侧片后缘、腹部第 2~8 节背板中部极窄后缘、第 10 节背板大部分、各节背板侧缘气门处小圆斑、各节背板后侧缘狭边及各节腹板宽的后缘。足黑色，黄白色部分为：前中足基节内侧及外侧、转节腹侧、前足股节腹侧基部及端部、中足股节腹侧基部、前中足胫节、前中足跗节腹侧、后足基节端部外侧及腹侧、后足转节背、腹侧小斑、后足股节基部 1/3。翅浅烟灰色、透明，翅痣及翅脉黑褐色。

上唇刻点稀疏、浅小，唇基刻点分散、稍大；头部背侧刻点密集、稍浅，刻纹细密，具光泽。中胸背板刻点细密，具光泽；中胸前侧片上部刻点分散、稍大，下部刻点细密，刻点间隙光滑，具明显油质光泽；后上侧片刻纹显著，无光泽，后下侧片光滑，光泽较强；后胸前侧片刻点细密、浅弱，无光泽，后侧片刻点不明显，刻纹微细，光泽明显；中胸小盾片中部光滑无刻点，两侧刻点浅弱、稀疏，具强光泽；附片光滑几无刻点，光泽强。腹部背板刻点稀疏、浅弱，具明显刻纹，光泽弱；后足基节后上侧刻点深、明显。

上唇端部截形，中间具浅缺口；唇基缺口截形，深约为唇基 2/5 长，侧角钝；颚眼距约为单眼直径的 3 倍；复眼内缘向下收敛；触角窝上突不发育，额区明显隆起，侧面观前部高于复眼，额脊宽、钝；中窝模糊，侧窝沟状；单眼中沟不明显，后沟无；单眼后区隆起，宽为长的 2 倍，侧沟深弧形，向后分歧；头部背后观两侧向后稍收敛。触角短于体长，第 3 节稍长于第 4 节，鞭节端部数节侧扁。中胸小盾片钝形，微弱隆起，附片中脊稍钝。后足胫节内距为基跗节 3/5 长，基跗节约等长于其后 4 个跗分节之和，爪内齿明显短于外齿。前翅 Cu-a 脉位于 M 室内侧 1/3 处，2Rs 室稍长于 1Rs 室，臀室中柄稍长于 R+M 脉段；后翅臀室短于 cu-a 脉段的 1/3 长。

锯鞘 1.5 倍于中足基跗节，端部尖圆形，鞘端约 2 倍于鞘基。锯腹片 20 刃，锯刃凸出，中部刃齿式为 2/13~14。

雄虫：未知。

分布：中国河南（卢氏、嵩县），陕西（佛坪、留坝、周至），宁夏（泾源），湖北（宜昌），云南（龙陵）。

检查标本：正模：♀，河南卢氏大块地，N 33°45′，E 110°59′，1 400 m，2001. Ⅴ. 29，魏美才采；副模：1♀，河南嵩县白云山，N 33°54′，E 111°59′，1 800 m，2001. Ⅵ. 2，钟义海采。

鉴别特征：该种上唇白色，中部具小的黑斑，唇基褐色或具褐色斑；中胸前侧片后缘中部具宽的横白斑，中胸侧板及后胸侧板后缘白色；中胸小盾片、附片及后胸小盾片中部白色；各足转节腹侧和后足股节基部 1/3 黄白色，后足基节黑色，外侧具明显白斑；中胸小盾片及附片无中纵脊；锯刃刃齿小而多等特征容易与相近种区别。

119. 西北方颜叶蜂 *Pachyprotasis xibei* Zhong & Wei, 2013（图 2-139）

Pachyprotasis xibei Zhong & Wei, 2013: 852.

雄虫：体长 9.5 mm。体黑色，黄白色部分为：头部触角窝以下部分、触角窝上突中部斑、内眶底半部及相连的后眶底部 3/4、触角腹侧全长、前胸背板外侧、翅基片基部、中胸背板前叶两前侧角、中胸小盾片中部不相连的小斑、中胸前侧片底部大型横斑、后侧片后缘、后胸前侧片端部 2/3 及相连的后胸腹板、后侧片端部 1/3、中胸腹板两个不相连的大斑、各节背板缘折部分、各节腹板后部。足黑色，白色部分为：前中足前侧、后足基节腹侧大斑及外侧全长条纹、股节背侧全长条斑及腹侧基部 2/5 宽的条斑。翅浅烟色，翅痣及翅脉黑褐色。

上唇及唇基刻点浅弱、稀疏；头部背侧刻点密集、大、浅，刻点间隙具显著刻纹，光泽弱。中胸背板刻点细密，刻纹微弱，具光泽；中胸前侧片刻点密集、大、浅，刻点间隙具致密刻纹，光泽弱；后上侧片刻纹显著，无光泽，后下侧片光滑无刻点，刻纹细弱，光泽明显；后胸前侧片刻点细弱、密集，光泽弱，后侧片光滑，刻点极其浅弱，光泽明显；中胸小盾片中部光滑几无刻点，两侧刻点浅、小、密集，光泽弱，附片具明显刻纹，光泽稍弱。腹部背板刻点浅、分散，刻纹明显，光泽强。后足基节外侧上部刻点大、浅、密集。

上唇宽大，端部截形；唇基缺口浅弧形，深为唇基 1/4 长，侧角稍钝；颚眼距约 3

倍于中单眼直径；复眼内缘向下发散，内眶底部稍隆起；额区隆起，侧面观略高于复眼，额脊稍锐利；中窝及侧窝坑状、深；单眼中沟稍深，后沟浅；单眼后区隆起，宽为长的2倍，侧沟深直；头部背后观两侧向后明显收敛。触角等长于胸腹长之和，第3节微短于第4节（27：28），鞭节强烈侧扁。中胸小盾片棱形，稍隆起，两侧脊锐利，附片中脊锐利。后足胫节内距稍长于基跗节1/2长，基跗节短于其后4个跗分节之和，爪内齿短于外齿。前翅Cu-a脉位于M室外侧3/7处，2Rs室长于1Rs室，臀室中柄稍长于R+M脉段，约等长于基臀室1/2长；后翅臀室柄短于cu-a脉段的1/2长。

雌虫：未知。

分布：中国宁夏（泾源），青海（称多）。

检查标本：正模：♂，宁夏六盘山峰台，N 35°23′，E 106°18′，1 945 m，2008.Ⅴ.24，刘飞采；副模：3♂，宁夏六盘山峰台，N 35°23′，E 106°18′，2 050~2 133 m，2008.Ⅴ.26~28，刘飞采；1♂，青海称多县歇武镇，N 33°08′，E 97°21′，3 800 m，2009.Ⅵ.26，李泽建采。

鉴别特征：该种体型较大；中胸前侧片底部具白色横斑，中胸侧板腹侧白色；腹部各节背板缘折部分及各节腹板后部白色；后足股节白色，内外侧全长具黑色窄条纹；头部背侧及中胸前侧片刻点密集、大，刻点间隙光滑，具光泽；中胸小盾片棱形，不隆起，中部光滑无刻点等特征可与之区别。

120. 衡山方颜叶蜂 *Pachyprotasis hengshani* Zhong, Li & Wei, 2015（图2-140、图2-141）

Pachyprotasis hengshani Zhong, Li & Wei, 2015: 7.

雌虫：体长9.5 mm。体黑色，黄白色部分为：上唇除中部大斑外其余部分、内眶狭边及相连的上眶斜斑、后眶狭边及相连的颚眼距、前胸背板后缘、翅基片基半部、中胸背板前叶两侧前部小条斑及端部小斑、侧叶中部小斑、中胸小盾片中部大部分、附片中部大部分、后胸小盾片、中胸后侧片后缘、后胸后侧片后缘、腹部各节背板端部三角形斑、各节背板气门处圆斑、各节背板后侧缘及各节腹板后缘。足黑色，黄白色部分为：前足股节腹侧端部、前中足胫节、跗节腹侧、后足转节内侧、股节基部2/5。翅浅烟灰色、透明，R1脉基部浅褐色，翅痣及其余翅脉黑褐色。

上唇及唇基刻点稀疏、浅；头部背侧刻点浅弱、不密集，刻纹细密，具光泽。中胸背板刻点细密，具光泽；中胸前侧片上部刻点分散、大、浅，下部刻点细密，刻点间隙具细密刻纹及明显油质光泽；后上侧片刻纹显著，无光泽，后下侧片光滑，光泽明显；后胸前侧片刻点细密、浅弱，无光泽，后侧片刻点不明显，刻纹微细，光泽明显；中胸小盾片中部光滑无刻点，两侧刻点稍深、明显，具强光泽；附片光滑几无刻点，光泽强。腹部背板刻点稀疏、浅弱，具明显刻纹及光泽。后足基节后上侧刻点稍小。

上唇大，端部截形；唇基缺口截形，深约为唇基2/5长，侧角钝；颚眼距等宽于单眼直径；复眼内缘向下收敛；触角窝上突不发育，额区明显隆起，侧面观前部等高于复眼，额脊钝；中窝模糊，侧窝浅；单眼中沟宽、明显，后沟无；单眼后区隆起，宽大于长的2倍，侧沟深、直；头部背后观两侧向后明显收敛。触角短于体长，第3节稍长于第4节（27∶26），鞭节端部数节侧扁。中胸小盾片钝形，微弱隆起，附片中脊无。后足胫节内距稍长于基跗节 1/2 长，基跗节明显短于其后 4 个跗分节之和，爪内齿明显短于外齿。前翅Cu-a 脉位于 M 室外侧 1/3 处，2Rs 室稍长于 1Rs 室，臀室中柄短于基臀室 1/3 长，微短于 R+M 脉段；后翅臀室短于 cu-a 脉段的 1/2 长。

锯鞘约 2 倍于中足基跗节，端部宽圆形，鞘端 1.5 倍长于鞘基。锯腹片 20 刃，锯刃凸出，中部刃齿式为 1~2/6~7。

雄虫： 体长 8.0 mm。体色与构造近似雌虫，不同点为：上唇仅中部两侧具暗褐色斑，唇基仅中部具三角形黑斑；体背板白斑较雌虫短、小；后足股节背侧全长具窄黄白条斑，基部外侧具窄黑褐色条斑；触角腹侧全长浅褐色；颚眼距 1.5 倍宽于中单眼直径；复眼内缘向下不收敛；触角鞭节强烈侧扁。

分布：中国湖南（衡山、江永）。

检查标本：正模：♀，湖南衡山，N 27°16′，E 112°42′，100 m，2005.Ⅳ.2，贺应科采；副模：1♂，湖南衡山，N 27°16′，E 112°42′，1 200 m，2005.Ⅳ.2，贺应科采。

鉴别特征：该种与 *P. maculopediba* Wei & Zhong 近似，但腹部各节背板后部具明显三角形白斑；中胸前侧片及前、中足基节全部黑色，无白斑；头部背侧刻点较之浅弱；锯刃刃齿较少，中部锯刃齿式为 1~2/6~7，锯刃形状明显与之不同等特征容易与之区别。

2.3.7　黑跗方颜叶蜂种团 *Pachyprotasis rapae* group

种团鉴别特征：头部背侧黑色，具大的白斑，腹侧黄白色，无黑斑或具小的黑斑；胸腹部背侧黑色，具明显白斑，腹侧白色，或黑色，但具明显白斑；足黑色或黄白色，后足至少基节至股节基半部白色；后足跗节大部或全部黑色，或至少 2~5 跗分节端部黑色；翅痣及翅脉黑色或黑褐色。

目前，本种团已发现 72 种。其中，中国分布 36 种，印度分布 24 种，日本分布 19 种，俄罗斯分布 3 种，尼泊尔有 1 种，此外，还有 3 种分布于蒙古国及欧洲等地区，其中 1 种延伸至北美。本种团种类广布于中国大陆各个省份，向南分布到缅甸、印度和尼泊尔，向北延伸至日本、蒙古国和欧洲等地。

中国已知种类分种检索表

1	中胸前侧片黄白色，中部具黑色纵斑	2
	中胸前侧片黄白色或黑色，中部不具黑色纵斑	4
2	腹部背板全部黑色，或仅各节背板中部具三角形黄白斑；纹孔线与锯腹刃腹缘几乎垂直	3

腹部各节背板后缘黄白色；纹孔线与锯腹刃腹缘几乎平行。中国（西藏）
………………………………………………… *P. motuoensis* Zhong, Li & Wei, 2017

3　中胸小盾片两侧脊圆滑；中胸前侧片具宽长黑色横斑和纵斑；腹部背板全部黑色，无明显黄白斑；各节锯刃基部明显隆起。中国（黑龙江、吉林、辽宁、北京、河北、宁夏、甘肃、青海、湖北、四川、云南、西藏）；亚洲（印度、蒙古国、日本、朝鲜），欧洲［阿尔巴尼亚、安道尔、奥地利、比利时、波黑、保加利亚、克罗地亚、捷克、丹麦、爱沙尼亚、芬兰、法国、德国、英国、希腊、匈牙利、爱尔兰、意大利、拉脱维亚、卢森堡、马其顿、荷兰、挪威、波兰、葡萄牙、罗马尼亚、俄罗斯（西伯利亚）、斯洛伐克、斯洛文尼亚、西班牙、瑞典、瑞士、乌克兰］，北美洲（美国、加拿大、墨西哥）………………………… *P. rapae* (Linnaeus, 1767)
　中胸小盾片两侧脊锐利；中胸前侧片仅具窄短黑色横斑和纵斑；腹部各节背板后缘具三角形黄白斑；各节锯刃基部隆起不明显。中国（甘肃、青海、四川、西藏）
………………………………………………………… *P. semenowii* Jakovlev, 1891

4　中胸小盾片侧面观强烈隆起，具明显中沟……………………………………… 5
　中胸小盾片侧面观隆起不明显，或低平，无中沟…………………………………… 6

5　腹部第1节背板全部黄绿色；头部黄绿色，仅额区及相邻区域、复眼眶上部线形小斑、后头中部黑色；后足股节黄绿色，基部或具窄短黑色条纹；中胸前侧片底部具宽的黑色横斑；中胸小盾片隆起程度较高，两后侧脊锐利。中国（云南）……… *P. prismatiscutellum* Zhong, Li & Wei, 2017
　腹部第1节背板黑色，后缘黄白色；头部黑色，上唇、唇基、复眼眶底大半部及相邻的上眶斑黄白色；后足股节基部2/5黄白色，端部2/3黑色；中胸前侧片底部无黑色条斑；中胸小盾片隆起程度高，两后侧脊钝。中国（河北、山西、河南、陕西、甘肃、湖北、四川、贵州）
………………………………………………………… *P. sulciscutellis* Wei & Zhong, 2002

6　中胸侧板黄白色，底部具贯穿全长黑色横斑，且宽于1/4中胸侧板，或中胸侧板黑色，基部有时具白斑……………………………………………………………………… 7
　中胸侧板黄白色，底部或具窄短黑色横斑，但不宽于1/8中胸侧板……………… 26

7　中胸前侧片黄白色，底部具宽的黑色横斑，或中胸前侧片黑色，中部具黄白色横斑，且宽于1/4中胸前侧片……………………………………………………………… 8
　中胸前侧片黑色，中部有时具黄白色横斑，但不宽于1/8中胸前侧片，基部或具不规则白斑…22

8　中胸前侧片光滑无刻点，或刻点分散，刻点间距远宽于刻点直径………………… 9
　中胸前侧片刻点大、深、明显或浅小、密集，刻点间距远窄于刻点直径………… 11

9　中胸背板前叶仅端部具白色箭头形斑；头部背侧刻点无或不明显，刻点间隙光滑，无明显刻纹；中胸前侧片底部白色横斑不伸达基部……………………………………… 10
　中胸背板前叶两前侧全部白色；头部背侧刻点及刻纹明显；中胸前侧片底部白色横斑伸达基部。中国（陕西、浙江、湖南、广东、贵州）……………… *P. wulingensis* Wei, 2006

10　头部背侧刻点浅、分散，较中胸背板前叶刻点小。中国（吉林、浙江、江西、湖南、台湾）；日本，俄罗斯（萨哈林岛、西伯利亚）……………………… *P. erratica* Smith, 1874
　头部背侧无刻点，中胸背板前叶刻点极其细弱。中国（山西、陕西、福建、四川）
………………………………………………… *P. erratica nitidifrons* Malaise, 1945

11　头部背侧刻点无或浅小、分散，刻点间距远宽于刻点直径………………………… 12
　头部背侧刻点密集，刻点间距远窄于刻点直径……………………………………… 13

12　头部背侧光滑几无刻点；中胸前侧片上部刻点大、深，刻点间距小于或等于刻点直径；中胸前侧片底部具宽的黑色横斑；腹部各节背板后部三角形斑稍小。中国（辽宁、浙江、江西、湖北、湖南、广东、四川、云南）……………… *P. puncturalina* Zhong, Li & Wei, 2018

头部背侧刻点分散、浅、小；中胸前侧片上部刻点浅、小，刻点间距大于刻点直径；中胸前侧片底部具浅褐色横斑；腹部各节背板后部三角形斑大、明显。中国（湖南、广西、贵州）
····· *P. breviserrula* Wei & Zhong, 2009

13 腹部各节背板黑色，后缘黄白色，或端部具三角形黄白斑···14
   腹部背板黑色，后缘无明显黄白斑··18

14 腹部各节背板后部具三角形黄白斑··15
   腹部各节背板后缘全部黄白色。中国（贵州）··························· *P. libona* Wei & Nie, 2002

15 后足基节内侧具明显黑斑；各节锯刃基部明显隆起或低平································16
   后足基节内侧无黑斑；各节锯刃基部稍稍隆起。中国（贵州）··········· *P. lini* Wei, 2005

16 各节锯刃基部明显隆起，中部锯刃锯齿往往少于 7 个；中胸背板前叶全部黑色，或两侧黄白色
   ···17
   各节锯刃基部隆起不明显，中部锯刃锯齿往往多于 15 个；中胸背板前叶两前侧及端部黄白色。
   中国（河北、河南、陕西、宁夏、甘肃、青海、浙江、湖北、湖南、广东、广西、四川）
   ··· *P. tiani* Wei, 1998

17 后足股节基部 1/2 白色；中胸背板前叶两侧黄白色；前胸背板外部白色；中胸前侧片顶部及底部黑斑较窄。中国（陕西、湖南、四川）；日本··········· *P. senjensis* Inomata, 1984
   后足股节基部 2/7 白色；中胸背板前叶全部黑色；前胸背板外部无白斑；中胸前侧片顶部及底部黑斑较宽。中国（河北、山西、河南、陕西、甘肃、湖北）
   ·· *P. senjensis bandana* Wei & Zhong, 2002

18 雌虫··19
   雄虫··20

19 中胸背板前叶仅端部箭头形斑黄白色；中胸前侧片底部黄白斑窄于顶部黑斑；后足股节基部 1/2部黄白色。中国（河南、陕西、甘肃、浙江）··············· *P. songluanensis* Wei & Zhong, 2002
   中胸背板前叶两前侧及端部箭头形斑黄白色；中胸前侧片底部黄白斑宽于顶部黑斑；后足股节基部 2/3 黄白色。中国（河南）························· *P. lineipediba* Wei & Zhong, 2002

20 触角第 3 节短于或等长于第 4 节；腹部腹板白色；后足股节外侧全长具黑色条纹 ·······21
   触角第 3 节长于第 4 节；腹部腹板黑色；后足股节外侧基部无黑色条纹。中国（河南）
   ··· *P. sunae* Wei & Nie, 1999

21 后足基节外侧具 2 条黑色条纹；后足胫节外侧近端部具白斑；中胸小盾片圆钝、明显隆起。中国（山西、河南）··························· *P. maculotibialis* Wei & Zhong, 2002
   后足基节外侧具 1 条黑色条纹；后足胫节无白斑；中胸小盾片棱形、隆起不明显。中国（河南）
   ··· *P. bimaculofemorata Wei & Nie, 1999*

22 触角第 3 节长于第 4 节；中胸背板前叶仅端部具箭头形白斑；上眶斑明显小于单眼后区 ······23
   触角第 3 节短于第 4 节；中胸背板前叶两侧全部白色；上眶斑等宽于或稍小于单眼后区。中国（陕西、湖北、湖南）··························· *P. obscurodentella* Wei & Zhong, 2009

23 体长小于 9.0 mm；后足基节白色，无黑色条纹；中胸前侧片刻点大、深，刻点直径明显大于刻点间距···24
   体长大于 10.0 mm；后足基节具狭长黑色条纹；中胸前侧片刻点稍小、浅，刻点直径等于或稍窄于刻点间距。中国（吉林、辽宁、河北、山西、河南、陕西、浙江、湖北、江西、湖南、广西、四川、贵州）··························· *P. lineatella* Wei & Nie, 1999

24 体长 7.0 mm；腹部腹板全部黑色；单眼后区宽 1.5 倍于长 ·······························25

体长 8.0~9.0 mm；腹部腹板黑色，后缘白色；单眼后区宽 1.3 倍于长。中国（吉林、北京、山西、山东、河南、陕西、甘肃、浙江、湖北、四川、云南）⋯⋯⋯⋯⋯⋯ *P. caii* Wei, 1998

25 中胸前侧片中部无黄白条斑，至多基部具小型白斑；腹部背板全部黑色，无黄白斑。中国（河北、山西、河南、陕西、宁夏、甘肃、湖北、四川、西藏）⋯⋯⋯⋯ *P. melanogastera* Wei, 1998

中胸前侧片中部具黄白条斑；腹部第 3~5 节背板端部具明显黄白斑。中国（陕西、宁夏、甘肃、浙江、广西、四川、贵州、云南）⋯⋯⋯⋯⋯⋯⋯ *P. paramelanogastera* Wei, 2005

26 头部背侧无刻点或刻点微小，刻点间隙光滑，刻纹不明显⋯⋯⋯⋯⋯⋯⋯⋯⋯⋯⋯⋯ 27

头部背侧刻点大、明显，刻点间隙不光滑，刻纹明显⋯⋯⋯⋯⋯⋯⋯⋯⋯⋯⋯⋯⋯⋯ 29

27 中胸小盾片不隆起，顶部平，两侧具锐利侧脊⋯⋯⋯⋯⋯⋯⋯⋯⋯⋯⋯⋯⋯⋯⋯⋯ 28

中胸小盾片隆起，两侧脊钝；头部背侧无刻点；中胸前侧片黄白色，底部无黑色横斑。中国（吉林、辽宁、黑龙江、山西、陕西、浙江、湖北、湖南）；亚洲（蒙古国），欧洲［奥地利、比利时、保加利亚、捷克、丹麦、爱沙尼亚、芬兰、法国、德国、英国、意大利、拉脱维亚、马其顿、罗马尼亚、俄罗斯（西伯利亚）、斯洛伐克、西班牙、瑞典、瑞士、乌克兰］⋯⋯⋯ *P. simulans* (Klug, 1817)

28 中胸前侧片全部黄白色，底部无黑色横斑；单眼后区低平，宽稍大于长（5：4）；触角第 3 节短于第 4 节。中国云南－缅甸边境，印度⋯⋯⋯⋯⋯ *P. violaceidorsata* Cameron, 1899

中胸前侧片黄白色，底部具黑色横斑；单眼后区隆起，宽约为长的 2 倍；触角第 3 节明显长于第 4 节。中国（浙江、湖北、江西、湖南、广西）；中国云南－缅甸边境，印度 ⋯⋯⋯⋯⋯⋯⋯⋯⋯⋯⋯⋯⋯⋯⋯⋯⋯⋯⋯⋯⋯⋯⋯⋯⋯ *P. gregalis* Malaise, 1945

29 后足胫节近端部具宽的黄白环；后足各跗分节基部黄白色，端部黑色⋯⋯⋯⋯⋯⋯ 30

后足胫节无黄白环；后足各跗分节全部黑色，无白色部分⋯⋯⋯⋯⋯⋯⋯⋯⋯⋯⋯⋯ 31

30 后足基节、转节及股节基部外侧无黑条斑；头部背侧黑斑较小；前胸背板黄白色，中部黑色；中胸背板前叶两侧黄白色。中国（黑龙江、吉林、河北、山西、河南、陕西、宁夏、甘肃、青海、浙江、湖北、湖南、广西、四川、云南）；亚洲（蒙古国、日本），欧洲［克罗地亚、芬兰、德国、俄罗斯（西伯利亚）、斯洛伐克］⋯⋯⋯⋯⋯⋯ *P. antennata* (Klug, 1817)

后足基节、转节及股节外侧全长具黑色条纹；头部背侧黑斑较大；前胸背板黑色，底部黄白色，中胸背板前叶端部黄白色。中国（河北、河南、陕西、甘肃）⋯⋯⋯ *P. lui* Wei & Zhong, 2008

31 后头黑色，无黄白色部分；腹部第 1 节背板黑色，无黄白色部分⋯⋯⋯⋯⋯⋯⋯⋯ 32

后头上部黄白色，底部黑色；腹部第 1 节背板黄白色，具 2 个不相连的黑斑。中国（青海、四川）⋯⋯⋯⋯⋯⋯⋯⋯⋯⋯⋯⋯⋯⋯⋯⋯⋯ *P. zejiani* Zhong, Li & Wei, 2017

32 中胸前侧片刻点大、深，刻点直径等于或宽于 1/3 单眼直径，刻点间距等于或窄于刻点直径⋯ 33

中胸前侧片刻点浅，刻点直径窄于 1/3 单眼直径，大部分刻点较分散⋯⋯⋯⋯⋯⋯ 37

33 中胸前侧片刻点分散，有时刻点极其微弱⋯⋯⋯⋯⋯⋯⋯⋯⋯⋯⋯⋯⋯⋯⋯⋯⋯⋯ 34

中胸前侧片刻点聚集、明显，刻点间隙具油质光泽；额区刻点分散、明显，具刻纹；触角第 3 节明显长于第 4 节；单眼后区长宽比为 5：3；后足股节外侧全长具黑色条纹，后足胫节近端部外侧具白斑。中国（四川、云南）；缅甸，印度⋯⋯⋯ *P. subcoreacea* Malaise, 1945

34 后足基节和转节具黑斑⋯⋯⋯⋯⋯⋯⋯⋯⋯⋯⋯⋯⋯⋯⋯⋯⋯⋯⋯⋯⋯⋯⋯⋯⋯⋯ 35

后足基节和转节无黑斑⋯⋯⋯⋯⋯⋯⋯⋯⋯⋯⋯⋯⋯⋯⋯⋯⋯⋯⋯⋯⋯⋯⋯⋯⋯⋯ 36

35 腹部大部分背板端部具黄白斑；中胸前侧片黄白色，底部具宽的黑色横斑；后足股节基部外侧具黑斑。中国（西藏）；中国云南－缅甸边境，印度，尼泊尔 ⋯ *P. albicincta albicincta* Cameron, 1881

腹部背板后缘全部黄白色；中胸前侧片黑色，基部或具白斑；后足股节基部无黑斑 。中国云南－缅甸边境 ⋯⋯⋯⋯⋯⋯⋯⋯⋯⋯⋯ *P. albicincta albitarsis* Malaise, 1945

36	中胸前侧片端半部及中胸后侧片黑色；腹部腹侧黑色，腹部各节腹板后缘及各节背板侧缘黄白色。中国云南 – 缅甸边境·······················*P. albicincta sinobirmanica* Malaise, 1945
	中胸前侧片及中胸后侧片黑色；腹部各节腹板后缘及各节背板侧缘黄白色部分较窄。中国云南 – 缅甸边境 ·················*P. albicincta nigripleuris* Malaise, 1945
37	中胸侧板底部无黑色纹；额区内陷，中窝沟状，刻点浅、分散···········**38**
	中胸侧板底部具黑色窄短横斑；额区隆起，顶部平，中窝坑状，刻点深、聚集。中国（吉林）；日本···*P. serii* Okutani, 1961
38	中胸前侧片黄白色，或仅侧板沟邻近区域黑色；复眼上眶斑宽于单眼后区；后足股节仅端部具不相连的黑斑。中国（河北、山西、宁夏、甘肃、湖北、四川、贵州、云南）；中国云南 – 缅甸边境 ·······························*P. sellata sellata* Malaise, 1945
	中胸前侧片顶部黑色，底大半部黄白色；复眼上眶斑窄于单眼后区；后足股节端部 2/5 处黑色。中国（吉林、辽宁、北京、河北、山西、河南、陕西、甘肃、安徽、浙江、湖北、江西、湖南、福建、广西、四川、云南、贵州）；中国云南 – 缅甸边境 ········*P. sellata sagittata* Malaise, 1945

121. 墨脱方颜叶蜂 *Pachyprotasis motuoensis* Zhong, Li & Wei, 2017（图 2-142 ）

Pachyprotasis motuoensis Zhong, Li & Wei, 2017: 146.

雌虫：体长 7.0 mm。体黑色，黄白色部分为：上唇、唇基除中部黑斑外其余部分、唇基上区、中窝两侧不相连的小斑、内眶底半部及相连的后眶、内眶上部狭边及相连的上眶中部弧形斑、触角腹侧、前胸背板前侧及后侧、翅基片前部、中胸背板前叶两侧 "V"形斑、侧叶中部小斑、中胸小盾片除两侧外其余部分、附片、后胸小盾片、中胸前侧片中部大型横斑、中胸后侧片后缘、后胸前侧片上部、后侧片后半部、中胸腹板中部两个分离大斑、腹部各节背板后部及缘折部分、第 10 节背板大部分、各节腹板后部、锯鞘基腹侧。足黄褐色，黑色部分为：各足基节后侧大部、前中足股节背侧端部 2/3 以远部分、后足股节端部 1/4、后足胫节和跗节。翅浅烟褐色，翅痣和翅脉黑褐色；体毛银灰色。

上唇及唇基光滑，仅具少数浅、小刻点；头部额区及邻近的内眶刻点小、不密集，刻纹不明显，具光泽。中胸背板刻点较头部刻点细密，刻点间隙光滑，光泽明显；中胸前侧片上部刻点粗糙，刻纹明显，光泽弱；下部刻点细弱，刻点间隙光滑，刻纹不明显，光泽强，后侧片刻纹致密，光泽稍弱；后胸前侧片刻点极其浅弱、密集，光泽弱，后侧片光滑，刻点浅弱、分散，稍具光泽；中胸小盾片中部光滑无刻点，两侧具浅、小刻点，光泽强；附片无刻点，刻纹细弱，光泽强。腹部背板光滑几无刻点，刻纹细弱，光泽明显。后足基节光滑，刻点不明显。

上唇小，端部截形；唇基缺口底部深弧形，深于唇基 3/7，侧叶宽大；颚眼距稍宽于单眼直径；复眼内缘向下内聚；触角窝上突不发育，额区不隆起，侧面观远低于复眼，额脊稍锐利；中窝不明显，侧窝浅；单眼中沟稍浅，后沟无；单眼后区隆起，宽约为长的 2 倍，侧沟浅、直；头部两侧向后收敛不明显。触角短于胸腹长之和，第 3 节长于第 4 节（ 20：17 ）。中胸小盾片棱形稍隆起，两侧脊锐利，附片中脊锐利。后足胫节内距稍长于基

跗节 1/2 长，基跗节亚等长于其后 4 个跗分节之和，爪内齿等长于外齿。前翅 Cu-a 脉位于 M 室内侧 3/7 处，2Rs 等长于 1Rs 室，臀室中柄约为基臀室 1/2 长，约为 R+M 脉段的 1.5 倍长；后翅臀室柄短，明显短于 cu-a 脉段的 1/2 长。

锯鞘稍短于后足基跗节，端部尖圆形，鞘端等长于鞘基。锯腹片 18 刃，锯腹片强烈骨化，锯刃低平，纹孔线与锯腹片腹缘亚平行，中部刃齿式 0/7~9。

雄虫： 未知。

分布： 中国西藏（墨脱）。

检查标本： 正模：♀，西藏墨脱，N 29°48′，E 95°41′，2 998m，2009. Ⅵ. 20，魏美才采。

鉴别特征： 该种体毛较长；中胸前侧片黑色，前部和后部具两个分离白斑；中胸侧板上部具粗糙、密集刻点；腹部各节背板后缘全部黄白色；锯腹片强烈骨化，锯刃低平，纹孔线与锯腹片腹缘亚平行等特征可与其他种区别。

122. 游离方颜叶蜂 *Pachyprotasis erratica*（Smith, 1874）（图 2-143）

Pachyprotasis erratica Smith, 1874: 381.

Pachyprotasis erratica: Kirby, 1882: 278.

Pachyprotasis erratica: Malaise, 1931: 135.

Pachyprotasis erratica: Malaise, 1945: 161.

Pachyprotasis erratica: Saini & Kalia, 1989: 164.

Pachyprotasis erratica: erratica Saini, 2007: 90.

Pachyprotasis erratica: Togashi, 1970: 14.

Pachyprotasis erratica: Wei & Lin, 2005: 452.

雌虫： 体长 8.0 mm。体黑色，黄绿白部分为：头部触角窝以下部分、内眶底部及相连的后眶底部、上眶椭圆形斑、触角基部两节腹侧、翅基片除后缘外其他部分、中胸背板前叶端部箭头形斑、侧叶中部小斑、中胸小盾片除两侧缘外其余部分、附片中部大部分、后胸小盾片、中胸前侧片中部宽的横斑、后侧片后下角、后胸前侧片、后侧片后下角、腹部第 4~9 节背板宽的缘折部分、各节腹板后缘、锯鞘基及相连的锯鞘端基部。足黄白色，前、中足股节端部 1/3 至爪节后背侧全长条斑以及后足股节端部 2/5 以远部分黑色。翅透明，翅痣及翅脉黑褐色。

上唇及唇基光滑，刻点不明显；头部额区及邻近的内眶刻点浅弱、不密集，刻点间隙光滑几无刻纹，光泽强。中胸背板刻点细密，刻点间隙具明显光泽；中胸前侧片上部刻点极其浅弱、分散，下部刻点细弱、稍密集，刻点间隙光滑，刻纹不明显，光泽强，后侧片刻纹致密，光泽稍弱；后胸前侧片刻点极其浅弱、密集，光泽弱，后侧片光滑，刻点浅弱、分散，稍具光泽；中胸小盾片中部光滑无刻点，两侧具稍大、浅刻点，光泽强；附片无刻点，刻纹细弱，光泽强。腹部背板光滑几无刻点，刻纹细弱，光泽明显。后足基节光滑，刻点不明显。

上唇小，中间具缺口；唇基缺口底部深弧形，深于唇基 1/3，侧角锐；颚眼距稍宽于单眼直径；复眼内缘向下内聚；触角窝上突不发育，额区明显隆起，侧面观约等高于复眼，顶平；中窝及侧窝坑状、不明显；单眼中沟稍浅，后沟无；单眼后区隆起，宽约为长的 2 倍，侧沟近弧形、稍深；头部两侧向后明显收敛。触角短于胸腹长之和，第 3 节长于第 4 节（11：10）。中胸小盾片钝形隆起，两侧脊钝，附片中脊钝形隆起。后足胫节内距稍长于基跗节 1/2 长，基跗节亚等长于其后 4 个跗分节之和，爪内齿短于外齿。前翅 Cu-a 脉位于 M 室内侧 1/3 处，2Rs 稍长于 1Rs 室，臀室中柄约为基臀室 1/2 长，等长于 R+M 脉段；后翅臀室具长柄，为 cu-a 脉段的 3/4 长。

锯鞘稍长于后足基跗节，端部尖圆形，鞘端长于鞘基。锯腹片 20 刃，锯刃倾斜，刃段较短，刃齿较小、多，中部刃齿式 1~2/16~18。

雄虫：未见标本。

分布：中国吉林（长白山），浙江（临安、丽水、开化、遂昌），江西（武功山），湖南（武冈），台湾；日本，俄罗斯（萨哈林岛、西伯利亚）。

模式标本保存于英国伦敦博物馆（BMNH）。

鉴别特征：该种中胸侧板黑色，底部具 1 个宽的黄白横斑；胸部背板具明显白斑，腹部背板黑色，无白斑；中胸前侧片及头部背侧刻点极其细弱，刻点间隙光滑，光泽强；中胸小盾片隆起，两侧脊钝，光滑无刻点等特征易与其他相近种区别。

123. 游离方颜叶蜂光额亚种 *Pachyprotasis erratica nitidifrons* Malaise, 1945（图 2-144）

Pachyprotasis erratica nitidifrons Malaise, 1945: 161.

Pachyprotasis erratica nitidifrons: Saini, 2007: 90.

雌虫：体长 8.0 mm。此亚种体色和构造与 *P. erratica* Smith 极其近似，不同点为：中胸侧板底部及腹板黄白色，底部具小型黑色横斑；中胸前侧片及头部背侧刻点极其浅弱、不明显，刻纹无，光泽强；锯鞘短于后足基跗节，端部宽椭圆形，鞘端稍长于鞘基。锯腹片 20 刃，锯刃明显凸出，中部刃齿式 2/12~13。

雄虫：未见标本。

分布：中国山西（龙泉），陕西（佛坪），福建（武夷山），四川。

模式标本保存于瑞典斯德哥尔摩自然历史博物馆（NHRS）。

124. 岛屿方颜叶蜂 *Pachyprotasis insularis* Malaise, 1945

Pachyprotasis insularis Malaise, 1945: 161.

Pachyprotasis insularis: Saini, 2007: 87.

雌虫：体长 9.5 mm。体黑色，白色部分：中胸背板前叶"V"形斑、中胸侧板底部、腹部各节背板后缘三角形斑（中部三角形斑伸达背板基部）；中胸侧板底部白色横斑较窄或缺失。后足白色，胫节和跗节黑色，股节端部具黑斑。头部额区及邻近区域刻点密集，刻点间距等宽于刻点直径；中胸背板刻点较头部邻近区域刻点浅、稀疏；中胸侧板刻点浅、稀疏，底部刻点小于中单眼直径 1/3，上部刻点稍大。中胸小盾片不隆起；额区平。触角第 3 节长于第 4 节。

雄虫：体长 7.5 mm。

分布：中国（台湾）；印度。

模式标本保存于瑞典斯德哥尔摩自然历史博物馆（NHRS）。

125. 显刻方颜叶蜂 *Pachyprotasis puncturalina* Zhong, Li & Wei, 2018（图 2-145、图 2-146）

Pachyprotasis puncturalina Zhong, Li & Wei, 2018: 291.

雌虫：体长 10.0 mm。体黑色，黄白色部分为：头部触角窝以下部分、触角窝中部小斑、内眶底部及相连的后眶底大半部、内眶上部狭边及相连的上眶斑、单眼后区后缘、触角柄节腹侧、前胸背板后下侧、翅基片除后缘外其余部分、中胸背板前叶两前侧近长方形斑及端部箭头形斑、侧叶中部小斑、中胸小盾片除两侧缘外其余部分、附片、后胸小盾片、中胸前侧片除顶角及底部宽的横斑外其余部分、后侧片后部、后胸前侧片上部、后侧片后大半部、中胸腹板、腹部第 2~6 节背板中部后缘扁小三角形斑、第 10 节背板大部分、各节背板缘折部分、各节腹板后缘、锯鞘除鞘端端部及背缘外其余部分。足黄白色，前中足股节端部后背侧以远具黑色条斑，后足股节端部 2/5 以远部分黑色。翅浅烟色，亚透明，翅痣及翅脉黑褐色。

上唇及唇基刻点稍大、浅、分散；头部额区及相连的内眶刻点极其浅弱、不明显，刻点间隙光滑几无刻纹，光泽强。中胸背板刻点密集，刻点间隙具明显光泽；中胸侧板上部刻点大、深、稍密集，下部刻点细密，刻点间隙具微细刻纹及光泽；中胸后上侧片刻纹显著，光泽弱，后下侧片内缘光滑无刻点及刻纹，光泽强，外部刻点明显，光泽稍弱；后胸前侧片刻点密集，光泽弱，后侧片刻点稍分散，具光泽；中胸小盾片中部光滑几无刻点及刻纹，光泽强，两侧刻点稍大、浅；附片刻纹细密，光泽弱。腹部背板刻纹微细，两侧刻点浅、分散，具明显光泽。后足基节外侧刻点深、明显、稍密集。

上唇大，端部截形；唇基近截形，深约为唇基 1/3 长，侧角稍钝；颚眼距等宽于单眼直径；复眼内缘向下平行；额区隆起，侧面观低于复眼，额脊圆滑；中窝及侧窝浅；单眼中沟浅，后沟无；单眼后区稍隆起，宽长比为 13：9，侧沟浅弧形；后头两侧向后明显收敛。触角约稍短于胸腹部之和，第 3 节长于第 4 节（13：12）。中胸小盾片钝形隆起，两侧脊钝，附片中脊稍锐利。后足胫节内距 1/2 于基跗节长，基跗节稍长于其后 4 个跗分节之和，爪内齿长于外齿。前翅 Cu-a 脉位于 M 室内侧 2/5 处，2Rs 室等长于 1Rs 室，臀室中柄约为基臀室 1/2 长，稍长于 R+M 脉段；后翅臀室短，为 cu-a 脉段的 1/3 长。

锯鞘明显短于后足基跗节，端部椭圆形，鞘端稍长于鞘基；锯腹片 23 刃，锯刃稍倾斜，中部刃齿式 2/11~12。

雄虫：体长 7.0 mm，体色与构造近似雌虫，不同点为：触角腹侧全长黄白色，鞭节强烈侧扁；中胸前侧片黑斑较雌虫窄、短；颚眼距 2.5 倍宽于单眼直径；复眼向下明显发散，内眶底部较雌虫明显隆起；中胸背板刻点稀疏，刻点间隙光滑，光泽较强。

分布：中国辽宁（海城），浙江（临安、丽水、开化、青田），江西（宜丰、修水、资溪），湖北（宜昌），湖南（炎陵、浏阳、武冈、桂东），广东（乳源），四川（峨眉山），云南（大理、贡山）。

检查标本：正模：♀，湖南炎陵桃源洞，N 26°29′，E 114°02′，900~1 000 m，1999. Ⅳ.24，魏美才采；副模：3♀1♂，采集记录同正模，魏美才、肖炜、张开健采；1♀，湖南大围山春秋坳，N 28°25′，E 114°06′，1 300 m，2010. Ⅴ.3，李泽建采；1♀，湖南大围山张坊镇，N 28°20′，E 114°11′，480 m，2010. Ⅴ.4，李泽建采；1♀，湖南大围山栗木桥，N 28°25′，E 114°05′，980 m，2010. Ⅴ.5，李泽建采；1♀，湖南云山云峰阁，N 26°38′，E 110°37′，1 170m，2010. Ⅳ.17，刘艳霞采；1♀，浙江清凉峰龙鼎山，N 30°07′，E 118°54′，930m，2010. Ⅳ.27，肖炜采；1♂，广东乳源九重山，N 24°43′，E 113°12′，1 100m，2004. Ⅳ.12，魏美才采。

鉴别特征：该种中胸侧板刻点大、深、明显，头部背侧光滑无刻点；额脊圆滑，中窝浅坑状；胸部侧板黄白色，底部具黑色横斑；腹部背板黑色，第 2~6 节背板中部后缘具扁平三角形白斑等特征可与相近种区别。

126. 仙镇方颜叶蜂 *Pachyprotasis senjensis* Inomata, 1984（图 2-147、图 2-148）

Pachyprotasis senjensis Inomata, 1984: 311.

雌虫：体长 8.5 mm。体黑色，黄白色部分为：头部触角窝以下部分、内眶底部及相连的后眶底大半部、内眶上部狭边及相连的上眶弧形横斑、触角基部 2 节腹侧、前胸背板后下部、翅基片除后缘外其余部分、中胸背板前叶两侧"V"形斑、侧叶中部小斑、中胸小盾片除两侧缘外其余部分、附片、后胸小盾片、中胸前侧片中部宽的横斑、后侧片后部、后胸前侧片全部、后侧片后部、中胸腹板、腹部各节背板端部三角形斑、各节背板缘折部分、各节腹板端半部及锯鞘基；触角鞭节腹侧暗褐色。足黑色，前中足股节至爪节后背侧全长、后足基节腹侧及内侧不规则斑以及后足股节端部 2/5 以远部分黑色。翅亚透明，翅痣及翅脉暗褐色。

上唇刻点浅弱、稀疏，唇基具大、浅、稀疏刻点；头部额区及邻近的内眶刻点不密集、稍浅，刻点间隙具微细刻纹及光泽。中胸背板刻点细小、稍密集，具明显油质光泽；

中胸前侧片上部刻点稍大、深、不密集，下部刻点细密，刻点间隙光滑，具明显油质光泽；后上侧片刻纹显著，光泽弱，后下侧片刻纹相对较弱，光泽明显；后胸前侧片刻点浅弱、细密，光泽稍弱，后侧片光滑，刻点分散，光泽明显；中胸小盾片中部光滑几无刻点，两侧刻点浅、分散，光泽强；附片刻纹致密，光泽弱。腹部背板刻纹细密，刻点分散，具明显油质光泽。后足基节外侧上部具浅、分散刻点。

上唇宽大，端部近截形，中间具微浅缺口；唇基缺口底部近截形，深约为唇基 1/3，侧角稍锐；颚眼距宽于单眼直径；复眼内缘向下稍微内聚；触角窝上突不发育，额区明显隆起，侧面观前部稍高于复眼，顶平，额脊圆钝、不明显；中窝不明显，侧窝浅；单眼中沟宽、浅，后沟不明显；单眼后区隆起，宽约为长的 2 倍，侧沟浅，向后分歧；头部两侧向后稍稍收敛。触角短于胸腹长之和，第 3 节长于第 4 节（31∶27）。中胸小盾片钝形隆起，两侧脊基部稍锐利，端部钝；附片中脊锐利。后足胫节内距 3/5 于基跗节长，基跗节亚等长于其后 4 个跗分节之和，爪内齿微短于外齿。前翅 Cu-a 脉位于 M 室内侧 2/5 处，2Rs 长于 1Rs 室，臀室中柄为基臀室 1/2 长，稍长于 R+M 脉段；后翅臀室具长柄，为 cu-a 脉段 3/4 长。

锯鞘明显短于后足基跗节，端部椭圆形，鞘端稍长于鞘基。锯腹片 19 刃，锯刃乳头状凸出，中部刃齿式 1/5~7。

雄虫：体长 8.5 mm。体色与构造近似雌虫，不同点仅为：复眼内缘向下分歧，内眶底部隆起；颚眼距 2 倍宽于单眼直径；触角鞭节腹侧全长黄白色，鞭节强烈侧扁；中胸小盾片近棱形，不隆起，两侧脊稍锐利；头部背侧刻点深、明显，刻点间隙具明显刻纹；中胸前侧片刻点浅、小。

分布：中国陕西（周至），湖南（石门、桑植），四川（阿坝）；日本。

模式标本保存于日本神户大学昆虫实验室。

鉴别特征：该种与 P. erratia Smith 近似，但中胸前侧片刻点稍大、深、明显；腹部各背板后缘具明显三角形白斑；后足基节内侧及腹侧具明显黑斑；锯刃乳头状凸出等特征易与之区别。

127. 窄带方颜叶蜂 *Pachyprotasis senjensis bandana* Wei & Zhong, 2002（图 2-149、图 2-150）

Pachyprotasis senjensis bandana Wei & Zhong, 2002: 238.

雌虫：体长 9.0~9.5 mm。该亚种构造与 P. senjensis Inomata, 1984 相同，体色相近，仅以下特征与之不同：上眶斑较窄，前胸背板外缘无白色条纹，中胸前侧片中部横斑较窄；后足股节基部 2/7 黄白色；锯腹片 18 刃，锯刃乳头状凸出，中部刃齿式 1/5~6。

雄虫：体长 8.5mm。体色与构造近似雌虫，不同点仅为：复眼内缘向下发散，内眶底部隆起；颚眼距 2 倍于单眼直径；单眼后区具浅弱中纵沟，宽为长的 2 倍，后头两侧向后收敛不明显；触角鞭节腹侧全长黄白色，鞭节强烈侧扁；胸部背板和侧板黄白斑较雌虫小；后足转节外侧以及股节基部内外侧各具黑色条斑。

个体差异：后足基节全部黑色或腹侧全部黑色，后足股节基节端部 5/7 黑色至全部黑色。

分布：中国河北（涞水、蔚县），山西（左权、五台、龙泉），河南（嵩县、卢氏、陕县），陕西（凤县、丹凤、佛坪、留坝、眉县），甘肃（天水、徽县、清水），湖北（宜昌）。

检查标本：正模：♀，河南嵩县白云山，N 33°54′，E 111°59′，1 500~1 800 m，2001. Ⅴ.31~Ⅵ.3，钟义海采；副模：26♀3♂，采集记录同正模。

128. 田氏方颜叶蜂 *Pachyprotasis tiani* Wei, 1998（图 2-151、图 2-152）

Pachyprotasis tiani Wei in Wei & Nie, 1998: 166.

雌虫：体长 8.5 mm。体黑色，黄白色部分为：头部触角窝以下部分、中窝、内眶底部、后眶底半部、内眶上部模糊狭边、上眶斑、触角柄节腹侧、前胸背板下缘、翅基片基缘、中胸背板前叶两前侧斑、侧叶中部小斑、中胸小盾片除两侧外其余部分、附片中部、后胸小盾片、中胸前侧片中部宽的横斑、后侧片后缘、后胸前侧片上部、后侧片后下角、中胸腹板中部大斑、腹部背板中部极窄后缘、各节背板侧角及腹板后缘、锯鞘基不规则斑。前中足黄白色，股节至爪节后背侧全长具宽黑条斑，后足黑色，黄白色部分为：基节外侧及腹侧大斑、转节除外侧黑斑外其余部分、股节及基跗节基部。翅烟色，前缘脉及翅痣黑色。

上唇及唇基具稀疏刻点；头部背侧刻点密集，具光泽。中胸背板刻点细密，具光泽；中胸前侧片下部刻点浅弱，上部刻点大、明显，光泽明显，后上侧片刻纹显著，光泽弱，后下侧片光滑无刻点及刻纹，光泽强；后胸侧板刻点密集、稍弱，具光泽；中胸小盾片近棱形隆起，光滑几无刻点；附片中脊明显，光泽强。腹部背板刻纹及光泽明显，刻点分散。后足基节外侧上部具明显刻点。

上唇端部截形；唇基缺口近截形，深约为唇基 2/5 长，侧角稍钝；颚眼距大于单眼直径；复眼内缘向下稍内聚；触角窝上突发育，额区隆起、顶平，额脊稍锐、隆起；中窝及侧窝浅；单眼中沟及后沟浅；单眼后区稍隆起，宽为长的 2 倍，侧沟近弧形、稍深；背观后头两侧收敛不明显。触角短于胸腹长之和，第 3 节明显长于第 4 节。后足胫节内距 3/5 于基跗节长，基跗节稍长于其后 4 个跗分节之和，爪内齿短于外齿。前翅 Cu-a 脉位于 M 室内侧 3/7 处，2Rs 亚等于 1Rs 室，臀室中柄为基臀室 1/2 长，长于 R+M 脉段；后翅臀室具柄。

锯鞘短于后足基跗节，鞘端椭圆形，明显长于鞘基。锯腹片 22 刃，锯刃低平，中部刃齿式为 2/16~19。

雄虫：体长 6.5 mm。体色和构造与雌虫近似，仅触角腹侧全长黄白色，鞭节强烈侧扁。

个体差异：后足基节全部黑色或腹侧全部黑色，后足股节端部 5/7 黑色至全部黑色。

分布：中国河北，河南（嵩县、卢氏），陕西（西安、留坝、凤县、眉县、佛坪），宁夏（泾源），甘肃（天水、礼县），青海（互助），浙江（临安），湖北（宜昌），湖南（江永），广东，广西（田林），四川（崇州）。

检查标本：正模：♀，河南嵩县，N 33°54′，E 111°59′，1996. Ⅷ. 17，魏美才采；副模：2♀1♂，河南嵩县，N 33°54′，E 111°59′，1996. Ⅷ. 13~17，魏美才、文军采。

鉴别特征：该种体色和构造与 *P. senjensis bandana* Wei & Zhong 极其近似，但锯刃平直，不突出，刃齿小而多，外侧刃齿 15~17 个；上眶白斑通常独立，明显宽于内眶斑；中胸背板前叶两侧具白斑等特征可与之区别。

129. 林氏方颜叶蜂 *Pachyprotasis lini* Wei, 2005（图 2-153、图 2-154）

Pachyprotasis lini Wei in Wei & Lin, 2005：451.

雌虫：体长 9.0 mm。体黑色，黄白色部分为：上唇、唇基、内眶下半部及相连的后眶下部 1/3、上眶中部斜斑、唇基上区、触角柄节腹侧、前胸背板侧叶外缘狭边、翅基片前半部、中胸背板前叶端部、中胸小盾片中部、附片中部、后胸小盾片中部、中胸前侧片中部横斑、后胸后侧片后下角、中胸腹板中部、后胸侧板大部、腹部第 3~6 节背板后缘中部小斑、第 10 节背板全部、第 4~9 节背板缘折部分、各节腹板后缘狭边。足黄褐色，黑色部分为：前中足股节后侧端部 1/2、胫跗节背侧细条斑、后足基节腹侧亚端部细短条斑、股节端半部、胫节和跗节。翅浅烟色，翅痣及翅脉黑色。

上唇刻点浅弱，唇基刻点稀疏、大、明显；头部背侧刻点稍大、浅、密集，刻点间隙具微细刻纹，光泽明显。中胸背板前叶刻点细密，侧叶刻点较稀疏、细小；中胸侧板大部和后胸前侧片具细小刻点和微细刻纹，具显著光泽，中胸前侧片上部刻点和刻纹稍密集，后胸后侧片几乎无刻点和刻纹；中胸小盾片光滑，刻点浅、分散，光泽明显，附片光滑，刻点及刻纹不明显，光泽强。腹部背板具微细刻纹，光泽显著，第 1~3 节背板两侧及其余背板大部具稀疏刻点。

上唇宽大，端部截形；唇基端部缺口宽浅，深约为唇基 1/3 长；颚眼距 1.5 倍宽于单眼直径；复眼内缘向下稍内聚；额区稍隆起，前部具 1 对小瘤突，额脊钝、不明显；中窝小，侧窝浅圆；单眼中沟及后沟细弱；单眼后区稍隆起，宽长比为 3：2，侧沟不深，向后明显分歧；背后观后头两侧微弱收敛。触角等长于前翅 C 脉和翅痣之和，第 2 节宽等于长，第 3 节稍长于第 4 节（10：9）。中胸小盾片钝形，稍隆起，两侧脊基部锐利，端部钝圆，附片中脊稍锐利。后足胫节内距约等于基跗节 1/2，基跗节稍长于其后 4 个跗分节之和，爪内齿微长于外齿。前翅 Cu-a 脉位于 M 室内侧 3/7 处，2Rs 微长于 1Rs 室，臀室中柄为基臀室 1/2 长，长于 R+M 脉段 1.5 倍；后翅臀室具短柄。

锯鞘明显短于后足基跗节，端部椭圆形，鞘端长于鞘基。锯腹片 19 刃，锯刃倾斜凸出，中部刃齿式 2/7~9，节缝刺毛十分短小稀疏，不呈带状。

雄虫：体长 6 mm。体色和构造与雌虫近似，但触角侧扁，腹侧全长白色；前中足股节背侧黑带延伸至股节基部，后足基节腹侧黑带延伸至基节基部；各足爪内齿短于外齿；下生殖板端部圆钝；抱器窄长。

分布：中国贵州（道真）。

检查标本：正模：♀，贵州大沙河，N 29°09′，E 107°36′，1 300 m，2004. Ⅴ. 23~24，林杨采；副模：8♂，采集记录同正模。

鉴别特征：该种与 *P. erratica* Smith 比较近似，但雌虫单眼后区宽长比等于 3：2，侧沟直，向后显著分歧；两性头部背侧刻点明显较大、深、密集；中胸腹板两侧均具宽阔黑斑等特征，容易鉴别；该种与 *P. libona* Wei 也比较近似，但前者中胸腹板中部白色；腹部背板白斑几乎消失；头部刻点较稀疏，阳茎瓣中部显著收缩特征，也容易与其区别。

130. 荔波方颜叶蜂 *Pachyprotasis libona* Wei & Nie, 2002（图 2-155）

Pachyprotasis libona Wei & Nie, 2002: 453.

雄虫：体长 7.0 mm。体黑色，黄白色部分为：上唇、唇基、唇基上区、内眶下半部及相连的后眶下部 3/5、上眶中部弧形横斑、中窝侧壁、触角腹侧、前胸背板后大半部、翅基片前半部、中胸背板前叶两侧前部、中胸小盾片中部、附片中部、后胸小盾片中部、中胸前侧片大型横斑、中胸后侧片后缘、后胸前侧片后缘、后侧片后部、腹部各节背板后部、各节腹板后部、下生殖板全部和抱器端部；唇基上沟中部和前幕骨陷黑色。足黄褐色，黑色部分为：各足基节后侧大部、前中足股节背侧端部 2/3 以远、后足股节端部 1/4、胫节和跗节。翅浅烟褐色，翅痣和翅脉黑褐色；体毛褐色。

上唇及唇基具大、浅、稀疏刻点；额区和邻近的内眶部分刻点稍密集，刻纹细密、明显；上眶和单眼后区刻点较稀疏，刻纹较弱，光泽明显。中胸背板具细密刻点和刻纹，具油质光泽；中胸小盾片中部、附片大部和后胸小盾片光滑，光泽强，附片具少许刻点；中胸侧板大部和后胸前侧片具细小刻点及显著光泽，中胸前侧片上部刻点小、分散，后胸后侧片几乎无刻点和刻纹。腹部背板具微细刻纹，无刻点。

上唇端部截形；唇基端部缺口浅圆，深为唇基 1/3 长，侧角稍钝；颚眼距宽于单眼直径；中窝显著，以细沟与额区连通；侧窝深圆；额区稍隆起，顶平，额脊不明显；单眼中沟细，后沟模糊；单眼后区稍隆起，宽长比 13：8，侧沟不深，直且互相平行；背面观后头两侧微弱收缩。触角第 2 节宽显著大于长，第 3 节稍短于第 4 节，鞭节强烈侧扁。中胸小盾片十分低平，两侧无脊；附片具中纵脊。前翅 Cu-a 脉位于 M 室内侧 1/3 处，臀室中柄短于基臀室 1/2，等长或稍长于 cu-a 脉，2Rs 室微长于 1Rs 室，外下角稍延伸，后翅

臀室具柄。后足内径距约等长于后基跗节的 1/2，爪内齿微短于外齿。下生殖板端部圆，抱器窄长。

雌虫：未知。

分布：中国贵州（荔波）。

检查标本：正模：♂，贵州荔波茂兰，N 25°14′，E 107°56′，1998．Ⅹ．27，汪廉敏采；副模：1♂，贵州荔波，N 25°14′，E 107°56′，1998．Ⅴ．7，汪廉敏采。

鉴别特征：该种腹部背板黑色，但各节背板端部具宽的白斑，白色部分占了将近背板一半的宽度；中胸背板前叶两前侧具白斑；中胸侧板白色，但顶角及底部半部黑色；额区刻点及刻纹明显，无光滑间隙；后头几乎不收缩；后足股节基部 3/4 白色等特征易与相近种区别。

131. 武陵方颜叶蜂 *Pachyprotasis wulingensis* Wei, 2006（图 2-156）

Pachyprotasis wulingensis Wei, 2006：625.

雌虫：体长 9.0 mm。体黑色，黄白色部分为：头部触角窝以下部分、内眶底部 1/3 及相连的后眶底部 2/3、内眶上部狭边及相连的上眶斑、触角柄节腹侧、前胸背板下缘和外缘、翅基片基大半部、中胸背板前叶前外角和端部箭头形斑、侧叶中部小斑、中胸小盾片除两侧缘外其余部分、附片、后胸小盾片、中胸前侧片中部宽的横斑、后侧片后缘、后胸前侧片大部、后侧片下半部、中胸腹板大斑、腹部第 3~7 节背板中部后缘细条斑、第 10 节背板大部分、各节背板缘折部分、各节腹板大部及锯鞘基。足黄白色，黑色部分为：前中足股节至爪节后背侧全长条斑、后足股节端部 2/5、胫节除中部腹侧外其余部分、跗节。翅浅烟褐色，透明，翅痣及翅脉黑色。

上唇及唇基刻点稀疏、大、浅；头部额区及相连的内眶部分刻点分散、浅弱，刻点间隙具致密刻纹及光泽。中胸背板刻点细密，具光泽；中胸前侧片刻点极其浅弱，刻纹微细，具光泽；中胸后上侧片刻纹显著，无光泽，后下侧片光滑无刻点，具刻纹，光泽强；后胸前侧片刻点极其浅弱、密集，光泽弱；后侧片刻点分散，刻纹及光泽明显；中胸小盾片中部光滑无刻点，光泽强，两侧具明显刻纹，刻点稍深、明显；附片刻纹明显，光泽稍弱。腹部背板刻纹及光泽明显，刻点分散、浅；后足基节外侧刻点细小、不密集。

上唇大，端部截形；唇基弧形，深约为唇基 1/3 长，侧角稍尖锐；颚眼距稍窄于单眼直径；复眼内缘向下稍收敛；额区明显隆起，顶部较平，额脊低钝；中窝浅，侧窝稍深，纵沟状；单眼中沟稍浅，后沟模糊；单眼后区稍隆起，宽约为长的 2 倍，侧沟浅直，向后稍分歧；后头两侧向后明显收敛。触角稍长于腹部，第 3 节明显长于第 4 节，端部鞭节稍侧扁。中胸小盾片棱形隆起，两侧脊锐利；附片中脊基部钝，端部不明显。后足胫节内距稍长于基跗节长 1/2，基跗节等于其后 4 个跗分节之和，爪内齿稍短于外齿。前翅 Cu-a 脉位于 M 室内侧 3/7 处，2Rs 室微长于 1Rs 室，臀室中柄等长于基臀室 1/3 长，约等长于 R+M 脉段；后翅臀室具短柄。

锯鞘明显短于后足基跗节，端部窄圆，鞘端稍长于鞘基。锯腹片 20 刃，锯刃端部稍倾斜凸出，中部刃齿式 2/15~16。

雄虫：未知。

分布：中国陕西（西安），浙江（临安），湖南（桑植、石门、绥宁、永州、武冈、桂东），广东（始兴、乳源），贵州（梵净山）。

检查标本：正模：♀，湖南桑植八大公山，N 29°40′，E 109°44′，2000. Ⅳ. 30，肖炜采；副模：1♀，陕西长安区鸡窝子，N 33°31′，E 108°50′，1 765 m，2008. Ⅵ. 27，朱巽采；1♀，浙江清凉峰龙塘山，N 30°07′，E 118°54′，930 m，2010. Ⅳ. 27，李泽建采；1♀，湖南桑植八大公山，N 29°40′，E 109°44′，2000. Ⅴ. 1，魏美才采；1♀，湖南石门壶瓶山，N30°07′，E 110°48′，2000. Ⅳ. 30，游章强采；14♀，湖南绥宁黄桑，N 26°26′，E 110°04′，600~900 m，2005. Ⅳ. 21~22，林杨等采；3♀，湖南永州舜皇山，N 26°24′，E 111°03′，800~1 000 m，2004. Ⅳ. 27，刘守柱、张少冰采；3♀，湖南桂东八面山，N 25°47′，E 113°40′，1 000 m，2003. Ⅳ. 8，黄宁廷采；7♀，湖南武冈云山，N 26°38′，E 110°37′，1 100 m，2005. Ⅳ. 25~26，魏美才等采；1♀，湖南云山云峰阁，N 26°38′，E 110°37′，1 170 m，2010. Ⅳ. 12，王晓华采；1♀，湖南云山胜力寺，N 26°38′，E 110°37′，1 120 m，2010. Ⅳ. 20，王晓华采；1♀，广东始兴车八岭，N 24°42′，E 114°12′，400 m，2007. Ⅳ. 13，杨青采；1♀，广东乳源九重山，N 24°43′，E 113°12′，1 100 m，2007. Ⅳ. 12，晏毓晨采；1♀，贵州梵净山，N 28°00′，E108°04′，1 300 m，1999. Ⅴ. 15，魏美才采；1♀，贵州梵净山，N 28°00′，E 108°04′，1982. Ⅴ. 14，采集人不详。

鉴别特征：该种与 *P. senjensis* Inomata 和 *P. tiani* Wei 两个种近似，但中胸前侧片刻点极其浅弱，具微细刻纹，光泽明显；中胸背板前叶两侧白斑分离；锯刃端部稍倾斜突出，中部刃齿式 2/15~16 等特征易于鉴别。

132. 短刃方颜叶蜂 *Pachyprotasis breviserrula* Wei & Zhong, 2009（图 2-157）

Pachyprotasis breviserrula Wei & Zhong, 2009: 611.

雌虫：体长 9.5 mm。体黑色，黄白色部分为：头部触角窝以下部分、触角窝中部小斑、内眶底部 1/3 及相连的后眶底部 2/3、内眶上部狭边及相连的上眶斑、触角基部 2 节腹侧、前胸背板底部、翅基片除后缘外其余部分、中胸背板前叶两侧"V"形斑、侧叶中部小斑、中胸小盾片、附片中部大部分、后胸小盾片、中胸前侧片除上角及底部窄短模糊暗褐色斑外其他部分、后侧片后缘、后胸前侧片除前缘外其余部分、后侧片后部、中胸腹板、腹部第 2~7 节背板中部后缘、第 10 节背板大部分、各节背板缘折部分、各节腹板端部、锯鞘基及锯鞘端中部。足黄白色，黑色部分为：前中足股节端部 2/3 至爪节后背侧条斑、后足股节端部 1/3、后足胫节和跗节。翅烟褐色，亚透明，翅痣及翅脉黑褐色。

上唇及唇基刻点稀疏、浅；头部额区及相连的内眶部分刻点极其浅弱、分散，刻点间隙光滑无刻纹，光泽强。中胸背板刻点细密，光泽明显；中胸前侧片刻点极其浅弱，上部间具分散、稍大、浅刻点，刻纹微细，具光泽；中胸后上侧片刻纹显著，无光泽，后下侧片光滑无刻点，具刻纹，光泽强；后胸前侧片刻点极其浅弱、密集，光泽稍弱；后侧片刻点分散，刻点间隙光滑，刻纹及光泽明显；中胸小盾片和附片光滑无刻点及刻纹，光泽强。腹部背板刻纹及光泽明显，刻点分散、浅。后足基节外侧刻点细小、分散。

上唇大，端部截形；唇基近弧形，深约为唇基 1/3 长，侧角稍钝；颚眼距宽于单眼直径；复眼内缘向下不收敛；额区稍隆起，顶部平坦，额脊圆滑、不明显；中窝浅、不明显，侧窝稍深、纵沟状；单眼中沟稍浅，后沟模糊；单眼后区稍隆起，宽约为长的 2 倍，侧沟稍浅、直；后头两侧向后明显收敛。触角约短于胸腹部之和，第 3 节稍长于第 4 节（25：24）。中胸小盾片棱形隆起，两侧脊明显；附片具中脊。后足胫节内距 3/5 于基跗节长，基跗节微短于其后 4 个跗分节之和，爪内齿稍长于外齿。前翅 Cu-a 脉位于 M 室内侧 3/7 处，2Rs 室稍长于 1Rs 室，臀室中柄为基臀室 2/3 长，明显长于 R+M 脉段；后翅臀室柄较短。

锯鞘短于后足基跗节，端部尖圆形，鞘端稍长于鞘基；锯腹片 22 刃，锯刃端部强烈凸出，齿段短，中部刃齿式 2/4~6。

雄虫：未知。

分布：中国湖南（涟源、平江、永州、绥宁、浏阳），广西（兴安），贵州（梵净山）。

检查标本：正模：♀，湖南涟源龙山，N 27°30′，E 111°44′，1999．V．10，肖炜采；副模：6♀，湖南涟源龙山，N 27°30′，E 111°44′，1999．V．10，肖炜、张开健采；1♀，湖南浏阳大围山东麓园，N 28°10′，E 113°39′，800~900 m，2006．V．17，赵程采；1♀，广西猫儿山红军亭，N 23°36′，E 109°20′，1 570m，2006．V．17，游群采。

鉴别特征：该种中胸前侧片白色，底部具暗褐色窄短横斑，腹部各节背板具明显白斑；头部背侧刻点浅小、稀疏，刻点间隙光滑，光泽强；额区稍隆起，额脊圆滑，中窝浅，不明显；中胸小盾片棱形明显隆起，两侧脊明显；锯腹片锯刃端部强烈凸出，齿段较短，外侧亚基齿较少等特征易与相近种区别。

133. 弱齿方颜叶蜂 *Pachyprotasis obscurodentella* Wei & Zhong, 2009（图 2-158）

Pachyprotasis obscurodentella Wei & Zhong, 2009：612.

雌虫：体长 10.0 mm。体黑色，黄白色部分为：头部触角窝以下部分、触角窝中部小斑、内眶底部 1/3 及相连的后眶底部 2/3、内眶上部狭边及相连的上眶大斑、触角柄节腹侧、前胸背板后下缘、翅基片除后缘外其余部分、中胸背板前叶两侧 "V" 形斑、侧叶中部小斑、中胸小盾片、附片、后胸小盾片、中胸前侧片中部宽的横斑、后侧片后缘、后胸前侧片上大半部、后侧片后半部、中胸腹板、腹部第 2~7 节背板中部后缘、第 10 节背板几乎全部、各节背板缘折部分、各节腹板后部、锯鞘基及锯鞘端中部。足黄白色，黑色部分为：前中足股节端部 1/3 至爪节后背侧全长条斑、后足基节端半部外侧窄短条斑、股节端部 3/5 以远部分；后足胫节近端部背侧具小型黄白斑。翅浅烟色，亚透明，翅痣及翅脉黑褐色。

上唇及唇基刻点稀疏、大、浅；头部额区及相邻的内眶刻点大、深、不密集，刻点间隙具致密刻纹，光泽稍弱。中胸背板刻点稍密集，具光泽；中胸前侧片下部刻点密集，上部刻点大、浅、稍密集，刻点间隙具微细刻纹，光泽稍弱；中胸后上侧片刻纹显著，无光泽，后下侧片光滑，刻纹明显，光泽强；后胸前侧片刻点极其密集、浅弱，光泽稍弱，后侧片光滑，刻点大、分散，光泽明显；中胸小盾片刻点浅、分散，光泽明显；附片刻纹不明显，光泽强。腹部背板刻纹明显，刻点分散，具光泽。后足基节刻点大、深、稍密集。

上唇端部近截形；唇基缺口底部弧形，深约为唇基 1/3 长，侧角钝；颚眼距宽于单眼直径；复眼内缘向下不收敛；额区稍隆起，顶部平坦，额脊不明显；中窝浅，侧窝稍深；单眼中沟稍深，后沟浅；单眼后区稍隆起，宽长比为 13：9，侧沟深直，背后观后头两侧明显收敛。触角短于胸腹长之和，第 3 节稍短于第 4 节（28：29），鞭节端部稍侧扁。中胸小盾片近棱形，明显隆起，两侧脊基部锐利，附片中脊稍钝。后足胫节内距约为基跗节 3/5 长，基跗节长于其后 4 个跗分节之和，爪内齿等长于外齿。前翅 Cu-a 脉位于 M 室内侧 1/3 处，2Rs 室等长于 1Rs 室，臀室中柄约为基臀室 4/5 长，2 倍于 R+M 脉段；后翅臀室极短。

锯鞘稍短于后足基跗节，端部椭圆形，鞘端长于鞘基；锯腹片 22 刃，锯刃凸出，中部刃齿式 2/2~3。

雄虫：未知。

个体差异：部分个体中胸前侧片和中胸腹板黑色，中胸前侧片中部前侧及中胸腹板或具白斑。

分布：中国陕西（留坝、佛坪），湖北（宜昌），湖南（炎陵、浏阳、绥宁），广东（始兴），四川（洪雅），贵州（梵净山）。

检查标本：正模：♀，广东始兴车八岭，N 24°42′，E 114°12′，400 m，2007. Ⅳ. 13，魏美才采；副模：1♀，广东始兴车八岭，N 24°42′，E 114°12′，400 m，2007. Ⅳ. 13，游群采；1♀，湖南绥宁黄桑，N 26°26′，E 110°04′，600~900 m，2005. Ⅳ. 21~22，肖炜采；1♀，湖南炎陵桃源洞，N 26°29′，E 114°02′，900~1 000 m，1999. Ⅳ. 24，魏美才采；1♀，陕西佛坪，N 33°20′，E 107°49′，1 000~1 450 m，1999. Ⅳ. 24，朱巽采。

鉴别特征：该种近似 *P. breviserrula* Wei & Zhong，但触角第 3 节稍短于第 4 节；后足基节外侧具黑色条纹，股节端部 3/5 黑色；单眼后区宽长比为 13：9；臀室中柄约为基臀室 4/5 长等特征可与之区别；该种也近似 *P. lineatella* Wei & Nie，但中胸背板前叶两侧全

部白色；复眼上眶斑较大；锯腹片凸出，基部外侧齿数较少等特征易与之区别。

134. 嵩栾方颜叶蜂 *Pachyprotasis songluanensis* Wei & Zhong, 2002（图 2-159）

Pachyprotasis songluanensis Wei & Zhong in Zhong & Wei, 2002: 216.

雌虫： 体长 7.5~9.0 mm。体黑色，黄白色部分为：头部触角窝以下部分、内眶底部及相连的后眶底部、内眶上部狭边及相连的上眶斜斑、触角柄节腹侧及梗节腹侧端缘、中胸背板前叶端部箭头形斑、侧叶中部小斑、中胸小盾片除两侧缘外其余部分、附片中部纵形小斑、后胸小盾片中部、中胸前侧片下部窄的横斑、后侧片后下角、后胸前侧片后上角及相连的后侧片后下缘、腹部第 3~8 节背板后侧缘、第 10 节背板中部、各节腹板后部及锯鞘基腹缘。足黄白色，黑色部分为：前中足股节端半部后上侧、前中足胫跗节背侧全长、后足基节内侧及腹侧基部宽的条斑、后足胫节内距端半部以及后足股节端半部至爪节。翅浅烟色透明，翅痣及翅脉黑褐色。

上唇及唇基刻点浅弱、分散；头部背侧刻点浅、稍密集，刻点间隙具细密刻纹及明显油质光泽。中胸背板刻点细小、不密集，具光泽；中胸侧板上部刻点稍大，下部刻点渐细小，刻点间隙光滑，光泽明显；中胸后上侧片刻纹显著，无光泽，后下侧片光滑，刻纹微细，光泽强；后胸前侧片刻点密集、浅弱，光泽弱，后侧片光滑，刻点分散、浅弱，光泽明显；中胸小盾片光滑几无刻点，光泽强；附片光泽强。腹部背板刻点浅弱、分散，刻纹微弱，具光泽；后足基节外侧上部刻点明显。

上唇大，端部截形；唇基缺口钝截形，深约为唇基 2/5 长，侧角钝；颚眼距小于单眼直径；复眼内缘向下明显内聚；触角窝上突不发育，额区隆起，略低于复眼，额脊钝；中窝浅横弧形，侧窝深沟状；单眼中沟及后沟宽、明显；单眼后区稍隆起，宽大于长的 2 倍；侧沟深直；头部背后观两侧向后明显收敛。触角稍短于胸腹长之和，第 3 节稍长于第 4 节（26：25），鞭节端部数节稍侧扁。中胸小盾片钝、稍隆起，附片中脊钝形隆起。后足胫节内距稍长于基跗节 1/2 长，基跗节等于其后 4 个跗分节之和，爪内齿明显短于外齿。前翅 Cu-a 脉位于 M 室内侧 3/7 处，2Rs 室长于 1Rs 室，臀室中柄 1.5 倍于 R+M 脉段；后翅臀室柄长于 cu-a 脉段的 1/2 长。

锯鞘约为中足基跗节的 1.5 倍长，端部圆钝，鞘端长于鞘基（23：13）。锯腹片 22 刃，锯刃平缓倾斜，刃齿细小、多。

雄虫： 未知。

分布：中国河南（嵩县、栾川），陕西（佛坪），甘肃（礼县），浙江（临安）。

检查标本：正模：♀，河南嵩县白云山，N 33°54′，E 111°59′，1 500 m，2001. Ⅵ.1，钟义海采；副模：2♀，河南嵩县白云山，N 33°54′，E 111°59′，1 800 m，2001. Ⅵ.2，钟义海采；1♀，河南栾川龙峪湾，N 33°40′，E 111°48′，1 800 m，2001. Ⅵ.5，钟义海采。

鉴别特征：该种胸部侧板黑色，中胸侧板底部具窄短白色横斑；翅基片和腹部背板全部黑色；中胸背板前叶仅端部箭头形斑白色；头部背侧刻点密集，刻纹明显，中胸侧板刻点细小等特征可与相近种区别。

135. 纹足方颜叶蜂 *Pachyprotasis lineipediba* Wei & Zhong, 2002（图2-160）

Pachyprotasis lineipediba Wei & Zhong, 2002: 235.

雌虫：体长8.5 mm。体黑色，黄白色部分为：头部触角窝以下部分、内眶底部1/3及相连的后眶底部3/4、内眶狭边及相连上眶斜斑、触角柄节腹侧、前胸背板前缘及后缘、翅基片前缘、中胸背板前叶两侧基部及端部、侧叶中部小斑、中胸小盾片除两侧缘外其余部分、附片中部纵形小斑、后胸小盾片中部大部分、中胸前侧片中部宽的横斑、后侧片后部、后胸前侧片除下缘外其余部分、后侧片后下角、腹部第10节背板大部分、各节背板缘折部分、各节腹板后部、锯鞘基下缘及锯鞘端基部。足黄白色，前中足股节基部背侧以远全长具宽黑条斑，后足基节内侧具宽的黑斑，股节端部2/5以远部分黑色。翅浅烟色，透明，翅痣及翅脉黑褐色。

上唇及唇基刻点稀疏、浅；头部背侧刻点密集，刻纹致密，光泽稍弱。中胸背板及中胸前侧片刻点细密，刻点间隙光滑，具明显光泽，刻纹不明显；中胸后上侧片刻纹显著，无光泽，后下侧片光滑，刻纹微细，光泽强；后胸前侧片刻点密集、浅弱，光泽弱，后侧片光滑，刻点分散、浅弱，光泽明显；中胸小盾片中部光滑几无刻点，两侧刻点浅、光泽强；附片刻点大、浅，刻纹微细，光泽强。腹部背板刻点浅弱、稀疏，刻纹明显，光泽强。后足基节外侧上部刻点细密。

上唇端部截形，中间具弧形浅缺口；唇基缺口截形，深约为唇基1/3长，侧角钝；颚眼距宽于单眼直径；复眼内缘向下明显收敛，内眶底部稍隆起；触角窝上突不发育，额区明显隆起，基部约等高于复眼，额脊圆滑，不明显；中窝不明显，侧窝浅沟状；单眼中沟浅，后沟无；单眼后区稍隆起，宽为长的2倍，侧沟深、直；头部背后观两侧向后收敛。触角短于胸腹长之和，第3节等长于第4节，鞭节稍侧扁。中胸小盾片钝、稍隆起，附片中脊钝形隆起。后足胫节内距为基跗节4/7长，基跗节等长于其后4个跗分节之和，爪内齿短于外齿。前翅Cu-a脉位于M室内侧1/3处，2Rs室稍长于1Rs室，臀室中柄等长于R+M脉段；后翅臀室柄稍长于cu-a脉段的1/2长。

锯鞘等长于后足基跗节，端部椭圆形，鞘端明显长于鞘基。锯腹片21刃，锯刃端部稍倾斜，中部刃齿式为2/10~13。

雄虫：未知。

分布：中国河南（嵩县、卢氏）。

检查标本：正模：♀，河南嵩县白云山，N 33°54′，E 111°59′，1 500 m，2001. Ⅵ. 1，钟义海采；副模：2♀，河南卢氏大块地，N 33°45′，E 110°59′，1 400 m，2000. Ⅴ. 29，

陈明利、钟义海采。

鉴别特征：该种构造极其近似 *P. songluanensis* Wei & Zhong，仅体色与之有些差别：前胸背板前缘及下缘黄白色；中胸侧板下部黄白色横斑明显宽于侧板上部黑斑；中胸背板前叶两前侧具分离白斑；后足股节基部黄白色部分较宽；锯刃端部稍倾斜，外侧亚基齿很多等特征可与之区别。

136. 双斑股方颜叶蜂 *Pachyprotasis bimaculofemorata* Wei & Nie, 1999（图 2-161）

Pachyprotasis bimaculofemorata Wei & Nie, 1999: 160.

雄虫：体长 7.5 mm。体黑色，黄白色部分为：中窝以下部分、内眶底半部及相连的后眶底大半部、上眶小型斜斑、触角腹侧全长、前胸背板后侧、翅基片前部、中胸背板前叶两前侧各 1 个小斑、侧叶中部小斑、中胸小盾片中部大部分、附片端部中央小斑、后胸小盾片中部小斑、中胸前侧片除上角及底部黑色横斑外其余部分、后侧片后缘、后胸前侧片端半部及与之相连的后侧片后下部、中胸腹板除腹板缝外其余部分、腹部各节背板缘折部分、第 1~7 节腹板除前缘外其余部分、第 8 节腹板全部。足黄白色，黑色部分为：前中足股节端半部后背侧以远条纹、后足基节内外侧斑、转节外侧、股节外侧全长及内侧端半部条斑（股节黑斑端半部变宽，几乎相连）、胫节除近端部腹侧外其余部分、胫节内距端部、基跗节除基部外其余部分、第 2~5 跗分节除腹侧浅褐色条纹外其余部分、爪节。翅透明，前缘脉及翅痣暗褐色，其余翅脉黑褐色。

上唇及唇基刻点浅弱、稀疏；头部背侧刻点浅、稍密集，刻点间隙光滑，刻纹微弱，光泽明显。中胸背板刻点细弱、稍分散，光泽明显；中胸侧板上角刻点稍大，往下刻点渐变小，刻点间隙光滑，具明显光泽；中胸后上侧片刻纹显著，无光泽，后下侧片光滑，刻纹不明显，光泽强；后胸前侧片刻点细密，光泽弱，后侧片光滑，刻点分散，光泽明显；中胸小盾片中部刻点浅、不明显，两侧刻点大、明显，光泽强；附片刻纹明显，光泽强。腹部背板刻点稀疏，具微刻纹，光泽较弱。后足基节刻点稍大、明显。

上唇小，端部截形；唇基缺口近弧形，深为唇基 1/3 长，侧角稍钝；颚眼距为单眼直径的 2 倍；内眶底部隆起；触角窝上突稍发育，额区明显隆起，侧面观基部等高于复眼，额脊钝、圆滑；中窝及侧窝浅沟状；单眼中沟深，后沟不明显；单眼后区隆起，宽为长的 2.5 倍，侧沟短、深；后头短，头部背后观两侧向后强烈收敛。触角长于胸腹部之和，第 3 节稍短于第 4 节（20：23），鞭节强烈侧扁。中胸小盾片近棱形，微隆起，中部平，两侧脊锐利，附片中脊稍钝。后足胫节内距稍长于基跗节 1/2，基跗节短于其后 4 个跗分节之和，爪内齿等长于外齿。前翅 Cu-a 脉位于 M 室内侧 1/3 处，2Rs 室长于1Rs 室，臀室中柄为基臀室的 2/3 长，为 R+M 脉段的 1.5 倍；后翅臀室柄为 cu-a 脉段的4/7 长。

雌虫：未知。

分布：中国河南（嵩县）。

检查标本：正模：♂，河南嵩县白云山，N 33°54′，E 111°59′，1 500 m，1999．Ⅴ．20，盛茂领采；副模：1♂，采集记录同正模；1♂，河南嵩县白云山，N 33°54′，E 111°59′，1 800 m，2001．Ⅵ．2，钟义海采。

鉴别特征：该种腹部背板黑色，无白斑，胸部背板仅中胸背板前叶两前侧角、侧叶中部小斑、中胸小盾片中部、附片及后胸小盾片中部小斑白色；后足股节外侧全长、内侧端半部各具 1 个宽的黑色条斑；触角第 3 节短于第 4 节；中胸小盾片棱形、隆起不明显；头部背侧及胸部侧板刻点密集等特征易与相近种区别。

137. 斑胫方颜叶蜂 *Pachyprotasis maculotibialis* Wei & Zhong, 2002（图 2-162）

Pachyprotasis maculotibialis Wei & Zhong in Zhong & Wei, 2002：230.

雄虫：体长 8.5 mm。体黑色，黄白色部分为：头部中窝以下部分、内眶底半部及相连的后眶底大半部、上眶小型斜斑、触角基部第 3 节腹侧、前胸背板后侧、翅基片前部、中胸背板前叶两前侧小斑、侧叶中部小斑、中胸小盾片中部大部分、附片中央小斑、后胸小盾片中部小斑、中胸前侧片中部、后侧片后缘、后胸前侧片端半部及与之相连的后侧片后下部、中胸腹板除腹板缝外其余部分、腹部各节背板缘折部分、第 1~7 节腹板除前缘外其余部分、第 8 节腹板全部。足黄白色，黑色部分为：前中足股节端半部后背侧以远条纹、后足基节外侧及腹侧条斑、转节外侧、股节外侧全长及内侧端半部斑（股节黑斑端半部变宽，几乎相连）、胫节除近端部背侧 1 个明显黄白斑外其余部分、胫节内距端部、基跗节除基部外其余部分、第 2~5 跗分节除腹侧浅褐色条纹外其余部分、爪节。翅透明，前缘脉及翅痣暗褐色，其余翅脉黑褐色。

上唇及刻点浅弱、稀疏；头部背侧刻点浅、分散，刻点间隙光滑，具微细刻纹，光泽强。中胸背板刻点细弱、分散，光泽明显；中胸前侧片上部刻点稍大、深，下部刻点细密，刻点间隙光滑，具微细刻纹，光泽明显；中胸后上侧片刻点显著，光泽稍弱，后下侧片光滑几无刻纹，刻点不明显，光泽强；后胸前侧片刻点细弱、密集，光泽稍弱，后侧片光滑，刻点不明显，光泽强；中胸小盾片及附片光滑无刻点，光泽强。腹部背板刻点分散、浅，具微刻纹及光泽。后足基节刻点深、明显。

上唇小，端部圆钝；唇基缺口近弧形，深为唇基 1/3 长，侧角稍钝；颚眼距为单眼直径的 2 倍；复眼内缘向下显著分歧，内眶底部隆起；触角窝上突不发育，额区明显隆起，额脊钝、圆滑；中窝及侧窝浅；单眼中沟深，后沟不明显；单眼后区隆起，宽大于长的 2 倍，侧沟短、深；后头短，头部背后观两侧向后强烈收敛。触角长于胸腹部之和，第 3 节等长于第 4 节，鞭节强烈侧扁。中胸小盾片明显隆起，顶面圆钝，附片具显著中脊。后足胫节内距稍长于基跗节 1/2，基跗节等长于其后 4 个跗分节之和，爪内齿稍长于外齿。前翅 Cu-a 脉位于 M 室内侧 1/3 处，2Rs 室长于 1Rs 室，臀室中柄为 R+M 脉段的 1.5 倍；

后翅臀室柄为 cu-a 脉段的 3/7 长。

雌虫：未知。

分布：中国山西（五台），河南（济源）。

检查标本：正模：♂，河南济源黄楝树，N 35°15′，E 112°07′，1 400 m，2000.Ⅵ.6，魏美才采；副模：1♂，山西五老峰明眼洞，N 34°48′，E 110°35′，1 650 m，2009.Ⅵ.7，王晓华采。

鉴别特征：该种极其近似 *P. bimaculofemorata* Wei，仅后足胫节近端部背侧具 1 个明显黄白斑；后足基节外侧具 2 个黑色条斑；中胸小盾片圆钝形，光滑无刻点；中胸侧板黑色部分较大，几乎上半部全为黑色等特征可与之区别。

138. 孙氏方颜叶蜂 *Pachyprotasis sunae* Wei & Nie, 1999（图 2-163）

Pachyprotasis sunae Wei & Nie, 1999: 158.

雄虫：体长 6.0 mm。体黑色，白色部分为：头部触角窝以下部分、中窝、额区前缘、内眶上部狭边和相连的上眶小斑、后眶底半部、触角腹侧、前胸背板后缘、翅基片前半部、中胸背板前叶两侧斑、中胸小盾片顶面、附片中部、后胸小盾片中部、中胸前侧片横斑、后侧片后缘狭边、后胸前侧片后缘、中胸腹板中部；腹部仅下生殖板端缘白色；足白色或黄褐色，黑色部分为：前中足股节至跗节背侧条斑、后足基跗节外侧条斑、后足股节端部 3/5、胫节及跗节；胫节端距暗褐色，端部黑色。翅半透明，端部 1/3 颜色微暗，翅痣和翅脉黑褐色，前缘脉大部和翅痣基部浅褐色。体毛银褐色，头部背侧杂以黑褐色细毛。

上唇及唇基刻点稀疏、不明显；头部背侧刻点大、明显，但不密集，刻点间隙具细致刻纹及油质光泽。中胸背板前叶刻点稍大、密集，侧叶刻点稍小，具光泽；中胸前侧片上部刻点稍大、明显，往下刻点渐小，刻点间隙具微细刻纹及明显光泽；中胸后上侧刻纹显著，无光泽，后下侧片光滑，刻纹微细，后缘具浅弱刻点，光泽强；后胸前侧片刻点细密，无光泽，后侧片光滑，刻点分散、浅，刻纹微细，光泽稍弱；中胸小盾片中部光滑几无刻点，两侧刻点浅，附片刻纹微细，中胸小盾片及附片均具光泽。腹部背板无光泽，刻点分散，明显，具微细刻纹。后足基节刻点稍大、浅、不密集。

上唇稍小，端部圆钝形；唇基缺口底部较直，深达唇基 1/3 长，复眼内缘直，互相平行，颚眼距几乎 2 倍于单眼直径；复眼内缘直，互相平行，内眶底部隆起；额区稍隆起，额脊不明显；中窝浅平，长圆形，上端开放，侧窝深沟状；单眼中沟和后沟浅弱；单眼后区宽长比为 11∶7，侧沟深，向后亚平行；背面观后头很短，两侧明显收缩。触角约等长于胸腹部之和，第 2 节长大于宽，第 3 节稍长于第 4 节（23∶21），鞭节侧扁，侧纵脊发达。中胸小盾片近棱形，稍隆起，顶部平坦，两侧脊基部锐利，附片中脊低钝。后足胫节内距短于基跗节 2/3 长，基跗节等长于其后 4 个跗分节之和，爪内齿稍短于外齿。前翅

Cu-a 脉位于 M 室内侧 1/3 处，2Rs 室短于 1Rs 室，臀室中柄稍短于 1/2 基臀室，稍长于 R+M 脉段；后翅臀室具短柄。

雌虫：未知。

分布：中国河南（西峡）。

检查标本：正模：♂，河南西峡老界岭，N 33°37′，E 111°46′，1 550 m，1998. Ⅶ . 18，孙素平采。

鉴别特征：该种与 *P. caii* Wei 很近似，但该种腹部黑色；中胸侧板具白色横斑，后足基节具黑色条斑，后足胫节黑色；上唇短小；中窝长大，颚眼距几乎 2 倍于单眼直径等特征与之不同。

139. 小条方颜叶蜂 *Pachyprotasis lineatella* Wei & Nie, 1999（图 2-164、图 2-165）

Pachyprotasis lineatella Wei & Nie in Nie & Wei, 1999：111.

Pachyprotasis lineatella: Wei, 2006：624.

Pachyprotasis lineatella: Wei & Lin, 2005：453.

雌虫：体长 9.0~10.0 mm。体黑色，黄白色部分为：头部触角窝以下部分、内眶底部 1/3 及相连的后眶底部 2/5、内眶上部狭边及相连的上眶斜斑、触角柄节腹侧、翅基片基部、中胸背板前叶端部箭头形斑、侧叶中部小斑、中胸小盾片除两侧外其余部分、附片中后部、后胸小盾片、中胸前侧片中部前侧大斑、后胸前侧片后上角、后胸后侧片后半部、中胸腹板中后部、腹部第 3~6 节背板窄短后缘、第 10 节背板全部、各节背板气孔附近小斑及后侧缘、各节腹板后缘及锯鞘基腹侧。足黄白色，黑色部分为：前中足股节基部至爪节背侧全长条斑、后足股节端部 3/7、胫节、胫节内距端半部、各跗分节除基部腹侧外其余部分、爪节。翅浅烟色，亚透明，前缘脉及翅痣黑褐色，其余翅脉黑色。

上唇及唇基刻点大、浅、稀疏；头部背侧刻点稍密集，刻点间隙具细密刻纹，光泽稍弱。中胸背板前叶刻点细密，侧叶刻点分散，具光泽；中胸侧板上部刻点稍大、深，向下刻点渐小，刻点间隙具微细刻纹及光泽；中胸后上侧片刻纹显著，无光泽，后下侧片光滑，刻纹微细，后缘具浅弱、分散刻点，光泽强；后胸前侧片刻点细密，具光泽，后侧片光滑，刻点大、浅、分散，光泽强；中胸小盾片光滑几无刻点，光泽强；附片光滑，刻纹微细，光泽强。腹部背板刻点大、浅、分散，刻纹微细，光泽强。后足基节后上侧刻点深、明显、稍密集。

上唇大，端部截形；唇基缺口截形，深为唇基 2/5 长，侧角锐；颚眼距等宽于单眼直径；复眼内缘向下稍内聚，内眶底部稍隆起；额区不隆起，侧面观远低于复眼，额脊圆滑、不明显；中窝及侧窝浅；单眼中沟稍深，后沟无；单眼后区明显隆起，宽约为长的 2 倍，侧沟深直；头部背后观两侧向后强烈收敛。触角短于体长，第 3 节长于第 4 节（21：19），鞭节稍侧扁。中胸小盾片钝形，明显隆起，附片中脊锐利；后足胫节内距长于

基跗节 3/5，基跗节稍长于其后 4 个跗分节之和，爪内齿短于外齿。前翅 Cu-a 脉位于 M 室近 2/3 处外侧，2Rs 室明显长于 1Rs 室，臀室中柄为基臀室 5/8 长，约为 R+M 脉段的 2 倍；后翅臀室约为 cu-a 脉段的 1/2 长。

锯鞘稍长于中足基跗节（8∶7），端部椭圆形，鞘端稍长于鞘基。锯腹片 20 刃，锯刃稍凸出，中部刃齿式为 2/8~9。

雄虫：体长 9.0 mm。体色与构造近似雌虫，不同点为：后眶底大半部、鞭节腹侧全长、前胸背板后下侧、中胸前侧片基部纵形大斑黄白色；后足基节内侧黑色，股节黄白色，外侧全长具黑色条斑，内侧端部 5/7 及相连的腹侧黑色，转节外侧具黑色条斑；复眼内缘向下明显分歧；内眶底部隆起，颚眼距明显宽于单眼直径；鞭节强烈侧扁。

分布：中国吉林（长白山），辽宁（海城），河北（武安、涞水），山西（垣曲、永济、左权、龙泉、介休），河南（济源、内乡、嵩县、栾川），陕西（西安、眉县），浙江（临安），湖北（五峰、神农架），江西（官山、武功山、修水），湖南（石门、绥宁、永州），广西（田林），四川（洪雅、崇州），贵州（遵义、雷山）。

检查标本：正模：♀，河南内乡宝天曼，N 33°30′，E 111°56′，1 800 m，1998. Ⅶ. 13，魏美才采；副模：4♀，河南内乡宝天曼，N 33°30′，E 111°56′，1 800 m，1998. Ⅶ. 13~14，魏美才采。

鉴别特征：该种体色与 *P. caii* Wei 近似，但体长 10 mm；中胸前侧片基部具大的白斑；额区侧面观远低于复眼，中窝浅，单眼后区约为长的 2 倍；头部背侧刻点较之浅弱；后足基节腹侧具窄细黑色条纹；锯腹片稍凸出等特征可与之区别。

140. 蔡氏方颜叶蜂 *Pachyprotasis caii* Wei, 1998（图 2-166、图 2-167）

Pachyprotasis caii Wei in Wei & Nie, 1998: 165.

雌虫：体长 9.0 mm。体黑色，黄白色部分为：头部触角窝以下部分、内眶底部 2/7 及相连的后眶底部 1/3、内眶上部狭边、上眶斜斑、触角柄节腹侧、翅基片基部、中胸背板前叶端部箭头形斑、侧叶中部小斑、中胸小盾片除两侧外其余部分、附片中部、后胸小盾片、中胸前侧片底部大斑、后胸前侧片中部横斑、中胸腹板中后部大斑、腹部第 3~6 节背板中部窄短后缘、第 10 节背板全部、各节背板气孔附近小斑、各节腹板后缘、锯鞘基腹缘。足黄白色，黑色部分为：前中足股节基部至爪节背侧条斑、后足股节端部 3/5、胫节除中部腹侧外其余部分、胫节内距端半部、各跗分节除基大半部腹侧外其余部分、爪节。翅烟色，前缘脉、R1 脉、2r 脉及翅痣外缘浅褐色，翅痣其余部分暗褐色，其余翅脉黑色。

上唇及唇基刻点稍大、浅、稀疏；头部背侧刻点大、深、明显，刻点间隙具微细刻纹及光泽。中胸背板前叶刻点细密，侧叶刻点大、分散，具光泽；中胸侧板上部刻点大、深、明显，往下刻点渐小，具微细刻纹，光泽明显；中胸后上侧片刻纹显著，无光泽，后下侧片光滑，刻点及刻纹不明显，光泽强；后胸前侧片刻点稍小、密集，光泽弱，后侧片光滑，刻点浅弱、稀疏，光泽强；中胸小盾片及附片光滑几无刻点，光泽明显。腹部背板刻点大、浅、分散，刻纹微细，光泽强。后足基节后上侧刻点分散、深、明显。

上唇端部截形；唇基缺口截形，深为唇基2/5长，侧角锐；颚眼距约等宽于单眼直径；复眼内缘向下收敛，内眶底部稍隆起；触角窝上突不发育，额区稍隆起，侧面观明显低于复眼，额脊钝圆、不明显；中窝及侧窝坑状、稍深；单眼中沟深，后沟无；单眼后区稍隆起，宽1.5倍于长，侧沟稍浅；头部背后观两侧向后明显收敛。触角短于胸腹长之和，第3节明显长于第4节（6∶5），鞭节稍侧扁。中胸小盾片钝形，明显隆起，附片中脊钝形隆起。后足胫节内距为基跗节3/5长，基跗节等于或稍长于其后4个跗分节之和，爪内齿短于外齿。前翅Cu-a脉位于M室内侧2/5处，2Rs室短于1Rs室，臀室中柄约为基臀室1/2长，稍长于R+M脉段（14∶11）；后翅臀室柄具短柄，为cu-a脉段的1/3长。

锯鞘稍长于中足基跗节，端部尖圆，鞘端长于鞘基。锯腹片21刃，锯刃短、不凸出，中部刃齿式为2/5~8。

雄虫：体长8.0 mm。体色和构造与雌虫近似，不同点为：触角腹侧全长黄白色；后足基节至股节基半部具窄黑条斑，股节端半部外侧及底部相连的内侧端部3/5黑色；复眼内缘向下明显发散；内眶底部隆起，颚眼距约2倍于单眼直径，内眶底部隆起；鞭节强烈侧扁。

个体差异：部分个体中胸前侧片底部黄白斑延长至整个前侧片。

分布：中国吉林（抚松），北京，山西（介休、永济），山东（泰安），河南（嵩县、栾川、卢氏、内乡、西峡），陕西（眉县、镇安、安康、佛坪、留坝、周至），甘肃（天水），浙江（临安），湖北（神农架），四川（都江堰、洪雅、崇州），云南（腾冲）。

检查标本：正模：♀，河南嵩县，N 33°54′，E 111°59′，1996.Ⅶ.17，魏美才采；副模：9♀，河南嵩县，N 33°54′，E 111°59′，1996.Ⅶ.15~18，魏美才、文军采；1♀，河南栾川，N 33°40′，E 111°48′，1996.Ⅶ.18，蔡平采。

鉴别特征：该种胸部侧板黑色，仅腹侧具小的白斑；胸部背板黑色，中胸背板前叶端部箭头形斑、侧叶中部小斑、中胸小盾片、附片及后胸小盾片白色；腹部背板黑色，仅第3~6节背板中部窄短后缘白色；后足基节至股节基部3/7白色，无任何黑斑；头部背侧及中胸侧板刻点大、深、明显；中窝坑状、深；中胸小盾片钝形，明显隆起等特征可与相近种区别。

141. 黑腹方颜叶蜂 *Pachyprotasis melanogastera* Wei, 1998（图2-168、图2-169）

Pachyprotasis melanogastera Wei in Wei & Nie, 1998: 167.

雌虫：体长7.5 mm。体黑色，黄白色部分为：头部触角窝以下部分、内眶底部1/3及相连的后眶底部2/7、内眶上部狭边及相连的上眶小斜斑、触角柄节腹侧、翅基片基半部、中胸背板前叶端部箭头形斑、侧叶中部小斑、中胸小盾片中部、附片中部、后胸小盾片、中胸第 10 节背板全部、各节腹板中后部斑。足黄白色，黑色部分为：前中足股节基部至爪节背侧条斑、后足股节端部 3/5、胫节、胫节内距端半部、各跗分节除基部腹侧外其余部分以及爪节。翅烟色，亚透明，前缘脉及 R1 浅褐色，翅痣及其余翅脉黑褐色。

上唇及唇基刻点稍大、浅、稀疏；头部背侧刻点大、深、明显，刻点间隙具微细刻纹及光泽。中胸背板前叶刻点细密，盾片刻点大、分散，具光泽；中胸前侧片上部刻点大、深、明显，往下刻点渐小，具微细刻纹，光泽明显；后上侧片刻纹显著，无光泽，后下侧片光滑，后缘具浅弱刻点，光泽强；后胸前侧片刻点稍小、密集，光泽弱，后侧片光滑，刻点浅弱、稀疏，光泽强；中胸小盾片中部光滑无刻点，两侧刻纹明显，刻点稍大、深，附片光滑几无刻点，刻纹微细，光泽强。腹部背板刻点大、浅、分散，刻纹微细，光泽强。后足基节后上侧刻点分散、深、明显。

上唇端部截形；唇基缺口截形，深为唇基 2/5 长，侧角尖锐；颚眼距约等宽于单眼直径；复眼内缘向下内聚；额区稍隆起，侧面观低于复眼，额脊钝圆、不明显；中窝及侧窝浅坑状；单眼中沟稍浅，后沟无；单眼后区隆起，宽明显大于长（3∶2），侧沟弧形、深；头部背后观两侧向后强烈收敛。触角短于体长，第 3 节稍长于第 4 节（15∶14），鞭节稍侧扁。中胸小盾片钝形隆起，附片中脊稍锐利。后足胫节内距长于基跗节 3/5，基跗节稍长于其后 4 个跗分节之和，爪内齿短于外齿。前翅 Cu-a 脉位于 M 室内侧 2/5 处，2Rs 室短于 1Rs 室，臀室中柄稍长于基臀室 1/2 长，长于 R+M 脉段（13∶10）；后翅臀室柄长于 cu-a 脉段的 1/2 长。

锯鞘稍长于中足基跗节，端部尖圆，鞘端长于鞘基。锯腹片 21 刃，中部刃齿式为 2/5~6，锯刃短、平。

雄虫：体长 6.5 mm。体色和构造与雌虫近似，不同点为：触角腹侧全长黄白色，鞭节强烈侧扁；中胸前侧片底部白色横斑较宽；后足基节腹侧全长具黑色条斑，股节端部外侧具黄白色横条斑；复眼内缘向下明显分歧；颚眼距 2 倍于单眼直径，内眶底部隆起；单眼后区宽为长的 2 倍。

个体差异：部分个体中胸侧板底部具窄的黄白条斑，腹部第 3~6 节背板后缘中部具窄短三角形白斑。

分布：中国河北（蔚县），山西（五台山、介休），河南（嵩县、栾川、卢氏、西峡），陕西（镇安、镇巴、眉县、凤县、宁陕），宁夏（泾源），甘肃（天水、夏河），湖北（宜昌），四川（炉霍、康定、泸定、天全、卧龙、峨眉山、都江堰），云南（丽江、贡山），西藏（墨脱）。

检查标本：正模：♀，河南嵩县，N 34°30′，E 112°57′，1996.Ⅶ.19，魏美才采；副模：1♀，采集记录同正模；1♀，河南栾川，N 33°40′，E 111°48′，1996.Ⅶ.15，魏美才采。

鉴别特征：该种与 *P. caii* Wei 近似，但体小；中窝浅坑状，不伸达中单眼，单眼后区宽长比为 3：2；后足胫节全部黑色；腹部背板全部黑色等特征易与之区别。该种体色和构造与 *P. lineatella* Wei & Nie 也相似，但后者体长于 10 mm；中胸前侧片基部具大的白斑；腹部各节背板端部具白斑；后足基节腹侧具窄细黑色条纹；头部背侧及中胸侧板刻点较之浅弱等特征可与之区别。

142. 习水方颜叶蜂 *Pachyprotasis paramelanogastera* Wei, 2005（图 2-170、图 2-171）

Pachyprotasis paramelanogastera Wei, 2005：485.

雌虫：体长 7.5 mm。体色与构造极其近似 *P. melanogastera* Wei, 1998，仅以下几点与之不同：中胸前侧片底部具明显白色横斑，后胸前侧片后上角黄白色；腹部第 3~7 节背板中部后缘具窄短三角形白斑；锯鞘稍长于中足基跗节，端部窄圆，鞘端长于鞘基；锯腹片 23 刃，锯刃短，稍倾斜，中部刃齿式为 2/6~8。

雄虫：体长 6.5mm。体色和构造与雌虫近似，但触角腹侧全长黄白色，鞭节强烈侧扁；后足基节背、腹侧具大的黑斑；颚眼距 2 倍于单眼直径；下生殖板钝截形。

分布：中国陕西（佛坪、周至），宁夏（泾源），甘肃（天水），浙江（临安），广西（田林），四川（崇州、汶川、石棉），贵州（习水），云南（昆明、屏边、腾冲）。

鉴别特征：该种体色和构造与 *P. melanogasoma* Wei 极其近似，但中胸侧板中部具宽的黄白色横斑，腹部第 3~5 节背板后缘中部具明显黄白斑等特征可与之区别。

143. 玄参方颜叶蜂 *Pachyprotasis rapae*（Linnaeus, 1767）（图 2-172、图 2-173）

Tenthredo rapae Linné, 1767：926.

Pachyprotasis rapae: Berland, 1947：156.

Pachyprotasis rapae: Cameron, 1882：122.

Pachyprotasis rapae: Costa, 1894：179.

Pachyprotasis rapae: Konow, 1901：289.

Pachyprotasis rapae: Lorenz & Kraus, 1957：77.

Pachyprotasis rapae: Masutti & Covassi, 1978：143.

Pachyprotasis rapae: Muche, 1968：8.

Pachyprotasis rapae: Saini & Kalia, 1989：178.

Pachyprotasis rapae: Saini, 2007：85.

Pachyprotasis rapae: Scobiola-Palade, 1978：201.

Pachyprotasis rapae: Smith, 2003：36.

Pachyprotasis rapae: Vassilev, 1978：92.

Macrophya omega: Norton, 1867：280.

Rhogogaster sayi: Rohwer, 1908: 111–112.

Synairema americana: Provancher, 1885: 50.

Pachyprotasis rapae nigrosternum: Koch, 1984: 20–21.

Pachyprotasis rapae var. n. *Pachyprotasis melas*: Takeuchi, 1936: 85.

雌虫： 体长 9.0 mm。体黑色，黄白色至黄褐色部分为：上唇、唇基除外缘外其余部分、唇基上区、内眶及相连的上眶斑、后眶除后眶上部外其余部分、触角柄节腹侧、前胸背板后侧及下侧、翅基片基半部、中胸背板前叶两侧"V"形斑、侧叶中部蝴蝶形小斑、中胸小盾片除两侧缘外其余部分、附片中部纵形斑、后胸小盾片中部、中胸前侧片基部大的三角形斑及后侧不相连的纵形狭长斑、后侧片后部、后胸侧板后部、中胸腹板、各节背板缘折部分、各节腹板后部及锯鞘基腹缘。足黄白色至黄褐色，黑色部分为：前中足转节至爪节背侧全长、后足基节内侧及腹侧不规则条斑、转节至股节外部窄的条斑、股节端部 3/5 内侧宽的条斑、胫节除中部腹侧外其余部分、胫节距端部、跗节以及爪节。翅烟灰色，亚透明，翅痣及翅脉黑褐色。

上唇及唇基光滑几无刻点；头部背侧刻点浅、小，稍密集，刻纹致密，光泽弱。中胸背板刻点细弱、密集，刻纹细密，光泽弱；中胸前侧片上部刻点稍小、浅，向下刻点渐小、密集，刻点间隙具细密刻纹及油质光泽，后上侧片刻纹明显，无光泽，后下侧片刻纹细密，后缘刻点分散、浅弱，稍具光泽；后胸侧板刻点极其浅弱、稍分散，刻纹细密，光泽弱；中胸小盾片刻点不明显，刻纹细密，光泽弱；附片具细密刻纹及光泽。腹部背板刻点无，刻纹细密，光泽弱。后足基节外侧上部刻点浅弱、分散。

上唇宽大，端部截形；唇基缺口近弧形，深于唇基 1/3 长，侧角稍锐；颚眼距约等宽于单眼直径；复眼内缘向下稍内聚，内眶底部稍隆起；触角窝上突不发育，额区明显隆起，侧面观约等高于复眼，中部稍内陷，额脊钝；中窝宽、浅，伸达中单眼，侧窝窄、浅；单眼中沟稍深，后沟无；单眼后区隆起，宽为长的 2 倍，侧沟稍深、反弧形；头部背后观两侧向后明显收敛。触角短于胸腹长之和，第 3 节稍长于第 4 节（29：27）。中胸小盾片钝形，不隆起，两侧脊钝，附片中脊锐利。后足胫节内距为基跗节 4/7 长，基跗节短于其后 4 个跗分节之和，爪内齿明显短于外齿。前翅 Cu-a 脉位于 M 室内侧 2/5 处，2Rs 室稍长于 1Rs 室，臀室中柄约为基臀室 1/2 长，为 R+M 脉段的 1.5 倍长；后翅臀室柄短于 cu-a 脉段的 1/2 长。

锯鞘明显长于中足基跗节（37：25），端部钝圆形，鞘端稍长于鞘基。锯腹片 17 刃，锯刃端部乳头状、明显凸出，中部刃齿式为 2/6~8。

雄虫： 体长 8.0 mm。体色和构造与雌虫近似，但内眶黄白部分较窄；中胸背板前叶两侧前部具黄白斑；小盾片仅中部、附片仅中部纵形小斑黄白色；后足基节背侧全部黑色；颚眼距 2.5 倍于单眼直径，触角强烈侧扁，头部背后观两侧向后收敛不明显。

个体差异：部分个体后足转节至股节基大半部全部黄白色，无黑色条斑。

分布：中国黑龙江（伊春），吉林（长白山、松江），辽宁（本溪），北京，河北（蔚县），宁夏（泾源），甘肃（岷县、天祝、临洮、渭源），青海（祁连、玉树、囊谦、久治、班玛、玛沁、民和），湖北（宜昌），四川（松潘、石渠、炉霍、康定），云南（丽江），西藏（亚东）；亚洲（印度、蒙古国、日本、朝鲜），欧洲［阿尔巴尼亚、安道尔、奥地利、比利时、波黑、保加利亚、克罗地亚、捷克、丹麦、爱沙尼亚、芬兰、法国、德国、英国、希腊、匈牙利、爱尔兰、意大利、拉脱维亚、卢森堡、马其顿、荷兰、挪威、波兰、葡萄牙、罗马尼亚、俄罗斯（西伯利亚）、斯洛伐克、斯洛文尼亚、西班牙、瑞典、瑞士、乌克兰］，北美洲（美国、加拿大、墨西哥）。

检查标本：1♀, DDR: Suhl NSG Yessertal, 1988. Ⅵ. 14, Taeger leg; 1♀, Niuumshut, 1927. Ⅷ. 11, Taeger leg; 1♀, Schweiz Graubunden Engadin, Pontresina SW Rosegtal, 1 900~2 100m, 2000. Ⅶ. 13~14, Blank & Taeger leg; 3♂, D: Thuringen: Unterharz, Netzkater: NSG Branderbalhtal, 1995. Ⅴ. 24~25, Taeger leg。

模式标本保存于英国伦敦伯灵顿宫。

鉴别特征：该种中胸前侧片中部具纵形黑色条斑及底部具横型黑色条斑，将中胸前侧片分隔成两个不相连的白斑；胸部背板具明显白斑，腹部背板全部黑色，无白斑；后足基节内、外侧各具黑斑；后足基跗节明显短于其后 4 个跗分节之和；锯腹片锯刃端部乳状明显凸出等特征可与其他相近种易区别。

144. 塞姆方颜叶蜂 *Pachyprotasis semenowii* Jakovlev, 1891（图 2-174、图 2-175）

Pachyprotasis semenowii Jakovlev, 1891: 39.

雌虫：体长 11.0 mm。体黑色，黄白色部分为：头部触角窝以下部分、触角窝中部斑、内眶及相连的上眶斑、后眶除后眶上部外其余部分、触角柄节腹侧、前胸背板底大半部、翅基片除后缘外其余部分、中胸背板前叶两侧 "V" 形斑、中胸小盾片除两侧及后缘外其余部分、附片、后胸小盾片、中胸前侧片除底部横斑及中部与底部相连的窄短纵形斑外其余部分、后侧片除侧板沟邻近区域外其余部分、后胸侧板除侧板沟外其余部分、胸部腹板、腹部第 2~6 节背板后缘、第 10 节背板全部、各节背板缘折部分、各节腹板、锯鞘除鞘端及背腹缘外其余部分；足黄白色至黄褐色，黑色部分为：前中足股节至爪节后背侧全长、后足基节内侧斑、基节至股节外侧条斑、股节端部 3/5 内侧宽的条斑、胫节、胫节内距端部以及跗节。翅透明，翅痣及翅脉黑色。

上唇刻点稀疏、浅小，唇基刻点稍大；头部背侧刻点稍大、密集，刻点间隙具显著刻纹，光泽较弱。中胸背板刻点细密，光泽弱；中胸侧板上部刻点大、稍深，下部刻点细密，刻点间隙具微细刻纹及明显油质光泽；后上侧片刻纹显著，无光泽，后下侧片光滑，刻纹微细，刻点浅弱、分散，具光泽；后胸前侧片刻点及刻纹细密，光泽稍弱，后侧片光滑，刻点分散、浅，稍具光泽；中胸小盾片中部光滑无刻点，两侧具明显刻点及刻纹，

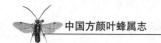

光泽稍弱；附片光滑无刻点，刻纹微细，光泽明显。腹部背板刻纹明显，刻点分散、大、浅，稍具光泽。后足基节外侧上部刻点稍小、密集。

上唇端部截形；唇基缺口底部近弧形，浅于唇基 1/3 长，侧角尖锐；颚眼距宽于单眼直径；复眼内缘向下微收敛；额区隆起，侧面观低于复眼，顶平，额脊宽钝，稍隆起；中窝及侧窝浅；单眼中沟稍浅，后沟无；单眼后区隆起，宽为长的 2 倍，侧沟深直。触角短于胸腹长之和，第 3 节等长于第 4 节，鞭节端部数节侧扁。中胸小盾片近棱形，不明显隆起，两侧脊稍锐利，端部具锐利中纵脊，附片中脊锐利。后足胫节内距长于基跗节 1/2，基跗节等长于其后 4 个跗分节之和，爪内齿等长于外齿。前翅 Cu-a 脉位于 M 室内侧 1/3 处，2Rs 室明显长于 1Rs 室，臀室中柄短于基臀室 1/2 长，稍长于 R+M 脉段；后翅臀室柄短于 cu-a 脉段的 1/2 长。

锯鞘约等长于后足基跗节，端部尖圆，鞘端稍长于鞘基。锯腹片 24 刃，锯刃低，端部稍倾斜，中部刃齿式 3/20~22。

雄虫： 体长 9.0 mm。体色和构造与雌虫近似，但触角腹侧全长黄褐色，鞭节强烈侧扁；颚眼距 3 倍宽于单眼直径；中胸小盾片、附片以及后胸小盾片仅中部黄褐色，胸部侧板黑色部分较雌虫宽；腹部各节腹板仅后缘中部黄白色；后足基节外侧具两条不相连的黑色条纹，股节内、外侧全长各具 1 条宽黑条斑。。

分布：中国甘肃，青海（囊谦），四川（炉霍、康定、理塘、石棉），西藏（林芝）。模式标本保存于俄罗斯圣彼得堡博物馆（ZIN）。

鉴别特征：该种体色与 *P. rapae*（Linnaeus）近似，中胸前侧片中部均具纵形黑斑，但前者体大；腹侧几乎全部黄白色；后足基节至股节外侧全长具明显黑色条斑；触角第 3 节短于第 4 节；锯腹片锯刃低，端部稍倾斜等特征易与之区别。

145. 棱盾方颜叶蜂 *Pachyprotasis prismatiscutellum* Zhong, Li & Wei, 2017（图 2-176）

Pachyprotasis prismatiscutellum Zhong, Li & Wei, 2017: 142.

雌虫： 体长 8.5 mm。头黄绿色，黑色部分为：头部额区后半部至单眼后区、侧窝及相邻的内眶、后头中部、触角除柄节腹侧外其余部分；胸腹部背侧黑色，黄绿色部分为：前胸背板除中段外其余部分、翅基片除后缘外其余部分、中胸背板前叶两侧 "V" 形斑、侧叶端部、中胸小盾片、附片、后胸小盾片、腹部并胸背板全部、第 2~7 节背板中部三角形斑、第 8~10 节背板全部；胸腹部腹侧黄绿色，黑色部分为：中胸前侧片底部大型横斑、后侧片基半部、后胸前侧片底部、后侧片基部。足黄绿色，黑色部分为：前中足胫节和跗节背侧、后足转节外侧斑、胫节和跗节全部。翅浅烟色，亚透明，翅痣及翅脉黑褐色。

上唇及唇基光滑，具少数浅、小刻点；额区及邻近的内眶部分刻点密集、稍大、浅，刻点间隙具明显刻纹，光泽明显。中胸背板刻点细密，具明显光泽；中胸前侧片上部刻点大、粗糙、密集，下部刻点密集、稍小，刻点间隙具刻纹，光泽稍弱；中胸后上侧片刻纹显著，光泽弱，后下侧片光滑无刻点及刻纹，光泽强；后胸前侧片刻点细密、浅弱，光泽弱，后侧片光滑，刻点稀疏、浅弱，光泽明显；中胸小盾片刻点细小、浅弱，具光泽；附片光滑，刻点及刻纹不明显，具光泽。腹部背板刻纹微细，刻点分散、浅、小，具明显光泽。后足基节外侧刻点浅小、稍密集。

上唇小，端部截形；唇基缺口底部近截形，深约为唇基 1/3 长，侧角稍钝；颚眼距约 2 倍于单眼直径；复眼内缘向下内聚不明显；额区平台状隆起，侧面观略低于复眼，顶部平，额脊圆滑、不明显；中窝及侧窝浅坑状；单眼中沟宽浅，后沟无；单眼后区微隆起，宽大于长（9∶5），侧沟较深、直，后头两侧向后收敛不明显。触角约等长于胸腹部长之和，第 3 节长于第 4 节（26∶23）。中胸小盾片棱形强烈隆起，两侧脊锐利，两侧向后隆起形成两分离的小突，附片中脊锐利。后足胫节内距长于基跗节 1/2，基跗节长于其后 4 跗分节之和，爪内齿等长于外齿。前翅 Cu-a 脉位于 M 室内侧 1/3 处，2Rs 室明显长于 1Rs 室，臀室中柄微长于基臀室 1/2 长，约为 R+M 脉段的 1.5 倍长；后翅臀室柄短于 cu-a 脉段的 1/2 长。

锯鞘明显短于后足基跗节，端部长椭圆形，鞘端长于鞘基，锯腹片 20 刃，中部刃齿式 1/8~9。

雄虫：未知。

分布：云南（腾冲、泸水）。

检查标本：正模：♀，云南泸水黑洼底，N 27°44′，E 98°40′，2 100 m，2009.Ⅵ.10，钟义海采；副模：1♀，云南高黎贡山，N 24°49′，E 98°46′，2 500~3 200 m，2005.Ⅶ.7，刘守柱采；1♀，云南泸水姚家坪，N 25°48′，E 98°42′，2 550 m，2009.Ⅵ.3，钟义海采。

鉴别特征：该种中胸小盾片棱形强烈隆起，两侧脊锐利，在端部形成两分离的小突起；后足基节至股节除转节外侧小斑外，其余部分黄白色；并胸背板全部黄绿色，中胸前侧片黄绿色，底部具大型横黑斑；中胸小盾片中部光滑无刻点，两侧具分散、浅弱刻点，中胸前侧片刻点粗糙、密集，不光滑等特征可与相近种区别。

146. 泽建方颜叶蜂 *Pachyprotasis zejiani* Zhong, Li & Wei, 2017（图 2-177）

Pachyprotasis zejiani Zhong, Li & Wei, 2017: 144.

雌虫：体长 9.5 mm。头黄绿色，黑色部分为：头部额区后半部至单眼后区、侧窝及相邻的内眶、后头中部下缘、触角；胸腹部背侧黑色，黄绿色部分为：前胸背板除中段外其余部分、翅基片除后缘外其余部分、中胸背板前叶两侧"V"形斑、侧叶中部小斑、中胸小盾片、附片、后胸小盾片、后胸后背板、腹部各节背板后部；体腹侧黄绿色，黑色部分为：中胸前侧片侧板沟及底部极窄横斑、锯鞘端部及背腹缘。足黄绿色，黑色部分为：前中足转节以远背侧、后足基节至股节外侧全长模糊条纹、胫节及跗节全部。翅透明，翅

痣及翅脉黑褐色。

上唇及唇基光滑，具少数浅、小刻点；额区及邻近的内眶部分刻点稍大、浅、不密集，刻点间隙具显著刻纹，无光泽。中胸背板刻点细小、不密集，具明显光泽；中胸前侧片上部刻点稍大、深，下部刻点密集、稍小，刻点间隙光滑，光泽明显；中胸后侧片刻纹明显，光泽稍弱；后胸侧板刻点密集、浅小，光泽弱；中胸小盾片中部光滑无刻点，两侧具稍大、浅刻点，光泽弱；附片光滑，刻点及刻纹不明显，光泽强。腹部背板刻点稀疏、浅、小，刻纹微细，光泽明显。后足基节外侧刻点浅小、稀疏。

上唇大，端部近弧形；唇基缺口底部近截形，深约为唇基 2/7 长，侧角钝；颚眼距 1.5 倍于单眼直径；复眼内缘向下内聚；额区隆起，侧面观稍低于复眼，顶部平，额脊稍锐利；中窝浅，侧窝坑状、稍深；单眼中沟稍浅，后沟无；单眼后区隆起，宽为长的 2 倍，侧沟弧形，较深，后头两侧向后明显收敛。触角短于胸腹长之和，触角第 3 节长于第 4 节（27:23）。中胸小盾片钝形隆起，两侧脊稍钝，附片中脊锐利隆起；后足胫节内距长于基跗节 1/2，后足基跗节短于其后 4 个跗分节之和，爪内齿短于外齿。前翅 Cu-a 脉位于 M 室内侧 3/7 处，2Rs 室等长于 1Rs 室，臀室中柄短于基臀室 1/2 长，等长于 R+M 脉段；后翅臀室柄等长于 cu-a 脉段的 1/2 长。

锯腹片明显短于后足基跗节，端部长椭圆形，鞘端长于鞘基（10:7），锯腹片 22 刃，中部刃齿式 2/8~9，锯刃凸出。

雄虫： 未知。

分布：中国青海（囊谦），四川（石渠、泸定）。

检查标本：正模：♀，四川石渠县雀儿山，N 32°13′，E 98°48′，3 804 m，2009. Ⅵ.29，李泽建采；副模：2♀，青海囊谦县，N 31°58′，E 96°30′，4 288 m，2009. Ⅵ.25，魏美才、李泽建采；1♀，四川泸定雅家埂河，N 29.45°，E 102°00′，3 646 m，2009. Ⅶ.4，李泽建采。

鉴别特征：该种后头除中部下缘黑色外，其余部分为黄绿色；腹部各节背板后部黄绿色；中胸侧板黄绿色，底部具 1 个窄短黑色横斑；后足基节至股节外侧全长具黑色窄条纹；中胸小盾片钝形，稍隆起，光滑几无刻点，中胸前侧片刻点间隙光滑，光泽明显，头部背侧刻点间隙具显著刻纹，无光泽等特征可与其他种区别。

147. 粗点方颜叶蜂 *Pachyprotasis albicincta* Cameron, 1881（图 2-178）

Pachyprotasis albicincta Cameron, 1881: 565.

Pachyprotasis albicincta: Malaise, 1945: 159.

Pachyprotasis albicincta sinobirmanica: Malaise, 1945: 159.

Pachyprotasis albicincta albitarsis: Malaise, 1945: 159.

Pachyprotasis albicincta nigripleuris: Malaise, 1945: 159.

Pachyprotasis albicincta: Saini & Kalia, 1989: 171.

Pachyprotasis albicincta sinobirmanica: Saini & Kalia, 1989: 173.

Pachyprotasis albicincta nigripleuris: Saini & Kalia, 1989: 173.

Pachyprotasis albicincta: Saini, 2007: 93.

Pachyprotasis albicincta albitarsis: Saini & Vasu, 1998: 270.

Pachyprotasis albicincta sinobirmanica: Saini & Vasu, 1998: 270.

Pachyprotasis albicincta nigripleuris: Saini & Vasu, 1998: 270.

雌虫：体长 10.5 mm。体黑色，黄绿色至黄褐色部分为：头部触角窝以下部分、触角窝上突中部斑、内眶底半部及相连后眶底大半部、内眶上部狭边及相连的上眶斑、触角基部 2 节腹侧斑、前胸背板底大半部、翅基片基部及内缘、中胸背板前叶两侧 "V" 形斑、侧叶中部蝴蝶形斑、中胸小盾片中部、附片端部、后胸小盾片、中胸前侧片除底部小型横斑外其余部分、后侧片除侧板沟邻近区域外其余部分、后胸侧板除侧板沟外其余部分、胸部腹板、腹部 2~7 节背板后缘扁三角形斑、第 10 节背板全部、各节背板缘折部分、各节腹板、锯鞘除鞘端及背腹缘外其余部分；足黄绿色至黄褐色，黑色部分为：前中足股节至爪节后背侧全长条斑、后足基节基部至股节基部 3/5 细窄条纹、股节端部 2/5 背侧及相连的内、外侧宽的条斑、胫节除中部腹侧外其余部分、胫节距以及跗节；后足胫节腹侧浅黄褐色。翅透明，翅痣及翅脉黑色。

上唇及唇基刻点稍大、浅；额区及邻近的内眶部分刻点浅小、分散，刻点间隙光滑几无刻纹，光泽强。中胸背板前叶刻点细小、稍分散，盾片刻点稍大、密集，具明显光泽；中胸前侧片上部刻点大、极深、明显，下部刻点密集，稍小，刻点间隙具微细刻纹，光泽稍弱；中胸后上侧片刻纹显著，光泽弱，后下侧片刻纹微细，后缘具浅小、分散刻点，光泽稍弱；后胸侧板刻点密集，光泽弱；中胸小盾片中部光滑，刻点稀疏、浅小，两侧具大、深、明显刻点，光泽明显；附片具细致刻纹及浅小刻点，稍具光泽。腹部背板刻纹明显，刻点分散、大、浅，稍具光泽。后足基节外侧刻点深、明显，稍密集。

上唇端部截形；唇基缺口底部近截形，深约为唇基 2/5 长，侧角稍钝；颚眼距宽于单眼直径；复眼内缘向下略微内聚；额区稍隆起，侧面观远低于复眼，顶部平，额脊圆滑、不明显；中窝不明显，侧窝浅；单眼中沟稍浅，后沟无；单眼后区微隆起，宽为长的 1.5 倍，侧沟浅，后头两侧向后稍为收敛。中胸小盾片棱形，不隆起，顶部平，两侧脊明显，附片中脊钝形隆起。后足胫节内距长于基跗节 1/2，其他跗分节缺失。前翅 Cu-a 脉位于 M 室内侧 1/3 处，2Rs 室明显长于 1Rs 室，臀室中柄短于基臀室 1/2 长，稍长于 R+M 脉段；后翅臀室柄约为 cu-a 脉段的 1/3 长。

锯腹片明显短于后足基跗节，端部尖长，鞘端长于鞘基（7∶5），锯腹片 25 刃，中部刃齿式 3/11~12，锯刃低，稍凸出。

雄虫：未知。

分布：中国西藏（洞朗）；尼泊尔，缅甸，印度，朝鲜。

模式标本保存于英国自然历史博物馆（BMNH）。

鉴别特征：该种中胸侧板黄绿色，底部端半部具小型黑色横斑；腹部各节背板后缘具扁三角形白斑；中胸前侧片上部刻点大、深、明显；额区稍隆起，额脊不明显；头部背侧刻点间隙光滑，刻纹不明显，光泽强；单眼后区微隆起，宽长比为 3∶2，侧沟浅等特征易与其他相近种区别。

148. 近革方颜叶蜂 *Pachyprotasis subcoreacea* Malaise, 1945（图 2-179、图 2-180）

Pachyprotasis subcoreaceus [recte: *suboreacea*] Malaise, 1945∶159.

Pachyprotasis subcoreaceus [recte: *suboreacea*]: Saini & Kalia, 1989∶170.

Pachyprotasis subcoreaceous [recte: *suboreacea*]: Saini, 2007∶96.

雌虫：体长 8.0 mm。体黑色，黄绿色至黄褐色部分为：头部触角窝以下部分、触角窝中部斑、内眶底半部、后眶除后眶上部外其余部分、内眶上部狭边及相连的上眶斑、触角柄节腹侧、前胸背板底大半部、翅基片除后缘、中胸背板前叶两侧"V"形斑、侧叶中部蝴蝶形斑、中胸小盾片中部、附片、后胸小盾片、中胸前侧片除底部小型横斑外其余部分、后侧片除侧板沟邻近区域外其余部分、后胸侧板除侧板沟外其余部分、胸部腹板、腹部第 3~5 节背板后缘扁三角形斑、第 10 节背板全部、各节背板缘折部分、各节腹板、锯鞘除鞘端及背缘外其余部分；足黄绿色至黄褐色，黑色部分为：前中足转节至爪节后背侧全长、后足基节至股节外侧窄长条纹、股节端部 3/5 内侧宽的条斑、胫节除基部腹侧外其余部分、胫节距端部以及各跗节除基部腹侧外其余部分。翅浅烟色，透明，翅痣及翅脉黑褐色。

上唇及唇基刻点稀疏、浅小；头部背侧刻点稍大、浅、密集，刻点间隙具细密刻纹，光泽弱。中胸背板刻点小、不密集，具光泽；中胸侧板上部刻点浅、不密集，下部刻点细密，刻点间隙具微细刻纹，光泽稍弱；后上侧片刻纹显著，无光泽，后下侧片光滑，刻纹微细，后缘具浅弱、分散刻点，光泽强；后胸前侧片刻点及刻纹细密，光泽稍弱，后侧片光滑，刻点分散、浅，具光泽；中胸小盾片中部光滑无刻点，两侧刻点深、明显，光泽强；附片光滑，刻点及刻纹不明显，光泽强。腹部背板刻纹及光泽明显，两侧具分散、浅小刻点。后足基节外侧上部刻点稍小、不密集。

上唇小，端部截形，中间具浅缺口；唇基缺口底部平直，深于唇基 1/3 长，侧角稍锐；颚眼距宽于单眼直径；复眼内缘向下内聚；额区隆起，侧面观低于复眼，顶平，额脊钝；中窝浅沟状，但较短，侧窝浅；单眼中沟短、稍深，后沟浅；单眼后区隆起，宽长比为 14∶9，侧沟深直，头部两侧向后收敛。触角稍短于胸腹长之和，第 3 节稍长于第 4 节（21∶20），鞭节端部数节稍侧扁。中胸小盾片近棱形，不明显隆起，两侧脊明显，附片中脊钝、不明显。后足胫节内距稍长于基跗节 1/2，基跗节等长于其后 4 个跗分节之和，爪内齿明显短于外齿。前翅 cu-a 脉位于 M 室外侧 1/3 处，2Rs 室稍长于 1Rs 室，臀室中柄为基臀室 1/2 长，1.5 倍于 R+M 脉段长；后翅臀室柄稍长于 cu-a 脉段的 1/2 长。

锯鞘短于后足基跗节，端部尖圆，鞘端等长于鞘基。锯腹片 15 刃，锯刃乳头状强烈凸出，外侧无基齿。

雄虫：体长 7.0 mm。体色与雌虫差别不大，仅触角腹侧全长黄白色，触角第 3 节短于第 4 节（13∶15），鞭节强烈侧扁；颚眼距 2 倍宽于单眼直径；复眼内眶向下分散；单眼后区宽 2 倍于长。

分布：中国四川（泸定、康定），云南（丽江、景东）；中国云南－缅甸边境，印度。

检查标本：1♀，四川泸定雅家埂河，N 29.45°，E 102°00′，3 646 m，2009.Ⅶ.4，魏美才采；3♀，四川康定麦巴村，N 30°04′，E 101°36′，3 525 m，2009.Ⅶ.1，牛耕耘、李泽建采；3♀，云南丽江玉龙雪山，N 27°08′，E 100°12′，2 500 m，1996.Ⅵ.15，卜文俊采；1♂，云南哀牢山徐家坝，N 24°42′，E 101°00′，1984.Ⅴ.8，郑乐怡采；1♀，云南丽江玉龙雪山，N 27°08′，E 100°12′，2 945 m，2009.Ⅵ.6，魏美才采。

模式标本保存于瑞典斯德哥尔摩自然历史博物馆（NHRS）。

鉴别特征：该种体色近似 *P. albicincta* Cameron，但个体小；腹部背板仅后缘中部具白斑；中胸前侧片上部刻点较之小、浅，头部背侧刻点稍大、浅、密集，刻点间隙具细密刻纹，光泽弱等特征与之容易区别。

149. 脊盾方颜叶蜂 *Pachyprotasis gregalis* Malaise, 1945（图 2-181、图 2-182）

Pachyprotasis gregalis Malaise, 1945: 160.

Pachyprotasis gregalis: Saini, 2007: 91.

雌虫：体长 8.0 mm。体黑色，黄白色至黄褐色部分为：头部触角窝以下部分、触角窝上突中部斑、宽的内眶底半部及相连的后眶底大半部、内眶上部狭边及相连的上眶斑、触角基部 2 节腹侧、前胸背板下半部、翅基片除后缘外其余部分、中胸背板前叶两侧"V"形斑、侧叶中部蝴蝶形斑、中胸小盾片除两侧缘外其余部分、附片中部、后胸小盾片、中胸前侧片除上角及底部横斑外其余部分、后侧片后半部、后胸前侧片、后侧片后半部、胸部腹板、腹部第 2~7 节背板后缘中部三角形斑、第 10 节背板全部、各节背板缘折部分、各节腹板及锯鞘基。足黄白色至黄褐色，黑色部分为：前中足股节端部至爪节后背侧条斑、后足股节端部 1/3、胫节除中部腹侧外其余部分、跗节全部。翅透明，前缘脉及翅痣深褐色，其余翅脉黑褐色。

上唇刻点不明显，唇基刻点浅、稀疏；头部背侧刻点浅小、稀疏，刻点间隙光滑，具微细刻纹及光泽；中胸背板刻点细密，具光泽；中胸前侧片上部刻点大、浅、稍密集，往下刻点渐小，刻点间隙具微细刻纹及光泽；中胸后上侧片刻点显著，无光泽，后下侧片光滑，刻纹微细，刻点浅弱，光泽明显；后胸侧板刻点密集、浅小，光泽稍弱；中胸小盾片中部光滑无刻点，两侧具少数几个大、深刻点，光泽强；附片刻点稍大、浅，刻纹致密，光泽明显。腹部背板中部无刻点，两侧刻点浅弱、稀疏，刻纹及光泽明显。后足基节外侧刻点浅小、分散。

上唇大，端部截形；唇基缺口近弧形，深约为唇基 1/3 长，侧角钝；颚眼距约 1.5 倍于单眼直径；复眼内缘向下稍内聚；额区隆起，侧面观约等高于复眼，顶平，额脊钝，不明显；中窝及侧窝不明显；单眼中沟及侧沟浅；单眼后区明显隆起，宽约为长的 2 倍，侧沟极浅；背后观后头两侧收敛不明显。触角稍短于胸腹长之和，第 3 节明显长于第 4 节（23：18）。中胸小盾片低平，两侧脊基部锐利，端部钝，附片中脊明显。后足胫节内距短于基跗节 1/2 长，基跗节稍短于其后 4 个跗分节之和，爪内齿等长于外齿。前翅 Cu-a 脉位于 M 室内侧 3/7 处，2Rs 室稍长于 1Rs 室，臀室中柄短于基臀室 1/2 长，稍长于 R+M 脉段；后翅臀室柄约为 cu-a 脉段的 1/2 长。

锯鞘 1.5 倍于中足基跗节，端部长椭圆形，鞘端 1.5 倍长于鞘基；锯腹片 20 刃，锯刃倾斜，端部凸出，中部刃齿式 2/7~8。

雄虫：体长 7.0 mm。体型与结构近似雌虫，不同点为：颚眼距宽于单眼直径；复眼向下发散；鞭节强烈侧扁。

分布：中国浙江（杭州、丽水、临安），湖北（宜昌），江西（官山、武功山），湖南（长沙、永州、桑植、绥宁、武冈、桂东、衡山），广西（龙胜）；中国云南－缅甸边境。

模式标本保存于瑞典斯德哥尔摩自然历史博物馆（NHRS）。

鉴别特征：该种中胸侧板底部具黑褐色横斑；腹部各节背板后缘中部具明显白斑；后足基节至股节基部 2/3 黄白色，无黑斑；中胸小盾片低平，两侧脊基部锐利，端部钝；头部背侧光滑几无刻点等特征可与其他相近种区别。

150. 白腹方颜叶蜂 *Pachyprotasis pallidiventris* Marlatt, 1898

Pachyprotasis pallidiventris Marlatt, 1898: 505.

雌虫：体长 9.0 mm，翅展 16 mm。体粗壮，具光泽；体黑色，黄白色部分为：上唇、唇基、颚眼距、内眶狭边及相连的上眶斑、前胸背板中段、翅基片、中胸背板前叶中部纵形斑、中胸小盾片、附片、后胸小盾片，中胸侧板底部横斑。足黄白色，黑色部分为：前中足股节至跗节背侧条斑、后足股节外侧 1/3、胫节端部、跗节；后足胫节基部 2/3 黄棕色。翅透明，翅痣及翅脉黑色或黑褐色。头、胸、腹部等宽；唇基宽，截形凹入，侧叶窄；上唇宽明显大于长，端部截形。触角细长，第 3 节明显长于第 4 节。锯鞘窄，端部钝形。

雄虫：体长 7.0 mm，翅展 15 mm；体色和结构与雌虫近似，仅触角等长于体长，腹部背板白斑较宽。

分布：中国江苏*，福建*；日本*。

模式标本保存于日本东京大学。

151. 水芹方颜叶蜂 *Pachyprotasis serii* Okutani, 1961（图 2-183）

Pachyprotasis serii Okutani, 1961: 172.

雌虫： 体长 10.5 mm。体黑色，黄白色部分为：头部触角窝以下部分、触角窝上突中部斑、内眶底半部及相连后眶底大半部、内眶上部狭边及相连的上眶斑、单眼后区极窄后缘、触角基部 2 节腹侧、前胸背板底大半部、翅基片基半部、中胸背板前叶两侧"V"形斑、侧叶中部小斑、中胸小盾片、附片中部纵形斑、后胸小盾片、中胸前侧片除上缘及底部横斑外其余部分、后侧片后半部、后胸前侧片全部、后侧片后半部、胸部腹板、腹部第10 节背板大部分、各节背板缘折部分、各节腹板及锯鞘基；足黄绿色，前、中足股节基部后背侧以远具宽黑条斑，后足基节内侧具黑斑，股节端半部、胫节除中部腹侧外其余部分以及跗节黑色。翅烟色，亚透明，翅痣及翅脉黑褐色。

上唇刻点稀疏、浅小，唇基刻点稍大、分散；头部背侧刻点稍大、分散，刻点间隙具微细刻纹，光泽明显。中胸背板刻点细小，不密集，具光泽；中胸前侧片刻点浅小、分散，刻点间隙光滑，光泽明显；中胸后上侧片刻纹显著，光泽弱，后下侧片光滑，刻纹微细，刻点浅弱，光泽明显；后胸前侧片刻点浅弱，不密集，光泽稍弱，后侧片刻点分散、浅弱，光泽明显；中胸小盾片光滑无刻点，光泽明显，附片光滑，刻纹微细，光泽明显。腹部背板刻点不明显，刻纹致密，光泽明显；后足基节外侧刻点稍小、分散。

上唇大，端部截形；唇基近截形，深约为唇基 1/3 长，侧角稍钝；颚眼距宽于单眼直径；复眼内缘向下稍收敛；额区隆起，侧面观低于复眼，额脊钝圆、不明显；中窝及侧窝不明显；单眼中沟稍浅，后沟无；单眼后区稍隆起，宽长比为 3:2，侧沟深、直；背后观后头两侧向后明显收敛。触角等长于胸腹部之和，第 3 节明显长于第 4 节。中胸小盾片圆钝形隆起，两侧脊钝，附片中脊锐利。后足胫节内距 1/2 于基跗节长，基跗节稍长于其后 4 个跗分节之和，爪内齿短于外齿。前翅 Cu-a 脉位于 M 室内侧 2/5 处，2Rs 室长于1Rs 室，臀室中柄 1/2 于基臀室长，明显长于 R+M 脉段；后翅臀室具长柄，约为 cu-a 脉段的 3/5 长。

锯鞘约等长于后足基跗节，端部尖圆，鞘端等长于鞘基；锯腹片 16 刃，锯刃端部钝形，明显凸出，中部刃齿式 1~2/7~9。

雄虫： 未见标本。

分布： 中国吉林（长白山、抚松）；日本。

模式标本保存于日本兵库农业大学（按原始记录描述）昆虫研究室。

鉴别特征： 该种近似 *P. gregalis* Malaise，但头部背侧刻点稍大、明显；中胸背板侧叶中部白斑较小；腹部背板仅后缘中部具极窄白斑；中胸小盾片两侧脊钝；前、中足股节背侧全长黑色；锯鞘端部尖圆，锯腹片锯刃端部明显凸出等特征可与之区别。

152. 多环方颜叶蜂 *Pachyprotasis antennata*（Klug, 1817）（图 2-184、图 2-185）

Tenthredo antennata Klug, 1817: 129.

Pachyprotasis antennata: Lorenz & Kraus, 1957: 77-78.

Pachyprotasis antennata: Muche, 1968: 9.

Pachyprotasis antennata: Scobiola-Palade, 1978: 200.

Pachyprotasis antennata: Verzhutskii, 1966: 96.

Pachyprotasis antennata: André, 1881: 340.

Pachyprotasis antennata: Berland, 1947: 156.

Pachyprotasis antennata: Benson, 1952: 128.

Pachyprotasis antennata: Cameron, 1882: 124.

Pachyprotasis antennata: Costa, 1894: 179.

Pachyprotasis antennata: Enslin, 1912–1918: 131.

雌虫： 体长 9.5 mm。头黑色，黄白色至黄褐色部分为：中窝以下部分、额区基部、宽的内眶及相连上眶斑、后眶底大半部、触角基部 2 节腹侧；胸腹部背侧黑色，黄白色部分为：前胸背板除中段外其余部分、翅基片除后缘外其余部分、中胸背板前叶两侧 "V" 形斑、侧叶中部蝴蝶形斑、中胸小盾片、附片、后胸小盾片；胸腹部腹侧黄白色至黄褐色，锯鞘端部及背、腹缘黑色。足黄白色至黄褐色，黑色部分为：前中足股节端部背侧以远细窄条纹、后足股节端部内侧窄短条斑、胫节基部 2/3 背侧及端缘、胫节距端缘、基跗节除基部外其余部分、第 2~4 跗分节端部、端跗节端部以及爪节。翅透明，前缘脉、翅痣基部及外缘浅褐色，翅痣其余部分深褐色，其余翅脉黑褐色。

上唇及唇基刻点极其浅弱、稀疏；头部背侧刻点稍大、浅、不密集，刻纹细密，光泽稍弱。中胸背板刻点和刻纹致密，具光泽；胸部侧板光滑，或具极其浅弱刻点，具光泽；中胸小盾片刻点、刻纹不明显，光泽稍弱，附片光滑，刻纹细致，光泽明显。腹部背板刻点极其稀疏、浅弱，刻纹明显，具光泽。后足基节外侧上部刻点浅小、分散。

上唇宽大，端部截形；唇基缺口底部平直，深约为唇基 2/5 长，侧角宽钝；颚眼距宽于单眼直径的 1.5 倍；复眼内缘向下平行，内眶底部隆起；触角窝上突不发育，额区隆起，侧面观略低于复眼，额脊钝；中窝沟状，伸达中单眼，侧窝稍深；单眼中沟浅，后沟无；单眼后区隆起，宽为长的 1.5 倍；侧沟浅、近弧形；头部背后观两侧向后明显收敛。触角短于胸腹长之和，第 3 节稍长于第 4 节（13：12）。中胸小盾片近棱形隆起，两侧脊基部稍锐利，端部钝，附片中脊钝形隆起。后足胫节内距为基跗节 1/2 长，基跗节等长于其后 4 个跗分节之和，爪内齿亚等于外齿。前翅 Cu-a 脉位于 M 室内侧 1/3 处，2Rs 室长于 1Rs 室，臀室中柄为基臀室 1/2 长，约为 R+M 脉段的 1.5 倍；后翅臀室柄短，约为 cu-a 脉段的 1/3 长。

锯鞘稍长于中足基跗节，端部椭圆形，鞘端明显长于鞘基。锯腹片 21 刃，锯刃倾斜，端部凸出，中部刃齿式为 2/6~7。

雄虫：体长 8.0~9.0 mm。体色与雌虫相近，但触角腹侧全长、后眶全部、翅基片全部黄白色；中足胫节及各跗分节仅端缘黑色；颚眼距约为单眼直径的 3 倍；触角第 3 节等长于第 4 节，鞭节强烈侧扁，具明显内脊。

个体差异：部分个体中胸后侧片前部具大的黑斑，前、中足后侧黑色条纹模糊或缺失，后足基节至股节外侧全长具窄黑条纹。

分布：中国黑龙江（伊春），吉林（抚松、延吉），河北（涞源、兴隆），山西（交城），河南（济源、嵩县、卢氏），陕西（凤县、留坝、佛坪、眉县），宁夏（泾源），甘肃（天水、文县），青海（民和），浙江（丽水、临安），湖北（宜昌），湖南（桑植、武冈、浏阳），广西（田林），四川（峨眉山），云南（龙陵）；亚洲（蒙古国、日本），欧洲［克罗地亚、芬兰、德国、俄罗斯（西伯利亚）、斯洛伐克］。

检查标本：2♀，DDR：Suhl NSG Vessertal, 1998. Ⅵ. 14, Taeger leg; 2♂, DDR Sudharz Netzkater, 1988. Ⅴ. 30, Ochlke, Taeger leg.

模式标本保存于德国洪堡大学自然博物馆（ZMHB）。

鉴别特征：该种后足胫节近端部具黄白环，后足股节除端部内侧窄短黑斑外，其余部分黄白色，后足胫节黄白色，基部 2/3 背侧及端缘黑色；后足第 2~4 跗分节除端缘外，其余部分黄白色；体腹侧几乎全部黄白色，腹部背板除第 2~5 节背板后缘具模糊黄白条纹外，其余部分几乎全部黑色；中窝浅沟状，伸达中单眼；中胸小盾片近棱形隆起；中胸侧板刻点微小、稀疏等特征可与相近种区别。

153. 中华方颜叶蜂 *Pachyprotasis chinensis* Jakovlev, 1891

Pachyprotasis antennata var. n. *chinensis* Jakovlev, 1891: 43.

Pachyprotasis chinensis: Malaise, 1931: 135.

雌虫：体长 8.0 mm。体黑色，光滑，体毛密、短。头部淡黄色，黑色部分为：额区、触角。胸部黑色，淡黄色部分为：中胸背板前叶、翅基片基部、中胸小盾片、后胸小盾片；胸部腹侧淡黄色，上部黑色。腹部背板黑色，腹板棕褐色。足淡黄色，股节、胫节外侧条斑黑色，胫节端部及跗节黑色。翅透明，翅痣及前缘脉褐色，其余翅脉黑色。

雄虫：未知。

分布：中国（四川、甘肃）。

模式标本保存于俄罗斯圣彼得堡博物馆（ZIN）。

154. 吕氏方颜叶蜂 *Pachyprotasis lui* Wei & Zhong, 2008（图 2-186、图 2-187）

Pachyprotasis antennata lui Wei & Zhong, 2008: 27.

Pachyprotasis lui (stat. n.): Zhong, Li & Wei, 2017: 144.

雌虫：体长 9.5 mm。体黑色，黄白色至黄褐色部分为：头部触角窝以下部分、中窝、内眶底部 1/3 及相连的后眶底半部、内眶上部狭边、上眶斜斑、触角基部 2 节腹侧、前胸背板前下缘及后下缘、翅基片基半部、中胸背板前叶两侧端部箭头形斑、侧叶中部小斑、中胸小盾片、附片、后胸小盾片、中胸前侧片底部、后侧片后下角、后胸前侧片除前上角外其余部分、后侧片后下角、胸部腹板、腹部第 2~4 节背板中部极窄后缘、各节背板缘折部分、各节腹板、锯鞘基、锯鞘端除端部及背腹缘外其余部分。足黄褐色，黑色部分为：前中足股节端半部后背侧以远细窄黑纹、后足股节端部 3/5、胫节、基跗节腹侧及极窄端缘、第 2~3 跗分节端缘、第 4 跗分节全部以及端跗节除基部外其余部分。翅烟色、亚透明，翅脉及翅痣黑褐色。

上唇及唇基刻点浅弱、不明显；头部背侧刻点稍大、浅、不密集，刻点间隙具细密刻纹及油质光泽。中胸背板刻点细密，具光泽；中胸前侧片上部刻点稍大、浅，下部刻点细密，刻点间隙具微细刻纹及光泽；中胸后上侧片刻纹显著，无光泽，后下侧片光滑，刻点浅弱、不明显，光泽强；中胸前侧片刻点细密、浅弱，光泽稍弱，后侧片光滑，刻点稀疏、浅弱，光泽明显；中胸小盾片刻点浅、分散，刻纹微细，光泽稍弱，附片光滑，刻点及刻纹不明显，光泽强。腹部背板刻点浅小、分散，刻纹微细，光泽明显。后足基节外侧刻点密集、深、明显。

上唇宽大，端部截形；唇基缺口近弧形，深于唇基 1/3 长，侧角宽钝；颚眼距宽于单眼直径的 2 倍；复眼内缘向下稍分歧，内眶底部明显隆起；触角窝上突不发育，额区稍隆起，侧面观远低于复眼；中窝及侧窝浅；单眼中沟窄、稍深，后沟浅；单眼后区稍隆起，宽为长的 1.7 倍，侧沟深，向后稍分歧；后头短，两侧向后明显收敛。触角等长于胸腹部之和，第 3 节长于第 4 节（29∶26）。中胸小盾片钝形隆起，附片具锐利中脊。后足胫节内距约为基跗节 3/5 长，基跗节稍长于其后 4 个跗分节之和，爪内齿短于外齿。前翅 Cu-a 脉位于 M 室内侧 1/3 处，2Rs 室等长于 1Rs 室，臀室中柄明显短于基臀室（5∶8），约为 R+M 脉段的 1.5 倍；后翅臀室柄短，约为 cu-a 脉段的 1/4 长。

锯鞘约长于中足基跗节，端部长椭圆形，鞘端长于鞘基（4∶3）。锯腹片 23 刃，锯刃倾斜，端部稍凸出，中部刃齿式为 2/11~12。

雄虫：体长 7 mm。体色与雌虫相近，但触角腹侧全长及中胸背板前叶两侧 "V" 形斑黄白色；后足基节至股节外侧全长具黑色条斑，胫节端部具黄白色圆环，跗节几乎全部黄白色，仅极窄端缘黑色；颚眼距约为单眼直径的 3 倍；触角第 3 节短于第 4 节（13∶14），鞭节强烈侧扁；中胸小盾片棱形，稍隆起。

分布：中国河北（兴隆），河南（嵩县、栾川），陕西（佛坪），甘肃（清水）。

检查标本：正模：♀，河南栾川龙峪湾，N 33°40′，E 111°48′，1 600~1 800 m，2004. Ⅷ. 27，刘卫星采；副模：1♂，河北兴隆县雾灵山，N 40°37′，E 117°24，1 700 m，1995. Ⅵ. 22，吕楠采；1♀，河南宝天曼保护站，N 33°30′，E 111°56′，1 300 m，2006. Ⅵ. 23，

杨青采；2♂，河南嵩县白云山，N 33°54′，E 111°59′，1 800 m，2006. Ⅵ. 2，钟义海采；1♂，甘肃清水小陇山，N 34°32′，E 106°13′，1 360 m，2005. Ⅴ. 30，盛茂领采；1♂，甘肃天水清水远门林场，N 34°47′，E 105°59′，1 520 m，2005. Ⅴ. 30，武星煜采。

鉴别特征：本种近似 *P. antennata*（Klug, 1817），但前胸背板黑色，底部黄白色，中胸背板前叶仅端部黄白色；中胸前侧片顶部黑色，后侧片除后下角外其余部分黑色；复眼内眶仅底部 1/3 及后眶底半部黄白色，上眶斑较窄；后足股节端部 3/5 黑色，基节、转节及股节外侧全长具黑色条纹等特征与之不同（后者前胸背板黄白色，仅中部黑色，中胸背板前叶两侧黄白色；中胸黄白色，仅侧板沟黑色；复眼内眶底半部及后眶底半部黄白色，上眶斑较宽；后足股节除端部内侧窄短黑条斑外，其余部分黄白色；基节、转节及股节外侧无黑色条纹）。

155. 西姆兰方颜叶蜂 *Pachyprotasis simulans*（Klug, 1817）（图 2-188、图 2-189）

Tenthredo simulans Klug, 1817: 128.

Pachyprotasis simulans: André, 1881: 340.

Pachyprotasis simulans: Benson, 1952: 129.

Pachyprotasis simulans: Cameron, 1882: 123.

Pachyprotasis simulans: Muche, 1968: 8.

Pachyprotasis simulans: Scobiola-Palade, 1978: 202.

Pachyprotasis simulans: Zhelochovtsev, 1993: 343.

雌虫：体长 7.0 mm。体黑色，黄白色至黄褐色部分为：头部触角窝以下部分、额区基部、内眶底部及相连的后眶底部 2/3、内眶上部狭边及相连的上眶斜斑、触角腹侧全长、前胸背板外侧缘及底半部、翅基片除后缘外其余部分、中胸背板前叶两侧"V"形斑、侧叶中部小斑、中胸小盾片除两后侧外其余部分、附片中部、后胸小盾片、中胸前侧片除上角外其余部分、后侧片后部、后胸前侧片、后侧片后部、胸部腹板、腹部第 2~8 节背板后缘窄扁三角形斑、第 10 节背板中部大部分、各节背板缘折部分、各节腹板、锯鞘基及鞘端基部腹缘。足黄白色，黑色部分为：前中足股节至跗节后背侧全长条斑、后足股节端部 1/3 外侧窄的条斑及端部 2/3 内侧宽的条斑、胫节背侧全长及端缘、胫节距端部、跗节除各跗分节基部腹侧外其余部分。翅透明，前缘基大半部浅褐色，翅痣及其余翅脉黑褐色。

上唇及唇基刻点分散、浅弱；头部背侧光滑，刻点及刻纹微弱，不明显，光泽强。中胸背板刻点细弱、分散，具油质光泽；中胸前侧片光滑，刻点浅弱、分散，具明显油质光泽；后上侧片刻纹显著，无光泽，后下侧片刻纹细密，无刻点，光泽明显；后胸侧板刻点细弱、浅，光泽稍弱；中胸小盾片光滑无刻纹，两侧具少数几个大、深刻点，光泽强；附片光滑，刻纹微细，光泽明显。腹部背板刻点不明显，具微细刻纹及光泽。后足基节光

滑，几无刻点。

上唇大，端部截形，中间具微浅缺口；唇基缺口深弧形，深为唇基 2/5 长，侧角尖锐；颚眼距约 2 倍于单眼直径；复眼内缘向下稍内聚；触角窝上突不发育，额区明显隆起，侧面观略低于复眼，额脊稍锐利；中窝及侧窝浅；单眼中沟稍深，后沟无；单眼后区较隆起，宽长比为 7∶4；侧沟深、短；头部背后观两侧向后稍收敛。触角长于腹部，第 3 节稍长于第 4 节（25∶23），鞭节稍侧扁。中胸小盾片钝形、不明显隆起，两侧脊钝，附片中脊钝。后足胫节内距约为基跗节 3/5 长，基跗节短于其后 4 个跗分节之和，爪内齿明显短于外齿。前翅 Cu-a 脉位于 M 室内侧 1/3 处，2Rs 室等长于 1Rs 室，臀室中柄明显短于基臀室 1/2 长，等长于 R+M 脉；后翅臀室中柄长于 cu-a 脉段 2/3 长。

锯鞘明显长于后足基跗节长，端部尖三角形，鞘端 1.5 倍于鞘基长。锯腹片 20 刃，中部刃齿式 2/16~19，锯刃凸出。

雄虫：体长 7.0 mm。体色和构造与雌虫极近似，但头部背侧及胸部背板白斑较雌虫小；中胸前侧片近腹侧具 1 个椭圆形深褐色斑，后侧片仅后缘狭边黄白色；后足胫跗节腹侧全长具黄白色条纹；唇基缺口浅弧形，深为唇基 1/4 长；内眶底部较隆起，单眼后区宽为长的 2 倍；触角鞭节强烈侧扁。

分布：中国（吉林、辽宁、黑龙江），山西（五台），陕西（凤县），浙江（临安），湖北（神农架），湖南（平江、武冈）；亚洲（蒙古国），欧洲［奥地利、比利时、保加利亚、捷克、丹麦、爱沙尼亚、芬兰、法国、德国、英国、意大利、拉脱维亚、马其顿、罗马尼亚、俄罗斯（西伯利亚）、斯洛伐克、西班牙、瑞典、瑞士、乌克兰］。

模式标本保存于德国洪堡大学自然博物馆（ZMHB）。

鉴别特征：该种头部背侧光滑无刻点，刻纹不明显，光泽强；中胸小盾片光滑无刻点，中胸前侧片刻点浅弱、分散；中胸侧板顶部黑色，底部白色；腹部各节背板具三角形白斑；锯鞘端部尖三角形等特征可与相近种区别。

156. 蓝背方颜叶蜂 *Pachyprotasis violaceidorsata* Cameron, 1899

Pachyprotasis violaceidorsata Cameron, 1899: 34.

Pachyprotasis violaceidorsata: Malaise, 1945: 156.

Pachyprotasis violaceidorsata: Saini, 2007: 91.

雌虫：体长 8.0~9.0 mm。体黑色，腹部背板具蓝色光泽，白色部分为：上唇、唇基、唇基上区、内眶及后眶底半部、中胸背板前叶两侧 "V" 形斑、侧叶中部小斑、中胸小盾片、附片、后胸小盾片、胸部侧板、腹部各节背板后缘。足白色，黑色部分为：前中足转节背侧以远条纹、后足股节端部内侧及外侧条斑、胫节和跗节。头部背侧光滑，刻点无或稀疏，刻纹无，中胸侧板刻点小、分散，具光泽；中胸背板刻点稍小、无光泽。头部背后观向后不明显收敛；单眼后区低平，宽稍大于长（5∶4），侧沟向后几乎不内陷，仅基部稍深。触角第 3 节短于第 4 节。中胸小盾片棱形，几乎不隆起，侧脊锐利。

雄虫：未知。

分布：中国云南 – 缅甸边境，印度。

模式标本保存于英国自然历史博物馆（BMNH）。

157. 沟盾方颜叶蜂 *Pachyprotasis sulciscutellis* Wei & Zhong, 2002（图 2-190、图 2-191）

Pachyprotasis sulciscutellis Wei & Zhong, 2002: 237.

雌虫：体长 11.5 mm。体黑色，黄白色至黄褐色部分为：头部触角窝以下部分、触角窝中部斑、内眶底半部及相连的后眶底部 2/3、内眶上部相连的上眶斑、触角基部两节腹侧、前胸背板底大半部、翅基片除后缘、中胸背板前叶两侧"V"形斑、侧叶中部小斑、中胸小盾片、附片后部、后胸小盾片、中胸前侧片除上角外其余部分、后侧片后部、后胸前侧片除前缘外其余部分、后侧片端半部、胸部腹板、腹部各节背板后缘中部扁三角形斑、各节背板缘折部分、各节腹板及锯鞘除端缘外其余部分。足黄褐色，黑色部分为：前中足股节端半部以远背侧、后足基节内侧斑、外侧全长窄条纹、股节基部 3/5 外侧窄长条斑及相连的端部 2/5、胫节、胫节距端部以及跗节全部。翅烟色、亚透明，翅痣及翅脉黑色。

上唇及唇基刻点稀疏、稍大、浅；头部背侧刻点大、密集、明显，刻纹明显，具光泽。中胸背板刻点和刻纹细密，具明显光泽；中胸前侧片上角刻点大、明显、稍密集，下部刻点细密，刻点间隙具微细刻纹及光泽，后上侧片刻纹明显，粗糙，无光泽，后下侧片光滑，具细致刻纹，光泽强；后胸前侧片刻点细密，具光泽，后侧片光滑，刻点浅弱、不明显，光泽强；中胸小盾片前部刻点不明显，后部刻点大、明显，具光泽；附片光滑，具微细刻纹，光泽较强。腹部背板刻纹明显，两侧具分散、稍大、浅刻点，光泽明显。后足基节外侧上部刻点大、明显。

上唇宽大，端部截形，端部具浅弧形缺口；唇基缺口近弧形，深约为唇基 1/3 长，侧角钝；颚眼距宽于单眼直径；复眼内缘向下内聚，内眶底部稍隆起；触角窝上突不发育，额区隆起，侧面观稍低于复眼，顶部稍内陷，额脊明显；中窝及侧窝浅；单眼中沟深、明显，后沟无；单眼后区明显隆起，宽为长的 2 倍；侧沟深、向后稍分歧；头部背后观两侧向后稍收敛。触角短于胸腹部之和，第 3 节稍长于第 4 节（15：14），鞭节端部稍侧扁。中胸小盾片棱形强烈隆起，侧面观顶部具明显中沟，附片中脊锐利、明显隆起。后足胫节内距约为基跗节 3/5 长，基跗节长于其后 4 个跗分节之和，爪内齿等长于外齿。前翅Cu-a 脉位于 M 室内侧 1/3 处，2Rs 室长于 1Rs 室，臀室中柄为 R+M 脉段的 1.5 倍；后翅臀室柄稍长于 cu-a 脉段的 1/3 长。

锯鞘长于中足基跗节（9：7），端部尖圆形，鞘端稍长于鞘基。锯腹片细长，20 刃，刃齿低平，中部刃齿式为 1/12~14。

雄虫：体长 10 mm。体色与构造近似雌虫，不同点为：后足股节黄白色，外侧全长具黑色条斑，胫节端部背侧具黄白斑；复眼内缘向下发散；颚眼距明显宽于单眼直径；触角鞭节强烈侧扁。

分布：中国河北（蔚县），山西（左权、龙泉），河南（嵩县、内乡），陕西（佛坪、西安、凤县、留坝），甘肃（清水、文县），湖北（神农架），四川（卧龙、崇州），贵州（雷山）。

检查标本：正模：♀，河南嵩县白云山，N 33°54′，E 111°59′，1 500 m，2001. Ⅵ.1，钟义海采；副模：1♀，采集点同前，N 33°54′，E 111°59′，1 800 m，2001. Ⅵ.2，钟义海采。

鉴别特征：该种近似 *P. sellata* Malaise，但中胸小盾片棱形强烈隆起，中间具明显中沟，两后侧具锐脊；头部及中胸前侧片刻点大、明显；锯腹片细长，锯刃低平等特征可与之区别。

158. 色拉方颜叶蜂 *Pachyprotasis sellata* Malaise, 1945（图 2-192）

Pachyprotasis sellata Malaise, 1945：161.

Pachyprotasis sellata: Wei, 2005：487.

Pachyprotasis sellata sellata: Saini, 2007：94.

Pachyprotasis sellata sellata: Wei, 2006：625.

雌虫：体长 10.0 mm。体色和构造与 *P. sellata sagittata* 亚种差别不大，仅头部及体背板黄白斑较之大，中胸侧板仅侧板沟黑色，其余部分黄白色，后足股节内外侧具分离的黑色条斑。

锯鞘短于后足基跗节，端部椭圆形，鞘端长于鞘基；锯腹片 23 刃，锯刃倾斜，端部稍凸出，中部刃齿式 2/8~11。

雄虫：未见标本。

分布：中国河北（蔚县），山西（交城、五台），宁夏（泾源），甘肃（天水），湖北（神农架），四川（峨眉山），贵州（梵净山），云南（景东、贡山）；缅甸。

模式标本保存于瑞典斯德哥尔摩自然历史博物馆（NHRS）。

159. 色拉方颜叶蜂箭斑亚种 *Pachyprotasis sellata sagittata* Malaise, 1945（图 2-193、图 2-194）

Pachyprotasis sellata saggitata Malaise, 1945：161.

雌虫：体长 8.0~10.0 mm。体黑色，黄白色至黄绿色部分为：头部触角窝以下部分、触角窝上突中部斑、内眶底部 1/3 及相连的后眶底半部、内眶上部狭边及相连的上眶斑、触角基部 2 节腹侧、前胸背板前下缘及后下缘、翅基片基大半部、中胸背板前叶两侧"V"形斑、侧叶中部小斑、中胸小盾片、附片、后胸小盾片、中胸前侧片除上角外其余部分、后侧片后部、后胸前侧片全部、后侧片后部、腹部第 1~7 节背板后缘中部三角形斑、第 10 节背板大部分、各节背板缘折部分、各节腹板全部以及锯鞘基除端部外其余部分；足黄白色，黑色部分为：前中足股节后背侧以远条纹、后足股节端部 3/7、胫节以及跗节全部；后足胫节腹侧中部浅褐色。翅烟色，不透明，翅痣及翅脉黑褐色。

上唇及唇基刻点稀疏、浅小；头部背侧刻点稍小、浅，刻点间距等于或宽于刻点直径，刻纹细密，光泽明显。中胸背板刻点和刻纹细密，具光泽；中胸前侧片上角刻点密集、深，大小与头部背侧刻点相仿，下部刻点细密，刻点间隙具微细刻纹及光泽，后上侧片刻纹明显，粗糙，无光泽，后下侧片光滑，后缘具浅小、分散刻点，刻纹微细，光泽强；后胸前侧片刻点细密，具光泽，后侧片光滑，刻点浅弱、不明显，光泽强；中胸小盾片和附片光滑几无刻点及刻纹，光泽明显。腹部背板刻纹光泽明显，刻点分散、浅小，刻纹细密，光泽明显。后足基节外侧上部刻点稍小、浅、分散。

上唇大，端部截形；唇基缺口底部平直，深为唇基 1/3 长，侧角钝；复眼内缘向下稍内聚；颚眼距 1.5 倍于单眼直径，内眶底部稍隆起；额区稍隆起，侧面观远低于复眼，顶部稍内陷，额脊钝圆；中窝浅，侧窝稍深；单眼中沟及后沟稍深；单眼后区隆起，宽为长的 2 倍，侧沟深；后头两侧向后明显收敛。触角短于胸腹部之和，第 3 节长于第 4 节（7：6）。中胸小盾片近棱形，稍隆起，附片中脊低钝。后足胫节内距长于基跗节 1/2 长，基跗节长于其后 4 个跗分节之和，爪内齿短于外齿。前翅 Cu-a 脉位于 M 室 1/3 处外侧，2Rs 室稍长于 1Rs 室，臀室中柄明显长于 R+M 脉段（13：9）；后翅臀室柄长于 cu-a 脉段的 1/2 长。

锯鞘稍短于后足基跗节，端部椭圆形，鞘端明显长于鞘基；锯腹片 20 刃，锯刃凸出，中部刃齿式 2/10~11。

雄虫：体长 7.0~9.0 mm。体色和构造近似雌虫，但前中足股节全部黄绿色；后足股节外侧全长具黑条斑，胫节近端部具明显黄白环；复眼内缘向下明显发散；颚眼距约 3 倍于单眼直径；触角腹侧全长黄绿色，鞭节强烈侧扁。

分布：中国吉林（抚松、辉南），辽宁（沈阳、海城），北京，河北（涞源、蔚县、围场、武安），山西（左权、交城、介休、沁水、垣曲、永济、五台），河南（内乡、卢氏、嵩县、栾川、济源、辉县），陕西（西安、留坝、宝鸡、安康、眉县、镇安、凤县、佛坪），甘肃（天水、清水、徽县、文县），安徽（青阳），浙江（开化、龙泉、临安、丽水），湖北（宜昌），江西（修水），湖南（平江、涟源、绥宁、桑植、石门、炎陵、衡山、永州、武冈、宜章），福建（武夷山），广西（兴安、田林、武鸣），四川（天全、泸定、康定、都江堰、峨眉山、崇州），云南（丽江、大理），贵州（习水、遵义、雷山）；缅甸。

模式标本保存于瑞典斯德哥尔摩自然历史博物馆（NHRS）。

鉴别特征：该种近似 *P. gregalis* Malaise，但体大；中胸侧板顶部黑色，底部白色，无黑斑；中胸小盾片隆起；头部背侧具浅小刻点等特征可与之区别。

Abstract

Diagnosis. Species of the genus *Pachyprotasis* Hartig, 1873 have body medium-sized and slender; body largely black, with yellow, white or rufous maculae; labrum and clypeus elevated, anterior margin of clypeus roundly or truncately incised to $1/4-1/2$ of its middle length, anterior margin of labrum mostly truncate; inner margins of eyes slightly convergent or parallel downwards in female, divergent downwards in male; malar space as wide as diameter of median ocellus in female, $2-3$ times as wide as diameter of median ocellus in male; frontal area distinctly or indistinctly elevated, frontal ridge mostly broad and blunt; median fovea and supra-antennal pit or ditch-like; interocellar and postocellar furrows absent or indistinct; head mostly narrowed behind eyes; antennae slender, as long as combined length of thorax and abdomen in female, longer than combined length of thorax and abdomen in male; flagellomere 1 equal to or slightly longer than flagellomere 2; flagellomeres mostly not compressed in female, but strongly compressed in male; frontal area mostly with punctures and microsculptures, with oily luster or not; punctures on median and lateral mesoscutal lobes minute and dense; mesoscutellum mostly slightly elevated, some species flat or strongly elevated, lateral carina blunt or acute; punctures on mesepisternum minute and dense, some species with large, deep and sparse punctures on upper part; punctures on abdominal terga sparse, microsculptures fine; tergum 1 concaved in middle; ovipositor apical sheath mostly round in lateral view; wings hyaline, some species with brown maculaes in apex; fore wing with 2 R cells and 4 Cu cells, vein cu-a in fore wing mostly joins cell M at basal $1/3$, 2Rs as long as or slightly longer than 1Rs, middle petiole of anal cell long; hind wing with 2 media cells, most species with petiole of anal cell; hind femur reach apex of abdomen, tarsomere 1 equal to or slightly longer than following 4 tarsomeres together, claw with inner tooth shorter than outer tooth.

In this study, 8 species groups have been reported in the genus *Pachyprotasis* Hartig, 1837, named *P. formosana* group, *P. indica* group, *P. pallidistigma* group, *P. parapeniata* group, *P. flavipes* group, *P. opacifrons* group, *P. melanosoma* group and *P. rapae* group.

222

Key to species groups of *Pachyprotasis*

1	Antennae black or red brown, sometime with white stripe along the entire underside ·······························**2**	
	Apex of antennae white or with white ring, the last or the two last flagellomeres sometimes black, and the underside of the white joints sometimes striped with black; joints 3–5 black, rarely and only in the male, pale along the underside ·· ***formosana* group**	
2	General color black and white yellow, without red except on legs ·······················**3**	
	General color of at least abdomen red yellow or brown, hind legs more or less with red ······ ***indica* group**	
3	Stigma and costa dark brown to black, rarely with pale anterior margin, but then the hind legs are more or less red ···**4**	
	Stigma in life green, in dry specimens mostly sordid yellow; in the male darker, fulvous or light brown, but still transparent ·· ***pallidistigma* group**	
4	Wings not infuscated ···**5**	
	Forewing uniformly infuscated, with infuscated apex or with infuscated band below stigma ··· ***parapeniata* group**	
5	Hind legs black or pale yellow without red ···**6**	
	Hind legs more or less red, red brown, or red yellow (in the male, sometimes only traces of that color at the base of tibiae or apex of femora)·· ***flavipes* group**	
6	Hind tarsus mostly black, at least each apex of tarsomeres 2–5 black ······························**7**	
	General color of hind tarsus white yellow, sometimes base of tarsomere 1, tarsomere 2 and apex of tarsomere 5 black·· ***opacifrons* group**	
7	Hind legs black, metacoxa and metafemora sometimes with white parts; mesepisternum black, anterior and posterior parts sometimes with small white maculae ······························ ***melanosoma* group**	
	Hind legs white, or at least metacoxa to basal half of metafemora white, mesepisternum white, at most upper part black; or mesepisternum black, but under part with large white band. ·················· ***rapae* group**	

P. formosana group

Diagnosis. Species of the *P. formosana* group have antenna black, apical several or median several flagellomeres white; body black or white; there are 2 species having thorax red; legs black or white, hind femur and tibia with red.

Key to Chinese species

1	Supra-antennal tubercles distinctly raised ···**2**
	Supra-antennal tubercles wanting or indistinctly raised·······································**3**
2	Body length 7.5 mm in female; thorax red, the mesonotal lateral lobes, most of metanotum and metasternum black, anterior part of mesopleuron maybe with white macula; a paired maculae on apex of metasternum and a sometimes wanting macula in front on each side of the mesopleuron white; punctures on mesopleuron fine, scattered. China Yunnan-Myanmar frontier ·················· ***P. rufipleuris* Malaise, 1945**

Body length 8.0–9.0 mm in female; general color of thorax black, without red; mesonotum and metanotum with yellowish-white maculae; lower of mesepisternum with a large white L shape macula, ventral part of mesepimeron white; punctures on mesopleura rather large, distinct. China (Yunnan); China Yunnan-Myanmar frontier, India ·· *P. versicolor* **Cameron, 1876**

3   Anal cell of hind wing not petiolate···**4**

     Anal cell of hind wing petiolate ···**6**

4   Hind tarsus white, base of tarsomere 1 and tarsomere 5 black; hind femur at least base 2/5 white; apex of median mesoscutal lobe with a white arrow shape macula···**5**

     Hind tarsus all black; hind femur black, at most extremely base white; median mesoscutal lobe black, entirely, without white macula. China (Yunnan) ····························· *P. lushuiensis* **Zhong, Li & Wei, 2019**

5   Apex of flagellomere 6 amd all of flagellomeres 7–9 white; white maculae on abdominal terga 1–7 separated; hind tibia black, dorsal part near apex with white broad macula. China (Shaanxi, Hubei) ·· *P. fopingensis* **Zhong & Wei, 2010**

     Apex of flagellomere and all of flagellomeres 6 and 7 white, flagellomeres 8 and 9 black; white maculae on abdominal terga 1–7 connected; metatibiae black entirely, without white macula. China (Sichuan, Guizhou); China Yunnan-Myanmar frontier, India ································· *P. birmanica* **Forsius, 1935**

6   Pectus black or yellowish-white, without red···**7**

     Pectus, tergite 3 except laterally red; face raised into a subpyramidal tubercle exactly between the antennae. China Yunnan-Myanmar frontier, India··························· *P. tuberculata* **Malaise, 1945**

7   Hind legs black or yellowish-white, without rufous part ···**8**

     Hind legs rufous ··**14**

8   Female···**9**

     Male··**12**

9   Antennae at least the last or last two flagellomeres white···**10**

     Antennae only middle flagellomeres white, the last two flagellomeres black·······························**11**

10   Mesoscutellum without middle furrow; maculae on dorsal side of abdominal terga 2–7 separated; flagellomeres 1–2 and basal half of flagellomeres 3 black; serrulae not flat; punctures on mesepisternum fine, interspaces strongly shining, without microsculpture. China (Guizhou) ··· *P. bicoloricornis* **Wei & Nie, 2002**

     Top of mesoscutellum with deep middle furrow; macula on dorsal side of abdominal terga 3–7 connected; ventral sides of flagellomeres 1–4 yellowish-white; serrulae flat; mesepisternum with distinct microsculpture, punctures minute and shallow, interspaces with microsculpture. China (Hubei) ··· *P. maculoannulata* **Zhong & Wei, 2010**

11   Flagellomere 1 shorter than flagellomere 2; punctures on and around frontal area fine and shallow; mesoscutellum without longitudinal incision. hind tibiae black, apex with a broad white macula.China (Beijing, Henan, Shaanxi, Gansu, Zhejiang, Hubei, Jiangxi, Hunan, Guangxi, Sichuan, Yunnan); China Yunnan-Myanmar frontier, India··· *P. alboannulata* **Forsius, 1935**

     Flagellomere 1 longer than flagellomere 2; punctures on and around frontal area coarse and dense; mesoscutellum with a broad and shallow, longitudinal incision; hind tibiae black, middle part with a broad white ring. China (Sichuan) ··*P. emdeni* **(Forsius, 1931)**

12   Hind tarsus black, at most base of each tarsomere pale brown at ventral part ·······································**13**

      Middle part of each tarsomere with broad a white macula; mesoscutellum strongly raised, punctures absent, polished; hind coxa white, outer side with a large white macula. China (Beijing, Henan, Shaanxi, Gansu, Zhejiang, Hubei, Jiangxi, Hunan, Guangxi, Sichuan, Yunnan); China Yunnan-Myanmar frontier, India ··· *P. alboannulata* **Forsius, 1935**

13   Apex of hind tibia with broad white ring; black macula on frontal area small; penis valve long and narrow. China (Hubei, Hunan)·······································*P. paraneixiangensis* **Zhong, Li & Wei, 2017**

      Hind tibia without white ring; black macula on frontal area much large; penis valve short and broad. China (Henan, Hubei)··*P. neixiangensis* **Wei & Zhong, 2007**

14   Under part of mesepisternum with broad white band or macula, ventral part white·······························**15**

      Mesepisternum black, without white ···**18**

15   Flagellomere 1 shorter than flagellomere 2 ···**16**

      Flagellomere 1 much longer than flagellomere 2; apex of flagellomeres 4 and the last 3 flagellomeres white; mesepisternum with a large longitudinal white band; punctures on and around frontal area deep, distinct, surface between punctures polished; punctures on mesepisternum large, distinct, microsculpture distinct. China (Taiwan) ··· *P. formosana* **Rohwer, 1916**

16   The last two flagellomeres black, dorsal part of head polished and strongly shining, puncture absent, or with isolate, hardly visible minute punctures ···**17**

      The last three flagellomeres white, head on and around the frontal area with scattered but distinct punctures, surface between the larger punctures with faint microsculpture; a rounded macula of bright rusty-red color extends over most of labrum and the anterior half of clypeus; lancet with strong, protruding teeth. China Yunnan-Myanmar frontier ·· *P. rubribuccata* **Malaise, 1945**

17   Body length 8.0 mm; hind tarsomeres 2–5 red brown; under part of mesepisternum with large a band. China Yunnan-Myanmar frontier; India··*P. multilineata* **Malaise, 1945**

      Body length 11.5 mm; hind tarsomeres 2–5 white; lower part of mesepisternum without white band, only anterior part with a small white macula. China (Xizang) ········ *P. linzhiensis* **Zhong, Li & Wei, 2019**

18   Hind coxa yellowish-white or yellowish-brown; flagellomere 1 equal to or longer than flagellomere 2, the last three flagellomeres white···**19**

      Hind coxa black; flagellomere 1 shorter than flagellomere 2, the last two flagellomeres black; clypeus black except posterolateral sides; head on and around the frontal area with distinct punctures; punctures on upper part of mesepisternum larger and deeper than on head. China (Yunnan) ·· *P. nigricoxis* **Zhong & Wei, 2010**

19   Posterior margins of all abdominal terga white; stigma and costa black brown; punctures on frontal area deep, distinct; median fovea pit-like. China (Zhejiang, Hubei, Jiangxi, Hunan, Fujian, Guangxi, Chongqing, Guizhou) ··· *P. nanlingia* **Wei, 2006**

      Abdominal terga 1–6 black, without white posterior margins; costa, subcosta, R1 and base of stigma brown, other part of stigma and remaining veins black brown; punctures on frontal area shallow; median fovea absent. China (Hubei)··*P. altantennata* **Zhong & Wei, 2010**

P. indica group

Diagnosis. Species of the *P. indica* group have body rufous or with rufous maculae, at least abdomen rufous or with rufous maculae; antennae rufous, black or white; legs black or white, most species hind femur and tibia rufous.

Key to Chinese species

1	Anal cell of hind wings petiolate	2
	Anal cell of hind wings not petiolate; in female antennae yellowish-red with black apex, temples and the entire upper side of head yellowish-red, thorax yellowish-red with some white markings; in male head and thorax black and white yellowish-white maculae, abdomen yellowish-red with black markings, antennae black; head and mesonotum strongly shining, with fine scattered punctures, microsculpture absent. China Yunnan-Myanmar frontier, India	***P. indica* Forsius, 1931**
2	Head or thorax rufous or with rufous maculae	3
	Head and thorax black or yellowish-white, without rufous part	9
3	Anterior margin of labrum strongly tapers as needle	4
	Anterior margin of labrum rounded or triangle	6
4	Antennae at least dorsal part black; labrum and clypeus yellowish-white	5
	Antennae rufous, without black; labrum and clypeus rufous. China (Hunan)	***P. fulvicornis* Wei & Zhong, 2010**
5	Frontal area continues with inner orbits black, stigma pale brown; median fovea ditch-like, deeply reached median ocellus; labrum little, apex strongly tapering as needle. China (Hubei)	***P. spinilabria* Wei & Zhong, 2010**
	Frontal area continues with inner orbits brown; most middle part of stigma black brown; median fovea ditch-like, anterior half deep and posterior half shallow, not reached median ocellus; labrum large, only apex strongly tapering as needle. China (Sichuan)	***P. paraspinilabria* Wei & Zhong, 2010**
6	Flagellomere 1 shorter than flagellomere 2	7
	Flagellomere 1 equal to or longer than flagellomere 2	8
7	Mesepisternum with rufous macula, ventral part with a large white macula; dorsal part of head coarsely punctured. China (Hubei, Hunan, Guizhou)	***P. rufocephala* Wei, 2005**
	Mesepisternum black, without rufous macula, ventral part with a yellowish-white stripe; dorsal part of head finely punctured. China Yunnan-Myanmar frontier	***P. hepaticolor* Malaise, 1945**
8	Base of hind femur yellowish-white; thorax and abdomen rufous, dark brown are: a broad horizontal band on under part of mesepisternum, base of metapleuron, irregular posterior maculae on deflexed sides of all abdominal terga, hind parts of all sterna. China (Sichuan)	***P. rufotegulata* Wei & Zhong, 2010**
	Base of hind femur black, outer side with a rufous band, without yellowish-white part; thorax and abdomen black, rufous are: posterior part of pronotum, tegulae, lateral sides of mesonotal middle lobe, middle part of metapostnotum, abdominal terga 4, 5 and middle parts of sterna. China (Henan, Hubei)	***P. rubiginosa* Wei & Nie, 1998**

9 Mesopleuron yellowish-white, at most upper corner black···**10**

Mesopleuron black, sometimes with yellowish-white macula··**11**

10 Hind tarsus rufous, extremely apex of tarsomere 5 black; abdomen rufous, yellowish-brown are: deflexed lateral side and broad posterior band on lateral side of tergum 1, deflexed lateral sides of abdominal terga 6 and 7, terga 8 and 9 except medial triangular maculae; terga 1, 2 and terga 5–7 each with a black basal macula on lateral part; median fovea ditch-like, not reaches median ocellus. China (Qinghai, Yunnan)
···*P. rufigasteris* **Wei & Zhong, 2010**

Hind tarsus yellowish-white, base of tarsomere 1 and apex of tarsomere 5 black; abdomen black, terga 4 and 5 rufous; median fovea ditch-like, shallowly reaches median ocellus. China (Guizhou)
···*P. youi* **Wei & Zhong, 2010**

11 Median fovea ditch-like, deeply reaches median ocellus; hind coxa yellowish-white, out side with black band··**12**

Median fovea ditch-like or pit-like, but not reached median ocellus; hind coxa black, sometimes with white macula···**14**

12 Abdominal terga rufous except terga 1–3, which are black··**15**

Abdominal terga black, apex of terga 3, tergite 4 and 5 rufous; hind margins of terga 3–6 each with a triangular yellowish-white macula, ventral part of mesepisternum with a yellowish-white macula. China (Shaanxi)···*P. maculotergitis* **Zhu & Wei, 2008**

13 Body length 9.5 mm, yellowish-white part of hind femur shorter than 1/7 of its length; posterolateral part of abdominal terga 4–8 and sterna entirely yellowish-white; flagellomere 1 equal to flagellomere 2; punctures on upper part of mesepisternum a little large. China (Henan)···*P. rubiapicilia* **Wei & Nie, 1999**

Body length 7.5 mm, yellowish-white part of hind femur longer than 1/4 of its length; abdominal terga 4–8 and sterna entirely rufous; flagellomere 1 longer than flagellomere 2; punctures on upper part of mesepisternum minute, shallow. China (Henan) ···*P. fulvomaculata* **Wei & Zhong, 2002**

14 Punctures on mesepisternum minute, shallow and fine···**17**

Punctures on mesepisternum large, deep and coarse; punctures on dorsal part of head and mesoscutum large, dense and coarse; mesoscutellum with shallow and broad middle furrow; clypeus dark brown; four front femora and tibiae rufous, tarsi yellow brown. China (Hubei)··············*P. jiangi* **Wei & Zhong, 2010**

15 Apex of hind femur black without rufous macula; basal half of metatibia rufous, apical half black; mesepisternum with distinct white maculae; penis valves acute at apex. China (Shanxi, Henan)
···*P. rufocinctilia* **Wei, 1998**

Apex of hind femur rufous, inner part with black band; metatibia yellowish-brown; mesepisternum black, without white macula; penis valves round at apex. China (Yunnan)
···*P. zhouhui* **Wei & Zhong, 2010**

P. pallidistigma group

Diagnosis. Species of the *P. pallidistigma* group have stigma and veins green in life, sordid yellow in dry specimens; body green in life, most species dorsal part pale yellow to yellowish-white

in dry specimens, minority species black or with large black maculae; most species ventral part pale yellow to yellowish-white, minority species adjacent areas of mesoplerural groove black; legs pale yellow to yellowish-white, apex of femur and tibia black or with black maculae.

Key to Chinese species

1   Mesopleuron muddy yellow, without red, upper corner sometimes black ···2

     Upper half of mesopleuron red, lower half white; ventral part of mesepisternum and mesepimeron entirely black. China (Xizang) ·· *P. pleurochroma* **Malaise, 1945**

2   Hind legs muddy yellow, without red, outer side of coxa and femur sometimes with black stripe; hind tibia black or with black stripe; hind trochanter without black macula (if hind trochanter with black macula, outer side of hind leg usually striped with black entirely)·······································3

     Apex of hind femur, tibia and tarsomeres red brown; hind tibia without black; outer side of hind trochanter with black macula. China (Qinghai, Sichuan, Yunnan, Xizang)

     ·· *P. daochengensis* **Wei & Zhong, 2007**

3   Mesoscutellum strongly elevated in lateral view··4

     Mesoscutellum flat or slightly elevated in lateral view··5

4   Abdominal terga black, hind part of each tergite with a central triangular muddy yellow macula; frontal seam of mesopleural epimera with black stripe; temple with a black macula, upper part of the occiput black.China (Henan)·································· *P. eleviscutellis* **Wei & Nie, 1999**

     Abdominal terga pale yellow, anterolateral sides of terga 4–8 each with a large black macula; mesopleuron pale yellow, without black; temple and occiput pale yellow, without black. China (Henan, Hubei)

     ·· *P. flavocapita* **Wei & Zhong, 2002**

5   Punctures on upper part of mesepisternum absent or minute, shallow; outer side of hind coxa muddy yellow or only with one black stripe···6

     Punctures on upper part of mesepisternum rather large and deep; outer side of hind coxa with two black stripes. China (Yunnan) ·································· *P. bilineata* **Zhong & Wei, 2012**

6   Abdominal terga pale yellow, without black, or only basal part of tergite 2 with narrow black band·········7

     Abdominal terga black, all terga with pale hind margins, or abdominal terga pale yellow, but all tergite with large black maculae··**11**

7   Flagellomere 1 as long as or longer than flagellomere 2··**8**

     Flagellomere 1 distinctly shorter than flagellomere 2; postocellar area as broad as long in the female, rather broader than long, as 5 : 4 in the male; abdominal terga pale yellow, all terga with black maculae, in the female, these maculae combined forming two large separated longitudinal bands, in the male, with two rows of separated rounded maculae, that possibly may be connected. China Yunnan-Myanmar frontier, Myanmar, India ·································· *P. vittata* **Forsius, 1931**

8   Ground color of mesonotum pale yellow, middle and lateral lobe each with a large black elliptical macula; the black macula on postocellar area quite large in both sexes ·······························**9**

     Mesonotum pale yellow, middle and lateral lobe each with a black liner macula; the black macula on postocellar area quite small in female, but rather large in male. China (Sichuan, Yunnan, Xizang); India

     ·· *P. pallens* **Malaise, 1945**

9   Hind tarsus black, base of each tarsomere maybe with pale brown ventral side in male···························**10**

Base of hind tarsomeres 1 and tarsomere 2–5 entirely white, sometimes apical 1/3 of tarsomere 3 black. China (Sichuan) ⋯⋯⋯⋯⋯⋯⋯⋯⋯⋯⋯⋯⋯⋯⋯⋯⋯⋯⋯⋯⋯⋯ *P. sichuanensis* Zhong & Wei, 2012

10　Middle fovea reached median ocellus; flagellum ventrally pale yellow in both sexes; middle serrulae distinctly protruded. China (Sichuan, Yunnan); Asia (Republic of Korea, Japan); Europe [Austria, Czech Republic, Estonia, Germany, United Kindom, Latvia, Lithuania, Poland, Russia (Siberia), Slovakia, Switzerland]⋯⋯⋯⋯⋯⋯⋯⋯⋯⋯⋯⋯⋯⋯⋯⋯⋯⋯⋯⋯⋯⋯ *P. nigronotata* Kriechbaumer, 1874

Middle fovea not reached median ocellus; flagellum ventrally black in female (male unknown); middle serrulae not protruded. China (Hubei) ⋯⋯⋯⋯⋯⋯⋯⋯⋯⋯⋯⋯⋯⋯ *P. shennongjiai* Zhong & Wei, 2012

11　Abdominal terga black, each tergite with pale hind margin⋯⋯⋯⋯⋯⋯⋯⋯⋯⋯⋯⋯⋯⋯⋯⋯⋯⋯⋯12

Abdominal terga pale yellow, terga 2–8 each with a black central band; head and thorax pale yellow, apical half of frontal area continues with postocellar area and lateral furrows black, middle and lateral lobe each with a black elliptical macula; hind legs pale yellow, outer part of coxa and femur with black stripes. China (Sichuan, Yunnan, Xizang) ⋯⋯⋯⋯⋯⋯⋯⋯⋯⋯⋯⋯⋯⋯⋯⋯ *P. zhoui* Wei & Zhong, 2007

12　Body length 7.5–10.5 mm; hind leg pale yellow, without black stripe in female, but in male outer side or striped with black entirely⋯⋯⋯⋯⋯⋯⋯⋯⋯⋯⋯⋯⋯⋯⋯⋯⋯⋯⋯⋯⋯⋯⋯⋯⋯⋯⋯⋯⋯⋯⋯⋯13

Body length 5.5–6 mm; outer side of hind leg with black narrow stripe entirely, inner side of hind femur with a broad but short black stripe. China (Qinghai, Xizang); China Yunnan-Myanmar frontier ⋯⋯⋯⋯⋯⋯⋯⋯⋯⋯⋯⋯⋯⋯⋯⋯⋯⋯⋯⋯⋯⋯⋯⋯⋯⋯⋯⋯⋯⋯⋯⋯⋯⋯⋯ *P. alpina* Malaise, 1945

13　Abdominal terga black, all terga with pale yellow posterior margins⋯⋯⋯⋯⋯⋯⋯⋯⋯⋯⋯⋯⋯14

Abdominal terga black, central part of each terga with a pale yellow triangular macula. China (Ningxia, Sichuan); China Yunnan-Myanmar frontier, India ⋯⋯⋯⋯⋯⋯⋯⋯⋯⋯⋯⋯ *P. scalaris* Malaise, 1945

14　Female⋯⋯15

Male ⋯⋯⋯17

15　Postocellar area about 1.25–1.5 times as broad as long ⋯⋯⋯⋯⋯⋯⋯⋯⋯⋯⋯⋯⋯⋯⋯⋯⋯⋯⋯⋯16

Postocellar area 2 times as broad as long. China (Gansu); India, Japan, Russia (Sakhalin) ⋯⋯⋯⋯⋯⋯⋯⋯⋯⋯⋯⋯⋯⋯⋯⋯⋯⋯⋯⋯⋯⋯⋯⋯⋯⋯⋯⋯⋯⋯⋯ *P. longicornis* Jakovlev, 1891

16　Antenna ventrally pale; middle serrulae distinctly protruded, membrane between two serrulae shorter than width of a serrulae. China (Neimenggu, Shanxi, Henan, Shaanxi, Ningxia, Gansu, Qinghai, Hubei, Sichuan, Yunnan, Xizang) ⋯⋯⋯⋯⋯⋯⋯⋯⋯⋯⋯⋯⋯⋯⋯⋯⋯⋯⋯⋯⋯⋯ *P. pallidistigma* Malaise, 1931

Antenna ventrally black; middle serrulae oblique, membrane between two serrulae longer than width of a serrulae . China (Henan, Shaanxi, Ningxia, Gansu, Hubei, Hunan) ⋯⋯⋯⋯⋯⋯⋯⋯ *P. qinlingica* Wei, 1998

17　Posterior part of each abdominal tergite with a broad triangular pale yellow macula, the macula extends to middle of each tergum; mesopleuron pale yellow, without black. China (Neimenggu, Shanxi, Henan, Shaanxi, Ningxia, Gansu, Qinghai, Hubei, Sichuan, Yunnan, Xizang) ⋯⋯⋯ *P. pallidistigma* Malaise, 1931

Posterior part of each abdominal tergite with a rather narrow triangular pale yellow macula, the macula not extends to middle of each tergum; mesopleural epimera with a black stripe along the frontal seam. China (Gansu); India, Japan, Russia (Sakhalin) ⋯⋯⋯⋯⋯⋯⋯⋯⋯⋯ *P. longicornis* Jakovlev, 1891

P. flavipes group

Diagnosis. Species of the *P. flavipes* group have body black with white maculae on dorsal part, black or white on ventral part, some species head and thorax rufous or with rufous maculae; four front legs black or white, some species or with rufous maculae; hind coxa, trochanter and tarsus black or white, rarely with red; hind femur and tibia rufous, apex or with black; antennae black, some species ventral part pale brown in male; stigma and veins black or blackish-brown.

Key to Chinese species

1   Thorax rufous ···2

    Thorax black or yellowish-white, without rufous part ···3

2   Mesoscutum rufous; lower part of mesopleuron with broad white band; flagellomere 1 longer than flagellomere 2. China (Jilin, Shaanxi, Ningxia, Hubei, Sichuan, Xizang)
··*P. rufodorsata* **Zhong, Li & Wei, 2021**

    Mesoscutum black; lower part of mesopleuron without white band; flagellomere 1 shorter than flagellomere 2. China (Hunan)······························· *P. nigritarsalia* **Zhong, Li & Wei, 2021**

3   Hind tarsus black, tarsomere 5 or with white or red··4

    Hind tarsus white or rufous, base of tarsomere and apex of tarsomere 5 sometimes or with black ·········11

4   Mesepisternum white, lower part sometimes with narrow black band, or mesepisternum black, lower part with broad horizontal white band that is not narrower than 1/4 of mesepisternum ·····················5

    Mesepisternum black, anterior part sometimes with white macula, or lower part with narrow horizontal white band that is not broader than 1/4 of mesepisternum ···9

5   Mesepisternum black, lower part with broad horizontal white band ·····································6

    Mesepisternum white, lower part with a narrow and short black band; mesonotum and metanotum black, white are: broad lateral sides of median mesoscutal lobe, a small macula on central part of lateral mesoscutal lobe, mesoscutellum, mesoscutellar appendage and metascutellum; punctures on mesepisternum large, deep and distinct. China (Xizang); India, Nepal·····················*P. citrinipicta* **Malaise, 1945**

6   Base of hind femur rufous, without white, the extreme base, adjacent to the white trochanters, sometimes white···7

    Hind femur at least basal 1/3 yellowish-white ···8

7   Punctures on mesopleuron deep, distinct; lateral parts of median mesoscutal lobe yellowish-white; abdominal lateroterga yellowish-white entirely. North of China; Asia (Mongolia, Japan), Europe (Albania, Austria, Belgium, Bulgaria, Croatia, Czech Republic, Denmark, Estonia, Finland, France, Germany, United Kingdom, Italy, Latvia, Lithuania, Luxembourg, Netherlands, Poland, Romania, Russia, Slovakia, Sweden, Switzerland, Ukraine)···*P. variegata* **(Fallén, 1808)**

    Punctures on mesopleuron shallow, indistinct; apex of median mesoscutal lobe yellowish-white; abdominal lateroterga only extreme posterior margins yellowish-white. China (Yunnan); China Yunnan-Myanmar frontier···*P. corallipes* **Malaise, 1945**

8   Dorsal part of head polished, microsculpture absent or indistinct, punctures sparse; apex of median mesoscutal lobe yellowish-white. China (Shaanxi, Zhejiang, Jiangxi, Hunan, Fujian)
·· *P. wui* **Wei & Nie, 1998**

     Dorsal part of head coarse, microsculpture indistinct, punctures dense; lateral parts of median mesoscutal lobe yellowish-white. China (Zhejiang, Jiangxi, Hubei, Hunan, Fujian, Sichuan, Yunnan)
··· *P. parawui* **Zhong, Li & Wei, 2020**

9   Basal half or at least third of hind femur white; mesopleuron black, without white macula ···················**10**

     Hind femur rufous, without white; lower part of mesopleuron with white macula. China (Gansu)
··· *P. sanguinipes* **Malaise, 1931**

10   Abdominal terga black, without distinct white maculat ··**11**

     Central part of each tergite with a large triangular white macula. China (Henan, Shaanxi, Gansu, Hubei, Hunan, Sichuan, Guizhou, Yunnan)·· *P. zuoae* **Wei, 2005**

11   Outer part of hind femur only striped with black on basal half; middle serrulae distinctly protruded. China (Jilin, Henan, Shaanxi, Gansu, Hubei, Hunan, Sichuna, Guizhou, Yunnan)
·· *P. parasubtilis* **Wei, 1998**

     Outer part of hind femur striped with black entirely; middle serrulae indistinctly protruded. China (Henan, Shaanxi, Gansu, Hubei, Sichuan, Xizang)············ *P. lineatifemorata* **Wei & Nie, 1999**

12   Mesepisternum yellowish-white, lower part or with narrow black band, or mesepisternum black, lower part with broad horizontal white band that is not narrower than 1/4 of mesepisternum ························**13**

     Mesepisternum black, anterior part or with white macula, or lower part with narrow horizontal white band that is not broader than 1/4 of mesepisternum···**16**

13   Mesepisternum yellowish-white, upper corner black; occiput and upper part of inner orbit black ··········**14**

     Mesepisternum yellowish-white entirely, or only mesopleural groove black; occiput yellowish-white entirely, inner orbit with yellowish-white macula ··**15**

14   Labrum with squarely pointed anterior margin; base of hind tarsomeres 2–5 yellowish-white; median fovea ditch-like, basal half deep, apical half shallow, not reached median ocellus. China (Shanxi, Qinghai, Hubei, Sichuan, Xizang); India··· *P. flavipes* **(Cameron, 1902)**

     Labrum with acutely pointed anterior margin; hind tarsus rufous, without yellowish-white; median fovea ditch-like, deeply reached median ocellus. China (Henan, Shaanxi, Ningxia, Gansu, Hubei, Sichuan)
··· *P. acutilabria* **Wei, 1998**

15   Mesopleuron yellowish-white, without black; central part of abdominal terga 1–6 each with a broad triangular macula; basal 2/3 of hind femur yellowish-white, outer part of coxa and femur without black stripe. China (Xizang); India··· *P. subtilissima* **Malaise, 1945**

     Mesopleuron yellowish-white, lower part with a short and narrow black band, mesopleural groove black; abdominal terga 2–5 each with a narrow central white band on posterior margin; basal 1/3 of hind femur yellowish-white, outer part of coxa and femur with black stripes. China (Sichuan, Yunnan, Xizang)
··· *P. zhengi* **Wei & Zhong, 2006**

16   Punctures on mesepisternum rough and irregular, surface between punctures opaque····························**17**

     Punctures on mesepisternum smooth and regular, surface between punctures polished·······················**18**

17   Clypeus and labrum white, without black; lower part of inner orbit white, upper part black; hind coxa rufous, outer side with a large white macula; hind tarsus white, basal 1/3 of tarsomere 1 and apex of tarsomere 5 black. China (Zhejiang, Hunan)································ *P. rufinigripes* **Wei & Nie, 1998**

Clypeus and labrum with black maculae; inner orbit white, without black; hind coxa black or rufous, without white macula; hind tarsus rufous. China (Sichuan, Yunnan, Xizang); Myanmar, India
·· *P. maesta* **Malaise, 1934**

18 Space on dorsal part of head polished, microsculpture absent; central part of frontal area concaved, frontal ridges rounded ··· **19**

Space on dorsal part of head rough, with distinct microsculpture; central part of frontal area not concaved, frontal ridges acute··· **20**

19 Body length 11.0–12.0 mm; inner orbit white entirely; punctures on mesepisternum large and deep; anterior and ventral part of mesepisternum with large white maculae; hind coxa rufous, outer part with a large white macula and a large black macula; white triangular macula on central of each abdominal tergum quiet broad. China (Anhui, Zhejiang, Jiangxi, Fujian, Hunan, Guizhou)
·· *P. xanthotarsalia* **Wei & Nie, 2003**

Body length 8.0–8.5 mm; lower part of inner orbit white, upper part black; punctures on mesepisternum small and shallow; mesepisternum black, without white macula; hind coxa yellowish-white, without black macula; white triangular macula on central part of each abdominal tergum quiet marrow. China (Zhejiang, Hunan)··· *P. rufofemorata* **Zhong, Li & Wei, 2010**

20 Hind femur rufous, without white, or base white, but not longer than 1/3 of its length ··············· **21**

Hind femur at least basal 1/3 white ··· **23**

21 Clypeus and labrum white, without rufous macula; median fovea ditch-like, not reached median ocellus; punctures on mesepisternum large, distance between punctures equal to or narrower than diameter of punctures·· **22**

Central part of clypeus and labrum rufous; median fovea ditch-like, reached median ocellus; punctures on mesepisternum small, distance between punctures much wider than diameter of punctures. China (Henan, Shaanxi, Gansu, Hubei, Hunan, Sichuan, Yunnan) ······························· *P. shengi* **Wei & Nie, 1999**

22 Mesoscutum and abdominal terga without distinct white maculae; hind trochanter without black macula, base of hind femur black . China Yunnan-Myanmar frontier, India··············· *P. validicornis* **Malaise, 1945**

Mesoscutum with distinct white maculae; apex of abdominal terga each with a narrow and short central triangular macula; out part of hind trochanter with black macula, base of hind femur white. China (Henan, Shaanxi, Sichuan, Guizhou); China Yunnan-Myanmar frontier, India ···· *P. subtilis* **Malaise, 1945**

23 Punctures on mesopleuron shallow and minute, distance between punctures much wider than diameter of punctures, space between punctures polished, microsculpture absent or indistinct ····························· **24**

Punctures on mesopleuron deep and large, distance between punctures equal to or narrower than diameter of punctures, space between punctures rough, microsculpture distinct································· **25**

24 Basal tenth of hind femur yellowish-white; punctures on mesepisternum absent, or extremely minute, shallow. China (Henan, Shaanxi, Hubei, Sichuan, Xizang) ································· *P. weni* **Wei, 1998**

Basal fourth of hind femur yellowish-white; punctures on mesepisternum moderate. China (Henan)
·· *P. magnilabria* **Wei, 1998**

25 Median fovea ditch-like, reached median ocellus; posterior part of abdominal terga each with a distinct yellowish-white macula; punctures on mesopleuron shallow and minute, distance between punctures equal to diameter of punctures ·· **26**

Median fovea ditch-like, deep, but not reached median ocellus; abdominal terga black, without distinct white macula; punctures on mesopleuron deep and large, distance between punctures much wider than diameter of punctures. China (Henan, Shaanxi, Anhui, Zhejiang, Hubei, Jiangxi, Hunan, Fujian, Guangdong, Guangxi, Sichuan, Guizhou, Yunnan); China Yunnan-Myanmar frontier, India
·· *P. subulicornis* Malaise, 1945

26 Anterior margin and central part of clypeus blackish-brown, central part of labrum blackish-brown; mesopleuron black, without white; flagellomere 1 shorter than flagellomere 2. China (Hunan)
··· *P. longipetiolata* Zhong, Li & Wei, 2018

Clypeus and labrum yellowish-white, without black macula; ventral part of mesepisternum white, anterior part or with white macula; flagellomere 1 longer than flagellomere 2. China (Henan, Gansu, Anhui, Zhejiang, Hubei, Hunan, Sichuan, Guizhou, Yunnan) ················ *P. henanica* Wei & Zhong, 2002

P. opacifrons group

Diagnosis. Species of the *P. opacifrons* group have body black with white maculae on dorsal part, black or white on ventral part, without rufous maculae; legs black or white, without rufous maculae, hind tarsus white, at least base of each tarsomere white; antennae black, some species ventral part pale brown to white in male; stigma and veins black or blackish-brown.

Key to Chinese species

1 The black color without bluish tinge··2
   The black color of head, thorax, and abdomen with distinct bluish tinge. Myanmar, India
   ··· *P. caerulescens* Malaise, 1945

2 Mesopleuron black, anterior part or with yellowish-white macula, or lower part with a broad horizontal white band that is broader than 1/4 of mesepisternum; or mesopleuron yellowish-white, lower part with a broad horizontal black band that is broader than 1/4 of mesepisternum ················3
   Mesopleuron yellowish-white, upper corner black, lower part or with a short and narrow black band that is not broader than 1/8 of mesepisternum································21

3 Hind legs black, coxa and femur or with yellowish-white; mesepisternum black, anterior and posterior part or with white maculae, ventral side black ································4
   Hind legs at least coxa, trochanter and basal half of femur yellowish-white; mesopleuron yellowish-white, lower part with a broad horizontal black band; or mesopleuron black, lower part with a broad horizontal yellowish-white band································12

4 Punctures on mesepisternum coarse, irregular ································5
   Punctures on mesepisternum fine, regular································7

5 Mesoscutellum prismatic, strongly elevates, apex with wide and shallow middle furrow, central part of abdominal terga each with a distinct triangular yellowish-white macula ················6

Mesoscutellum not strongly elevates, apex without middle furrow; abdominal terga black, without distinct yellowish-white macula; median ditch-like, deep, distinctly reached median ocellus; clypeus and labrum yellowish-white, central part both with a large blackish-brown macula. China (Shaanxi, Hubei, Hunan, Sichuan) ·· *P. hunanensis* **Wei, Li & Zhong, 2022**

6　Body length 9 mm; the macula on apex of each abdominal terga much broad, which extends to basal half of each tergum; hind trochanter white, femur black, without white; clypeus and labrum both without dark brown maculae. China (Sichuan) ··· *P. supracoxalis* **Malaise, 1934**

Body length 11.0–12.0 mm; the macula on apex of each abdominal terga much narrow, which not extends to basal half of each tergum; hind trochanter black, basal 2/5 of femur white; central part of clypeus and labrum both with dark brown maculae. China (Gansu, Hubei, Ningxia)
·· *P. liupanensis* **Zhong, Li & Wei, sp. nov.**

7　Median ditch-like, reached median ocellus; hind coxa with white macula on dorsal part ···························**8**

Median pit-like, not reached median ocellus; hind coxa without white macula··································**10**

8　Abdominal terga black, without distinct white macula; mesopleuron polished, punctures absent or minute
··**9**

Posterior part of abdominal terga 2–6 each with a triangular middle white macula; mesopleuron opaque, punctures large and distinct. China (Hubei, Gansu) ····························· *P. macrophyoides* **Jakovlev, 1891**

9　Body length 8.0–9.0 mm; basal 1/3 of hind femur white; under part of mesopleuron and abdominal terga each with a narrow white band. China Yunnan-Myanmar frontier ················· *P. sulcifrons* **Malaise, 1945**

Body length 11.5 mm; hind femur black, without white; mesopleuron and abdominal terga black, without white macula. China (Henan, Anhui, Zhejiang, Hubei, Hunan, Sichuan)
··· *P. eulongicornis* **Wei & Nie, 1999**

10　Hind femur and dorsal part of thorax black, without distinct macula; clypeus and labrum black, or with small maculae ··**11**

Basal 1/3 of hind femur white; median and lateral mesoscutal lobe with white maculae, mesoscutellum, mesoscutellar appendage and metascutellum white; clypeus and labrum white, base of clypeus black; mesepisternum with dense punctures, space between punctures polished. China (Hubei, Hunan)
··· *P. leucotrochantera* **Zhong, Li & Wei, 2022**

11　Body length 8 mm; labrum and clypeus blackish-brown, base of labrum, anterior and posterior of clypeus white; frontal area elevates, higher than eyes on lateral view, median fovea pit-like, space between punctures polished; posterior margins of mesopleuron and metapleuron white; posterior margins of abdominal lateroterga white. China (Heilongjiang, Henan, Shaanxi, Ningxia, Gansu, Hubei)
··· *P. wangi* **Wei & Zhong, 2002**

Body length 10.5 mm; labrum black, basal part with small white macula, clypeus black, without white; frontal area not elevates, lower than eyes on lateral view, median ditch-like, space between punctures coarse; mesopleuron and metapleuron black, without white; abdominal lateroterga black entirely. China (Jilin, Shanxi, Sichuan) ····································· *P. compressicornis* **Zhong, Li & Wei, sp. nov.**

12　Mesopleuron black, anterior and lower part or with small white maculae ································**13**

Mesopleuron yellowish-white, central part with black vertical band, lower part with black horizontal band. China (Ningxia, Gansu, Qinghai, Sichuan, Yunnan, Xizang); China Yunnan-Myanmar frontier, India ··· *P. opacifrons* **Malaise 1945**

13 Punctures on dorsal part of head scattered, distance between punctures at least 2 times as wide as diameter of punctures, microsculptures indistinct, strongly shining; hind coxa, trochanter and basal half of femur yellowish-white, without black ···**14**

Punctures on dorsal part of head dense, distance between punctures narrower than diameter of punctures, microsculptures distinct, matt; hind coxa and base of femur with large black maculae

···**15**

14 Lower and anterior part of mesepisternum with white maculae; white part on basal part of hind femur longer than 3/5 of its length; median serrulae not protruded. China (Zhejiang, Hunan, Guangxi, Guizhou) ···*P. xiaoi* **Wei & Zhong, 2006**

Mesepisternum black entirely, without white macula; white part on basal part of hind femur shorter than 2/5 of its length; middle serrulae distinctly protruded. China (Zhejiang, Hunan, Fujian)

···*P. nigrosternitis* **Wei & Nie, 1998**

15 Abdominal terga with distinct yellowish-white maculae; dorsal part of head and thorax with large white maculae ···**16**

Abdominal terga black, without distinct yellowish-white maculae; dorsal part of head and thorax black, or with small white maculae ··**17**

16 Central part of labrum and clyepus with dark brown maculae; frontal area concaved, much lower than eyes in lateral view; punctures on mesepisternum fine, space between punctures polished; lateral parts of median mesoscutal lobe black on anterior part, white on apex. China (Zhejiang, Hunan, Fujian)

··*P. lii* **Wei & Nie, 1998**

Labrum and clyepus white, without dark brown macula; frontal area not concave, much higher than eyes in lateral view; punctures on mesepisternum deep and irregular, space between punctures rough; lateral parts of median mesoscutal lobe white on anterior part, black on apex. China (Henan, Ningxia, Hubei)

···*P. baiyuna* **Wei & Nie, 1999**

17 Male ··**18**

Female··**20**

18 The deflexed parts of of abdominal terga white, sterna entirely or only apex white; hind coxa black, with distinct white macula···**19**

The deflexed parts of of abdominal terga and sterna entirely black, without white macula; hind coxa black, without white maucal. China (Henan) ······························*P. scleroserrula* **Wei & Zhong, 2007**

19 Body length 7.0–8.0 mm; median fovea ditch-like, reached median ocellus; central part of mesoscutellum white, punctures absent or indistinct, space between punctures rough; middle petiole of anal cell of front wing distinctly longer than half of basal anal cell. China (Henan, Shaanxi, Zhejiang, Hubei, Jiangxi)

···*P. shaanxiensis* **Wei & Zhu, 2008**

Body length 5.0–6.0 mm; median fovea pit-like, not reached median ocellus; mesoscutellum entirely black, without white, punctures distinct, space between punctures rough; middle petiole of anal cell of front wing shorter than half of basal anal cell. China (Henan, Shaanxi, Ningxia, Gansu, Qinghai, Zhejiang, Hubei, Sichuan, Yunnan) ··*P. nigrodorsata* **Wei & Nie, 1999**

20 White part on basal part of hind femur shorter than 1/6 of its length; hind coxa black, lateral part with a large white macula; upper part of inner orbit black, without white; serrulae without distal teeth, pore line almost parallel to outline of ovipositor. China (Henan) ·····················*P. scleroserrula* **Wei & Zhong, 2007**

White part on basal part of hind femur longer than 2/5 of its length; hind coxa black, without white macula; upper part of inner orbit continues with a macula on temple white; serrulae with distal teeth, pore line almost perpendicular to outline of ovipositor. China (Henan, Shaanxi, Zhejiang, Hubei, Jiangxi) .... *P. shaanxiensis* **Wei & Zhu, 2008**

21 Hind tibia black, without yellowish-white ring; apex of median mesoscutal lobe yellowish-white; mesepisternum yellowish-white, only upper corner black ···**22**

Hind tibia with a large yellowish-white ring near apex; lateral parts of median mesoscutal lobe yellowish-white; mesepisternum yellowish-white, upper corner black and lower part with a narrow black band. China (Jilin, Shanxi, Henan, Shaanxi, Ningxia, Gansu, Qinghai, Hubei, Hunan, Sichuan, Guizhou); Japan, Russia (Easter Siberia) ··· *P. lineicoxis* **Malaise, 1931**

22 Body length 7.5–8.5mm; abdominal terga black, without white···································**23**

Body length 11.0–12.0 mm; abdominal terga each with a large and white triangular middle macula. China (Shaanxi, Gansu, Zhejiang, Hubei, Hunan, Fujian, Guangdong, Guangxi, Sichuan, Guizhou, Yunnan)···*P. boyii* **Wei & Zhong, 2006**

23 Antenna distinct longer than abdomen, flagellomere 1 longer than diameter of median ocellus, serrulae short. China (Henan, Guizhou) ······································· *P. pingi* **Wei & Zhong, 2002**

Antenna indistinctly longer than abdomen, flagellomere 1 equal to diameter of median ocellus, serrulae long. China (Beijing, Shanxi, Henan, Shaanxi, Ningxia, Qinghai, Zhejiang, Hubei, Sichuan) ·· *P. brevicornis* **Wei & Zhong, 2002**

P. melanosoma group

Diagnosis. Species of the *P. melanosoma* group have head black, labrum and clypeus or with white or white maculae; thorax and abdomen almost black, or with some small white maculae; legs almost black, minor species hind coxa and base of hind femur white or with white ring; antennae black, minor species ventral part pale brown in male; stigma and veins black or blackish-brown.

Key to Chinese species

1 Female···**2**

Male ···**17**

2 Punctures on mesepisternum rough, their diameter and depth irregular, distances between them also irregular··**3**

Punctures on mesepisternum not rough, their diameter and depth regular, distances between them also regular ···**7**

3 Hind femur at least basal 1/3 white ···**4**

Hind femur black, at most the extremely basal part adjacent to trochanter white···········**5**

4   All trochanters white; central part of mesoscutellum and mesoscutellar appendage with distinct white maculae; labrum, clypeus, inner and hind orbits all black, without white maucal. China (Yunnan) ···*P. coxipunctata* **Zhong & Wei, 2015**

     All trochanters black; mesoscutellum and mesoscutellar appendage black, without white macula; labrum, clypeus, under part of inner and hind orbits white. China (Shandong, Henan, Hunan) ···*P. cinctulata* **Wei & Zhong, 2002**

5   Hind trochanter black; dorsum of thorax and abdomen black entirely ···**6**

     Hind trochanter white; mesoscutellum, mesoscutellar appendage, metascutellum and central parts of terga 3–6 with distinct white maculae. China (Shaanxi, Gansu, Shanghai, Zhejiang, Hunan) ···*P. coximaculata* **Zhong, Li & Wei, 2015**

6   Inner orbit with narrow white stripe only on its lower half; malar space narrower than diameter of median ocellus; mesoscutellum with sharp lateral carina; fore wing with middle petiole of anal cell quite long, slightly shorter than length of basal anal cell. China (Shanxi, Henan, Shaanxi, Ningxia, Gansu, Sichuan, Yunnan, Xizang)···*P. melanosoma* **Wei & Zhong, 2002**

     Inner orbit with narrow white stripes throughout its entire length; malar space 1.5 times as diameter of median ocellus; mesoscutellum with blunt lateral carina; fore wing with middle petiole of anal cell quite short, about 1/2 length of basal anal cell. China (Shanxi, Ningxia, Qinghai, Sichuan) ···*P. mai* **Zhong & Wei, 2013**

7   Hind femur black, at most basal part adjacent to trochanter white, hind femur sometimes dorsally with narrow white stripes ···**8**

     Hind femur at least basal 1/3 white ···**15**

8   Hind coxa black or brown, outer and inner part or with white maculae···**9**

     Hind coxa white, outer part or with black maculae ···**12**

9   Outer part of hind coxa with distinct white macula···**10**

     Hind coxa black or dark brown, without white macula···**11**

10   Abodomian terga 3–6 posterior with white triangular maculae; basal 1/7 of hind femur white; labrum and clypeus white, without black macula. China (Zhejiang, Hunan) ···*P. maculoscutellata* **Zhong, Li & Wei, 2015**

     Abodomian terga black. without white macula; hind femur black, without white part; labrum and clypeus with distinct black maculae. China (Henan, Shaanxi, Gansu, Hubei, Hunan) ···*P. micromaculata* **Wei, 1998**

11   Central part of mesoscutellum yellowish-white, punctures nearly absent, space between punctures polished; deflaxed part of abdominal terga only white on posterior margins; apex of ovipositor sheath round, median serrulae distinctly protruded. China (Jilin, Henan, Ningxia, Gansu, Qinghai) ···*P. maculopleurita* **Wei & Zhong, 2002**

     Mesoscutellum black, without white, central part with distinct punctures, space between punctures rough; deflaxed part of abdominal terga white entirely; apex of ovipositor sheath acute, median serrulae indistinctly protruded. China (Qinghai, Sichuan, Yunnan, Xizang) ···*P. qilianica* **Zhong, Li & Wei, 2015**

12   Hind coxa black, ventral part with distinct black macula; mesoscutellum distinctly elevated ·················**13**

     Hind coxa white, without black macula; mesoscutellum indistinctly elevated. China (Jilin, Liaoning); Japan, Easter Siberia···*P. albicoxis* **Malaise, 1931**

13   Clypeus yellowish-white, without black; mesoscutellum with blunt lateral carina; all coxae white, ventral part of hind coxa with a small black macula ···**14**

Clypeus white, anterior part blackish-brown; mesoscutellum with sharp lateral carina; four front coxae black, hind coxa white, ventral part of hind coxa with a large black macula. China (Henan, Sichuan) ···*P. nigroclypeata* **Wei, 1998**

14   Space between punctures on mesepisternum with distinct sculpture, slightly shining; median serrulae each with 11–12 distal teeth. China (Sichuan) ·······························*P. chenghanhuai* **Wei & Zhong, 2006**

Space between punctures on mesepisternum without sculpture, distinctly shining; middle serrulae each with 17–20 distal teeth. China (Henan)·······························*P. nitididorsata* **Wei & Zhong, 2002**

15   Occiput and frontal area with punctures, sculpture distinct, slightly shining·······························**16**

Occiput and frontal area without punctures and sculpture, strongly shiny. China (Xizang) ··*P. pailongensis* **Zhong, Li & Wei, 2015**

16   Posterior part of abdominal terga each with a broad white triangular macula on central part; mesepisternum black, without white maculae. China (Hunan) ···················*P. hengshani* **Zhong, Li & Wei, 2015**

Posterior margins of of abdominal terga each with a narrow and short yellowish-white stripe on central part; mesepisternum black, lower part with a broad white band near apex. China (Henan, Shaanxi, Ningxia, Hubei, Yunnan)···*P. maculopediba* **Wei & Zhong, 2002**

17   Abdominal terga black, or at most tergum 10 yellowish-white; lower part of mesepisternum with white macula··**18**

Posterior part of abdominal terga each with a large yellowish-white triangular macula; mesepisternum black, without white macula. China (Hunan) ·······················*P. hengshani* **Zhong Li & Wei, 2015**

18   Hind coxa black, without dark brown macula; lower part of mesepisternum with two separated white maculae; anterolateral parts and apex of median mesoscutal lobe white································**19**

Hind coxa white, dorsal part dark brown; lower part of mesepisternum black or only with one white macula; lateral parts of median mesoscutal lobe only black on apex. China (Henan, Shaanxi, Hubei) ··*P. fulvocoxis* **Wei & Zhong, 2002**

19   Body length 9.5 mm; labrum and clypeus white, without black; central part of mesepisternum white; abdominal sterna white, without black. China (Ningxia, Qinghai)···················*P. xibei* **Zhong & Wei, 2013**

Body length 5.5–6.0 mm; labrum and clypeus black, antieror and posterior part of labrum white ; central part of mesepisternum black; abdominal sterna black, posterior margins of each sternum white. China (Jilin, Henan, Ningxia, Gansu, Qinghai)····························*P. maculopleurita* **Wei & Zhong, 2002**

P. rapae group

Diagnosis. Species of the *P. rapae* group have head yellowish-white in ventral side, dorsal part black, with large maculae; thorax and abdomen black in dorsal part, with distinct yellowish-white maculae, black or yellowish-white in ventral side; legs almost black or yellowish-white, hind legs at least from coxa to basal half of femur yellowish-white, hind tarsus black, or at least tarsomeres 2–4 entirely and apex of tarsomere 5 black; antennae black, minor species ventral part pale brown in male; stigma and veins black or blackish-brown.

Key to Chinese species

1   Central part of mesepisternum with a black vertical band, which dividing mesepisternum into two separated white maculae··**2**

Mesepisternum yellow, black, or central part with a black horizontal band, without black vertical band ··**4**

2   Abdomen terga entirely black, or central part of each tergum with a triangular yellow macula; pore line almost perpendicular to outline of ovipositor ···**3**

Posterior parts of all abdominal terga yellowish-white band; pore line almost parallel to outline of ovipositor. China (Xizang) ··· *P. motuoensis* **Zhong, Li & Wei, 2017**

3   Mesoscutellum with blunt lateral carina; the black horizontal and vertical band on central part of mesepinsternum long and broad; abdominal terga black, without yellowish-white macula; median serrula strongly protruded. China (Heilongjiang, Jilin, Liaoning, Beijing, Hebei, Ningxia, Gansu, Qinghai, Hubei, Sichuan, Yunnan, Xizang); Asia (India, Mongolia, Japan, Democratic People's Republic of Korea), Europe (Albania, Andorra, Austria, Belgium, Bosnia and Herzegovina, Bulgaria, Crotia, Czech Republic, Denmark, Estonia, Finland, France, Germany, United Kingdom, Greece, Hungary, Ireland, Italy, Latvia Lithuania, Luxembourg, Macedonia, Netherlands, Norway, Poland, Portugal, Romania, Russia (Siberia), Slovakia, Slovenia, Spain, Sweden, Switzerland, Ukraine) , North America (USA, Canada, Mexico) ·· *P. rapae* **(Linnaeus), 1767**

Mesoscutellum with sharp lateral carina; the black horizontal and vertical band on central part of mesepinsternum short and narrow; abdominal terga each with a distinct triangular macula on central part; base of each serrula slightly elevated. China (Gansu, Qinghai, Sichuan, Xizang) ·· *P. semenowi* **Jakovlev, 1891**

4   Mesoscutellum strongly elevated in lateral view, top with distinct medial notch ··································**5**

Mesoscutellum flat or weakly elevated in lateral view, top without medial notch····································**6**

5   Abdominal tergum 1 yellowish-green entirely; head yellowish-green, black are: frontal area and adjacent area, a linear macula on temple, median of occiput; hind femur yellowish-green, only basal part with a short and black stripe; mesepisternum white, lower part with a broad and black band. China (Yunnan) ·· *P. prismatiscutellum* **Zhong, Li & Wei, 2017**

Abdominal tergum 1 black, hind margin yellowish-white; head balck, yellowish-white are: labrum, clypeus, inner orbit continue with a macula on temple; basal 2/5 of hind femur white, other part black; mesepisternum white, lower part without black band; China (Hebei, Shanxi, Henan, Shaanxi, Gansu, Hubei, Sichuan, Guizhou) ·· *P. sulciscutellis* **Wei & Zhong, 2002**

6   Mesepisternum yellowish-white, lower part with a broad horizontal black band that is broader than 1/4 of mesepisternum, or mesepisternum black, anterior part sometimes with white macula ·························**7**

Lower mesepisternum yellowish-white, lower part or with a short and narrow horizontal black band that is not broader than 1/8 of mesepisternum···**26**

7   Mesepisternum yellowish-white, lower part with a broad black band, or mesepisternum black, lower part with a broad horizontal yellowish-white band that is broader than 1/4 of mesepisternum·························**8**

Mesepisternum black, anterior part sometimes with a yellowish-white macula; or mesepisternum black, lower part sometimes with a horizontal yellowish-white band that is not broader than 1/8 of mesepisternum ······**23**

8 Punctures on mesepisternum absent or sparse, distance between punctures much wider than diameter of punctures··**9**

Punctures on mesepisternum dense, distance between punctures much narrower than diameter of punctures···**11**

9 Apex of median mesoscutal lobe white; punctures on frontal area absent or indistinct, space between punctures polished, microsculptures indistinct; the white horizontal band on lower part of mesepisternum not reached the base ··**10**

Anterolateral parts and apex of median mesoscutal lobe white; punctures and microsculptures on frontal area distinct; the white horizontal band on lower part of mesepisternum reached the base. China (Shaanxi, Zhejiang, Hunan, Guangdong, Guizhou) ···*P. wulingensis* **Wei, 2006**

10 Punctures on and around the frontal area shallow and mostly more scattered and less distinct than those on mesonotum. China (Jilin, Zhejiang, Jiangxi, Hunan, Taiwan); Japan, Russia (Sakhalin, Siberia) ··*P. erratica* **Smith, 1874**

Head impunctate, punctures on thorax extremely minute. China (Shanxi, Shaanxi, Fujian, Sichuan) ···*P. erratica nitidifrons* **Malaise, 1945**

11 Punctures on and around frontal area absent or shallow and scattered, distance between punctures much wider than diameter of punctures···**12**

Punctures on and around frontal area dense, distance between punctures much narrower than diameter of punctures···**13**

12 Punctures on and around frontal area absent; punctures on upper part of mesepisternum large, deep, distance between punctures equal to or narrower than diameter of punctures; lower part of mesepisternum with a broad black band; the triangular macula on apex of each abdominal tergum quiet narrow. China (Liaoning, Zhejiang, Jiangxi, Hubei, Hunan, Guangdong, Sichuan, Yunnan) ··*P. puncturalina* **Zhong, Li & Wei, 2018**

Punctures on and around frontal area rather scattered, shallow and small; punctures on upper part of mesepisternum small and shallow, distance between punctures much wider than diameter of punctures; lower part of mesepisternum with a narrow pale brown band; the triangular macula on apex of each abdominal tergum quiet broad. China (Hunan, Guangxi, Guizhou)·······················*P. breviserrula* **Wei & Zhong, 2009**

13 Posterior margins of abdominal terga yellowish-white, or with yellowish-white triangular middle maculae ···**14**

Abdominal terga black, posteriorly without distinct yellowish-white macula ··**18**

14 Posterior margins of each abdominal tergum with a central triangular yellowish-white macula ············**15**

Posterior margins of abdominal terga yellowish-white. China (Guizhou)·········*P. libona* **Wei & Nie, 2002**

15 Inner part side of hind coxa with distinct black macula; median serrula strongly or not protruded·········**16**

Inner part side of metacoxa without black macula; median serrula slightly protruded. China (Guizhou) ··*P. lini* **Wei, 2005**

16 Median serrula strongly protruded, distal teeth in most case less than 7; median mesoscutal lobe without yellowish-white macula or lateral part entirely yellowish-white ··**17**

Median serrula not protruded, distal teeth in most case less than 15; anterolateral parts and apex of median mesoscutal lobe white. China (Hebei, Henan, Shaanxi, Ningxia, Gansu, Qinghai, Zhejiang, Hubei, Hunan, Guangdong, Guangxi, Sichuan) ···*P. tiani* **Wei, 1998**

17 Basal 1/2 of hind femur white; lateral parts of median mesoscutal lobe and outer pronotum white; the black maculae on upper and lower of mesepisternum much narrow. China (Shaanxi, Hunan, Sichuan); Japan ·· *P. senjensis senjensis* **Inomata, 1984**

Basal 2/7 of hind femur white; lateral parts of median mesoscutal lobe and outer pronotum without white; white maculae on upper and lower of mesepisternum much broad. China (Hebei, Shanxi, Henan, Shaanxi, Gansu, Hubei) ··· *P. senjensis bandana* **Wei & Zhong, 2002**

18 Female ··· **19**

Male ··· **20**

19 Apex of median mesoscutal lobe yellowish-white; yellowish-white horizontal band on lower mesepisternum narrower than upper black macula; basal half of hind femur yellowish-white. China (Henan, Shaanxi, Gansu, Zhejiang) ·· *P. songluanensis* **Wei & Zhong, 2002**

Anterolateral parts and apex of median mesoscutal lobe yellowish-white; yellowish-white horizontal band on lower mesepisternum broader than upper black macula; basal 2/3 of hind femur yellowish-white. China (Henan) ·· *P. lineipediba* **Wei & Zhong, 2002**

20 Flagellomere 1 equal to or shorter than flagellomere 2; abdominal sterna white; hind femur with black stripes ·· **21**

Flagellomere 1 longer than flagellomere 2; abdominal sterna black; base of hind femur without black stripe. China (Henan) ·· *P. sunae* **Wei & Nie, 1999**

21 Outer part of hind coxa with two separated black stripes; outer part of hind tibia with a white macula near apex; mesoscutellum distinctly elevated, lateral carina blunt; upper 1/2 of mesepisternum black. China (Shanxi, Henan) ·· *P. maculotibialis* **Wei & Zhong, 2002**

Outer metacoxa only with one a black stripe; outer metatibia without white macula; mesoscutellum indistinctly elevated, lateral carina sharp; upper 1/3 of mesepisternum black. China (Henan) ·· *P. bimaculofemorata* **Wei & Nie, 1999**

22 Flagellomere 1 longer than flagellomere 2; apex of median mesoscutal lobe white; the macula on temple much narrower than postocellar area ··· **23**

Flagellomere 1 shorter than flagellomere 2; lateral parts of median mesoscutal lobe white; the macula on temple equal to or narrower than postocellar area. China (Shaanxi, Hubei, Hunan) ·· *P. obscurodentella* **Wei & Zhong, 2009**

23 Body length shorter than 9.0 mm; hind coxa white, without black stripe; punctures on mesepisternum large, deep, distance between punctures much wider than diameter of punctures ························· **24**

Body length longer than 10.0 mm; hind coxa with narrow black stripe; punctures on mesepisternum minute, shallow, distance between punctures equal to or narrower than diameter of punctures. China (Jilin, Liaoning, Hebei, Shanxi, Henan, Shaanxi, Zhejiang, Hubei, Jiangxi, Hunan, Guangxi, Sichuan, Guizhou) ··· *P. lineatella* **Wei & Nie, 1999**

24 Body length 7.0 mm; abdominal sterna black, without white; postocellar area 1.5 times wider than long ··· **25**

Body length 8.0–9.0 mm; abdominal sterna black, posterior margin of each sternum white; postocellar area 1.3 times wider than long. China (Jilin, Beijing, Shanxi, Shandong, Henan, Shaanxi, Gansu, Zhejiang, Hubei, Sichuan, Yunnan) ··· *P. caii* **Wei, 1998**

25 Central part of mesepisternum without yellowish-white band, at most anterior part with a small white macula; abdominal terga black, without yellowish-white macula. China (Hebei, Shanxi, Henan, Shaanxi, Ningxia, Gansu, Hubei, Sichuan, Xizang) ···················· *P. melanogastera* **Wei, 1998**

Central part of mesepisternum with a yellowish-white band; posterior part of abdominal terga 3–5 each with a distinct yellowish-white macula. China (Shaanxi, Ningxia, Gansu, Zhejiang, Guangxi, Sichuan, Guizhou, Yunnan) ···················· *P. paramelanogastera* **Wei, 2005**

26 Punctures on dorsal part of head absent or extremely small, shallow, space between punctures polished, microsculptures indistinct ···················· **27**

Punctures and microsculptures on dorsal part of head distinct, space between punctures opaque ··········· **29**

27 Mesoscutellum flat, lateral carina sharp ···················· **28**

Mesoscutellum elevated, lateral carina blunt; dorsal part of head polished, punctures absent; mesepisternum yellowish-white, lower part without black band. China (Jilin, Liaoning, Heilongjiang, Shanxi, Shaanxi, Zhejiang, Hubei, Hunan); Asia (Mongolia, Japan), Europe [Austria, Belgium, Bulgaria, Czech Republic, Denmark, Estonia, Finland, France, Germany, United Kingdom, Italy, Latvia, Lithuania, Macedonia, Romania, Russia (Sakhalin, Siberia), Slovakia, Spain, Sweden, Switzerland, Ukraine] ···················· *P. simulans* **(Klug, 1817)**

28 Mesepisternum yellowish-white, lower part without black band; postocellar area flat, broader than long by 5 ∶ 4; lagellomere 1 shorter than flagellomere 2. China Yunnan-Myanmar frontier; India ···················· *P. violaceidorsata* **Cameron, 1899**

Mesepisternum yellowish-white, lower part with a short black band; postocellar area elevated, broader than long by 2 ∶ 1; lagellomere 1 distinct longer than flagellomere 2. China (Zhejiang, Hubei, Jiangxi, Hunan, Guangxi); China Yunnan-Myanmar frontier, India ···················· *P. gregalis* **Malaise, 1945**

29 Hind tibia with a broad yellowish-white ring near apex; base of each hind tarsomere yellowish-white, apex black ···················· **30**

Hind tibia without yellowish-white ring; hind tarsus black, without white ···················· **31**

30 Outer part of hind coxa, trochanter and basal femur without black stripe; the black macula on dorsal part of head quite small; pronotum yellowish-white except black center; lateral parts of median mesoscutal lobe yellowish-white. China (Heilongjiang, Jilin, Hebei, Shanxi, Henan, Shaanxi, Ningxia, Gansu, Qinghai, Zhejiang, Hubei, Hunan, Guangxi, Sichuan, Yunnan); Asia (Mongolia, Japan), Europe [Croatia, Finland, Germany, Russia (Siberia), Slovakia] ···················· *P. antennata* **(Klug, 1817)**

Outer part of hind coxa, trochanter and femur striped with black stripes throughout its entire length; the black macula on dorsal part of head quite large; pronotum black except yellowish-white lower part; apex of lateral side of median mesoscutal lobe yellowish-white. China (Hebei, Henan, Shaanxi, Gansu) ···················· *P. lui* **Wei & Zhong, 2008**

31 Occiput black, without yellowish-white; abdominal tergum 1 black, without yellowish-white ··········· **32**

Occiput yellowish-white, lower part or with small black macula; abdominal tergum 1 yellowish-white, lateral part with 2 seperated black maculae. China (Qinghai, Sichuan) ···· *P. zejiani* **Zhong, Li & Wei, 2017**

32 Punctures on mesepisternum large and deep, diameter of punctures equal to or wider than 1/3 diameter of ocellus, distance between punctures equal to or narrower than diameter of punctures ···················· **33**

Punctures on mesepisternum minute and shallow, diameter of punctures narrower than 1/3 diameter of ocellus, distance between punctures much wider than diameter of punctures ···················· **37**

33   Punctures on mesepisternum much scattered, sometimes extremely small and shallow ··························**34**

     Punctures on mesepisternum indistinct, shallow, and confluent, space between punctures with oily luster; punctures on frontal area scattered but distinct; flagellomere 1 distinct longer than flagellomere 2; postocellar area almost 1.67 times wider than long; outer side of hind femur with black stripes throughout its entire length, outer hind tibia with a yellowish-white macula near apex. China (Sichuan, Yunnan); Myanmar, India·· *P. subcoreacea* **Malaise, 1945**

34   Hind coxa and trochanter with black maculae··**35**

     Hind coxa and trochanter without black macula ··**36**

35   Apex of abdominal terga mostly with middle yellowish-white maculae; mesepisternum pale, lower part with a broad horizontal macula or band; outer hind femur with black macula on base. China (Xizang); China Yunnan-Myanmar frontier, India, Nepal ····························· *P. albicincta albicincta* **Cameron, 1881**

     Apex of abdominal terga entirely yellowish-white; mesepisternum black, anterior part or with a sometimes wanting pale macula; outer hind femur without black macula on base. China Yunnan-Myanmar frontier ··· *P. albicincta albitarsis* **Malaise, 1945**

36   Posterior half of mesepisternum and mesepimeron black; ventral side of abdomen black, hind margin of each sternum and each deflexed side of tergum pale. China Yunnan-Myanmar frontier

     ·· *P. albicincta sinobirmanica* **Malaise, 1945**

     Mesepisternum and mesepimeron quite black; the pale hind margins of sterna and the deflexed side of terga extremely narrow. China Yunnan-Myanmar frontier··········· *P. albicincta nigripleuris* **Malaise, 1945**

37   Lower part of mesepisternum without black band; frontal area concaved, median fovea ditch-like, punctures on frontal area shallow and scatted ···**38**

     Lower part of mesepisternum with a short and narrow black band; frontal area elevate, top flat, median fovea pitch-like, punctures on frontal area deep and confluent. China (Jilin); Japan

     ·· *P. serii* **Okutani, 1961**

38   Mesepisternum quiet yellowish-white, or only mesopleural groove continues with mesepisternum black; the macula on temple wider than postocellar area; apex of hind femur with black maculae. China (Hebei, Shanxi, Ningxia, Gansu, Hubei, Sichuan, Guizhou, Yunnan); China Yunnan-Myanmar frontier

     ··· *P. sellata sellata* **Malaise, 1945**

     Mesepisternum yellowish-white on lower part, upper part black; the macula on temple narrower than postocellar area; apcial 2/5 of hind femur black. China (Jilin, Liaoning, Beijing, Hebei, Shanxi, Henan, Shaanxi, Gansu, Anhui, Zhejiang, Hubei, Jiangxi, Hunan, Fujian, Guangxi, Sichuan, Yunnan, Guizhou); China Yunnan-Myanmar frontier ··· *P. sellata sagittata* **Malaise, 1945**

参考文献

聂海燕，魏美才，1998．河南伏牛山细叶蜂属十一新种（膜翅目：叶蜂科）//申效诚，时振亚．河南昆虫分类区系研究　第二卷　伏牛山区昆虫．北京：中国农业出版社：162-169．

聂海燕，魏美才，1999．河南伏牛山南坡细叶蜂属六新种（膜翅目：叶蜂亚目：叶蜂科）//申效诚，裴海潮．河南昆虫分类区系研究　第四卷　伏牛山南坡及大别山区昆虫．北京：中国农业出版社：107-114．

魏美才，2006．三节叶蜂科　锤角叶蜂科　叶蜂科　项蜂科//李子忠，金道超．梵净山景观昆虫．贵阳：贵州科技出版社：590-655．

魏美才，林杨，2005．膜翅目：三节叶蜂科　锤角叶蜂科　叶蜂科//杨茂发，金道超．贵州大沙河昆虫．贵阳：贵州人民出版社：428-463．

魏美才，聂海燕，1998．膜翅目：扁蜂科　锤角叶蜂科　三节叶蜂科　松叶蜂科　叶蜂科　茎蜂科//吴鸿．龙王山昆虫．北京：中国林业出版社：344-391．

魏美才，聂海燕，1999a．河南伏牛山南坡叶蜂亚科新类群（膜翅目：叶蜂亚目：叶蜂科）//申效诚，裴海潮．河南昆虫分类区系研究　第四卷　伏牛山南坡及大别山区昆虫．北京：中国农业出版社：101-105．

魏美才，聂海燕，1999b．河南叶蜂新种记述（膜翅目：叶蜂亚目：叶蜂科）//申效诚，裴海潮．河南昆虫分类区系研究　第四卷　伏牛山南坡及大别山区昆虫．北京：中国农业出版社：152-166．

魏美才，聂海燕，2002．叶蜂科//李子忠，金道超．茂兰景观昆虫．贵阳：贵州科技出版社：427-482．

魏美才，聂海燕，萧刚柔，2003．膜翅目：叶蜂科//黄帮侃．福建昆虫志．福州：福建科学出版社：54．

魏美才，肖炜，2005．叶蜂科//金道超，李子忠．习水景观昆虫．贵阳：贵州科技出版社：456-517．

魏美才，钟义海，2002a．河南西部方颜叶蜂属九新种（膜翅目：叶蜂科）//申效诚，赵永谦．河南昆虫区系分类研究　第五卷　太行山区及桐柏山区昆虫．北京：中国农业出版社：224-234．

244

魏美才，钟义海，2002b. 河南伏牛山方颜叶蜂属新种和新亚种（膜翅目：叶蜂科）//申效诚，赵永谦. 河南昆虫区系分类研究　第五卷　太行山区及桐柏山区昆虫. 北京：中国农业出版社：235-239.

钟义海，魏美才，2002. 河南伏牛山方颜叶蜂属六新种（膜翅目：叶蜂科）//申效诚，赵永谦. 河南昆虫区系分类研究　第五卷　太行山区及桐柏山区昆虫. 北京：中国农业出版社：216-224.

钟义海，魏美才，2006. 中国方颜叶蜂属（膜翅目，叶蜂科）二新种. 动物分类学报，31（3）：621-623.

钟义海，魏美才，2007a. 中国方颜叶蜂属（膜翅目：叶蜂科）种团二新种. 动物分类学报，32（1）：208-211.

钟义海，魏美才，2007b. 中国方颜叶蜂属（膜翅目，叶蜂科）opcifrons 种团和 sellata 种团二新种. 动物分类学报，32（4）：955-958.

钟义海，魏美才，2009. 中国方颜叶蜂属（膜翅目，叶蜂科）种团二新种. 动物分类学报，34（3）：611-615.

朱弘复，钦俊德，1991. 英汉昆虫学词典. 北京：科学出版社：1-488.

朱巽，魏美才，2008. 秦岭方颜叶蜂属（膜翅目：叶蜂科）两新种. 动物分类学报，33（1）：176-179.

BENSON R B, 1946. The European genera of the Tenthredininae (Hymenoptera: Tenthredinidae). Proceedings of the Royal Entomological Society of London, Series B: Taxonomy, 15(3-4): 33-40.

BENSON R B, 1950. An introduction to the natural history of British sawflies. Transactions of the Society of British Entomology, 10(2): 45-142.

BENSON R B, 1952. Hymenoptera, Symphyta. Handbooks for the Identification of British Insects, London: 6(2b): 51-137.

CAMERON P, 1876. Descriptions of new genera and species of Tenthredinidae and Siricidae, chiefly from the East Indies, in the Collection of the British Museum. Transactions of the Entomological Society of London, 3: 459-471.

CAMERON P, 1881. Notes on Hymenoptera, with descriptions of new species. (The) Transactions of the Entomological Society of London, 4: 555-577.

CAMERON P, 1882. A Monograph of the British Phytophagous Hymenoptera. (*Tenthredo*, *Sirex* and *Cynips*, Linné.). The Ray Society, 1: 1-340.

CAMERON P, 1899. Hymenoptera Orientala or Contributions to a knowledge of the Hymenoptera of the Oriental Zoological Region. Part VII. The Hymenoptera of the Khasia Hills. First Paper. Memoirs and Proceedings of the Manchester Literary and Philosophic, 1: 1-221.

CAMERON P, 1902. Descriptions of new genera and species of Hymenoptera collected by Major C. G. Nurse at Deesa, Simla and Ferozepore. Part II. Journal of the Bombay Natural History Society, 14(3): 419-449.

FORSIUS R, 1935. On some new Tenthredinidae from Burma and Sumatra (Hymenoptera). Annali del Museo Civico di Storia Naturale Giacomo Doria, 59: 28-36.

HARRINGTON W H, 1893. Canadian Hymenoptera No. 3. The Canadian Entomologist, 25(3): 57-64.

HARIS A, 2000. New oriental sawflies (Hymenoptera: Tenthredinidae). Somogyi Múzeum Közleményei, 14: 297-305.

HARIS A. 2014. The subfamily Tenthredininae from Laos (Hymenoptera, Tenthredinidae). Natura Somogyiensis, 25: 73-80.

INOMATA R, 1970. Taxonomic and biological studies on *Pachyprotasis* (Hymenoptera, Tenthredinidae), I. Description of 16 new species from Japan. Mushi, 43: 1-27.

INOMATA R, 1984. Taxonomic and biological studies on *Pachyprotasis* (Hymenoptera, Tenthredinidae). II. Descriptions of four new species from Japan. Kontyu, 52 (2): 309-320.

KIRBY W F, 1882. List of Hymenoptera with descriptions and figures of the typical specimens in the British Museum. 1. Tenthredinidae and Siricidae: 1-450.

KONOW F W, 1901-1905. Systematische Zusammenstellung der bisher bekannt gewordenen Chalastogastra (Hymenopterorum Subordo tertius). (Fam. I Lydidae und II Siricidae). Zeitschrift für systematische Hymenopterologie und Dipterologie, Teschendorf bei Stargard, 1: 1-376.

LEE J W, RUY S M, QUAN Y T, et al., 2000. Economic Insects of Korea 2. Hymenoptera (Symphyta: Tenthredinidae). Insecta Koreana, Supplement, 9: 1-223.

LORENZ H, KRAUS M, 1957. Die Larvalsystematik der Blattwespen (Tenthredinoidea und Megalodontoidea). Abhandlungen zur Larvalsystematik der Insekten, 1: 1-389.

MALAISE R, 1934. On some sawflies (Hymenopera. Tenthredinidae) from the Indian Museum, Calcutta. Records of the Indian Museum, 36: 453-474.

MALAISE R, 1945. Tenthredinoidea of South-eastern Asia. Opuscula Entomologica, 4: 1-288.

MARLATT C L, 1898. Japanese Hymenoptera of the family Tenthredinidae. Proceedings of the United States National Museum, 21(1157): 493-506.

NAITO T, 2004. Species diversity of sawflies in Hyogo Prefecture, Central Japan. Monograph of Nature and Human Activities, 1: 1-87.

NAITO T, INOMATA R, 2006. A new triploid thelytokous species of the Genus *Pachyprotasis* Hartig, 1837 (Hymenoptera: Tenthredinidae) from Japan and Korea // Blank S M, Schmidt S,

Taeger A, (eds). Recent Sawfly Research: Synthesis and Prospects: 279-283.

Norton E, 1867. Catalogue of the described Tenthredinidae and Uroceridae of North America. Transactions of the American Entomological Society, 1(3): 225-280.

OKUTANI T, 1961. New species of *Pachyprotasis* from Japan (Hymenoptera, Tenthredinidae) (Studies on Symphyta XIII). Kontyû, 29 (3): 172-174.

PROVANCHER L. 1885. A new Tenthredinid. The Canadian Entomologist, 17: 50.

ROHWER S A, 1908. New western Tenthredinidae. Journal of the New York Entomological Society, 16(2): 103-114.

ROHWER S A, 1915. Descriptions of new species of Hymenoptera. Proceedings of the United States National Museum, 49: 205-249.

ROSS H H, 1931. Notes on the sawfly subfamily Tenthredininæ, with descriptions of new forms. Annals of the Entomological Society of America, 24: 108-128.

ROSS H H, 1945. Sawfly genitalia: terminology and study techniques. Entomological News, 61(10): 261-268.

SAINI M S, VASU V, 1995. Replacement name and present position for *Pachyprotasis malaisei* Singh et al. (Hymenoptera, Symphyta, Tenthredinidae: Tenthredininae). Journal of Entomological Research, 19(3): 197-200.

SAINI M S, 2007. Subfamily Tenthredininae Sans Genus *Tenthredo*. Indian Sawflies Biodiversity. Keys, Catalogue & Illustrations Vol. 2. Bishen Singh Mahendra Pal Singh: 1-234.

SAINI M S, BLANK S M, SMITH D R, 2006: Checklist of the sawflies (Hymenoptera: Symphyta) of India // Blank S M, Schmidt S, Taeger A, (eds). Recent sawfly research: synthesis and prospects. Goecke & Evers: 575-612.

SAINI M S, KALIA S K, 1989. Revision of genus *Pachyprotasis* Hartig from India (Insecta, Hymenoptera, Symphyta, Tenthredinidae). Entomologische Abhandlungen. Staatliches Museum für Tierkunde in Dresden, 52(6): 131-184.

SAINI M S, VASU V, 1997. First record of genus *Pachyprotasis* Hartig (Hymenoptera: Symphyta: Tenthredinidae: Tenthredininae) from India. Journal of Insect Science, 10 (1): 1-4.

SAINI M S, VASU V, 1998. Twelve new species of genus *Pachyprotasis* Hartig (Hymenoptera, Tenthredinidae: Tenthredininae) from India. Journal of the Bombay Natural History Society, 95 (2): 367-286.

SCOBIOLA-PALADE X G, 1978. Hymenoptera Symphyta Tenthredinoidea Fam. Tenthredinidae-Subfamily Selandriinae, Tenthredininae, Heterarthrinae. Bukarest: Fauna Republicii Socialiste Romania Insecta. Editura Academiei Republi Socialist România, 9 (8): 1-244.

SINGH B, DHILLON S S, SINGH T, et al., 1987. Six new species of the genus *Pachyprotasis*

Hartig (Hymenoptera : Tenthredinidae : Tenthredininae) from North-west Himalaya, India. Colemania, 4 : 29-38.

SMITH D R, 1975. The sawfly types of Abbé Léon Provancher (Hymenoptera: Symphyta). Le Naturaliste Canadien, 102: 293-304.

SMITH F, 1874. Descriptions of new species of Tenthredinidae, Ichneumonidae, Chrysididae, Formicidae & c. of Japan. (The) Transactions of the Entomological Society of London: 373-409.

SMITH D R, 2003. A synopsis of the sawflies (Hymenoptera: Symphyta) of America south of the United States: Tenthredinidae (Nematinae, Heterarthrinae, Tenthredininae). Transactions of the American Entomological Society, 129 (1): 1-45.

STROGANOVA V K, 1978. New species of sawflies (Hymenoptera, Tenthredinoidea) from Siberia. // Taksonomija i ekologija tshlenistonogich Sibiri. Novyje i maloizvestnyje vidy fauny Sibiri, 144-148.

TAEGER A, LISTON A D, PROUS M, et al., 2018. ECatSym-Electronic World Catalog of Symphyta (Insecta, Hymenoptera). Program Version 5.0 (19 Dec 2018), data Version 40 (23, Sep.2018).– Senckenberg Deutsches Entomologisches Institut (SDEI), Müncheberg. https://sdei.de/ecatsym/ Access: 23 Sep 2023.

TAEGER A, BLANK, 2008. ECatSym-Electronic World Catalog of Symphyta (Insecta, Hymenoptera). Program Version 3.9, data Version 34 (05.09.2008). Digital Entomological Information, Müncheberg, http://www.zalf.de/home_zalf/institute/dei/php_e/ecagtsym/ecatsym.php.

TAKEUCHI K, 1923. A list of sawflies collected by Mr T Esaki from Saghalien with description of a new species. The Insect World, 27: 9-11.

TAKEUCHI K, 1936. Tenthredinoidea of Saghalien (Hymenoptera). *Tenthredo*. Acta Entomologica, 1(1): 53-108.

TAKEUCHI K, 1952. A generic classification of the Japanese Tenthredinidae (Hymenoptera: Symphyta): 1-90.

TAKEUCHI K, 1956. Sawflies of the Kurile Islands (II). Insecta Matsumurana, 19(3-4): 71-81.

THOMSON C G, 1870. Conspectus generum. Opuscula Entomologica, 2: 83-304.

TOGASHI I, 1963. Descriptions of new species of Symphyta (Hym.) from Japan (2). Togashi, 31: 210-214.

TOGASHI I. 1970, New genus and species of the Sterictiphorinae from Japan. Mushi, 44: 49-53.

VASSILEV I B, 1978. Sayflies of Baikal Region (Pilil'shchiki Pribaikal'ya). New Dehli, 8: 1-234.

VIITASAARI M, 2002. Sawflies (Hymenoptera, Symphyta) I. A review of the suborder, the Western Palaearctic taxa of Xyeloidea and Pamphilioidea, 1-516.

WESTWOOD J O, 1839. Synopsis of the genera of British insects. // Westwood J O. 1838-1840: An introduction to the Modern Classification of Insects; Founded on the Natural Habits and Corresponding Organisation of the DIfferent Families, 48-80.

ZHELOCHOVTSEV A N, 1993. Keys to the fauna of the USSR. // Medvedev G S. (eds.). Keys to the Insects of the European Part of the USSR Vol. 3. Hymenoptera Part 4 Symphyta, 1-432.

ZHONG Y H, WEI M C, 2010a. The *Pachyprotasis formosana* group (Hymenoptera, Tenthredinidae) in China: identification and new species. Zootaxa, 2523: 27-49.

ZHONG Y H, WEI M C, 2010b. The *Pachyprotasis indica* group (Hymenoptera, Tenthredinidae) in China: with descriptions of eight new species. Zootaxa, 2670: 1-30.

ZHONG Y H, WEI M C, 2012. A review of the *Pachyprotasis pallidistigma* species group (Hymenoptera: Tenthredinidae) from China, with description of three new species. Zootaxa, 3242: 1-38.

ZHONG Y H, WEI M C, 2013. Two new species of *Pachyprotasis melanosoma* group (Hymenoptera, Tenthredinidae) from China. Acta Zootaxonomia Sinica, 38(4): 849-854.

ZHONG, Y H, LI Z J, WEI M C, 2015. Six new Chinese species of the *Pachyprotasis melanosoma* group (Hymenoptera: Tenthredinidae) with a key to the species. Zootaxa, 3914 (1): 1-45.

ZHONG Y H, LI Z J, WEI M C, 2017. Key to the species of the *Pachyprotasis rapae* group (Hymenoptera: Tenthredinidae) in China with descriptions of four new species. Entomotaxonomia, 39(2): 140-162.

ZHONG Y H, LI Z J, WEI M C, 2018. Two new species and a key to *Pachyprotasis* (Hymenoptera: Tenthredinidae) from Zhejiang, China. Entomotaxonomia, 40(4): 286-295.

ZHONG Y H, LI Z J, WEI M C, 2019. Two new species of *Pachyprotasis formosana* group (Hymenoptera: Tenthredinidae) from China. Entomotaxonomia, 41 (4): 318-326.

ZHONG Y H, LI Z J, WEI M C, 2020. A key to species of the *Pachyprotasis flavipes* group (Hymenoptera: Tenthredinidae) with two new species from China. Entomotaxonomia, 42(4): 319-328.

ZHONG Y H, LI Z J, WEI M C, 2021. Review of the *Pachyprotasis flavipes* group (Hymenoptera: Tenthredinidae) from China with descriptions of two new species. Zoologia, 38: e59733.

ZHONG Y H, LI Z J, WEI M C, 2022. Two new species and a key to *Pachyprotasis* species (Hymenoptera: Tenthredinidae) from the Nanling Mountains, China. Entomotaxonomia, 44 (1): 62-71.

ANDRÉ E, 1881. Species des Hyménoptères d' Europe & d' Algérie. Beaune (Côte-d'Or), 1 (8): 301-380.

BERLAND L, 1947. Hyménoptères Tenthredoides. Faune de France, 47: 1-493.

COSTA A, 1894. Prospetto degli Imenotteri Italiani. Ⅲ, Tenthredinidei e Siricidei. Atti della Reale Accademia delle Scienze Fisiche e Matematiche, 3: 1-290.

DAHLBOM G, 1835. Conspectus Tenthredinidum, Siricidum et Oryssinorum Scandinaviae, quas Hymenopterorum familias. Kongl. Swenska Wetenskaps Academiens Handlingar: 1-16.

ENSLIN E, 1912-1918. Die Tenthredinoidea Mitteleuropas. Deutsche Entomologische Zeitschrift, 1-7: 1-790.

FALLÉN C F, 1808. Försok till uppställning och beskrifning å de i Sverige fundne Arter af Insect-Slägtet Tenthredo Linn. Kongl. Vetenskaps Academiens nya Handlingar, 29 (2): 98-124.

FORSIUS R. 1931. Über einige neue oder wenig bekannte orientalische Tenthredinoiden (Hymenoptera). Annalen des Naturhistorischen Museums in Wien, 46: 29-48.

HARTIG T, 1837. Die Aderflügler Deutschlands mit besonderer Berücksichtigung ihres Larvenzustandes und ihres Wirkens in Wäldern und Gärten für Entomologen, Wald- und Gartenbesitzer. Die Familien der Blattwespen und Holzwespen nebst einer allgemeinen Einleitung zur Naturgeschichte der Hymenopteren: 1-438.

JAKOVLEV A, 1891. Diagnoses Tenthredinidarum novarum ex Rossia Europaea, Sibiria, Asia Media et confinum. Trudy Russkago Entomologitscheskago Obschtschestva V S. Peterburge, S. 26: 1-62.

KLUG F, 1814. Die Blattwespen nach ihren Gattungen und Arten zusammengestellt. Der Gesellschaft Naturforschender Freunde zu Berlin Magazin für die neuesten Entdeckungen in der gesamten Naturkunde, 6 (4): 276-310.

KLUG F, 1817. Die Blattwespen nach ihren Gattungen und Arten zusammengestellt. Der Gesellschaft Naturforschender Freunde zu Berlin Magazin für die neuesten Entdeckungen in der gesamten Naturkunde, 8 (2): 110-144.

KOCH F, 1984. Vier neue Tenthrediniden aus der Mongolischen Volksrepublik (Hymenoptera). Deutsche entomologische Zeitschrift, Neue Folge, 31 (1-3): 15-22.

KRIECHBAUMER J, 1874. Eine neue bayrische Blattwespe: *Pachyprotasis nigronotata* espondenz-Blatt des Zoologisch-Mineralogischen Verein(e)s in Regensburg, 28 (4): 51-52.

LACOURT J, 1996. Contribution à une révision mondiale de la sous-famille des Tenthredininae (Hymenoptera: Tenthredinidae). Annales de la Société Entomologique de France (N. S.), 32(4): 363-402.

250

LINDQVIST E, 1955. Beitrag zur Kenntnis einiger nordischen Blattwespen (Hym., Tenthredinoidea). Notulae Entomologicae, 35: 137-144.

LINNÉ, 1767. Systema naturae per regna tria naturae, secundum classes, ordines, genera, species cum characteribius, differentiis, synonymis, locis (12ed.). Laur. Salvii, 1(2): 533-1328.

MAGIS N, 2008. Apports à la chorologie des Hyménoptères Symphytes de Belgique et du Grand-Duché de Luxembourg. Notes fauniques de Gembloux, 61 (3): 99-108.

MALAISE R, 1931. Blattwespen aus wladiwostok und anderen Tewilen Ostasiens. Entomologisk Tidskrift, 52(2): 97-159.

MALAISE R, 1934. Schwedisch-chinesische wissenschaftliche Expedition nach den nordwestlichen Provinzen Chinas unter Leitung von Dr. Sven Hedin und Prof. Sü Ping-Chang. Insekten gesammelt vom schwedischen Arzt der Expedition Dr. David Hummel 1927–1930. 23. Hymenoptera. 1. Arkiv för Zoologi, 1-40.

MUCHE W H, 1968. Die Blattwespen Deutschlands-I. Tenthredinidae (Hymenoptera). Entomologische Abhandlungen. Staatliches Museum für Tierkunde in Dresden, 36 (Supplement): 1-60.

VERZHUTSKII B N, 1966. Pilil'shchiki Pribaikal'ya. Akademia Nauk SSSR, 1-162.

ZHELOCHOVTSEV A N, 1988. Pereponchatokrylye. Shestaya chast. // Medvedev G C, (eds.). Opredelitel' Nasekomykh Evropeyskoy Chasti SSSR, 3: 3-237.

中文名索引

拉丁名索引

附　录

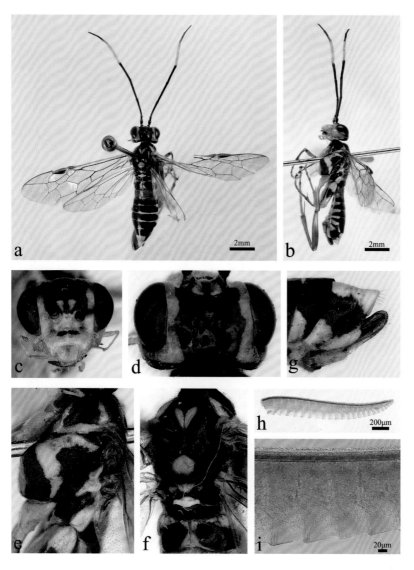

a. 雌虫背面观（adult female, dorsal view）；b. 雌虫侧面观（adult female, lateral view）；c. 雌虫头部前面观（head of female, front view）；d. 雌虫头部背面观（head of female, dorsal view）；e. 雌虫中胸侧板和后胸侧板（mesopleuron and metapleuron of female）；f. 雌虫中胸背板和后胸背板（mesonotum and metanotum of female）；g. 锯鞘侧面观（ovipositor sheath, lateral view）；h. 锯腹片（lancet）；i. 中部锯刃（middle serrulae）

图 2-1　多色方颜叶蜂 *Pachyprotasis versicolor* Cameron, 1876

a. 雌虫背面观（adult female, dorsal view）；b. 雌虫侧面观（adult female, lateral view）；c. 雌虫头部前面观（head of female, front view）；d. 雌虫头部背面观（head of female, dorsal view）；e. 雌虫中胸背板和后胸背板（mesonotum and metanotum of female）；f. 雌虫中胸侧板和后胸侧板（mesopleuron and metapleuron of female）；g. 锯鞘侧面观（ovipositor sheath, lateral view）；h. 锯腹片（lancet）；i. 中部锯刃（middle serrulae）

图 2-2　缅甸方颜叶蜂 *Pachyprotasis birmanica eburnipes* Forsius, 1935

a. 雌虫背面观（adult female, dorsal view）；b. 雌虫侧面观（adult female, lateral view）；c. 雌虫头部前面观（head of female, front view）；d. 雌虫头部背面观（head of female, dorsal view）；e. 雌虫中胸背板和后胸背板（mesonotum and metanotum of female）；f. 雌虫中胸侧板和后胸侧板（mesopleuron and metapleuron of female）；g. 锯鞘侧面观（ovipositor sheath, lateral view）；h. 锯腹片（lancet）；i. 中部锯刃（middle serrulae）

图 2-3　泸水方颜叶蜂 *Pachyproatsis lushuiensis* Zhong, Li & Wei, 2019

a. 雄虫背面观（adult male, dorsal view）；b. 雄虫侧面观（adult male, lateral view）；c. 雄虫头部前面观（head of male, front view）；d. 雄虫头部背面观（head of male, dorsal view）；e. 雄虫中胸背板和后胸背板（mesonotum and metanotum of male）；f. 雄虫中胸侧板和后胸侧板（mesopleuron and metapleuron of male）；g. 生殖铗（gonoforceps）；h. 阳茎瓣（penis valve）

图 2-4　泸水方颜叶蜂 *Pachyproatsis lushuiensis* Zhong, Li & Wei, 2019

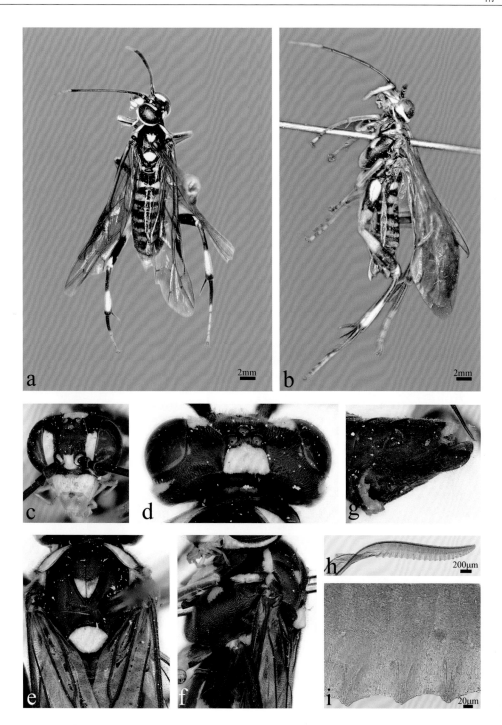

a. 雌虫背面观（adult female, dorsal view）；b. 雌虫侧面观（adult female, lateral view）；c. 雌虫头部前面观（head of female, front view）；d. 雌虫头部背面观（head of female, dorsal view）；e. 雌虫中胸背板和后胸背板（mesonotum and metanotum of female）；f. 雌虫中胸侧板和后胸侧板（mesopleuron and metapleuron of female）；g. 锯鞘侧面观（ovipositor sheath, lateral view）；h. 锯腹片（lancet）；i. 中部锯刃（middle serrulae）

图 2-5　佛坪方颜叶蜂 *Pachyprotasis fopingensis* Zhong & Wei, 2010

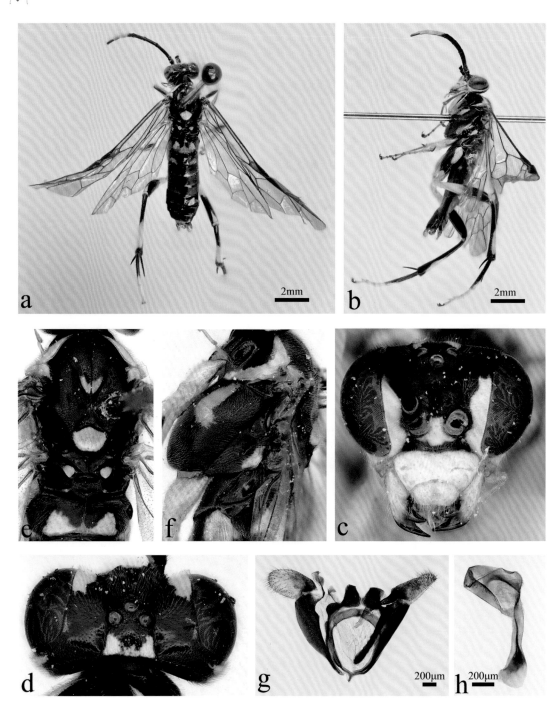

a. 雄虫背面观（adult male, dorsal view）；b. 雄虫侧面观（adult male, lateral view）；c. 雄虫头部前面观（head of male, front view）；d. 雄虫头部背面观（head of male, dorsal view）；e. 雄虫中胸背板和后胸背板（mesonotum and metanotum of male）；f. 雄虫中胸侧板和后胸侧板（mesopleuron and metapleuron of male）；g. 生殖铗（gonoforceps）；h. 阳茎瓣（penis valve）

图 2-6　佛坪方颜叶蜂 *Pachyprotasis fopingensis* Zhong & Wei, 2010

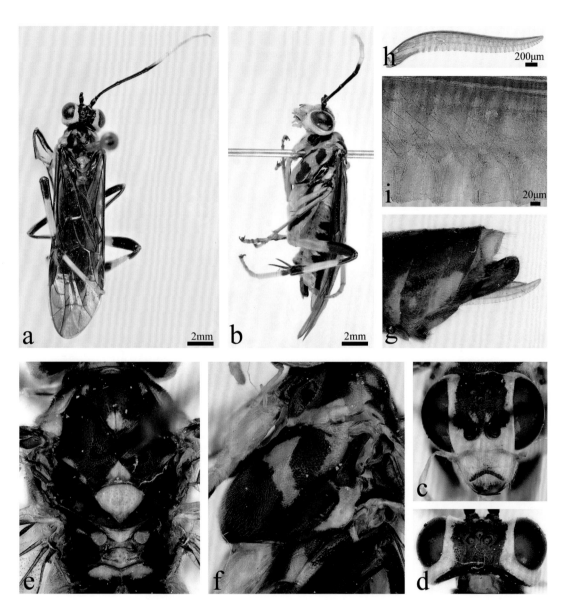

a. 雌虫背面观（adult female, dorsal view）；b. 雌虫侧面观（adult female, lateral view）；c. 雌虫头部前面观（head of female, front view）；d. 雌虫头部背面观（head of female, dorsal view）；e. 雌虫中胸背板和后胸背板（mesonotum and metanotum of female）；f. 雌虫中胸侧板和后胸侧板（mesopleuron and metapleuron of female）；g. 锯鞘侧面观（ovipositor sheath, lateral view）；h. 锯腹片（lancet）；i. 中部锯刃（middle serrulae）

图 2-7　双色方颜叶蜂 *Pachyprotasis bicoloricornis* Wei & Nie, 2002

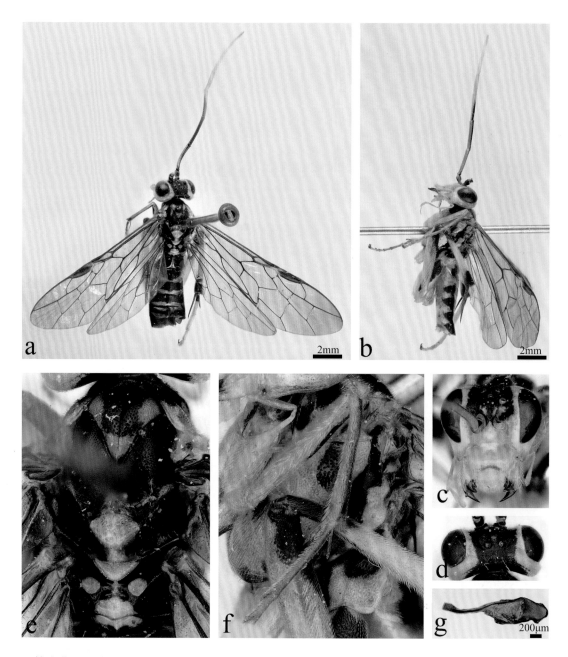

a. 雄虫背面观（adult male, dorsal view）；b. 雄虫侧面观（adult male, lateral view）；c. 雄虫头部前面观（head of male, front view）；d. 雄虫头部背面观（head of male, dorsal view）；e. 雄虫中胸背板和后胸背板（mesonotum and metanotum of male）；f. 雄虫中胸侧板和后胸侧板（mesopleuron and metapleuron of male）；g. 阳茎瓣（penis valve）

图 2-8　双色方颜叶蜂 *Pachyprotasis bicoloricornis* Wei & Nie, 2002

a. 雌虫背面观（adult female, dorsal view）；b. 雌虫侧面观（adult female, lateral view）；c. 雌虫头部前面观（head of female, front view）；d. 雌虫头部背面观（head of female, dorsal view）；e. 雌虫中胸背板和后胸背板（mesonotum and metanotum of female）；f. 雌虫中胸侧板和后胸侧板（mesopleuron and metapleuron of female）；g. 锯鞘侧面观（ovipositor sheath, lateral view）；h. 锯腹片（lancet）；i. 中部锯刃（middle serrulae）

图 2-9　斑角方颜叶蜂 *Pachyprotasis maculoannulata* Zhong & Wei, 2010

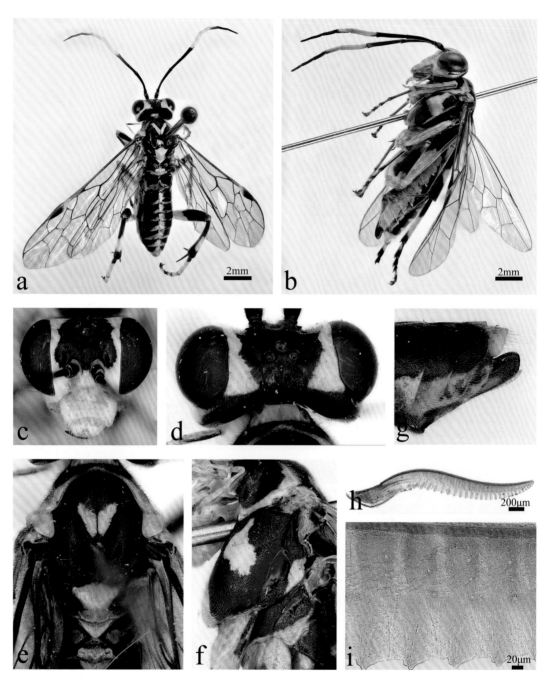

a. 雌虫背面观（adult female, dorsal view）；b. 雌虫侧面观（adult female, lateral view）；c. 雌虫头部前面观（head of female, front view）；d. 雌虫头部背面观（head of female, dorsal view）；e. 雌虫中胸背板和后胸背板（mesonotum and metanotum of female）；f. 雌虫中胸侧板和后胸侧板（mesopleuron and metapleuron of female）；g. 锯鞘侧面观（ovipositor sheath, lateral view）；h. 锯腹片（lancet）；i. 中部锯刃（middle serrulae）

图 2-10　白环方颜叶蜂 *Pachyprotasis alboannulata* Forsius, 1935

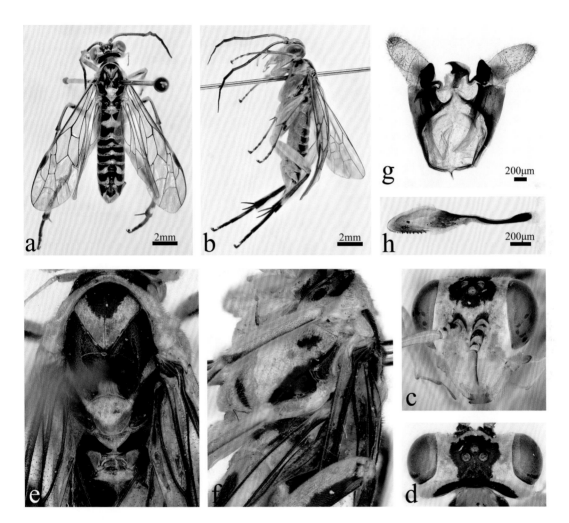

a. 雄虫背面观（adult male, dorsal view）；b. 雄虫侧面观（adult male, lateral view）；c. 雄虫头部前面观（head of male, front view）；d. 雄虫头部背面观（head of male, dorsal view）；e. 雄虫中胸背板和后胸背板（mesonotum and metanotum of male）；f. 雄虫中胸侧板和后胸侧板（mesopleuron and metapleuron of male）；g. 生殖铗（gonoforceps）；h. 阳茎瓣（penis valve）

图 2-11 白环方颜叶蜂 *Pachyprotasis alboannulata* Forsius, 1935

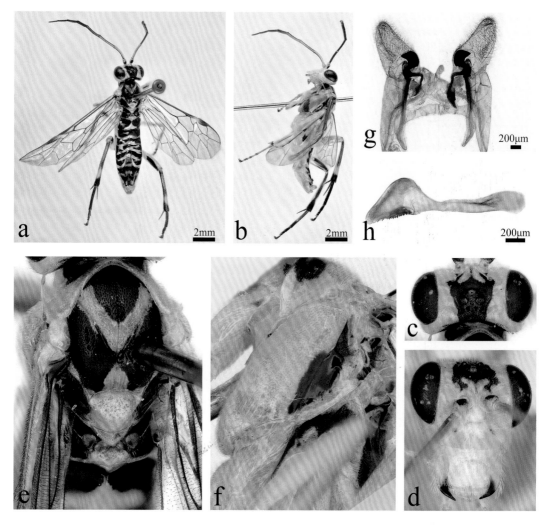

a. 雄虫背面观（adult male, dorsal view）；b. 雄虫侧面观（adult male, lateral view）；c. 雄虫头部背面观（head of male, dorsal view）；d. 雄虫头部前面观（head of male, front view）；e. 雄虫中胸背板和后胸背板（mesonotum and metanotum of male）；f. 雄虫中胸侧板和后胸侧板（mesopleuron and metapleuron of male）；g. 生殖铗（gonoforceps）；h. 阳茎瓣（penis valve）

图 2-12 内乡方颜叶蜂 *Pachyprotasis neixiangensis* Wei & Zhong, 2007

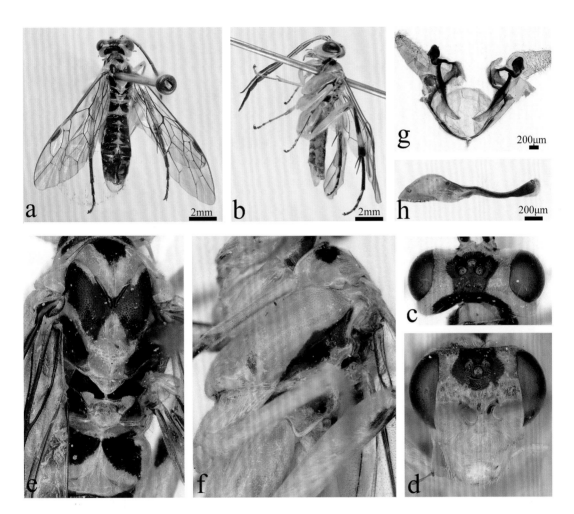

a. 雄虫背面观（adult male, dorsal view）；b. 雄虫侧面观（adult male, lateral view）；c. 雄虫头部背面观（head of male, dorsal view）；d. 雄虫头部前面观（head of male, front view）；e. 雄虫中胸背板和后胸背板（mesonotum and metanotum of male）；f. 雄虫中胸侧板和后胸侧板（mesopleuron and metapleuron of male）；g. 生殖铗（gonoforceps）；h. 阳茎瓣（penis valve）

图 2-13　拟内乡方颜叶蜂 *Pachyprotasis paraneixiangensis* Zhong, Li & Wei, 2017

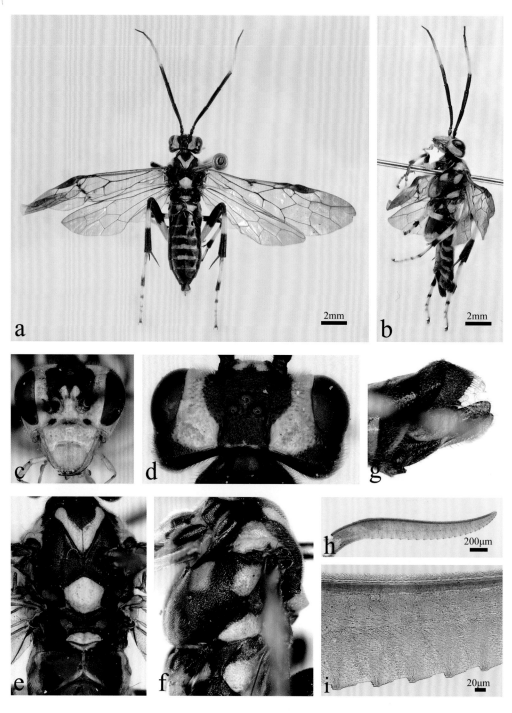

a. 雌虫背面观（adult female, dorsal view）；b. 雌虫侧面观（adult female, lateral view）；c. 雌虫头部前面观（head of female, front view）；d. 雌虫头部背面观（head of female, dorsal view）；e. 雌虫中胸背板和后胸背板（mesonotum and metanotum of female）；f. 雌虫中胸侧板和后胸侧板（mesopleuron and metapleuron of female）；g. 锯鞘侧面观（ovipositor sheath, lateral view）；h. 锯腹片（lancet）；i. 中部锯刃（middle serrulae）

图 2-14　卧龙方颜叶蜂 *Pachyprotasis emdeni* (Forsius, 1931)

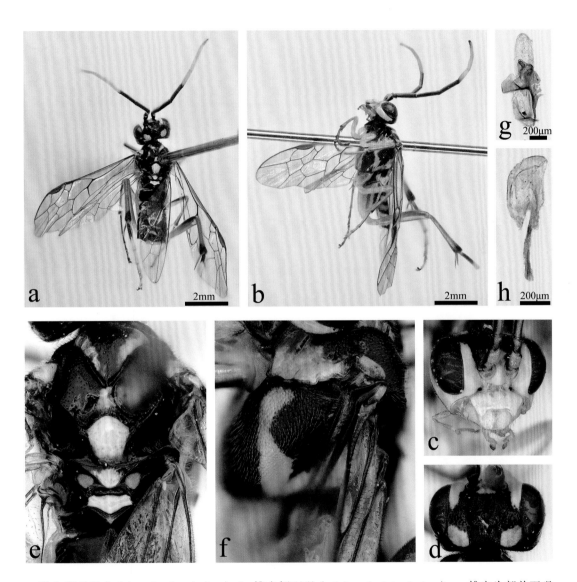

a. 雄虫背面观（adult male, dorsal view）；b. 雄虫侧面观（adult male, lateral view）；c. 雄虫头部前面观
（head of male, front view）；d. 雄虫头部背面观（head of male, dorsal view）；e. 雄虫中胸背板和后胸背
板（mesonotum and metanotum of male）；f. 雄虫中胸侧板和后胸侧板（mesopleuron and metapleuron of
male）；g. 生殖铗（gonoforceps）；h. 阳茎瓣（penis valve）

图 2-15　台湾方颜叶蜂 *Pachyprotasis formosana* Rohwer, 1916

a. 雌虫背面观（adult female, dorsal view）；b. 雌虫侧面观（adult female, lateral view）；c. 雌虫头部前面观（head of female, front view）；d. 雌虫头部背面观（head of female, dorsal view）；e. 雌虫中胸背板和后胸背板（mesonotum and metanotum of female）；f. 雌虫中胸侧板和后胸侧板（mesopleuron and metapleuron of female）；g. 锯鞘侧面观（ovipositor sheath, lateral view）；h. 锯腹片（lancet）；i. 中部锯刃（middle serrulae）

图 2-16 红唇基方颜叶蜂 *Pachyprotasis rubribuccata* Malaise, 1945

a. 雌虫背面观（adult female, dorsal view）; b. 雌虫侧面观（adult female, lateral view）; c. 雌虫头部前面观（head of female, front view）; d. 雌虫头部背面观（head of female, dorsal view）; e. 雌虫中胸背板和后胸背板（mesonotum and metanotum of female）; f. 雌虫中胸侧板和后胸侧板（mesopleuron and metapleuron of female）; g. 锯鞘侧面观（ovipositor sheath, lateral view）; h. 锯腹片（lancet）; i. 中部锯刃（middle serrulae）

图 2-17　南岭方颜叶蜂 *Pachyprotasis nanlingia* Wei, 2006

a. 雌虫背面观（adult female, dorsal view）；b. 雌虫侧面观（adult female, lateral view）；c. 雌虫头部前面观（head of female, front view）；d. 雌虫头部背面观（head of female, dorsal view）；e. 雌虫中胸背板和后胸背板（mesonotum and metanotum of female）；f. 雌虫中胸侧板和后胸侧板（mesopleuron and metapleuron of female）；g. 锯鞘侧面观（ovipositor sheath, lateral view）；h. 锯腹片（lancet）；i. 中部锯刃（middle serrulae）

图 2-18 异角方颜叶蜂 *Pachyprotasis altantennata* Zhong & Wei, 2010

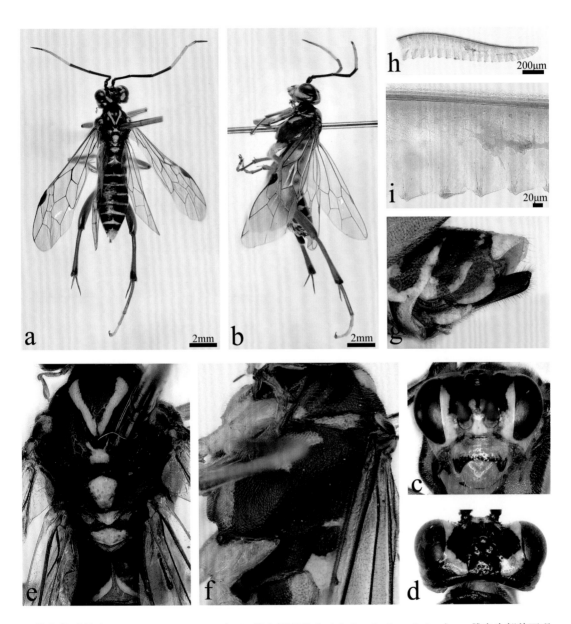

a. 雌虫背面观（adult female, dorsal view）；b. 雌虫侧面观（adult female, lateral view）；c. 雌虫头部前面观（head of female, front view）；d. 雌虫头部背面观（head of female, dorsal view）；e. 雌虫中胸背板和后胸背板（mesonotum and metanotum of female）；f. 雌虫中胸侧板和后胸侧板（mesopleuron and metapleuron of female）；g. 锯鞘侧面观（ovipositor sheath, lateral view）；h. 锯腹片（lancet）；i. 中部锯刃（middle serrulae）

图 2-19　林芝方颜叶蜂 *Pachyprotasis linzhiensis* Zhong, Li & Wei, 2019

a. 雌虫背面观（adult female, dorsal view）；b. 雌虫侧面观（adult female, lateral view）；c. 雌虫头部前面观
（head of female, front view）；d. 雌虫头部背面观（head of female, dorsal view）；e. 雌虫中胸背板和后胸
背板（mesonotum and metanotum of female）；f. 雌虫中胸侧板和后胸侧板（mesopleuron and metapleuron
of female）；g. 锯鞘侧面观（ovipositor sheath, lateral view）；h. 锯腹片（lancet）；i. 中部锯刃（middle
serrulae）

图 2-20　黑基方颜叶蜂 *Pachyprotasis nigricoxis* Zhong & Wei, 2010

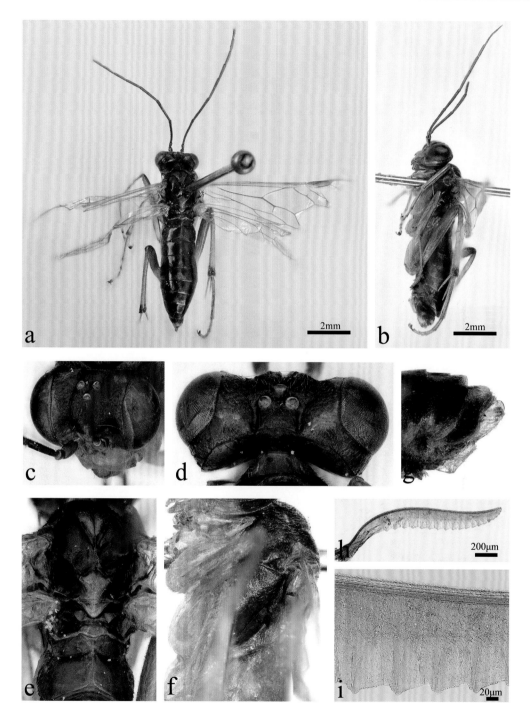

a. 雌虫背面观（adult female, dorsal view）；b. 雌虫侧面观（adult female, lateral view）；c. 雌虫头部前面观
（head of female, front view）；d. 雌虫头部背面观（head of female, dorsal view）；e. 雌虫中胸背板和后胸
背板（mesonotum and metanotum of female）；f. 雌虫中胸侧板和后胸侧板（mesopleuron and metapleuron
of female）；g. 锯鞘侧面观（ovipositor sheath, lateral view）；h. 锯腹片（lancet）；i. 中部锯刃（middle
serrulae）

图 2-21　褐角方颜叶蜂 *Pachyprotasis fulvicornis* Zhong & Wei, 2010

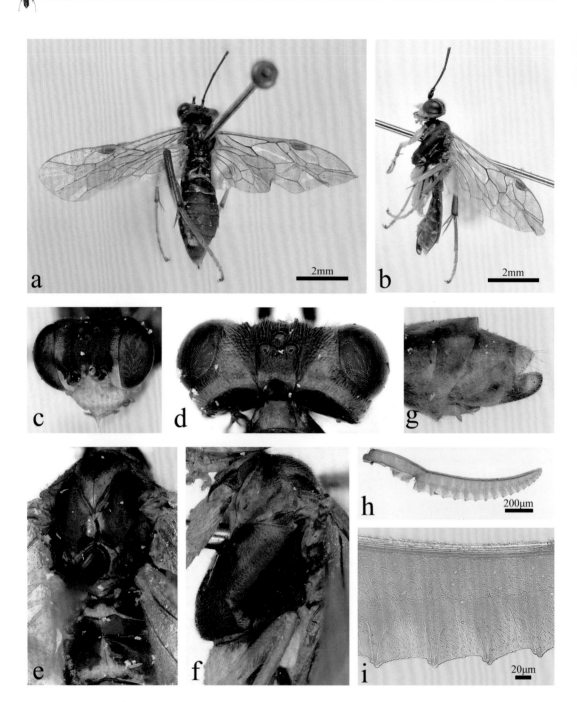

a. 雌虫背面观（adult female, dorsal view）；b. 雌虫侧面观（adult female, lateral view）；c. 雌虫头部前面观（head of female, front view）；d. 雌虫头部背面观（head of female, dorsal view）；e. 雌虫中胸背板和后胸背板（mesonotum and metanotum of female）；f. 雌虫中胸侧板和后胸侧板（mesopleuron and metapleuron of female）；g. 锯鞘侧面观（ovipositor sheath, lateral view）；h. 锯腹片（lancet）；i. 中部锯刃（middle serrulae）

图 2-22　针唇方颜叶蜂 *Pachyprotasis spinilabria* Zhong & Wei, 2010

a. 雌虫背面观（adult female, dorsal view）；b. 雌虫侧面观（adult female, lateral view）；c. 雌虫头部前面观（head of female, front view）；d. 雌虫头部背面观（head of female, dorsal view）；e. 雌虫中胸背板和后胸背板（mesonotum and metanotum of female）；f. 雌虫中胸侧板和后胸侧板（mesopleuron and metapleuron of female）；g. 锯鞘侧面观（ovipositor sheath, lateral view）；h. 锯腹片（lancet）；i. 中部锯刃（middle serrulae）

图 2-23　拟针唇方颜叶蜂 *Pachyprotasis paraspinilabria* Zhong & Wei, 2010

a. 雄虫背面观（adult male, dorsal view）；b. 雄虫侧面观（adult male, lateral view）；c. 雄虫头部前面观（head of male, front view）；d. 雄虫头部背面观（head of male, dorsal view）；e. 雄虫中胸背板和后胸背板（mesonotum and metanotum of male）；f. 雄虫中胸侧板和后胸侧板（mesopleuron and metapleuron of male）；g. 生殖铗（gonoforceps）；h. 阳茎瓣（penis valve）

图 2-24　拟针唇方颜叶蜂 *Pachyprotasis paraspinilabria* Zhong & Wei, 2010

a. 雌虫背面观（adult female, dorsal view）；b. 雌虫侧面观（adult female, lateral view）；c. 雌虫头部前面观（head of female, front view）；d. 雌虫头部背面观（head of female, dorsal view）；e. 雌虫中胸背板和后胸背板（mesonotum and metanotum of female）；f. 雌虫中胸侧板和后胸侧板（mesopleuron and metapleuron of female）；g. 锯鞘侧面观（ovipositor sheath, lateral view）；h. 锯腹片（lancet）；i. 中部锯刃（middle serrulae）

图 2-25　红头方颜叶蜂 *Pachyprotasis rufocephala* Wei, 2005

a. 雌虫背面观（adult female, dorsal view）；b. 雌虫侧面观（adult female, lateral view）；c. 雌虫头部前面观（head of female, front view）；d. 雌虫头部背面观（head of female, dorsal view）；e. 雌虫中胸背板和后胸背板（mesonotum and metanotum of female）；f. 雌虫中胸侧板和后胸侧板（mesopleuron and metapleuron of female）；g. 锯鞘侧面观（ovipositor sheath, lateral view）；h. 锯腹片（lancet）；i. 中部锯刃（middle serrulae）

图 2-26　锈斑方颜叶蜂 *Pachyprotasis rubiginosa* Wei & Nie, 1999

a. 雌虫背面观（adult female, dorsal view）；b. 雌虫侧面观（adult female, lateral view）；c. 雌虫头部前面观（head of female, front view）；d. 雌虫头部背面观（head of female, dorsal view）；e. 雌虫中胸背板和后胸背板（mesonotum and metanotum of female）；f. 雌虫中胸侧板和后胸侧板（mesopleuron and metapleuron of female）；g. 锯鞘侧面观（ovipositor sheath, lateral view）；h. 锯腹片（lancet）；i. 中部锯刃（middle serrulae）

图 2-27　红翅基方颜叶蜂 *Pachyprotasis rufotegulata* Zhong & Wei, 2010

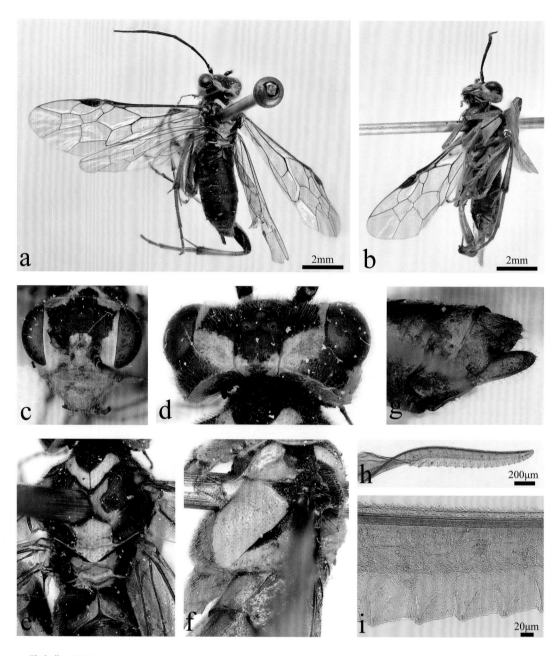

a. 雌虫背面观（adult female, dorsal view）；b. 雌虫侧面观（adult female, lateral view）；c. 雌虫头部前面观（head of female, front view）；d. 雌虫头部背面观（head of female, dorsal view）；e. 雌虫中胸背板和后胸背板（mesonotum and metanotum of female）；f. 雌虫中胸侧板和后胸侧板（mesopleuron and metapleuron of female）；g. 锯鞘侧面观（ovipositor sheath, lateral view）；h. 锯腹片（lancet）；i. 中部锯刃（middle serrulae）

图 2-28　红腹方颜叶蜂 *Pachyprotasis rufigaster* Zhong & Wei, 2010

a. 雄虫背面观（adult male, dorsal view）；b. 雄虫侧面观（adult male, lateral view）；c. 雄虫头部前面观（head of male, front view）；d. 雄虫头部背面观（head of male, dorsal view）；e. 雄虫中胸背板和后胸背板（mesonotum and metanotum of male）；f. 雄虫中胸侧板和后胸侧板（mesopleuron and metapleuron of male）；g. 生殖铗（gonoforceps）；h. 阳茎瓣（penis valve）

图 2-29　游氏方颜叶蜂 *Pachyprotasis youi* Zhong & Wei, 2010

a. 雌虫背面观（adult female, dorsal view）; b. 雌虫侧面观（adult female, lateral view）; c. 雌虫头部前面观
（head of female, front view）; d. 雌虫头部背面观（head of female, dorsal view）; e. 雌虫中胸背板和后胸
背板（mesonotum and metanotum of female）; f. 雌虫中胸侧板和后胸侧板（mesopleuron and metapleuron
of female）; g. 锯鞘侧面观（ovipositor sheath, lateral view）; h. 锯腹片（lancet）; i. 中部锯刃（middle
serrulae）

图 2-30 红端方颜叶蜂 *Pachyprotasis rubiapicilia* Wei & Nie, 1999

a. 雌虫背面观（adult female, dorsal view）；b. 雌虫侧面观（adult female, lateral view）；c. 雌虫头部前面观（head of female, front view）；d. 雌虫头部背面观（head of female, dorsal view）；e. 雌虫中胸背板和后胸背板（mesonotum and metanotum of female）；f. 雌虫中胸侧板和后胸侧板（mesopleuron and metapleuron of female）；g. 锯鞘侧面观（ovipositor sheath, lateral view）；h. 锯腹片（lancet）；i. 中部锯刃（middle serrulae）

图 2-31　斑背板方颜叶蜂 *Pachyprotasis maculotergitis* Zhu & Wei, 2008

a. 雌虫背面观（adult female, dorsal view）；b. 雌虫侧面观（adult female, lateral view）；c. 雌虫头部前面观（head of female, front view）；d. 雌虫头部背面观（head of female, dorsal view）；e. 雌虫中胸背板和后胸背板（mesonotum and metanotum of female）；f. 雌虫中胸侧板和后胸侧板（mesopleuron and metapleuron of female）；g. 锯鞘侧面观（ovipositor sheath, lateral view）；h. 锯腹片（lancet）；i. 中部锯刃（middle serrulae）

图 2-32　褐斑方颜叶蜂 *Pachyprotasis fulvomaculata* Wei & Zhong, 2002

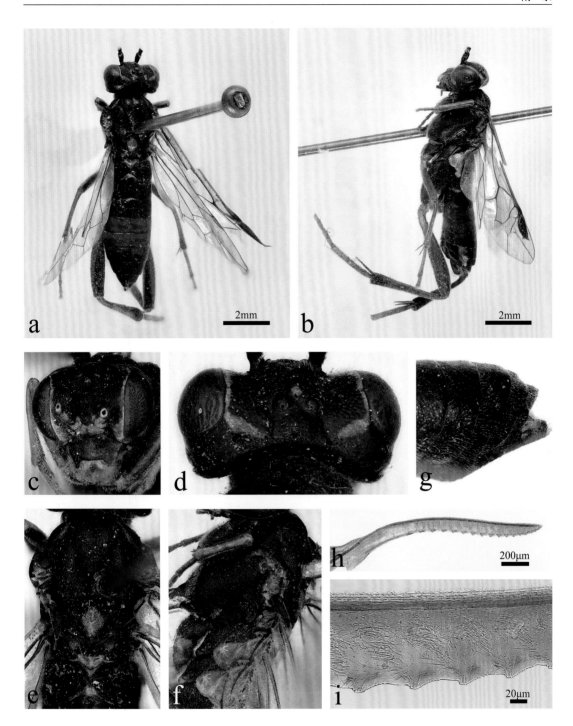

a. 雌虫背面观（adult female, dorsal view）；b. 雌虫侧面观（adult female, lateral view）；c. 雌虫头部前面观（head of female, front view）；d. 雌虫头部背面观（head of female, dorsal view）；e. 雌虫中胸背板和后胸背板（mesonotum and metanotum of female）；f. 雌虫中胸侧板和后胸侧板（mesopleuron and metapleuron of female）；g. 锯鞘侧面观（ovipositor sheath, lateral view）；h. 锯腹片（lancet）；i. 中部锯刃（middle serrulae）

图 2-33　江氏方颜叶蜂 *Pachyprotasis jiangi* Zhong & Wei, 2010

a. 雄虫背面观（adult male, dorsal view）；b. 雄虫侧面观（adult male, lateral view）；c. 雄虫头部前面观（head of male, front view）；d. 雄虫头部背面观（head of male, dorsal view）；e. 雄虫中胸背板和后胸背板（mesonotum and metanotum of male）；f. 雄虫中胸侧板和后胸侧板（mesopleuron and metapleuron of male）；g. 生殖铗（gonoforceps）；h. 阳茎瓣（penis valve）

图 2-34　周虎方颜叶蜂 *Pachyprotasis zhouhui* Zhong & Wei, 2010

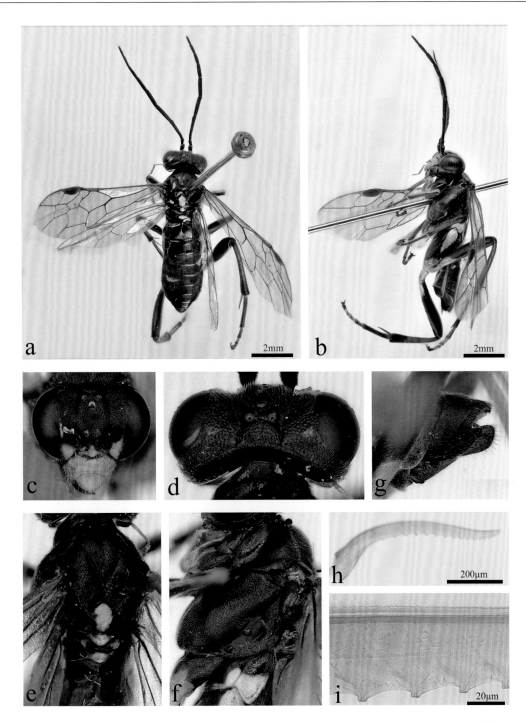

a. 雌虫背面观（adult female, dorsal view）；b. 雌虫侧面观（adult female, lateral view）；c. 雌虫头部前面观
（head of female, front view）；d. 雌虫头部背面观（head of female, dorsal view）；e. 雌虫中胸背板和后胸
背板（mesonotum and metanotum of female）；f. 雌虫中胸侧板和后胸侧板（mesopleuron and metapleuron
of female）；g. 锯鞘侧面观（ovipositor sheath, lateral view）；h. 锯腹片（lancet）；i. 中部锯刃（middle
serrulae）

图 2-35　红环方颜叶蜂 *Pachyprotasis rufocinctilia* Wei, 1998

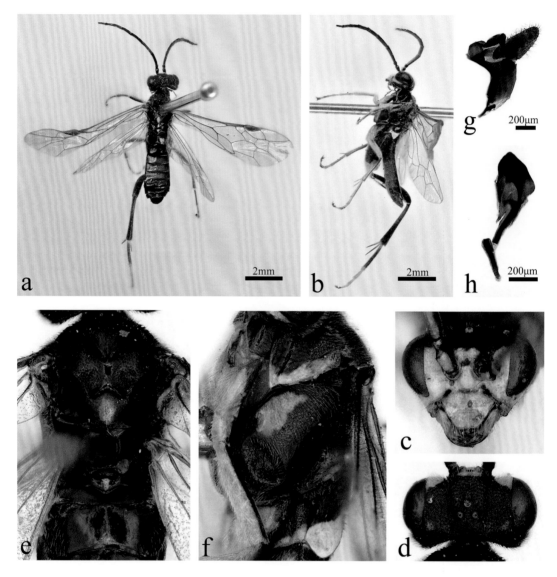

a. 雄虫背面观（adult male, dorsal view）；b. 雄虫侧面观（adult male, lateral view）；c. 雄虫头部前面观（head of male, front view）；d. 雄虫头部背面观（head of male, dorsal view）；e. 雄虫中胸背板和后胸背板（mesonotum and metanotum of male）；f. 雄虫中胸侧板和后胸侧板（mesopleuron and metapleuron of male）；g. 生殖铗（gonoforceps）；h. 阳茎瓣（penis valve）

图 2-36　红环方颜叶蜂 *Pachyprotasis rufocinctilia* Wei, 1998

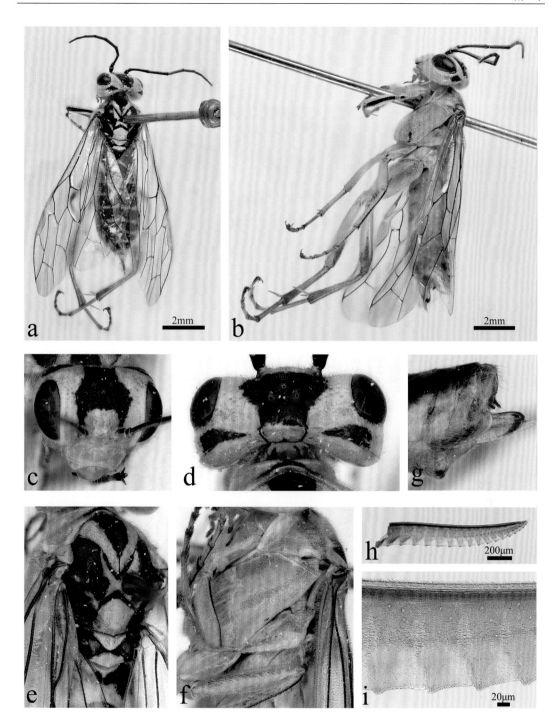

a. 雌虫背面观（adult female, dorsal view）；b. 雌虫侧面观（adult female, lateral view）；c. 雌虫头部前面观（head of female, front view）；d. 雌虫头部背面观（head of female, dorsal view）；e. 雌虫中胸背板和后胸背板（mesonotum and metanotum of female）；f. 雌虫中胸侧板和后胸侧板（mesopleuron and metapleuron of female）；g. 锯鞘侧面观（ovipositor sheath, lateral view）；h. 锯腹片（lancet）；i. 中部锯刃（middle serrulae）

图 2-37　稻城方颜叶蜂 *Pachyprotasis daochengensis* Wei & Zhong, 2007

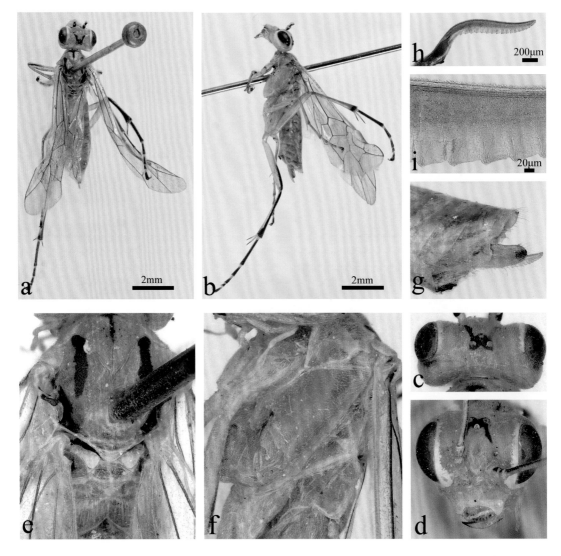

a. 雌虫背面观（adult female, dorsal view）；b. 雌虫侧面观（adult female, lateral view）；c. 雌虫头部背面观（head of female, dorsal view）；d. 雌虫头部前面观（head of female, front view）；e. 雌虫中胸背板和后胸背板（mesonotum and metanotum of female）；f. 雌虫中胸侧板和后胸侧板（mesopleuron and metapleuron of female）；g. 锯鞘侧面观（ovipositor sheath, lateral view）；h. 锯腹片（lancet）；i. 中部锯刃（middle serrulae）

图 2-38　绿腹方颜叶蜂 *Pachyprotasis pallens* Malaise, 1945

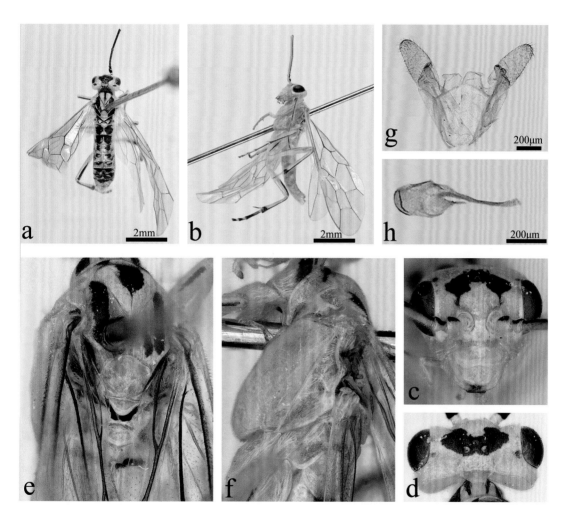

a. 雄虫背面观（adult male, dorsal view）；b. 雄虫侧面观（adult male, lateral view）；c. 雄虫头部前面观（head of male, front view）；d. 雄虫头部背面观（head of male, dorsal view）；e. 雄虫中胸背板和后胸背板（mesonotum and metanotum of male）；f. 雄虫中胸侧板和后胸侧板（mesopleuron and metapleuron of male）；g. 生殖铗（gonoforceps）；h. 阳茎瓣（penis valve）

图 2-39　绿腹方颜叶蜂 *Pachyprotasis pallens* Malaise, 1945

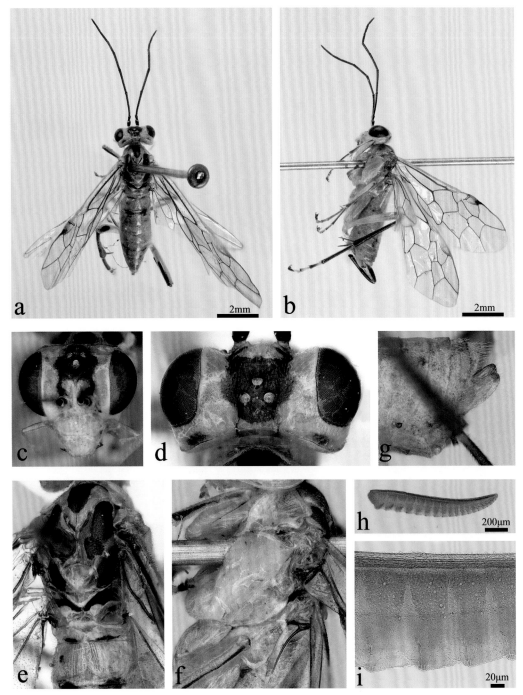

a. 雌虫背面观（adult female, dorsal view）；b. 雌虫侧面观（adult female, lateral view）；c. 雌虫头部前面观（head of female, front view）；d. 雌虫头部背面观（head of female, dorsal view）；e. 雌虫中胸背板和后胸背板（mesonotum and metanotum of female）；f. 雌虫中胸侧板和后胸侧板（mesopleuron and metapleuron of female）；g. 锯鞘侧面观（ovipositor sheath, lateral view）；h. 锯腹片（lancet）；i. 中部锯刃（middle serrulae）

图 2-40　四川方颜叶蜂 *Pachyprotasis sichuanensis* Zhong & Wei, 2012

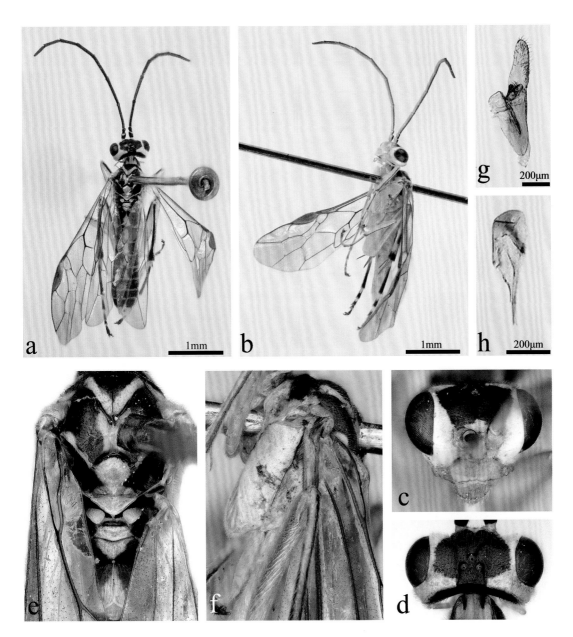

a. 雄虫背面观（adult male, dorsal view）；b. 雄虫侧面观（adult male, lateral view）；c. 雄虫头部前面观（head of male, front view）；d. 雄虫头部背面观（head of male, dorsal view）；e. 雄虫中胸背板和后胸背板（mesonotum and metanotum of male）；f. 雄虫中胸侧板和后胸侧板（mesopleuron and metapleuron of male）；g. 生殖铗（gonoforceps）；h. 阳茎瓣（penis valve）

图 2-41　四川方颜叶蜂 *Pachyprotasis sichuanensis* Zhong & Wei, 2012

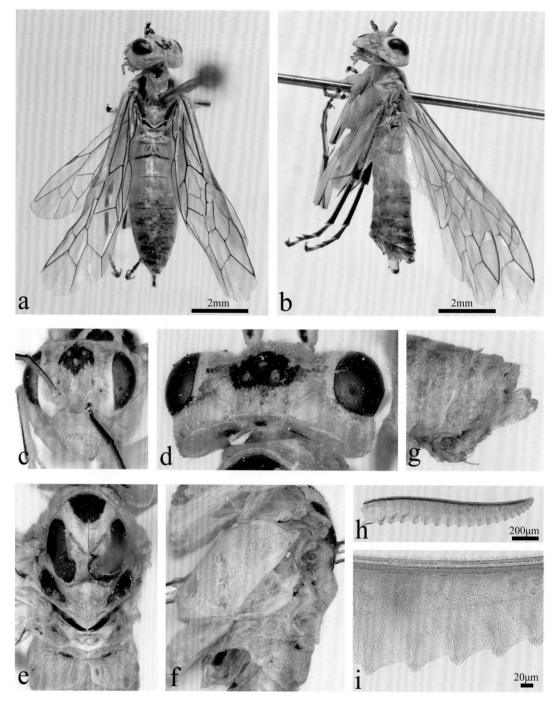

a. 雌虫背面观（adult female, dorsal view）；b. 雌虫侧面观（adult female, lateral view）；c. 雌虫头部前面观（head of female, front view）；d. 雌虫头部背面观（head of female, dorsal view）；e. 雌虫中胸背板和后胸背板（mesonotum and metanotum of female）；f. 雌虫中胸侧板和后胸侧板（mesopleuron and metapleuron of female）；g. 锯鞘侧面观（ovipositor sheath, lateral view）；h. 锯腹片（lancet）；i. 中部锯刃（middle serrulae）

图 2-42　车前方颜叶蜂 *Pachyprotasis nigronotata* Kriechbaumer, 1874

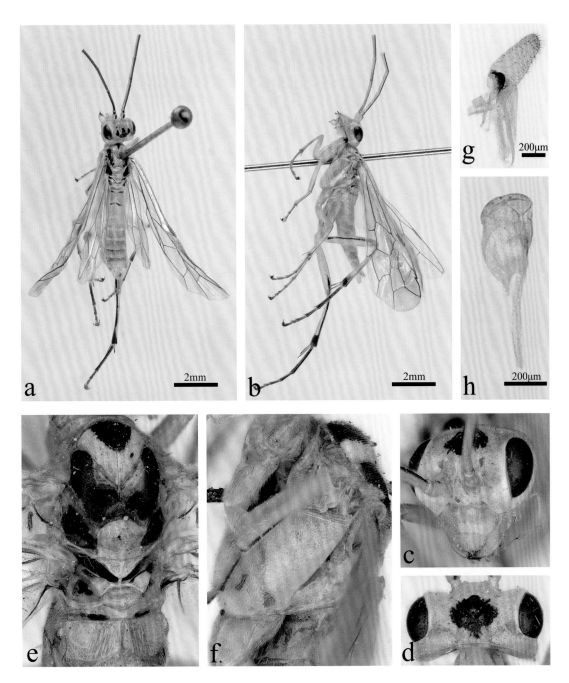

a. 雄虫背面观（adult male, dorsal view）；b. 雄虫侧面观（adult male, lateral view）；c. 雄虫头部前面观（head of male, front view）；d. 雄虫头部背面观（head of male, dorsal view）；e. 雄虫中胸背板和后胸背板（mesonotum and metanotum of male）；f. 雄虫中胸侧板和后胸侧板（mesopleuron and metapleuron of male）；g. 生殖铗（gonoforceps）；h. 阳茎瓣（penis valve）

图 2-43　车前方颜叶蜂 *Pachyprotasis nigronotata* Kriechbaumer, 1874

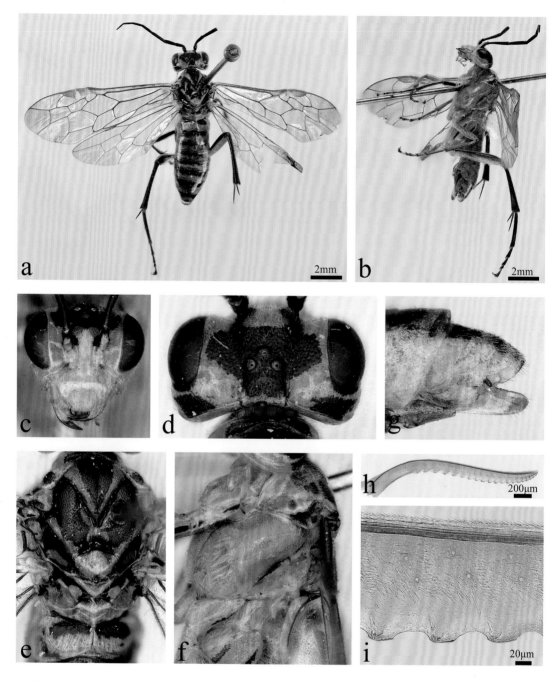

a. 雌虫背面观（adult female, dorsal view）；b. 雌虫侧面观（adult female, lateral view）；c. 雌虫头部前面观（head of female, front view）；d. 雌虫头部背面观（head of female, dorsal view）；e. 雌虫中胸背板和后胸背板（mesonotum and metanotum of female）；f. 雌虫中胸侧板和后胸侧板（mesopleuron and metapleuron of female）；g. 锯鞘侧面观（ovipositor sheath, lateral view）；h. 锯腹片（lancet）；i. 中部锯刃（middle serrulae）

图 2-44　双纹方颜叶蜂 *Pachyprotasis bilineata* Zhong & Wei, 2012

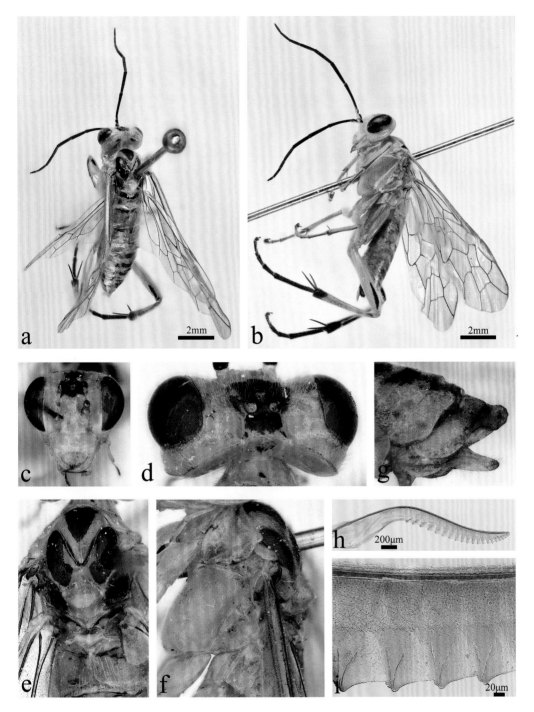

a. 雌虫背面观（adult female, dorsal view）；b. 雌虫侧面观（adult female, lateral view）；c. 雌虫头部前面观（head of female, front view）；d. 雌虫头部背面观（head of female, dorsal view）；e. 雌虫中胸背板和后胸背板（mesonotum and metanotum of female）；f. 雌虫中胸侧板和后胸侧板（mesopleuron and metapleuron of female）；g. 锯鞘侧面观（ovipositor sheath, lateral view）；h. 锯腹片（lancet）；i. 中部锯刃（middle serrulae）

图 2-45　黄头方颜叶蜂 *Pachyprotasis flavocapita* Wei & Zhong, 2002

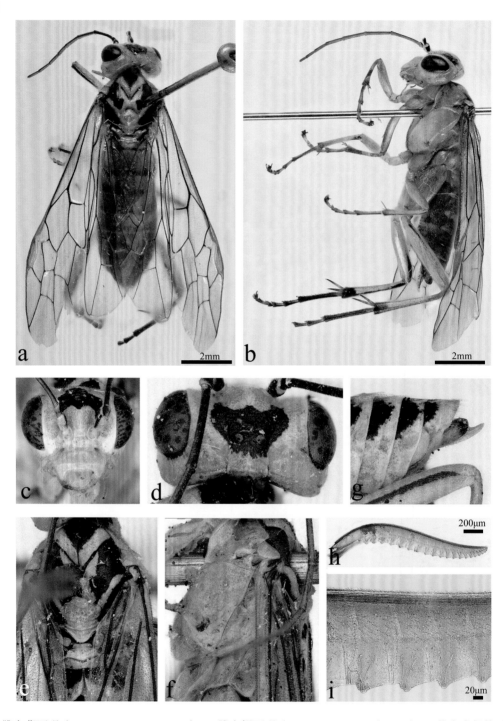

a. 雌虫背面观（adult female, dorsal view）; b. 雌虫侧面观（adult female, lateral view）; c. 雌虫头部前面观（head of female, front view）; d. 雌虫头部背面观（head of female, dorsal view）; e. 雌虫中胸背板和后胸背板（mesonotum and metanotum of female）; f. 雌虫中胸侧板和后胸侧板（mesopleuron and metapleuron of female）; g. 锯鞘侧面观（ovipositor sheath, lateral view）; h. 锯腹片（lancet）; i. 中部锯刃（middle serrulae）

图 2-46　周氏方颜叶蜂 *Pachyprotasis zhoui* Wei & Zhong, 2007

a. 雌虫背面观（adult female, dorsal view）；b. 雌虫侧面观（adult female, lateral view）；c. 雌虫头部前面观（head of female, front view）；d. 雌虫头部背面观（head of female, dorsal view）；e. 雌虫中胸背板和后胸背板（mesonotum and metanotum of female）；f. 雌虫中胸侧板和后胸侧板（mesopleuron and metapleuron of female）；g. 锯鞘侧面观（ovipositor sheath, lateral view）；h. 锯腹片（lancet）；i. 中部锯刃（middle serrulae）

图 2-47　神农方颜叶蜂 *Pachyprotasis shennongjiai* Zhong & Wei, 2012

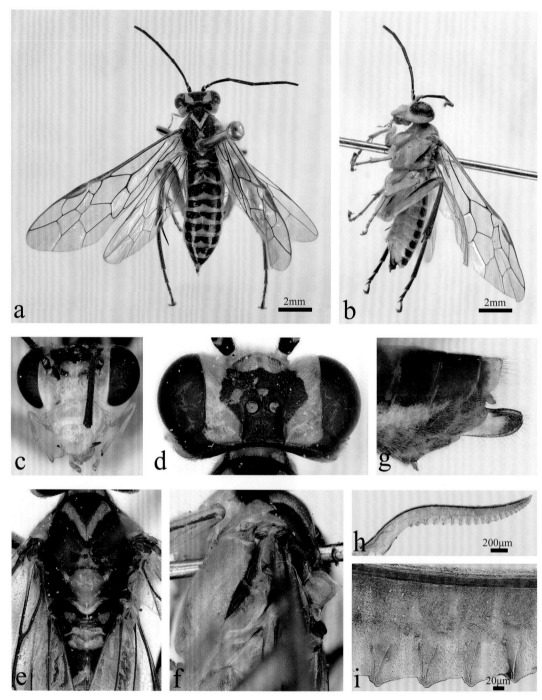

a. 雌虫背面观（adult female, dorsal view）；b. 雌虫侧面观（adult female, lateral view）；c. 雌虫头部前面观（head of female, front view）；d. 雌虫头部背面观（head of female, dorsal view）；e. 雌虫中胸背板和后胸背板（mesonotum and metanotum of female）；f. 雌虫中胸侧板和后胸侧板（mesopleuron and metapleuron of female）；g. 锯鞘侧面观（ovipositor sheath, lateral view）；h. 锯腹片（lancet）；i. 中部锯刃（middle serrulae）

图 2-48　隆盾方颜叶蜂 *Pachyprotasis eleviscutellis* Wei & Nie, 1999

a. 雌虫背面观（adult female, dorsal view）；b. 雌虫侧面观（adult female, lateral view）；c. 雌虫头部前面观（head of female, front view）；d. 雌虫头部背面观（head of female, dorsal view）；e. 雌虫中胸背板和后胸背板（mesonotum and metanotum of female）；f. 雌虫中胸侧板和后胸侧板（mesopleuron and metapleuron of female）；g. 锯鞘侧面观（ovipositor sheath, lateral view）；h. 锯腹片（lancet）；i. 中部锯刃（middle serrulae）

图 2-49　高山方颜叶蜂 *Pachyprotasis alpina* Malaise, 1945

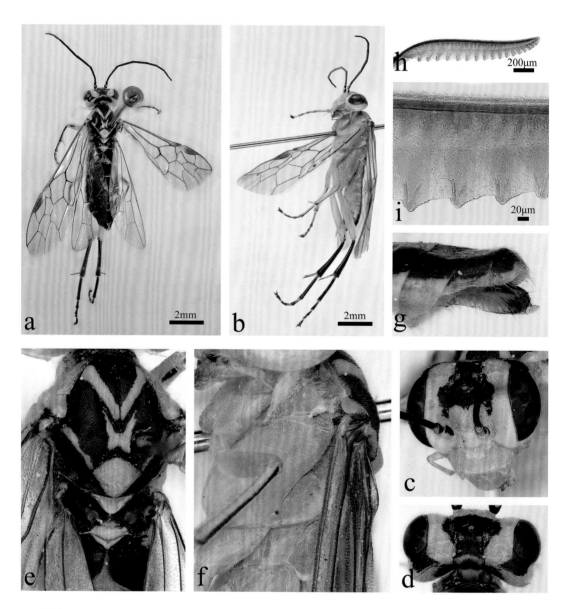

a. 雌虫背面观（adult female, dorsal view）；b. 雌虫侧面观（adult female, lateral view）；c. 雌虫头部前面观（head of female, front view）；d. 雌虫头部背面观（head of female, dorsal view）；e. 雌虫中胸背板和后胸背板（mesonotum and metanotum of female）；f. 雌虫中胸侧板和后胸侧板（mesopleuron and metapleuron of female）；g. 锯鞘侧面观（ovipositor sheath, lateral view）；h. 锯腹片（lancet）；i. 中部锯刃（middle serrulae）

图 2-50　斯卡里方颜叶蜂 *Pachyprotasis scalaris* Malaise, 1945

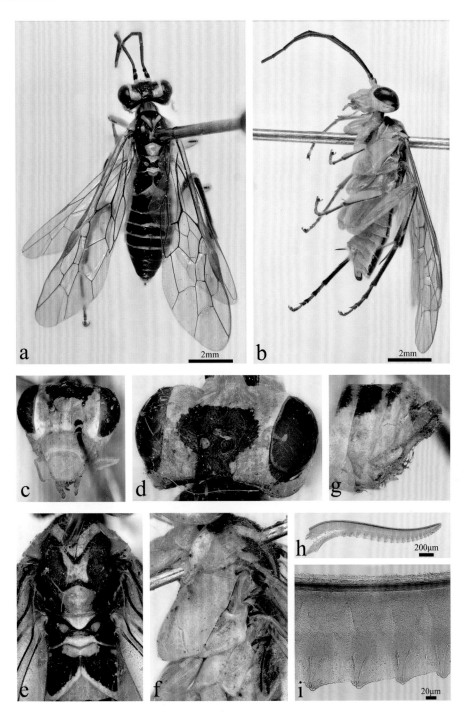

a. 雌虫背面观（adult female, dorsal view）；b. 雌虫侧面观（adult female, lateral view）；c. 雌虫头部前面观（head of female, front view）；d. 雌虫头部背面观（head of female, dorsal view）；e. 雌虫中胸背板和后胸背板（mesonotum and metanotum of female）；f. 雌虫中胸侧板和后胸侧板（mesopleuron and metapleuron of female）；g. 锯鞘侧面观（ovipositor sheath, lateral view）；h. 锯腹片（lancet）；i. 中部锯刃（middle serrulae）

图 2-51　秦岭方颜叶蜂 *Pachyprotasis qinlingica* Wei, 1998

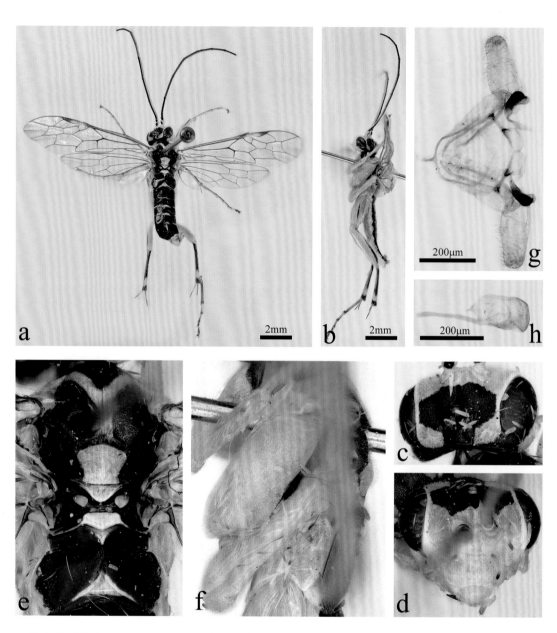

a. 雄虫背面观（adult male, dorsal view）；b. 雄虫侧面观（adult male, lateral view）；c. 雄虫头部背面观（head of male, dorsal view）；d. 雄虫头部前面观（head of male, front view）；e. 雄虫中胸背板和后胸背板（mesonotum and metanotum of male）；f. 雄虫中胸侧板和后胸侧板（mesopleuron and metapleuron of male）；g. 生殖铗（gonoforceps）；h. 阳茎瓣（penis valve）

图 2-52　秦岭方颜叶蜂 *Pachyprotasis qinlingica* Wei, 1998

a. 雌虫背面观（adult female, dorsal view）；b. 雌虫侧面观（adult female, lateral view）；c. 雌虫头部前面观（head of female, front view）；d. 雌虫头部背面观（head of female, dorsal view）；e. 雌虫中胸背板和后胸背板（mesonotum and metanotum of female）；f. 雌虫中胸侧板和后胸侧板（mesopleuron and metapleuron of female）；g. 锯鞘侧面观（ovipositor sheath, lateral view）；h. 锯腹片（lancet）；i. 中部锯刃（middle serrulae）

图 2-53　淡痣方颜叶蜂 *Pachyprotasis pallidistigma* Malaise, 1931

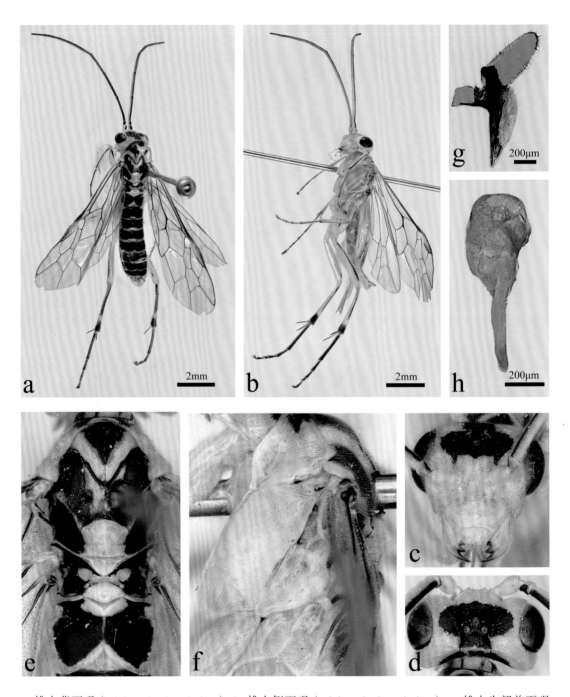

a. 雄虫背面观（adult male, dorsal view）；b. 雄虫侧面观（adult male, lateral view）；c. 雄虫头部前面观（head of male, front view）；d. 雄虫头部背面观（head of male, dorsal view）；e. 雄虫中胸背板和后胸背板（mesonotum and metanotum of male）；f. 雄虫中胸侧板和后胸侧板（mesopleuron and metapleuron of male）；g. 生殖铗（gonoforceps）；h. 阳茎瓣（penis valve）

图 2-54　淡痣方颜叶蜂 *Pachyprotasis pallidistigma* Malaise, 1931

a. 雌虫背面观（adult female, dorsal view）；b. 雌虫侧面观（adult female, lateral view）；c. 雌虫头部前面观（head of female, front view）；d. 雌虫头部背面观（head of female, dorsal view）；e. 雌虫中胸背板和后胸背板（mesonotum and metanotum of female）；f. 雌虫中胸侧板和后胸侧板（mesopleuron and metapleuron of female）；g. 锯鞘侧面观（ovipositor sheath, lateral view）；h. 锯腹片（lancet）；i. 中部锯刃（middle serrulae）

图 2-55　红背方颜叶蜂 *Pachyprotasis rufodorsata* Zhong, Li & Wei, 2021

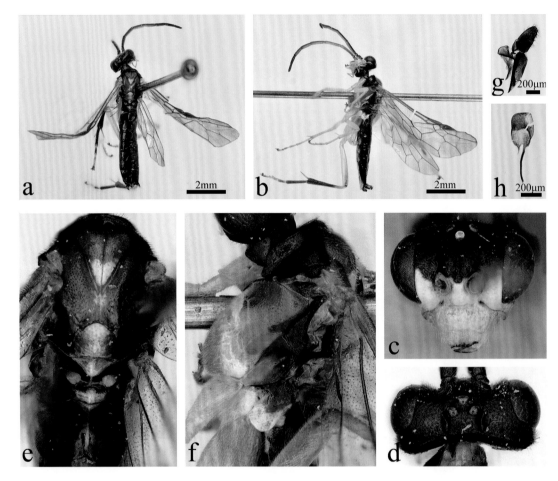

a. 雄虫背面观（adult male, dorsal view）；b. 雄虫侧面观（adult male, lateral view）；c. 雄虫头部前面观（head of male, front view）；d. 雄虫头部背面观（head of male, dorsal view）；e. 雄虫中胸背板和后胸背板（mesonotum and metanotum of male）；f. 雄虫中胸侧板和后胸侧板（mesopleuron and metapleuron of male）；g. 生殖铗（gonoforceps）；h. 阳茎瓣（penis valve）

图 2-56　红背方颜叶蜂 *Pachyprotasis rufodorsata* Zhong, Li & Wei, 2021

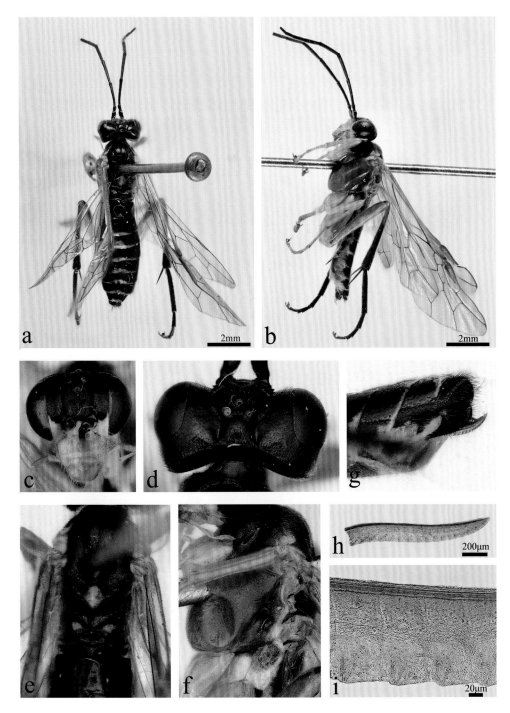

a. 雌虫背面观（adult female, dorsal view）；b. 雌虫侧面观（adult female, lateral view）；c. 雌虫头部前面观
（head of female, front view）；d. 雌虫头部背面观（head of female, dorsal view）；e. 雌虫中胸背板和后胸
背板（mesonotum and metanotum of female）；f. 雌虫中胸侧板和后胸侧板（mesopleuron and metapleuron
of female）；g. 锯鞘侧面观（ovipositor sheath, lateral view）；h. 锯腹片（lancet）；i. 中部锯刃（middle
serrulae）

图 2-57　黑跗方颜叶蜂 *Pachyprotasis nigritarsalia* Zhong, Li & Wei, 2021

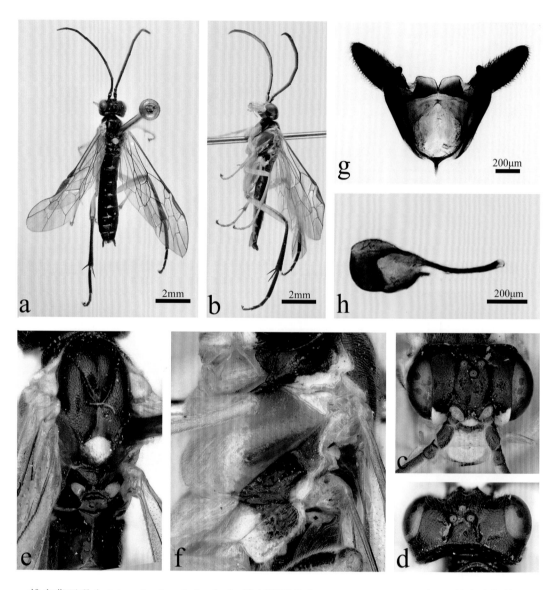

a. 雄虫背面观（adult male, dorsal view）；b. 雄虫侧面观（adult male, lateral view）；c. 雄虫头部前面观（head of male, front view）；d. 雄虫头部背面观（head of male, dorsal view）；e. 雄虫中胸背板和后胸背板（mesonotum and metanotum of male）；f. 雄虫中胸侧板和后胸侧板（mesopleuron and metapleuron of male）；g. 生殖铗（gonoforceps）；h. 阳茎瓣（penis valve）

图 2-58　黑跗方颜叶蜂 *Pachyprotasis nigritarsalia* Zhong, Li & Wei, 2021

a. 雌虫背面观（adult female, dorsal view）；b. 雌虫侧面观（adult female, lateral view）；c. 雌虫头部前面观
（head of female, front view）；d. 雌虫头部背面观（head of female, dorsal view）；e. 雌虫中胸背板和后胸
背板（mesonotum and metanotum of female）；f. 雌虫中胸侧板和后胸侧板（mesopleuron and metapleuron
of female）；g. 锯鞘侧面观（ovipositor sheath, lateral view）；h. 锯腹片（lancet）；i. 中部锯刃（middle
serrulae）

图 2-59　珊瑚红方颜叶蜂 *Pachyprotasis corallipes* Malaise, 1945

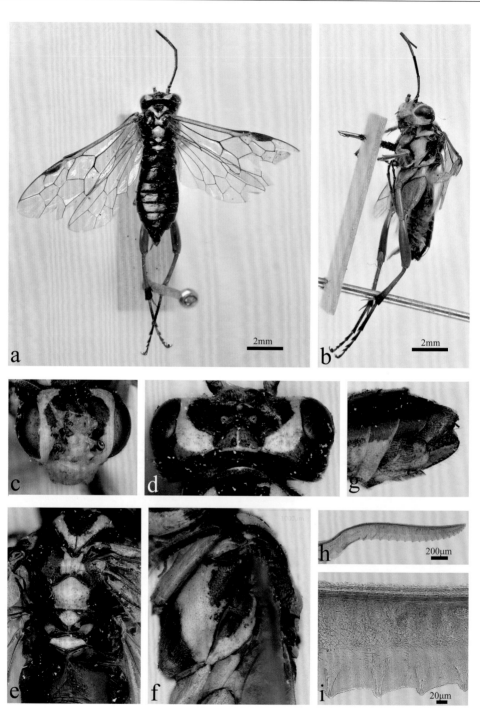

a. 雌虫背面观（adult female, dorsal view）; b. 雌虫侧面观（adult female, lateral view）; c. 雌虫头部前面观（head of female, front view）; d. 雌虫头部背面观（head of female, dorsal view）; e. 雌虫中胸背板和后胸背板（mesonotum and metanotum of female）; f. 雌虫中胸侧板和后胸侧板（mesopleuron and metapleuron of female）; g. 锯鞘侧面观（ovipositor sheath, lateral view）; h. 锯腹片（lancet）; i. 中部锯刃（middle serrulae）

图 2-60　杂色方颜叶蜂 Pachyprotasis variegata（Fallen, 1808）

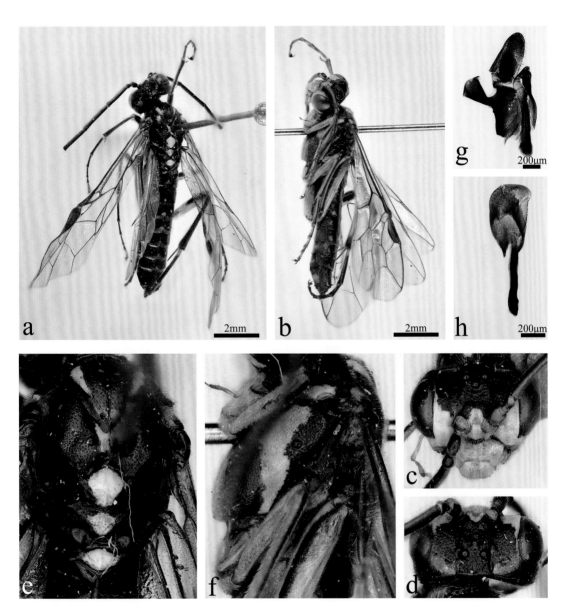

a. 雄虫背面观（adult male, dorsal view）; b. 雄虫侧面观（adult male, lateral view）; c. 雄虫头部前面观（head of male, front view）; d. 雄虫头部背面观（head of male, dorsal view）; e. 雄虫中胸背板和后胸背板（mesonotum and metanotum of male）; f. 雄虫中胸侧板和后胸侧板（mesopleuron and metapleuron of male）; g. 生殖铗（gonoforceps）; h. 阳茎瓣（penis valve）

图 2-61　杂色方颜叶蜂 *Pachyprotasis variegata*（Fallen, 1808）

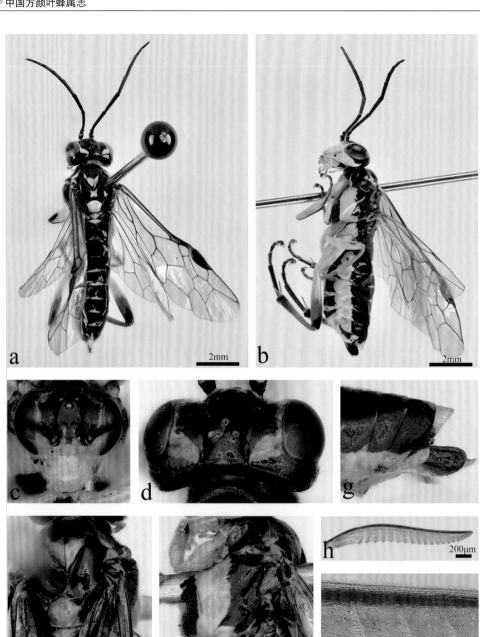

a. 雌虫背面观（adult female, dorsal view）；b. 雌虫侧面观（adult female, lateral view）；c. 雌虫头部前面观（head of female, front view）；d. 雌虫头部背面观（head of female, dorsal view）；e. 雌虫中胸背板和后胸背板（mesonotum and metanotum of female）；f. 雌虫中胸侧板和后胸侧板（mesopleuron and metapleuron of female）；g. 锯鞘侧面观（ovipositor sheath, lateral view）；h. 锯腹片（lancet）；i. 中部锯刃（middle serrulae）

图 2-62　吴氏方颜叶蜂 *Pachyprotasis wui* Wei & Nie, 1998

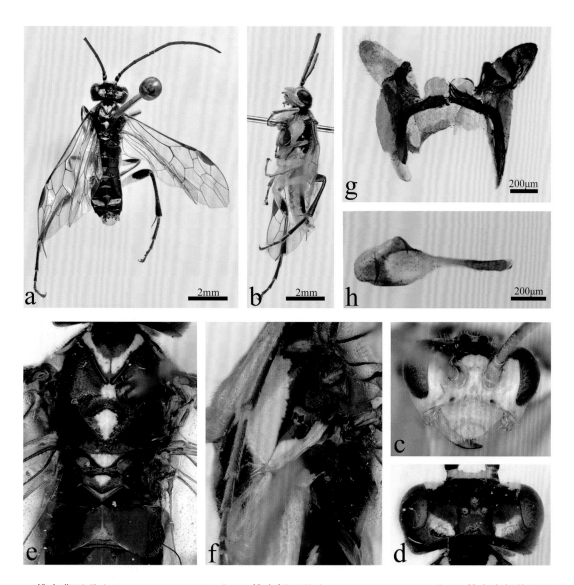

a. 雄虫背面观（adult male, dorsal view）；b. 雄虫侧面观（adult male, lateral view）；c. 雄虫头部前面观
（head of male, front view）；d. 雄虫头部背面观（head of male, dorsal view）；e. 雄虫中胸背板和后胸背
板（mesonotum and metanotum of male）；f. 雄虫中胸侧板和后胸侧板（mesopleuron and metapleuron of
male）；g. 生殖铗（gonoforceps）；h. 阳茎瓣（penis valve）

图 2-63　吴氏方颜叶蜂 *Pachyprotasis wui* Wei & Nie, 1998

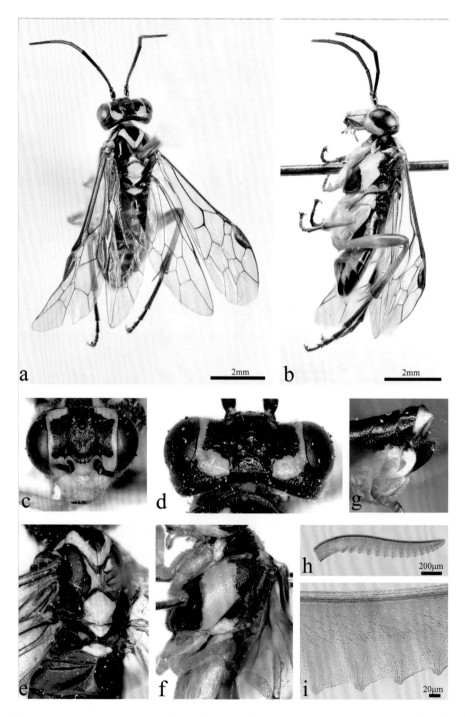

a. 雌虫背面观（adult female, dorsal view）；b. 雌虫侧面观（adult female, lateral view）；c. 雌虫头部前面观（head of female, front view）；d. 雌虫头部背面观（head of female, dorsal view）；e. 雌虫中胸背板和后胸背板（mesonotum and metanotum of female）；f. 雌虫中胸侧板和后胸侧板（mesopleuron and metapleuron of female）；g. 锯鞘侧面观（ovipositor sheath, lateral view）；h. 锯腹片（lancet）；i. 中部锯刃（middle serrulae）

图 2-64　永州方颜叶蜂 *Pachyprotasis parawui* Zhong, Li &Wei, 2020

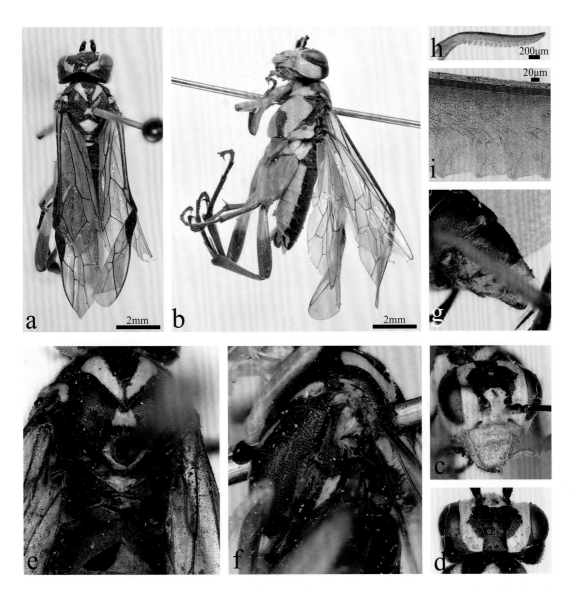

a. 雌虫背面观（adult female, dorsal view）；b. 雌虫侧面观（adult female, lateral view）；c. 雌虫头部前面观（head of female, front view）；d. 雌虫头部背面观（head of female, dorsal view）；e. 雌虫中胸背板和后胸背板（mesonotum and metanotum of female）；f. 雌虫中胸侧板和后胸侧板（mesopleuron and metapleuron of female）；g. 锯鞘侧面观（ovipositor sheath, lateral view）；h. 锯腹片（lancet）；i. 中部锯刃（middle serrulae）

图 2-65　柠檬黄方颜叶蜂 *Pachyprotasis citrinipicta* Malaise, 1945

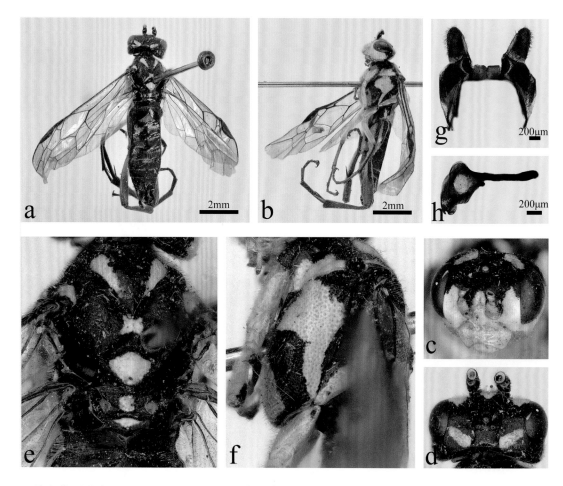

a. 雄虫背面观（adult male, dorsal view）；b. 雄虫侧面观（adult male, lateral view）；c. 雄虫头部前面观（head of male, front view）；d. 雄虫头部背面观（head of male, dorsal view）；e. 雄虫中胸背板和后胸背板（mesonotum and metanotum of male）；f. 雄虫中胸侧板和后胸侧板（mesopleuron and metapleuron of male）；g. 生殖铗（gonoforceps）；h. 阳茎瓣（penis valve）

图 2-66　柠檬黄方颜叶蜂 *Pachyprotasis citrinipicta* Malaise, 1945

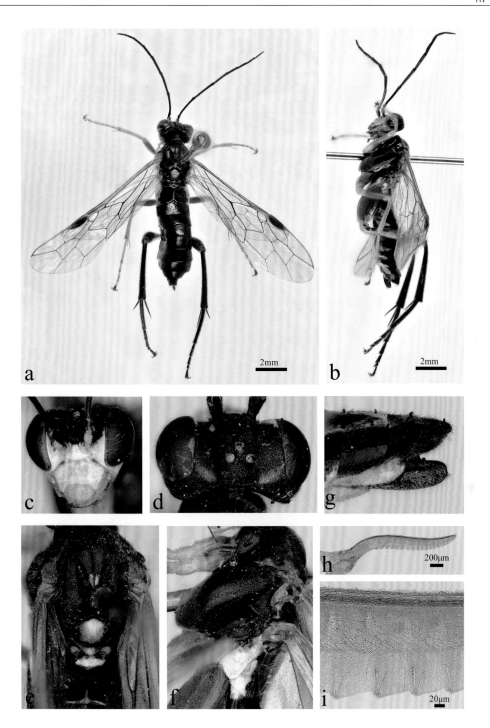

a. 雌虫背面观（adult female, dorsal view）；b. 雌虫侧面观（adult female, lateral view）；c. 雌虫头部前面观（head of female, front view）；d. 雌虫头部背面观（head of female, dorsal view）；e. 雌虫中胸背板和后胸背板（mesonotum and metanotum of female）；f. 雌虫中胸侧板和后胸侧板（mesopleuron and metapleuron of female）；g. 锯鞘侧面观（ovipositor sheath, lateral view）；h. 锯腹片（lancet）；i. 中部锯刃（middle serrulae）

图 2-67　副色方颜叶蜂 *Pachyprotasis parasubtilis* Wei, 1998

a. 雄虫背面观（adult male, dorsal view）；b. 雄虫侧面观（adult male, lateral view）；c. 雄虫头部前面观（head of male, front view）；d. 雄虫头部背面观（head of male, dorsal view）；e. 雄虫中胸背板和后胸背板（mesonotum and metanotum of male）；f. 雄虫中胸侧板和后胸侧板（mesopleuron and metapleuron of male）；g. 生殖铗（gonoforceps）；h. 阳茎瓣（penis valve）

图 2-68　副色方颜叶蜂 *Pachyprotasis parasubtilis* Wei, 1998

a. 雌虫背面观（adult female, dorsal view）；b. 雌虫侧面观（adult female, lateral view）；c. 雌虫头部前面观（head of female, front view）；d. 雌虫头部背面观（head of female, dorsal view）；e. 雌虫中胸背板和后胸背板（mesonotum and metanotum of female）；f. 雌虫中胸侧板和后胸侧板（mesopleuron and metapleuron of female）；g. 锯鞘侧面观（ovipositor sheath, lateral view）；h. 锯腹片（lancet）；i. 中部锯刃（middle serrulae）

图 2-69　纹股方颜叶蜂 *Pachyprotasis lineatifemorata* Wei & Nie, 1999

a. 雌虫背面观（adult female, dorsal view）；b. 雌虫侧面观（adult female, lateral view）；c. 雌虫头部前面观（head of female, front view）；d. 雌虫头部背面观（head of female, dorsal view）；e. 雌虫中胸背板和后胸背板（mesonotum and metanotum of female）；f. 雌虫中胸侧板和后胸侧板（mesopleuron and metapleuron of female）；g. 锯鞘侧面观（ovipositor sheath, lateral view）；h. 锯腹片（lancet）；i. 中部锯刃（middle serrulae）

图 2-70　左氏方颜叶蜂 *Pachyprotasis zuoae* Wei, 2005

a. 雌虫背面观（adult female, dorsal view）；b. 雌虫侧面观（adult female, lateral view）；c. 雌虫头部前面观（head of female, front view）；d. 雌虫头部背面观（head of female, dorsal view）；e. 雌虫中胸背板和后胸背板（mesonotum and metanotum of female）；f. 雌虫中胸侧板和后胸侧板（mesopleuron and metapleuron of female）；g. 锯鞘侧面观（ovipositor sheath, lateral view）；h. 锯腹片（lancet）；i. 中部锯刃（middle serrulae）

图 2-71　锥角方颜叶蜂 *Pachyprotasis subulicornis* Malaise, 1945

a. 雄虫背面观（adult male, dorsal view）；b. 雄虫侧面观（adult male, lateral view）；c. 雄虫头部前面观（head of male, front view）；d. 雄虫头部背面观（head of male, dorsal view）；e. 雄虫中胸背板和后胸背板（mesonotum and metanotum of male）；f. 雄虫中胸侧板和后胸侧板（mesopleuron and metapleuron of male）；g. 生殖铗（gonoforceps）；h. 阳茎瓣（penis valve）

图 2-72　锥角方颜叶蜂 *Pachyprotasis subulicornis* Malaise, 1945

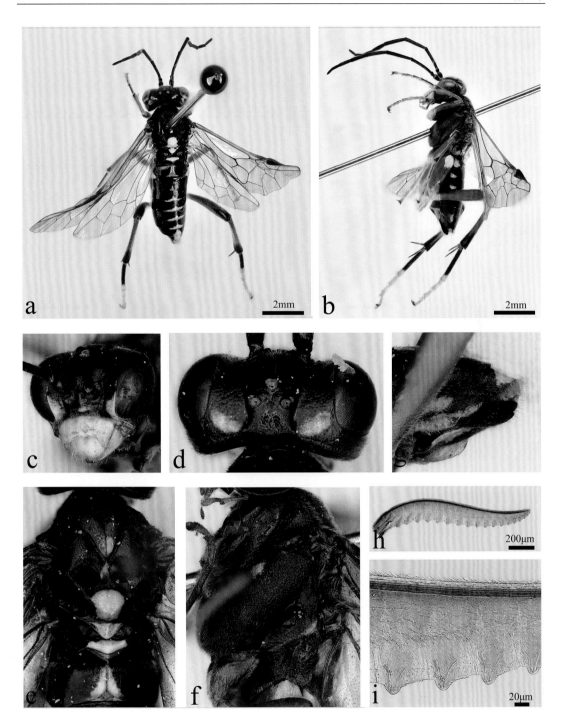

a. 雌虫背面观（adult female, dorsal view）; b. 雌虫侧面观（adult female, lateral view）; c. 雌虫头部前面观
（head of female, front view）; d. 雌虫头部背面观（head of female, dorsal view）; e. 雌虫中胸背板和后胸
背板（mesonotum and metanotum of female）; f. 雌虫中胸侧板和后胸侧板（mesopleuron and metapleuron
of female）; g. 锯鞘侧面观（ovipositor sheath, lateral view）; h. 锯腹片（lancet）; i. 中部锯刃（middle
serrulae）

图 2-73　红褐方颜叶蜂 *Pachyprotasis rufinigripes* Wei & Nie, 1998

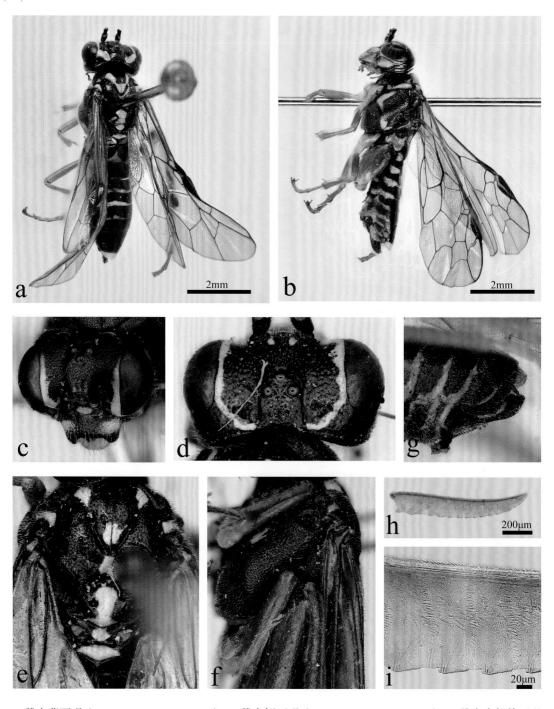

a. 雌虫背面观（adult female, dorsal view）；b. 雌虫侧面观（adult female, lateral view）；c. 雌虫头部前面观（head of female, front view）；d. 雌虫头部背面观（head of female, dorsal view）；e. 雌虫中胸背板和后胸背板（mesonotum and metanotum of female）；f. 雌虫中胸侧板和后胸侧板（mesopleuron and metapleuron of female）；g. 锯鞘侧面观（ovipositor sheath, lateral view）；h. 锯腹片（lancet）；i. 中部锯刃（middle serrulae）

图 2-74　红跗方颜叶蜂 *Pachyprotasis maesta* Malaise, 1934

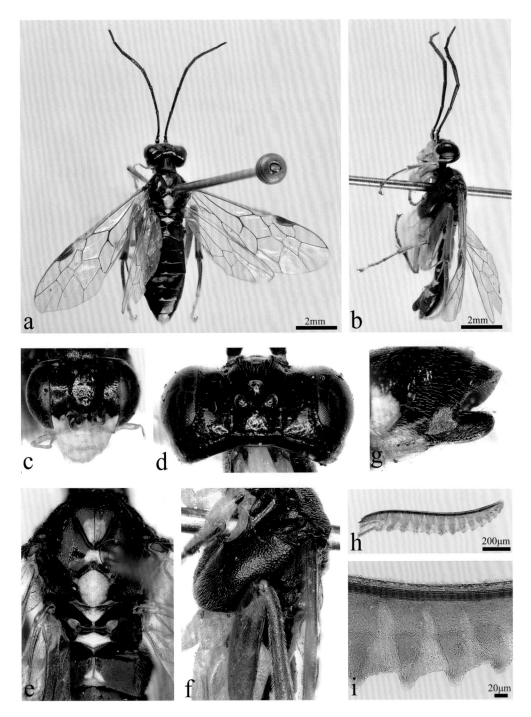

a. 雌虫背面观（adult female, dorsal view）；b. 雌虫侧面观（adult female, lateral view）；c. 雌虫头部前面观（head of female, front view）；d. 雌虫头部背面观（head of female, dorsal view）；e. 雌虫中胸背板和后胸背板（mesonotum and metanotum of female）；f. 雌虫中胸侧板和后胸侧板（mesopleuron and metapleuron of female）；g. 锯鞘侧面观（ovipositor sheath, lateral view）；h. 锯腹片（lancet）；i. 中部锯刃（middle serrulae）

图 2-75　红股方颜叶蜂 *Pachyprotasis rufofemorata* Zhong, Li & Wei, 2020

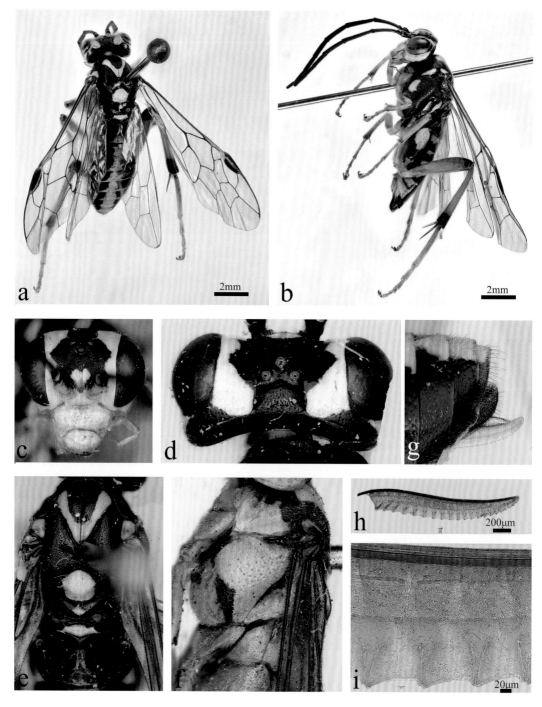

a. 雌虫背面观（adult female, dorsal view）；b. 雌虫侧面观（adult female, lateral view）；c. 雌虫头部前面观
（head of female, front view）；d. 雌虫头部背面观（head of female, dorsal view）；e. 雌虫中胸背板和后胸
背板（mesonotum and metanotum of female）；f. 雌虫中胸侧板和后胸侧板（mesopleuron and metapleuron
of female）；g. 锯鞘侧面观（ovipositor sheath, lateral view）；h. 锯腹片（lancet）；i. 中部锯刃（middle
serrulae）

图 2-76　黄跗方颜叶蜂 *Pachyprotasis xanthotarsalia* Wei & Nie, 2003

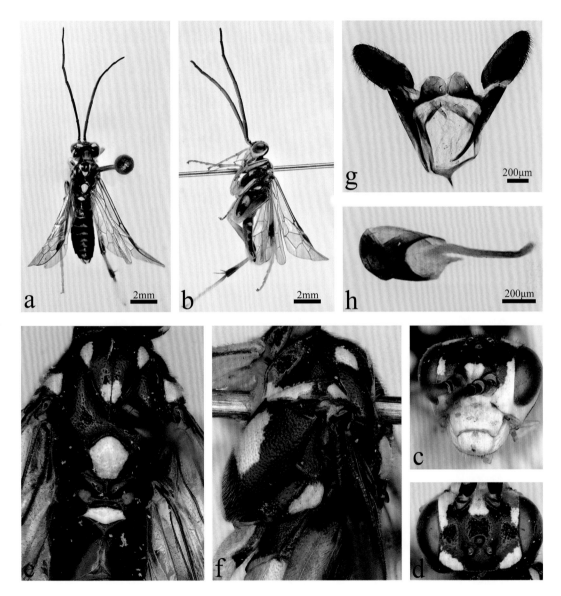

a. 雄虫背面观（adult male, dorsal view）；b. 雄虫侧面观（adult male, lateral view）；c. 雄虫头部前面观（head of male, front view）；d. 雄虫头部背面观（head of male, dorsal view）；e. 雄虫中胸背板和后胸背板（mesonotum and metanotum of male）；f. 雄虫中胸侧板和后胸侧板（mesopleuron and metapleuron of male）；g. 生殖铗（gonoforceps）；h. 阳茎瓣（penis valve）

图 2-77 黄跗方颜叶蜂 *Pachyprotasis xanthotarsalia* Wei & Nie, 2003

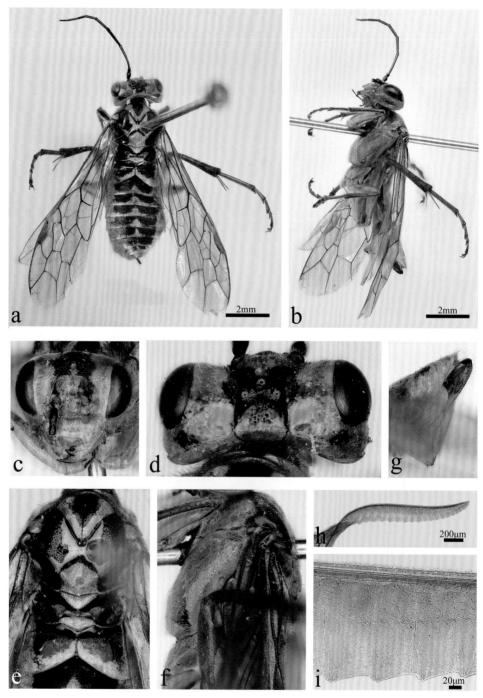

a. 雌虫背面观（adult female, dorsal view）；b. 雌虫侧面观（adult female, lateral view）；c. 雌虫头部前面观（head of female, front view）；d. 雌虫头部背面观（head of female, dorsal view）；e. 雌虫中胸背板和后胸背板（mesonotum and metanotum of female）；f. 雌虫中胸侧板和后胸侧板（mesopleuron and metapleuron of female）；g. 锯鞘侧面观（ovipositor sheath, lateral view）；h. 锯腹片（lancet）；i. 中部锯刃（middle serrulae）

图 2-78　纤腹方颜叶蜂 *Pachyprotasis subtilissima* Malaise, 1945

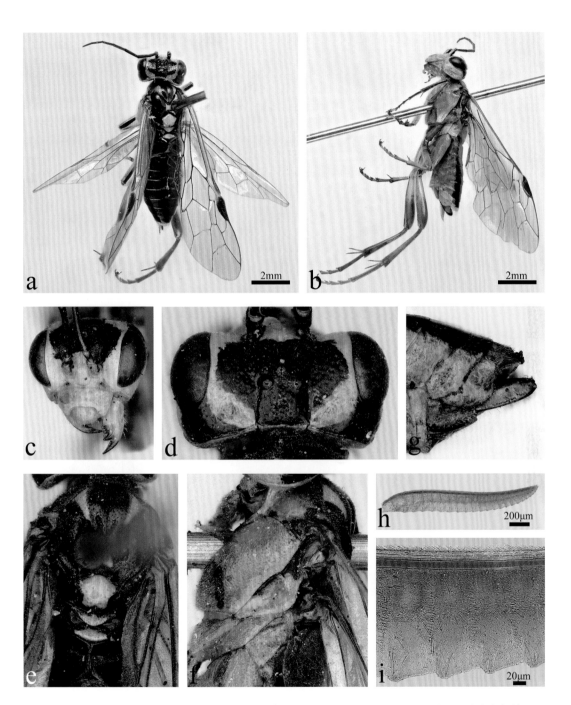

a. 雌虫背面观（adult female, dorsal view）；b. 雌虫侧面观（adult female, lateral view）；c. 雌虫头部前面观（head of female, front view）；d. 雌虫头部背面观（head of female, dorsal view）；e. 雌虫中胸背板和后胸背板（mesonotum and metanotum of female）；f. 雌虫中胸侧板和后胸侧板（mesopleuron and metapleuron of female）；g. 锯鞘侧面观（ovipositor sheath, lateral view）；h. 锯腹片（lancet）；i. 中部锯刃（middle serrulae）

图 2-79　郑氏方颜叶蜂 *Pachyprotasis zhengi* Wei & Zhong, 2006

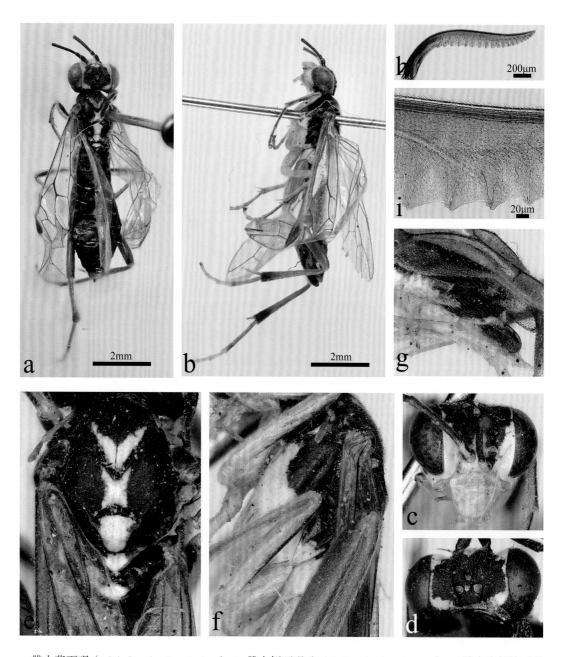

a. 雌虫背面观（adult female, dorsal view）；b. 雌虫侧面观（adult female, lateral view）；c. 雌虫头部前面观（head of female, front view）；d. 雌虫头部背面观（head of female, dorsal view）；e. 雌虫中胸背板和后胸背板（mesonotum and metanotum of female）；f. 雌虫中胸侧板和后胸侧板（mesopleuron and metapleuron of female）；g. 锯鞘侧面观（ovipositor sheath, lateral view）；h. 锯腹片（lancet）；i. 中部锯刃（middle serrulae）

图 2-80　黄足方颜叶蜂 *Pachyprotasis flavipes* (Cameron, 1902)

a. 雌虫背面观（adult female, dorsal view）；b. 雌虫侧面观（adult female, lateral view）；c. 雌虫头部前面观
（head of female, front view）；d. 雌虫头部背面观（head of female, dorsal view）；e. 雌虫中胸背板和后胸
背板（mesonotum and metanotum of female）；f. 雌虫中胸侧板和后胸侧板（mesopleuron and metapleuron
of female）；g. 锯鞘侧面观（ovipositor sheath, lateral view）；h. 锯腹片（lancet）；i. 中部锯刃（middle
serrulae）

图 2-81　尖唇方颜叶蜂 *Pachyprotasis acutilabria* Wei, 1998

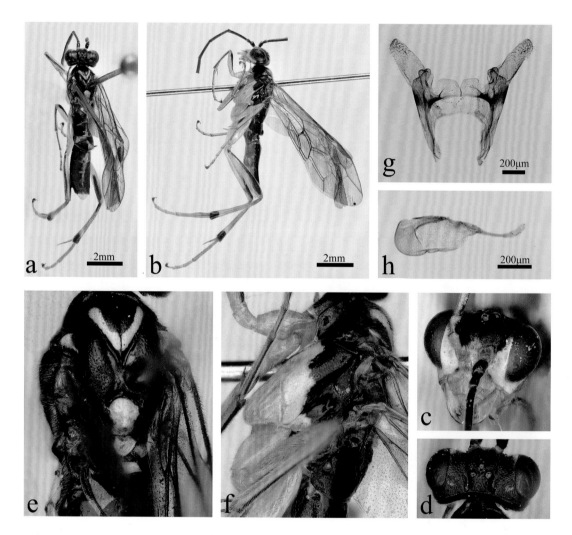

a. 雄虫背面观（adult male, dorsal view）；b. 雄虫侧面观（adult male, lateral view）；c. 雄虫头部前面观（head of male, front view）；d. 雄虫头部背面观（head of male, dorsal view）；e. 雄虫中胸背板和后胸背板（mesonotum and metanotum of male）；f. 雄虫中胸侧板和后胸侧板（mesopleuron and metapleuron of male）；g. 生殖铗（gonoforceps）；h. 阳茎瓣（penis valve）

图 2-82　尖唇方颜叶蜂 *Pachyprotasis acutilabria* Wei, 1998

a. 雌虫背面观（adult female, dorsal view）；b. 雌虫侧面观（adult female, lateral view）；c. 雌虫头部前面观（head of female, front view）；d. 雌虫头部背面观（head of female, dorsal view）；e. 雌虫中胸背板和后胸背板（mesonotum and metanotum of female）；f. 雌虫中胸侧板和后胸侧板（mesopleuron and metapleuron of female）；g. 锯鞘侧面观（ovipositor sheath, lateral view）；h. 锯腹片（lancet）；i. 中部锯刃（middle serrulae）

图 2-83　文氏方颜叶蜂 *Pachyprotasis weni* Wei, 1998

a. 雌虫背面观（adult female, dorsal view）；b. 雌虫侧面观（adult female, lateral view）；c. 雌虫头部前面观（head of female, front view）；d. 雌虫头部背面观（head of female, dorsal view）；e. 雌虫中胸背板和后胸背板（mesonotum and metanotum of female）；f. 雌虫中胸侧板和后胸侧板（mesopleuron and metapleuron of female）；g. 锯鞘侧面观（ovipositor sheath, lateral view）；h. 锯腹片（lancet）；i. 中部锯刃（middle serrulae）

图 2-84　盛氏方颜叶蜂 Pachyprotasis shengi Wei & Nie, 1999

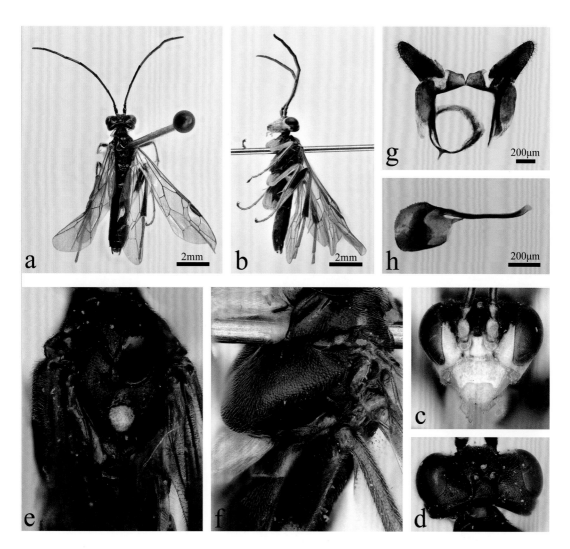

a. 雄虫背面观（adult male, dorsal view）；b. 雄虫侧面观（adult male, lateral view）；c. 雄虫头部前面观
（head of male, front view）；d. 雄虫头部背面观（head of male, dorsal view）；e. 雄虫中胸背板和后胸背
板（mesonotum and metanotum of male）；f. 雄虫中胸侧板和后胸侧板（mesopleuron and metapleuron of
male）；g. 生殖铗（gonoforceps）；h. 阳茎瓣（penis valve）

图 2-85　盛氏方颜叶蜂 *Pachyprotasis shengi* Wei & Nie, 1999

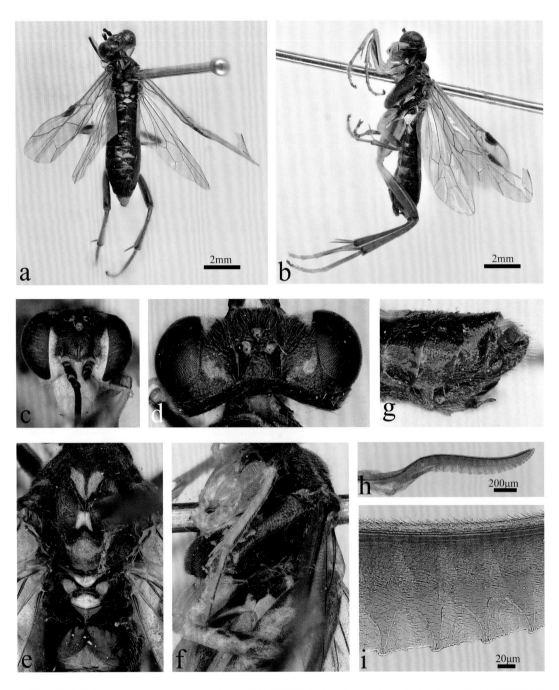

a. 雌虫背面观（adult female, dorsal view）；b. 雌虫侧面观（adult female, lateral view）；c. 雌虫头部前面观（head of female, front view）；d. 雌虫头部背面观（head of female, dorsal view）；e. 雌虫中胸背板和后胸背板（mesonotum and metanotum of female）；f. 雌虫中胸侧板和后胸侧板（mesopleuron and metapleuron of female）；g. 锯鞘侧面观（ovipositor sheath, lateral view）；h. 锯腹片（lancet）；i. 中部锯刃（middle serrulae）

图 2-86　大唇方颜叶蜂 *Pachyprotasis magnilabria* Wei, 1998

a. 雌虫背面观（adult female, dorsal view）；b. 雌虫侧面观（adult female, lateral view）；c. 雌虫头部前面观（head of female, front view）；d. 雌虫头部背面观（head of female, dorsal view）；e. 雌虫中胸背板和后胸背板（mesonotum and metanotum of female）；f. 雌虫中胸侧板和后胸侧板（mesopleuron and metapleuron of female）；g. 锯鞘侧面观（ovipositor sheath, lateral view）；h. 锯腹片（lancet）；i. 中部锯刃（middle serrulae）

图 2-87　纤体方颜叶蜂 *Pachyprotasis subtilis* Malaise, 1945

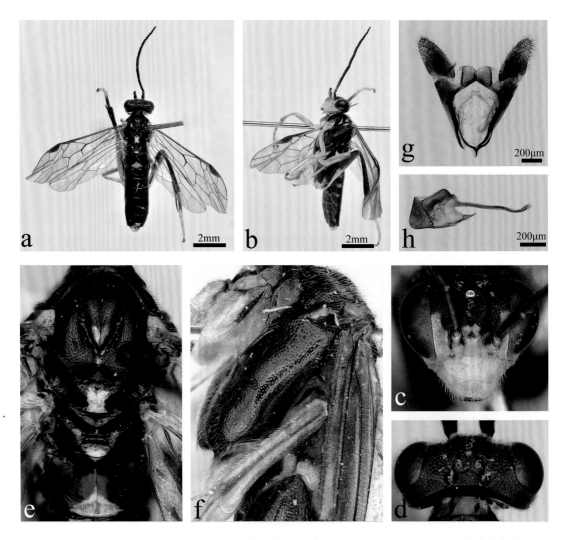

a. 雄虫背面观（adult male, dorsal view）；b. 雄虫侧面观（adult male, lateral view）；c. 雄虫头部前面观（head of male, front view）；d. 雄虫头部背面观（head of male, dorsal view）；e. 雄虫中胸背板和后胸背板（mesonotum and metanotum of male）；f. 雄虫中胸侧板和后胸侧板（mesopleuron and metapleuron of male）；g. 生殖铗（gonoforceps）；h. 阳茎瓣（penis valve）

图 2-88　纤体方颜叶蜂 *Pachyprotasis subtilis* Malaise, 1945

a. 雌虫背面观（adult female, dorsal view）；b. 雌虫侧面观（adult female, lateral view）；c. 雌虫头部前面观（head of female, front view）；d. 雌虫头部背面观（head of female, dorsal view）；e. 雌虫中胸侧板和后胸侧板（mesopleuron and metapleuron of female）；f. 雌虫中胸背板和后胸背板（mesonotum and metanotum of female）；g. 锯鞘侧面观（ovipositor sheath, lateral view）；h. 锯腹片（lancet）；i. 中部锯刃（middle serrulae）

图 2-89　河南方颜叶蜂 *Pachyprotasis henanica* Wei & Zhong, 2002

a. 雄虫背面观（adult male, dorsal view）；b. 雄虫侧面观（adult male, lateral view）；c. 雄虫头部前面观（head of male, front view）；d. 雄虫头部背面观（head of male, dorsal view）；e. 雄虫中胸背板和后胸背板（mesonotum and metanotum of male）；f. 雄虫中胸侧板和后胸侧板（mesopleuron and metapleuron of male）；g. 生殖铗（gonoforceps）；h. 阳茎瓣（penis valve）

图 2-90　河南方颜叶蜂 *Pachyprotasis henanica* Wei & Zhong, 2002

a. 雌虫背面观（adult female, dorsal view）；b. 雌虫侧面观（adult female, lateral view）；c. 雌虫头部前面观（head of female, front view）；d. 雌虫头部背面观（head of female, dorsal view）；e. 雌虫中胸背板和后胸背板（mesonotum and metanotum of female）；f. 雌虫中胸侧板和后胸侧板（mesopleuron and metapleuron of female）；g. 锯鞘侧面观（ovipositor sheath, lateral view）；h. 锯腹片（lancet）；i. 中部锯刃（middle serrulae）

图 2-91　长柄方颜叶蜂 *Pachyprotasis longipetiolata* Zhong, Li & Wei, 2018

a. 雄虫背面观（adult male, dorsal view）；b. 雄虫侧面观（adult male, lateral view）；c. 雄虫头部前面观（head of male, front view）；d. 雄虫头部背面观（head of male, dorsal view）；e. 雄虫中胸背板和后胸背板（mesonotum and metanotum of male）；f. 雄虫中胸侧板和后胸侧板（mesopleuron and metapleuron of male）；g. 生殖铗（gonoforceps）；h. 阳茎瓣（penis valve）

图 2-92　长柄方颜叶蜂 *Pachyprotasis longipetiolata* Zhong, Li & Wei, 2018

a. 雌虫背面观（adult female, dorsal view）；b. 雌虫侧面观（adult female, lateral view）；c. 雌虫头部前面观（head of female, front view）；d. 雌虫头部背面观（head of female, dorsal view）；e. 雌虫中胸背板和后胸背板（mesonotum and metanotum of female）；f. 雌虫中胸侧板和后胸侧板（mesopleuron and metapleuron of female）；g. 锯鞘侧面观（ovipositor sheath, lateral view）；h. 锯腹片（lancet）；i. 中部锯刃（middle serrulae）

图 2-93　湖南方颜叶蜂 *Pachyprotasis hunanensis* Zhong, Li & Wei, 2022

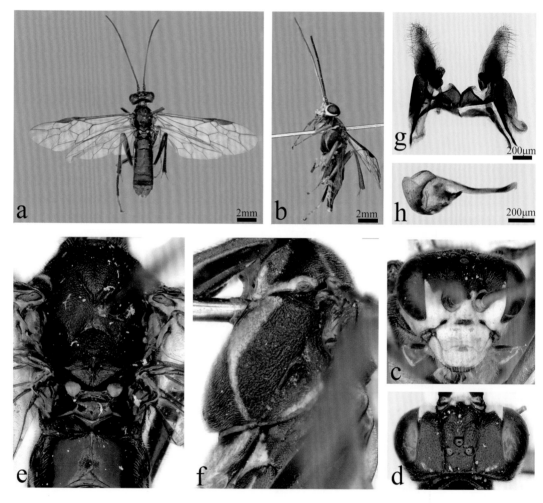

a. 雄虫背面观（adult male, dorsal view）；b. 雄虫侧面观（adult male, lateral view）；c. 雄虫头部前面观（head of male, front view）；d. 雄虫头部背面观（head of male, dorsal view）；e. 雄虫中胸背板和后胸背板（mesonotum and metanotum of male）；f. 雄虫中胸侧板和后胸侧板（mesopleuron and metapleuron of male）；g. 生殖铗（gonoforceps）；h. 阳茎瓣（penis valve）

图 2-94　湖南方颜叶蜂 *Pachyprotasis hunanensis* Zhong, Li & Wei, 2022

a. 雌虫背面观（adult female, dorsal view）；b. 雌虫侧面观（adult female, lateral view）；c. 雌虫头部前面观（head of female, front view）；d. 雌虫头部背面观（head of female, dorsal view）；e. 雌虫中胸背板和后胸背板（mesonotum and metanotum of female）；f. 雌虫中胸侧板和后胸侧板（mesopleuron and metapleuron of female）；g. 锯鞘侧面观（ovipositor sheath, lateral view）；h. 锯腹片（lancet）；i. 中部锯刃（middle serrulae）

图 2-95　六盘方颜叶蜂 *Pachyprotasis liupanensis* Zhong, Li & Wei, sp. nov.

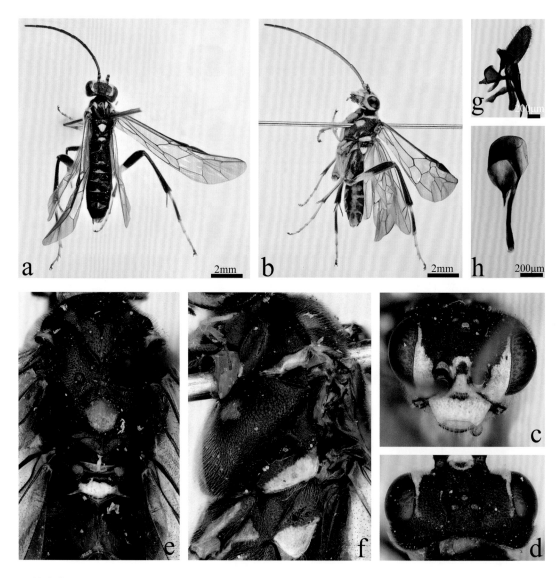

a. 雄虫背面观（adult male, dorsal view）；b. 雄虫侧面观（adult male, lateral view）；c. 雄虫头部前面观（head of male, front view）；d. 雄虫头部背面观（head of male, dorsal view）；e. 雄虫中胸背板和后胸背板（mesonotum and metanotum of male）；f. 雄虫中胸侧板和后胸侧板（mesopleuron and metapleuron of male）；g. 生殖铗（gonoforceps）；h. 阳茎瓣（penis valve）

图 2-96　白云方颜叶蜂 *Pachyprotasis baiyuna* Wei & Nie, 1999

a. 雌虫背面观（adult female, dorsal view）；b. 雌虫侧面观（adult female, lateral view）；c. 雌虫头部前面观（head of female, front view）；d. 雌虫头部背面观（head of female, dorsal view）；c. 雌虫中胸背板和后胸背板（mesonotum and metanotum of female）；f. 雌虫中胸侧板和后胸侧板（mesopleuron and metapleuron of female）；g. 锯鞘侧面观（ovipositor sheath, lateral view）；h. 锯腹片（lancet）；i. 中部锯刃（middle serrulae）

图 2-97　白转方颜叶蜂 *Pachyprotasis leucotrochantera* Zhong, Li & Wei, 2022

a. 雌虫背面观（adult female, dorsal view）；b. 雌虫侧面观（adult female, lateral view）；c. 雌虫头部前面观（head of female, front view）；d. 雌虫头部背面观（head of female, dorsal view）；e. 雌虫中胸背板和后胸背板（mesonotum and metanotum of female）；f. 雌虫中胸侧板和后胸侧板（mesopleuron and metapleuron of female）；g. 锯鞘侧面观（ovipositor sheath, lateral view）；h. 锯腹片（lancet）；i. 中部锯刃（middle serrulae）

图 2-98　肖氏方颜叶蜂 *Pachyprotasis xiaoi* Wei, 2006

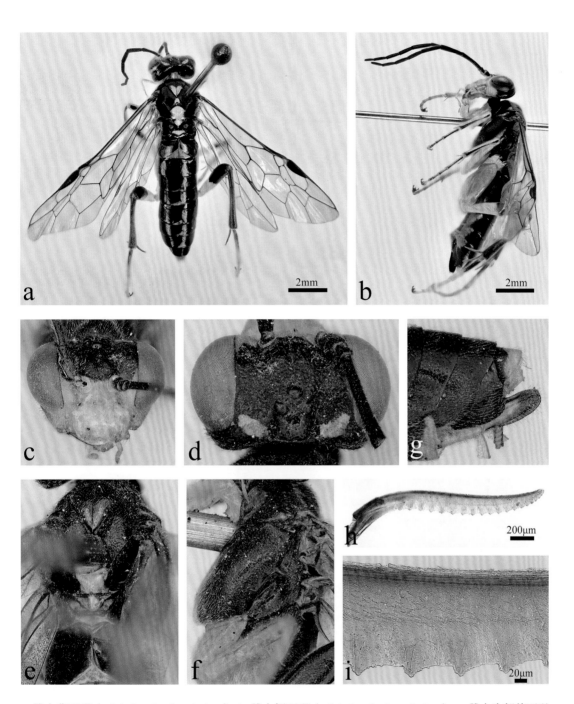

a. 雌虫背面观（adult female, dorsal view）；b. 雌虫侧面观（adult female, lateral view）；c. 雌虫头部前面观（head of female, front view）；d. 雌虫头部背面观（head of female, dorsal view）；e. 雌虫中胸背板和后胸背板（mesonotum and metanotum of female）；f. 雌虫中胸侧板和后胸侧板（mesopleuron and metapleuron of female）；g. 锯鞘侧面观（ovipositor sheath, lateral view）；h. 锯腹片（lancet）；i. 中部锯刃（middle serrulae）

图 2-99　黑胸方颜叶蜂 *Pachyprotasis nigrosternitis* Wei & Nie, 1998

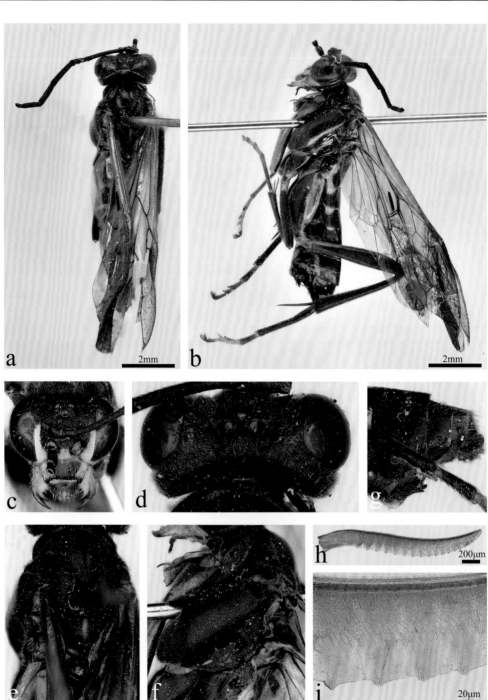

a. 雌虫背面观（adult female, dorsal view）；b. 雌虫侧面观（adult female, lateral view）；c. 雌虫头部前面观（head of female, front view）；d. 雌虫头部背面观（head of female, dorsal view）；e. 雌虫中胸背板和后胸背板（mesonotum and metanotum of female）；f. 雌虫中胸侧板和后胸侧板（mesopleuron and metapleuron of female）；g. 锯鞘侧面观（ovipositor sheath, lateral view）；h. 锯腹片（lancet）；i. 中部锯刃（middle serrulae）

图 2-100　拟钩瓣方颜叶蜂 *Pachyprotasis macrophyoides* Jakovlev, 1891

a. 雌虫背面观（adult female, dorsal view）；b. 雌虫侧面观（adult female, lateral view）；c. 雌虫头部前面观（head of female, front view）；d. 雌虫头部背面观（head of female, dorsal view）；e. 雌虫中胸背板和后胸背板（mesonotum and metanotum of female）；f. 雌虫中胸侧板和后胸侧板（mesopleuron and metapleuron of female）；g. 锯鞘侧面观（ovipositor sheath, lateral view）；h. 锯腹片（lancet）；i. 中部锯刃（middle serrulae）

图 2-101　商城方颜叶蜂 *Pachyprotasis eulongicornis* Wei & Nie, 1999

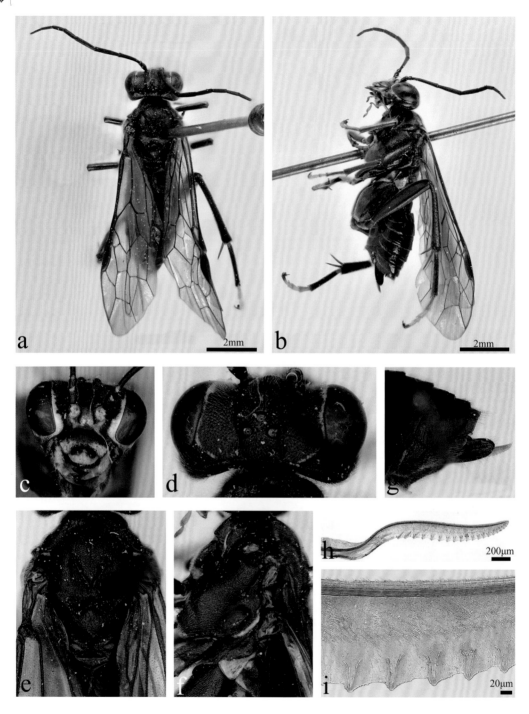

a. 雌虫背面观（adult female, dorsal view）；b. 雌虫侧面观（adult female, lateral view）；c. 雌虫头部前面观（head of female, front view）；d. 雌虫头部背面观（head of female, dorsal view）；e. 雌虫中胸背板和后胸背板（mesonotum and metanotum of female）；f. 雌虫中胸侧板和后胸侧板（mesopleuron and metapleuron of female）；g. 锯鞘侧面观（ovipositor sheath, lateral view）；h. 锯腹片（lancet）；i. 中部锯刃（middle serrulae）

图 2-102　王氏方颜叶蜂 *Pachyprotasis wangi* Wei & Zhong, 2002

a. 雄虫背面观（adult male, dorsal view）；b. 雄虫侧面观（adult male, lateral view）；c. 雄虫头部前面观（head of male, front view）；d. 雄虫头部背面观（head of male, dorsal view）；e. 雄虫中胸背板和后胸背板（mesonotum and metanotum of male）；f. 雄虫中胸侧板和后胸侧板（mesopleuron and metapleuron of male）；g. 生殖铗（gonoforceps）；h. 阳茎瓣（penis valve）

图 2-103　王氏方颜叶蜂 *Pachyprotasis wangi* Wei & Zhong, 2002

a. 雌虫背面观（adult female, dorsal view）; b. 雌虫侧面观（adult female, lateral view）; c. 雌虫头部前面观（head of female, front view）; d. 雌虫头部背面观（head of female, dorsal view）; e. 雌虫中胸背板和后胸背板（mesonotum and metanotum of female）; f. 雌虫中胸侧板和后胸侧板（mesopleuron and metapleuron of female）; g. 锯鞘侧面观（ovipositor sheath, lateral view）; h. 锯腹片（lancet）; i. 中部锯刃（middle serrulae）

图 2-104　扁角方颜叶蜂 *Pachyprotasis compressicornis* Zhong, Li & Wei, sp. nov.

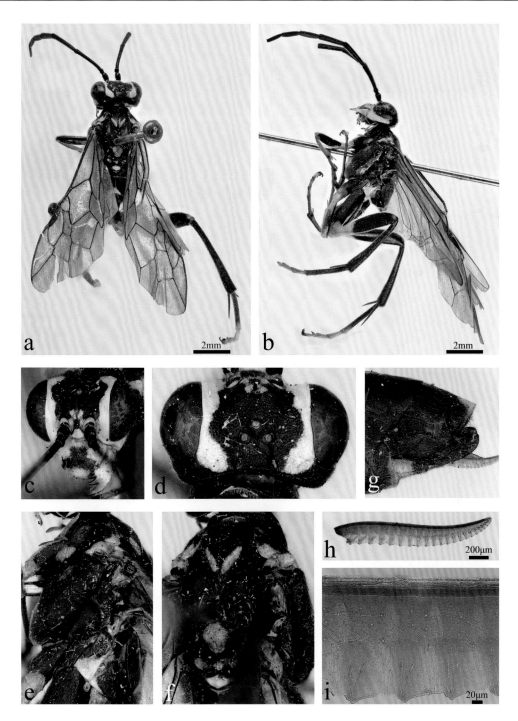

a. 雌虫背面观（adult female, dorsal view）；b. 雌虫侧面观（adult female, lateral view）；c. 雌虫头部前面观
（head of female, front view）；d. 雌虫头部背面观（head of female, dorsal view）；e. 雌虫中胸侧板和后胸
侧板（mesopleuron and metapleuron of female）；f. 雌虫中胸背板和后胸背板（mesonotum and metanotum
of female）；g. 锯鞘侧面观（ovipositor sheath, lateral view）；h. 锯腹片（lancet）；i. 中部锯刃（middle
serrulae）

图 2-105　李氏方颜叶蜂 *Pachyprotasis lii* Wei & Nie, 1998

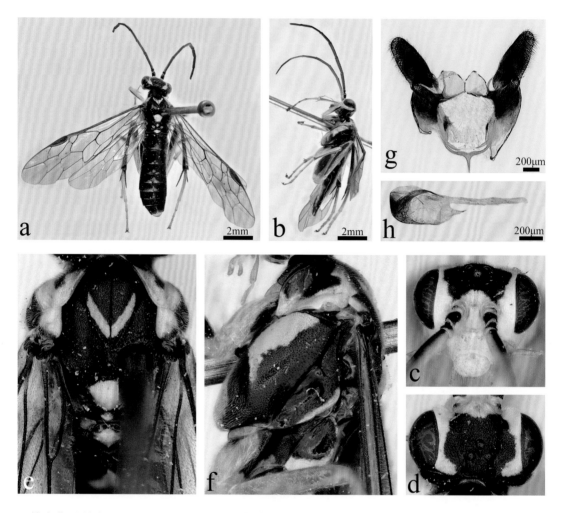

a. 雄虫背面观（adult male, dorsal view）；b. 雄虫侧面观（adult male, lateral view）；c. 雄虫头部前面观（head of male, front view）；d. 雄虫头部背面观（head of male, dorsal view）；e. 雄虫中胸背板和后胸背板（mesonotum and metanotum of male）；f. 雄虫中胸侧板和后胸侧板（mesopleuron and metapleuron of male）；g. 生殖铗（gonoforceps）；h. 阳茎瓣（penis valve）

图 2-106　李氏方颜叶蜂 *Pachyprotasis lii* Wei & Nie, 1998

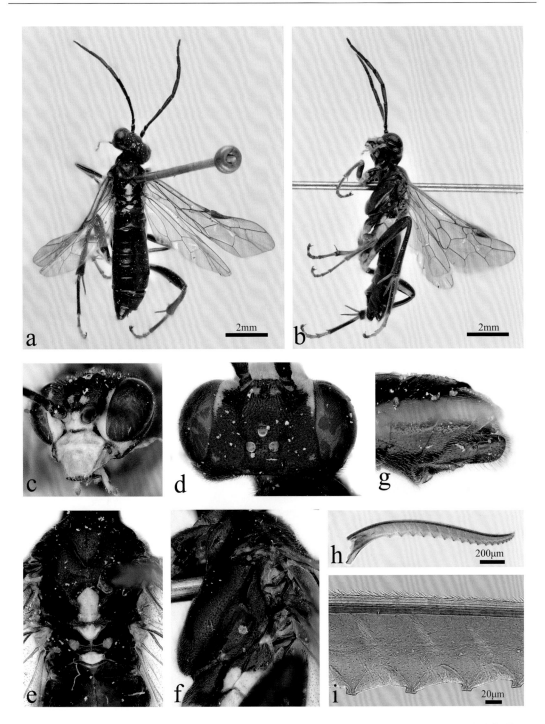

a. 雌虫背面观（adult female, dorsal view）；b. 雌虫侧面观（adult female, lateral view）；c. 雌虫头部前面观（head of female, front view）；d. 雌虫头部背面观（head of female, dorsal view）；e. 雌虫中胸背板和后胸背板（mesonotum and metanotum of female）；f. 雌虫中胸侧板和后胸侧板（mesopleuron and metapleuron of female）；g. 锯鞘侧面观（ovipositor sheath, lateral view）；h. 锯腹片（lancet）；i. 中部锯刃（middle serrulae）

图 2-107　骨刃方颜叶蜂 *Pachyprotasis scleroserrula* Wei & Zhong, 2007

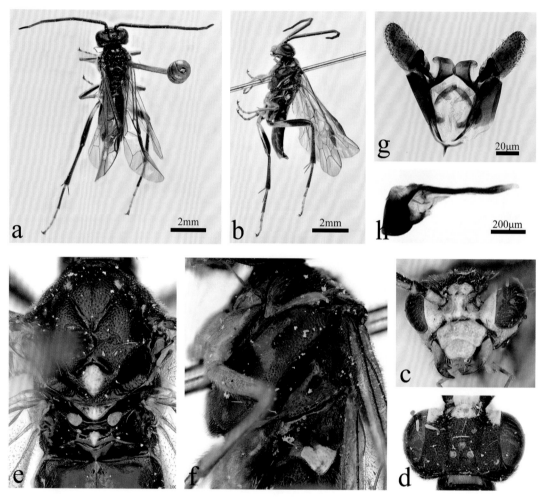

a. 雄虫背面观（adult male, dorsal view）；b. 雄虫侧面观（adult male, lateral view）；c. 雄虫头部前面观
（head of male, front view）；d. 雄虫头部背面观（head of male, dorsal view）；e. 雄虫中胸背板和后胸背
板（mesonotum and metanotum of male）；f. 雄虫中胸侧板和后胸侧板（mesopleuron and metapleuron of
male）；g. 生殖铗（gonoforceps）；h. 阳茎瓣（penis valve）

图 2-108　骨刃方颜叶蜂 *Pachyprotasis scleroserrula* Wei & Zhong, 2007

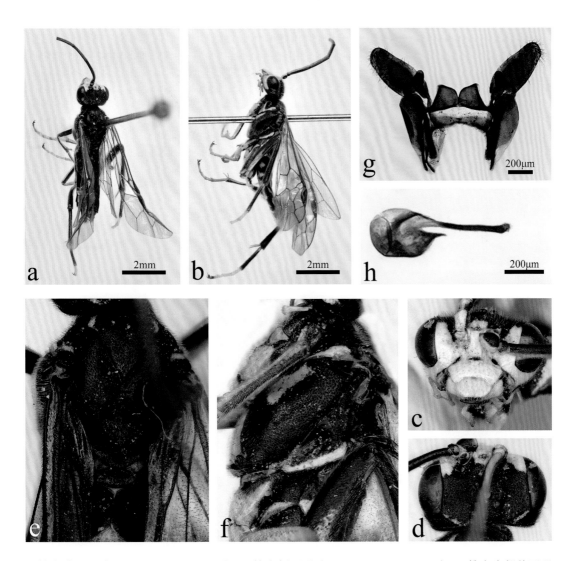

a. 雄虫背面观（adult male, dorsal view）; b. 雄虫侧面观（adult male, lateral view）; c. 雄虫头部前面观（head of male, front view）; d. 雄虫头部背面观（head of male, dorsal view）; e. 雄虫中胸背板和后胸背板（mesonotum and metanotum of male）; f. 雄虫中胸侧板和后胸侧板（mesopleuron and metapleuron of male）; g. 生殖铗（gonoforceps）; h. 阳茎瓣（penis valve）

图 2-109　黑背方颜叶蜂 *Pachyprotasis nigrodorsata* Wei & Nie, 1999

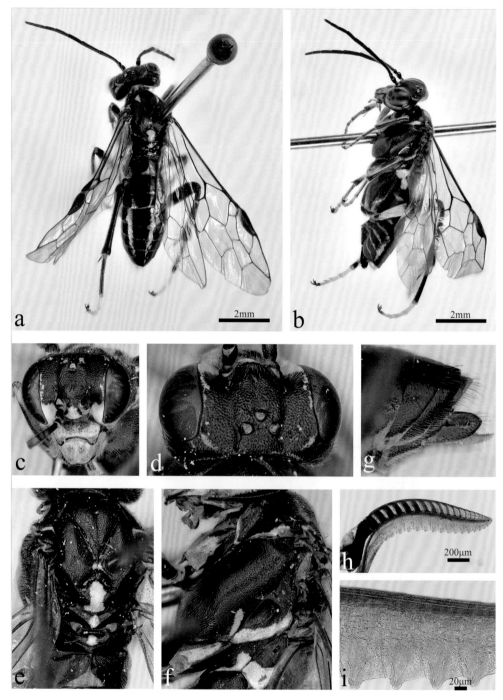

a. 雌虫背面观（adult female, dorsal view）；b. 雌虫侧面观（adult female, lateral view）；c. 雌虫头部前面观（head of female, front view）；d. 雌虫头部背面观（head of female, dorsal view）；e. 雌虫中胸背板和后胸背板（mesonotum and metanotum of female）；f. 雌虫中胸侧板和后胸侧板（mesopleuron and metapleuron of female）；g. 锯鞘侧面观（ovipositor sheath, lateral view）；h. 锯腹片（lancet）；i. 中部锯刃（middle serrulae）

图 2-110　陕西方颜叶蜂 *Pachyprotasis shaanxiensis* Zhu & Wei, 2008

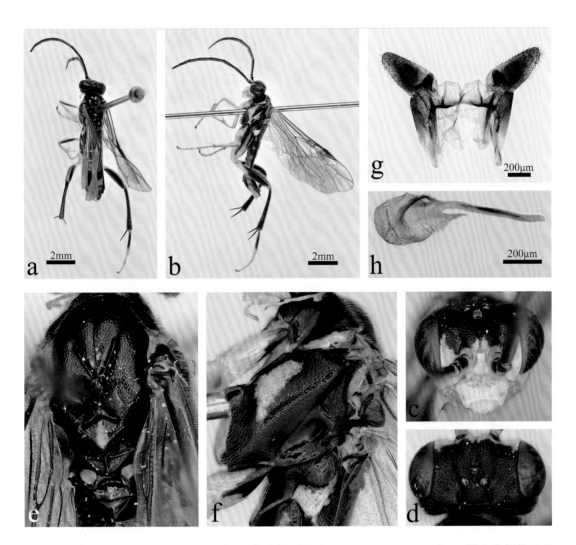

a. 雄虫背面观（adult male, dorsal view）；b. 雄虫侧面观（adult male, lateral view）；c. 雄虫头部前面观（head of male, front view）；d. 雄虫头部背面观（head of male, dorsal view）；e. 雄虫中胸背板和后胸背板（mesonotum and metanotum of male）；f. 雄虫中胸侧板和后胸侧板（mesopleuron and metapleuron of male）；g. 生殖铗（gonoforceps）；h. 阳茎瓣（penis valve）

图 2-111 陕西方颜叶蜂 *Pachyprotasis shaanxiensis* Zhu & Wei, 2008

a. 雌虫背面观（adult female, dorsal view）；b. 雌虫侧面观（adult female, lateral view）；c. 雌虫头部前面观（head of female, front view）；d. 雌虫头部背面观（head of female, dorsal view）；e. 雌虫中胸背板和后胸背板（mesonotum and metanotum of female）；f. 雌虫中胸侧板和后胸侧板（mesopleuron and metapleuron of female）；g. 锯鞘侧面观（ovipositor sheath, lateral view）；h. 锯腹片（lancet）；i. 中部锯刃（middle serrulae）

图 2-112　粗额方颜叶蜂 *Pachyprotasis opacifrons* Malaise, 1945

a. 雄虫背面观（adult male, dorsal view）; b. 雄虫侧面观（adult male, lateral view）; c. 雄虫头部前面观（head of male, front view）; d. 雄虫头部背面观（head of male, dorsal view）; e. 雄虫中胸背板和后胸背板（mesonotum and metanotum of male）; f. 雄虫中胸侧板和后胸侧板（mesopleuron and metapleuron of male）; g. 生殖铗（gonoforceps）; h. 阳茎瓣（penis valve）

图 2-113　粗额方颜叶蜂 *Pachyprotasis opacifrons* Malaise, 1945

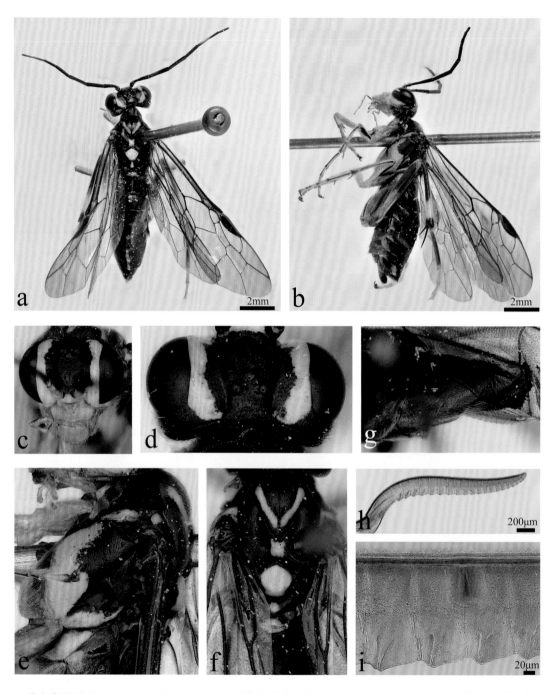

a. 雌虫背面观（adult female, dorsal view）；b. 雌虫侧面观（adult female, lateral view）；c. 雌虫头部前面观（head of female, front view）；d. 雌虫头部背面观（head of female, dorsal view）；e. 雌虫中胸侧板和后胸侧板（mesopleuron and metapleuron of female）；f. 雌虫中胸背板和后胸背板（mesonotum and metanotum of female）；g. 锯鞘侧面观（ovipositor sheath, lateral view）；h. 锯腹片（lancet）；i. 中部锯刃（middle serrulae）

图 2-114　纹基方颜叶蜂 *Pachyprotasis lineicoxis* Malaise, 1931

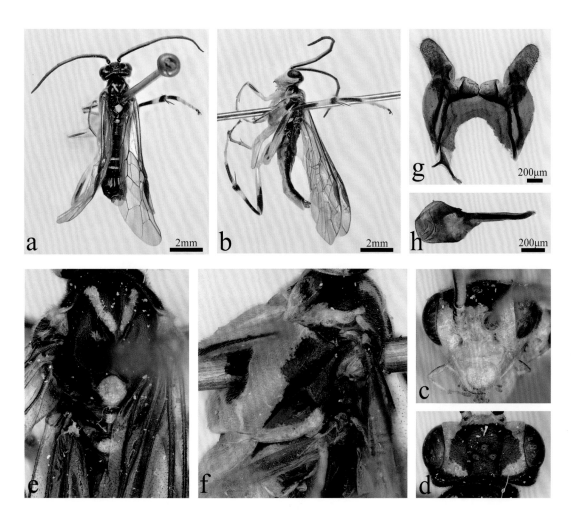

a. 雄虫背面观（adult male, dorsal view）；b. 雄虫侧面观（adult male, lateral view）；c. 雄虫头部前面观（head of male, front view）；d. 雄虫头部背面观（head of male, dorsal view）；e. 雄虫中胸背板和后胸背板（mesonotum and metanotum of male）；f. 雄虫中胸侧板和后胸侧板（mesopleuron and metapleuron of male）；g. 生殖铗（gonoforceps）；h. 阳茎瓣（penis valve）

图 2-115　纹基方颜叶蜂 *Pachyprotasis lineicoxis* Malaise, 1931

a. 雌虫背面观（adult female, dorsal view）；b. 雌虫侧面观（adult female, lateral view）；c. 雌虫头部前面观（head of female, front view）；d. 雌虫头部背面观（head of female, dorsal view）；e. 雌虫中胸背板和后胸背板（mesonotum and metanotum of female）；f. 雌虫中胸侧板和后胸侧板（mesopleuron and metapleuron of female）；g. 锯鞘侧面观（ovipositor sheath, lateral view）；h. 锯腹片（lancet）；i. 中部锯刃（middle serrulae）

图 2-116　离刃方颜叶蜂 *Pachyprotasis pingi* Wei & Zhong, 2002

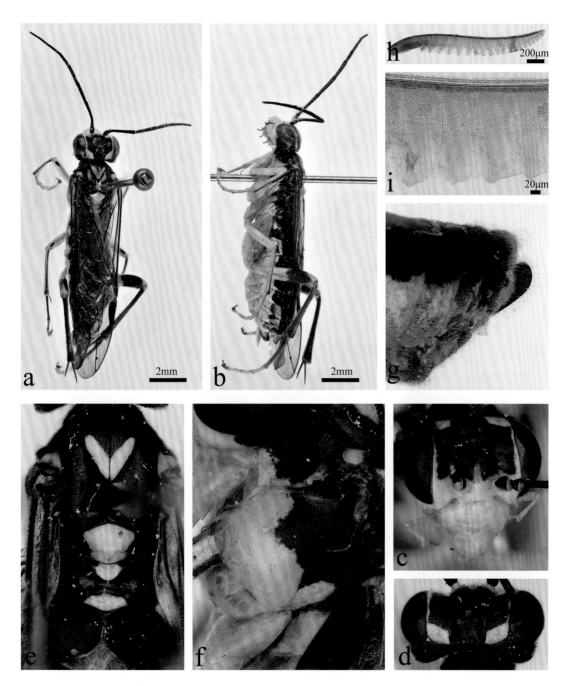

a. 雌虫背面观（adult female, dorsal view）；b. 雌虫侧面观（adult female, lateral view）；c. 雌虫头部前面观
（head of female, front view）；d. 雌虫头部背面观（head of female, dorsal view）；e. 雌虫中胸背板和后胸
背板（mesonotum and metanotum of female）；f. 雌虫中胸侧板和后胸侧板（mesopleuron and metapleuron
of female）；g. 锯鞘侧面观（ovipositor sheath, lateral view）；h. 锯腹片（lancet）；i. 中部锯刃（middle
serrulae）

图 2-117　波益方颜叶蜂 *Pachyprotasis boyii* Wei & Zhong, 2006

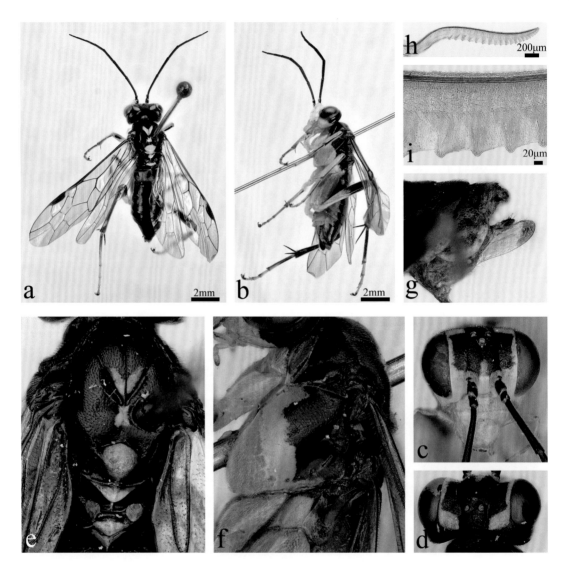

a. 雌虫背面观（adult female, dorsal view）; b. 雌虫侧面观（adult female, lateral view）; c. 雌虫头部前面观（head of female, front view）; d. 雌虫头部背面观（head of female, dorsal view）; e. 雌虫中胸背板和后胸背板（mesonotum and metanotum of female）; f. 雌虫中胸侧板和后胸侧板（mesopleuron and metapleuron of female）; g. 锯鞘侧面观（ovipositor sheath, lateral view）; h. 锯腹片（lancet）; i. 中部锯刃（middle serrulae）

图 2-118　短角方颜叶蜂 *Pachyprotasis brevicornis* Wei & Zhong, 2002

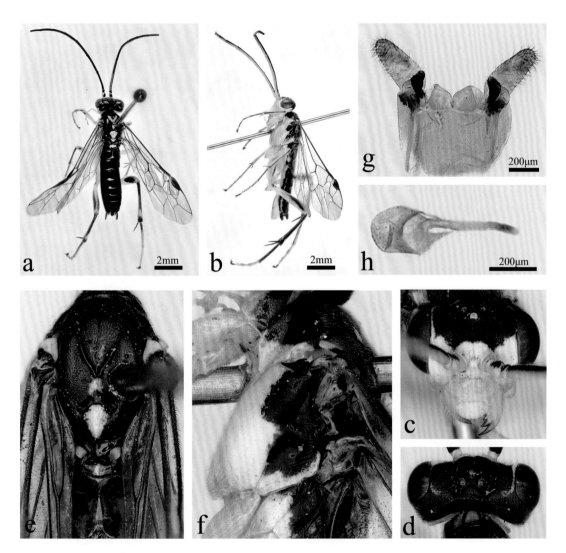

a. 雄虫背面观（adult male, dorsal view）；b. 雄虫侧面观（adult male, lateral view）；c. 雄虫头部前面观（head of male, front view）；d. 雄虫头部背面观（head of male, dorsal view）；e. 雄虫中胸背板和后胸背板（mesonotum and metanotum of male）；f. 雄虫中胸侧板和后胸侧板（mesopleuron and metapleuron of male）；g. 生殖铗（gonoforceps）；h. 阳茎瓣（penis valve）

图 2-119　短角方颜叶蜂 *Pachyprotasis brevicornis* Wei & Zhong, 2002

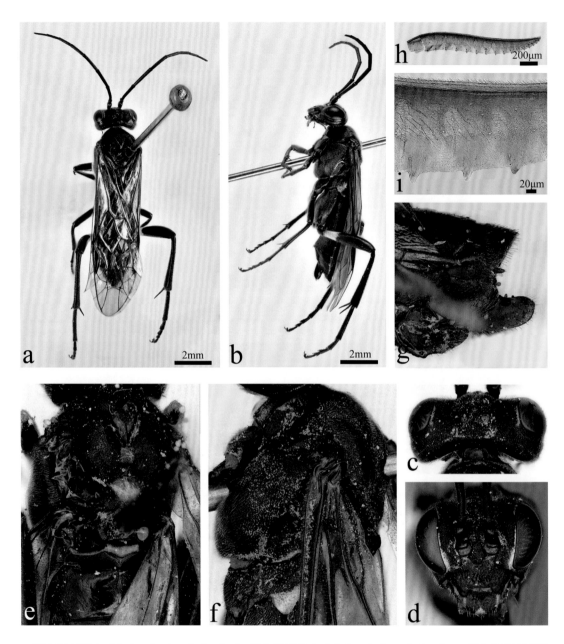

a. 雌虫背面观（adult female, dorsal view）；b. 雌虫侧面观（adult female, lateral view）；c. 雌虫头部背面观（head of female, dorsal view）；d. 雌虫头部前面观（head of female, front view）；e. 雌虫中胸背板和后胸背板（mesonotum and metanotum of female）；f. 雌虫中胸侧板和后胸侧板（mesopleuron and metapleuron of female）；g. 锯鞘侧面观（ovipositor sheath, lateral view）；h. 锯腹片（lancet）；i. 中部锯刃（middle serrulae）

图 2-120　环股方颜叶蜂 *Pachyprotasis cinctulata* Wei & Zhong, 2002

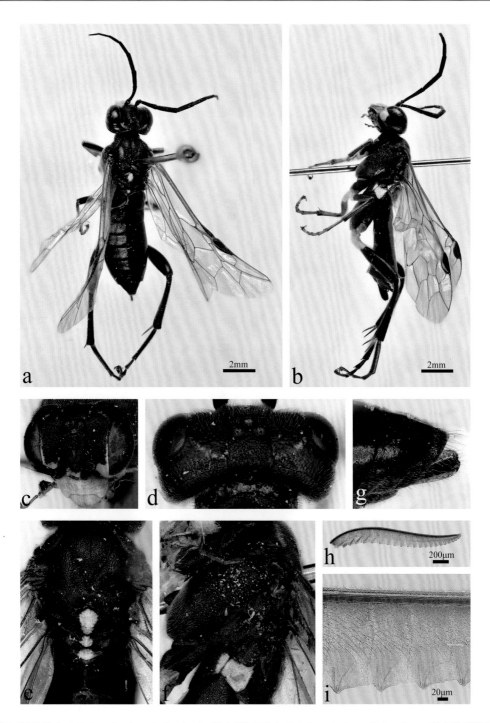

a. 雌虫背面观（adult female, dorsal view）；b. 雌虫侧面观（adult female, lateral view）；c. 雌虫头部前面观
（head of female, front view）；d. 雌虫头部背面观（head of female, dorsal view）；e. 雌虫中胸背板和后胸
背板（mesonotum and metanotum of female）；f. 雌虫中胸侧板和后胸侧板（mesopleuron and metapleuron
of female）；g. 锯鞘侧面观（ovipositor sheath, lateral view）；h. 锯腹片（lancet）；i. 中部锯刃（middle
serrulae）

图 2-121　刻基方颜叶蜂 *Pachyprotasis coxipunctata* Zhong, Li & Wei, 2015

a. 雌虫背面观（adult female, dorsal view）；b. 雌虫侧面观（adult female, lateral view）；c. 雌虫头部前面观（head of female, front view）；d. 雌虫头部背面观（head of female, dorsal view）；e. 雌虫中胸背板和后胸背板（mesonotum and metanotum of female）；f. 雌虫中胸侧板和后胸侧板（mesopleuron and metapleuron of female）；g. 锯鞘侧面观（ovipositor sheath, lateral view）；h. 锯腹片（lancet）；i. 中部锯刃（middle serrulae）

图 2-122　布兰妮方颜叶蜂 *Pachyprotasis brunettii* Rohwer, 1915

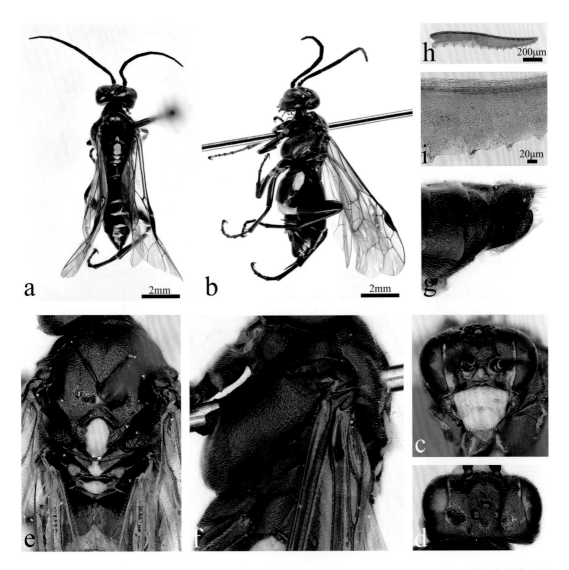

a. 雌虫背面观（adult female, dorsal view）；b. 雌虫侧面观（adult female, lateral view）；c. 雌虫头部前面观（head of female, front view）；d. 雌虫头部背面观（head of female, dorsal view）；e. 雌虫中胸背板和后胸背板（mesonotum and metanotum of female）；f. 雌虫中胸侧板和后胸侧板（mesopleuron and metapleuron of female）；g. 锯鞘侧面观（ovipositor sheath, lateral view）；h. 锯腹片（lancet）；i. 中部锯刃（middle serrulae）

图 2-123　斑基方颜叶蜂 *Pachyprotasis coximaculata* Zhong, Li & Wei, 2015

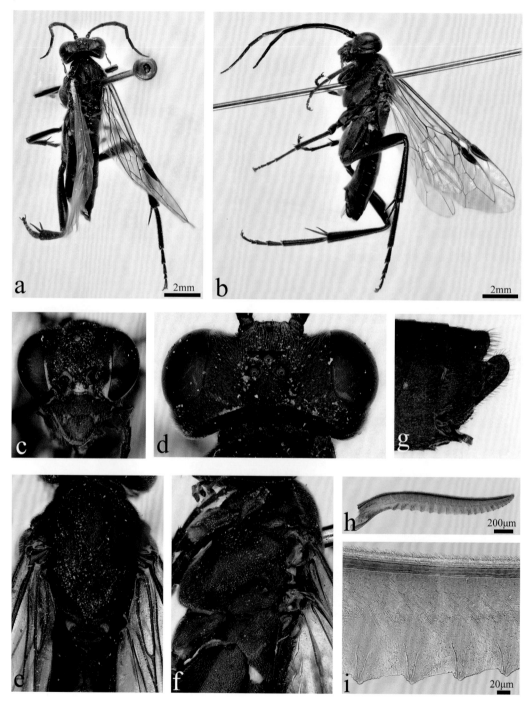

a. 雌虫背面观（adult female, dorsal view）；b. 雌虫侧面观（adult female, lateral view）；c. 雌虫头部前面观（head of female, front view）；d. 雌虫头部背面观（head of female, dorsal view）；e. 雌虫中胸背板和后胸背板（mesonotum and metanotum of female）；f. 雌虫中胸侧板和后胸侧板（mesopleuron and metapleuron of female）；g. 锯鞘侧面观（ovipositor sheath, lateral view）；h. 锯腹片（lancet）；i. 中部锯刃（middle serrulae）

图 2-124　黑体方颜叶蜂 *Pachyprotasis melanosoma* Wei & Zhong, 2002

a. 雌虫背面观（adult female, dorsal view）；b. 雌虫侧面观（adult female, lateral view）；c. 雌虫头部前面观（head of female, front view）；d. 雌虫头部背面观（head of female, dorsal view）；e. 雌虫中胸背板和后胸背板（mesonotum and metanotum of female）；f. 雌虫中胸侧板和后胸侧板（mesopleuron and metapleuron of female）；g. 锯鞘侧面观（ovipositor sheath, lateral view）；h. 锯腹片（lancet）；i. 中部锯刃（middle serrulae）

图 2-125　马氏方颜叶蜂 *Pachyprotasis mai* Zhong & Wei, 2013

a. 雌虫背面观（adult female, dorsal view）；b. 雌虫侧面观（adult female, lateral view）；c. 雌虫头部前面观（head of female, front view）；d. 雌虫头部背面观（head of female, dorsal view）；e. 雌虫中胸背板和后胸背板（mesonotum and metanotum of female）；f. 雌虫中胸侧板和后胸侧板（mesopleuron and metapleuron of female）；g. 锯鞘侧面观（ovipositor sheath, lateral view）；h. 锯腹片（lancet）；i. 中部锯刃（middle serrulae）

图 2-126 微斑方颜叶蜂 *Pachyprotasis micromaculata* Wei, 1998

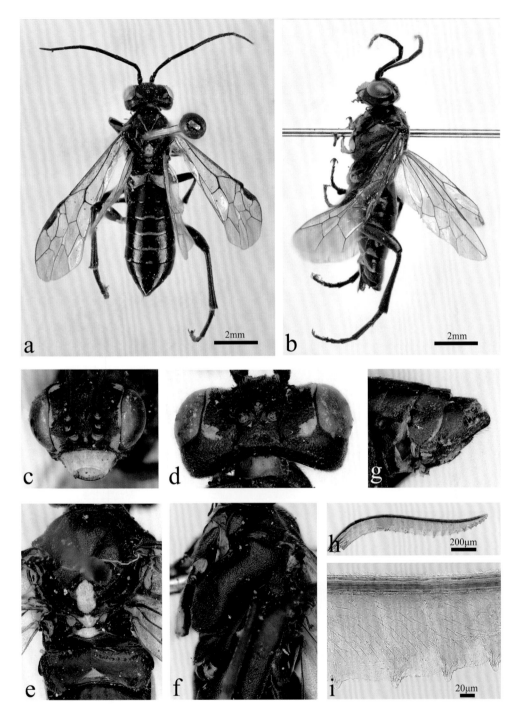

a. 雌虫背面观（adult female, dorsal view）；b. 雌虫侧面观（adult female, lateral view）；c. 雌虫头部前面观（head of female, front view）；d. 雌虫头部背面观（head of female, dorsal view）；e. 雌虫中胸背板和后胸背板（mesonotum and metanotum of female）；f. 雌虫中胸侧板和后胸侧板（mesopleuron and metapleuron of female）；g. 锯鞘侧面观（ovipositor sheath, lateral view）；h. 锯腹片（lancet）；i. 中部锯刃（middle serrulae）

图 2-127　斑盾方颜叶蜂 *Pachyprotasis maculoscutellata* Zhong, Li & Wei, 2015

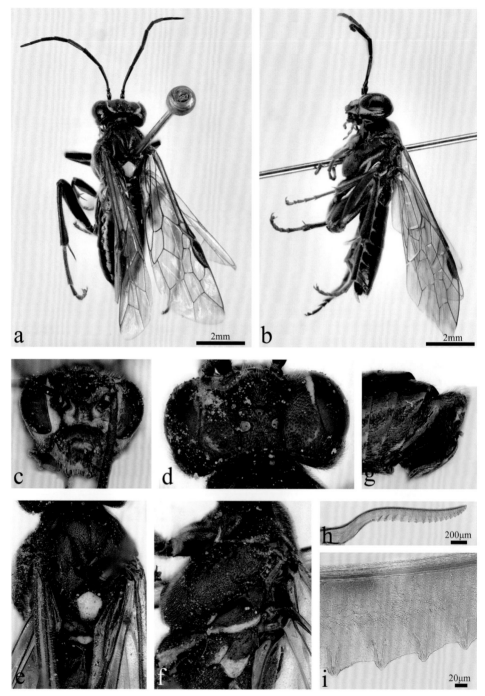

a. 雌虫背面观（adult female, dorsal view）；b. 雌虫侧面观（adult female, lateral view）；c. 雌虫头部前面观（head of female, front view）；d. 雌虫头部背面观（head of female, dorsal view）；e. 雌虫中胸背板和后胸背板（mesonotum and metanotum of female）；f. 雌虫中胸侧板和后胸侧板（mesopleuron and metapleuron of female）；g. 锯鞘侧面观（ovipositor sheath, lateral view）；h. 锯腹片（lancet）；i. 中部锯刃（middle serrulae）

图 2-128　斑侧方颜叶蜂 *Pachyprotasis maculopleurita* Wei & Zhong, 2002

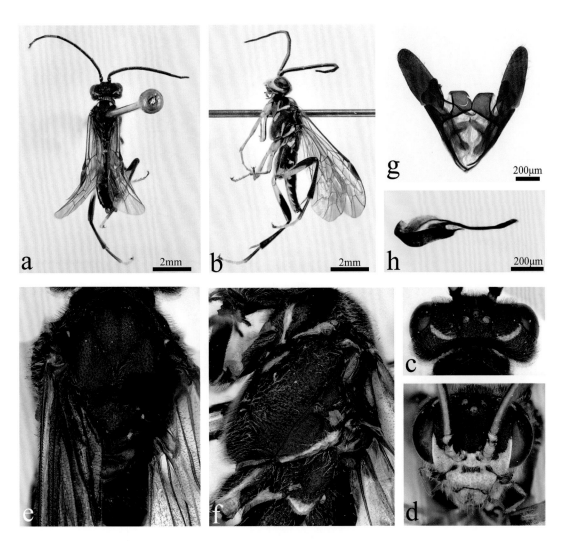

a. 雄虫背面观（adult male, dorsal view）；b. 雄虫侧面观（adult male, lateral view）；c. 雄虫头部背面观（head of male, dorsal view）；d. 雄虫头部前面观（head of male, front view）；e. 雄虫中胸背板和后胸背板（mesonotum and metanotum of male）；f. 雄虫中胸侧板和后胸侧板（mesopleuron and metapleuron of male）；g. 生殖铗（gonoforceps）；h. 阳茎瓣（penis valve）

图 2-129　斑侧方颜叶蜂 *Pachyprotasis maculopleurita* Wei & Zhong, 2002

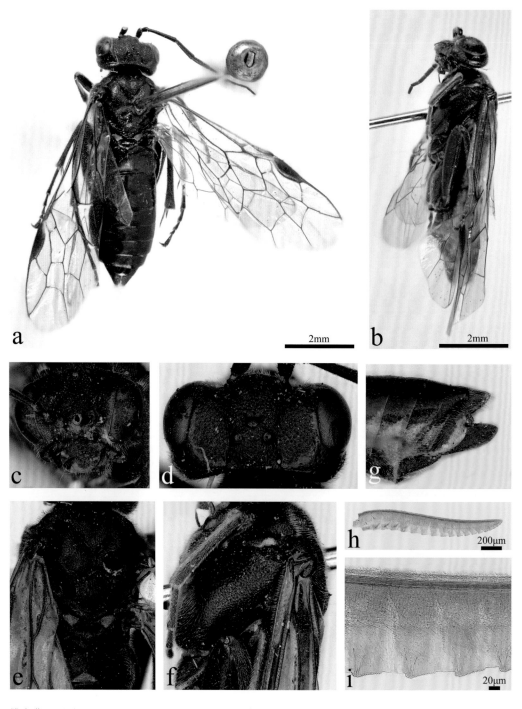

a. 雌虫背面观（adult female, dorsal view）；b. 雌虫侧面观（adult female, lateral view）；c. 雌虫头部前面观（head of female, front view）；d. 雌虫头部背面观（head of female, dorsal view）；e. 雌虫中胸背板和后胸背板（mesonotum and metanotum of female）；f. 雌虫中胸侧板和后胸侧板（mesopleuron and metapleuron of female）；g. 锯鞘侧面观（ovipositor sheath, lateral view）；h. 锯腹片（lancet）；i. 中部锯刃（middle serrulae）

图 2-130　祁连方颜叶蜂 *Pachyprotasis qilianica* Zhong, Li & Wei, 2015

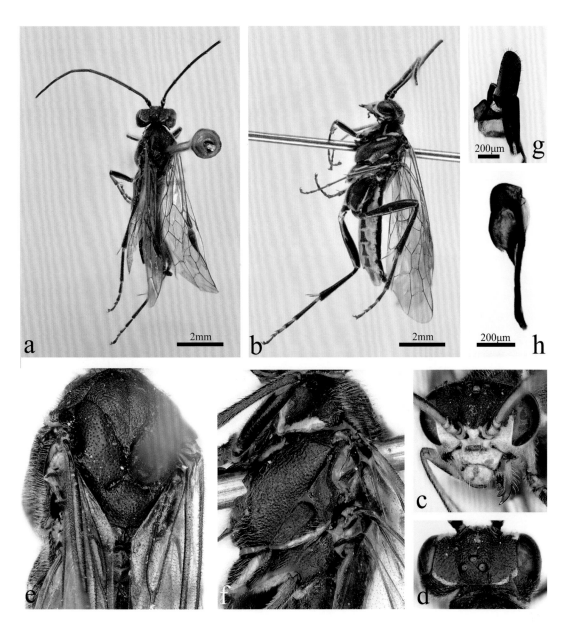

a. 雄虫背面观（adult male, dorsal view）；b. 雄虫侧面观（adult male, lateral view）；c. 雄虫头部前面观（head of male, front view）；d. 雄虫头部背面观（head of male, dorsal view）；e. 雄虫中胸背板和后胸背板（mesonotum and metanotum of male）；f. 雄虫中胸侧板和后胸侧板（mesopleuron and metapleuron of male）；g. 生殖铗（gonoforceps）；h. 阳茎瓣（penis valve）

图 2-131　祁连方颜叶蜂 *Pachyprotasis qilianica* Zhong, Li & Wei, 2015

a. 雌虫背面观（adult female, dorsal view）；b. 雌虫侧面观（adult female, lateral view）；c. 雌虫头部前面观（head of female, front view）；d. 雌虫头部背面观（head of female, dorsal view）；e. 雌虫中胸背板和后胸背板（mesonotum and metanotum of female）；f. 雌虫中胸侧板和后胸侧板（mesopleuron and metapleuron of female）；g. 锯鞘侧面观（ovipositor sheath, lateral view）；h. 锯腹片（lancet）；i. 中部锯刃（middle serrulae）

图 2-132 白基方颜叶蜂 *Pachyprotasis albicoxis* Malaise, 1931

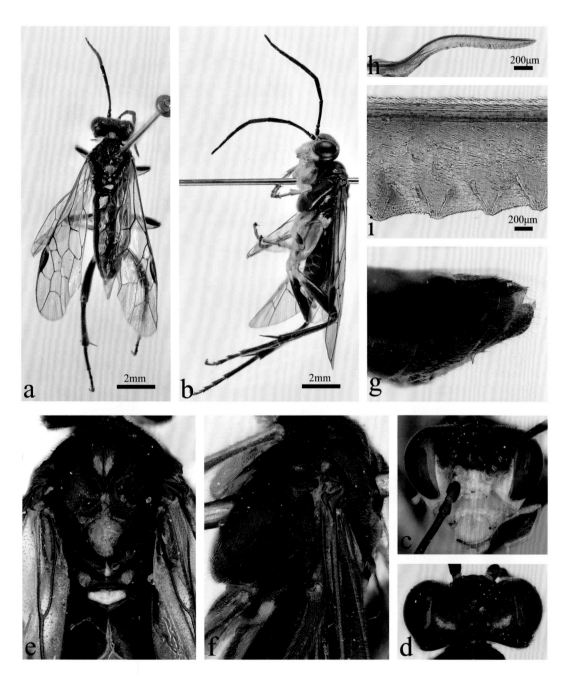

a. 雌虫背面观（adult female, dorsal view）；b. 雌虫侧面观（adult female, lateral view）；c. 雌虫头部前面观
（head of female, front view）；d. 雌虫头部背面观（head of female, dorsal view）；e. 雌虫中胸背板和后胸
背板（mesonotum and metanotum of female）；f. 雌虫中胸侧板和后胸侧板（mesopleuron and metapleuron
of female）；g. 锯鞘侧面观（ovipositor sheath, lateral view）；h. 锯腹片（lancet）；i. 中部锯刃（middle
serrulae）

图 2-133　光背方颜叶蜂 *Pachyprotasis nitididorsata* Wei & Zhong, 2002

a. 雌虫背面观（adult female, dorsal view）；b. 雌虫侧面观（adult female, lateral view）；c. 雌虫头部前面观（head of female, front view）；d. 雌虫头部背面观（head of female, dorsal view）；e. 雌虫中胸背板和后胸背板（mesonotum and metanotum of female）；f. 雌虫中胸侧板和后胸侧板（mesopleuron and metapleuron of female）；g. 锯鞘侧面观（ovipositor sheath, lateral view）；h. 锯腹片（lancet）；i. 中部锯刃（middle serrulae）

图 2-134　黑唇基方颜叶蜂 *Pachyprotasis nigroclypeata* Wei, 1998

a. 雌虫背面观（adult female, dorsal view）；b. 雌虫侧面观（adult female, lateral view）；c. 雌虫头部前面观（head of female, front view）；d. 雌虫头部背面观（head of female, dorsal view）；e. 雌虫中胸背板和后胸背板（mesonotum and metanotum of female）；f. 雌虫中胸侧板和后胸侧板（mesopleuron and metapleuron of female）；g. 锯鞘侧面观（ovipositor sheath, lateral view）；h. 锯腹片（lancet）；i. 中部锯刃（middle serrulae）

图 2-135　程氏方颜叶蜂 *Pachyprotasis chenghanhuai* Wei & Zhong, 2006

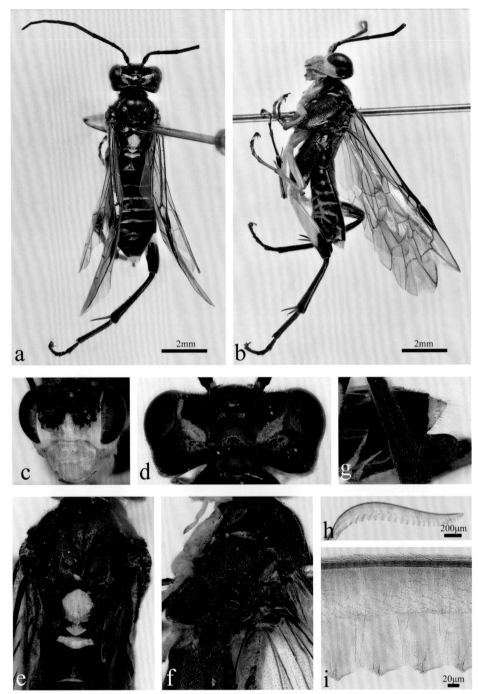

a. 雌虫背面观（adult female, dorsal view）；b. 雌虫侧面观（adult female, lateral view）；c. 雌虫头部前面观
（head of female, front view）；d. 雌虫头部背面观（head of female, dorsal view）；e. 雌虫中胸背板和后胸
背板（mesonotum and metanotum of female）；f. 雌虫中胸侧板和后胸侧板（mesopleuron and metapleuron
of female）；g. 锯鞘侧面观（ovipositor sheath, lateral view）；h. 锯腹片（lancet）；i. 中部锯刃（middle
serrulae）

图 2-136　排龙方颜叶蜂 *Pachyprotasis pailongensis* Zhong, Li & Wei, 2015

a. 雄虫背面观（adult male, dorsal view）；b. 雄虫侧面观（adult male, lateral view）；c. 雄虫头部前面观（head of male, front view）；d. 雄虫头部背面观（head of male, dorsal view）；e. 雄虫中胸背板和后胸背板（mesonotum and metanotum of male）；f. 雄虫中胸侧板和后胸侧板（mesopleuron and metapleuron of male）；g. 生殖铗（gonoforceps）；h. 阳茎瓣（penis valve）

图 2-137　褐基方颜叶蜂 *Pachyprotasis fulvocoxis* Wei & Zhong, 2002

a. 雌虫背面观（adult female, dorsal view）；b. 雌虫侧面观（adult female, lateral view）；c. 雌虫头部前面观（head of female, front view）；d. 雌虫头部背面观（head of female, dorsal view）；e. 雌虫中胸背板和后胸背板（mesonotum and metanotum of female）；f. 雌虫中胸侧板和后胸侧板（mesopleuron and metapleuron of female）；g. 锯鞘侧面观（ovipositor sheath, lateral view）；h. 锯腹片（lancet）；i. 中部锯刃（middle serrulae）

图 2-138　斑足方颜叶蜂 *Pachyprotasis maculopediba* Wei & Zhong, 2002

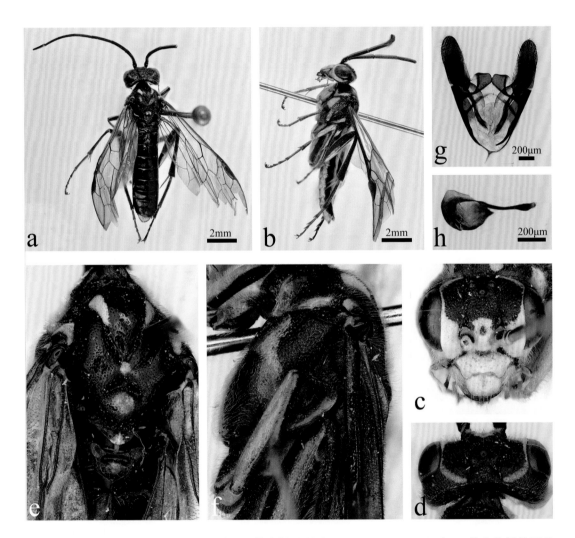

a. 雄虫背面观（adult male, dorsal view）；b. 雄虫侧面观（adult male, lateral view）；c. 雄虫头部前面观（head of male, front view）；d. 雄虫头部背面观（head of male, dorsal view）；e. 雄虫中胸背板和后胸背板（mesonotum and metanotum of male）；f. 雄虫中胸侧板和后胸侧板（mesopleuron and metapleuron of male）；g. 生殖铗（gonoforceps）；h. 阳茎瓣（penis valve）

图 2-139　西北方颜叶蜂 *Pachyprotasis xibei* Zhong & Wei, 2013

a. 雌虫背面观（adult female, dorsal view）；b. 雌虫侧面观（adult female, lateral view）；c. 雌虫头部前面观（head of female, front view）；d. 雌虫头部背面观（head of female, dorsal view）；e. 雌虫中胸背板和后胸背板（mesonotum and metanotum of female）；f. 雌虫中胸侧板和后胸侧板（mesopleuron and metapleuron of female）；g. 锯鞘侧面观（ovipositor sheath, lateral view）；h. 锯腹片（lancet）；i. 中部锯刃（middle serrulae）

图 2-140　衡山方颜叶蜂 *Pachyprotasis hengshani* Zhong, Li & Wei, 2015

a. 雄虫背面观（adult male, dorsal view）；b. 雄虫侧面观（adult male, lateral view）；c. 雄虫头部前面观
（head of male, front view）；d. 雄虫头部背面观（head of male, dorsal view）；e. 雄虫中胸背板和后胸背
板（mesonotum and metanotum of male）；f. 雄虫中胸侧板和后胸侧板（mesopleuron and metapleuron of
male）；g. 生殖铗（gonoforceps）；h. 阳茎瓣（penis valve）

图 2-141　衡山方颜叶蜂 *Pachyprotasis hengshani* Zhong, Li & Wei, 2015

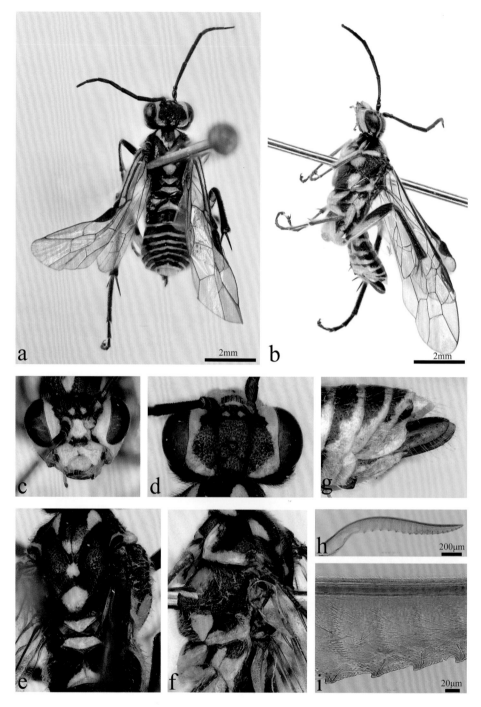

a. 雌虫背面观（adult female, dorsal view）；b. 雌虫侧面观（adult female, lateral view）；c. 雌虫头部前面观（head of female, front view）；d. 雌虫头部背面观（head of female, dorsal view）；e. 雌虫中胸背板和后胸背板（mesonotum and metanotum of female）；f. 雌虫中胸侧板和后胸侧板（mesopleuron and metapleuron of female）；g. 锯鞘侧面观（ovipositor sheath, lateral view）；h. 锯腹片（lancet）；i. 中部锯刃（middle serrulae）

图 2-142　墨脱方颜叶蜂 *Pachyprotasis motuoensis* Zhong, Li & Wei, 2017

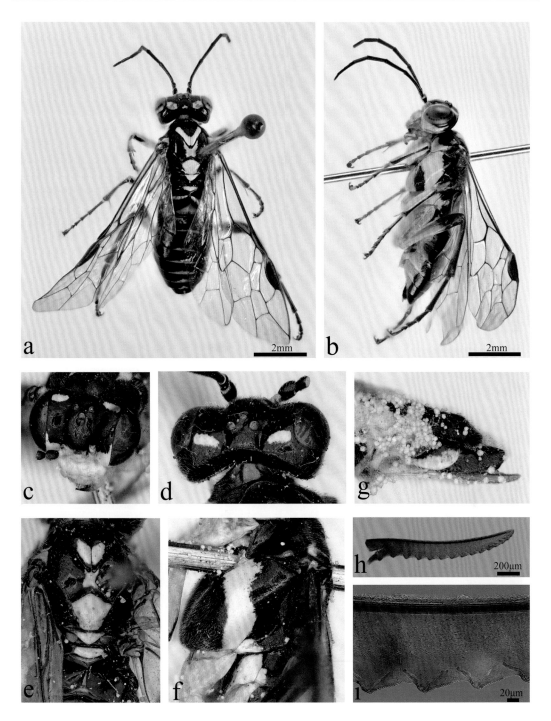

a. 雌虫背面观（adult female, dorsal view）；b. 雌虫侧面观（adult female, lateral view）；c. 雌虫头部前面观（head of female, front view）；d. 雌虫头部背面观（head of female, dorsal view）；e. 雌虫中胸背板和后胸背板（mesonotum and metanotum of female）；f. 雌虫中胸侧板和后胸侧板（mesopleuron and metapleuron of female）；g. 锯鞘侧面观（ovipositor sheath, lateral view）；h. 锯腹片（lancet）；i. 中部锯刃（middle serrulae）

图 2-143　游离方颜叶蜂 *Pachyprotasis erratica* (Smith, 1874)

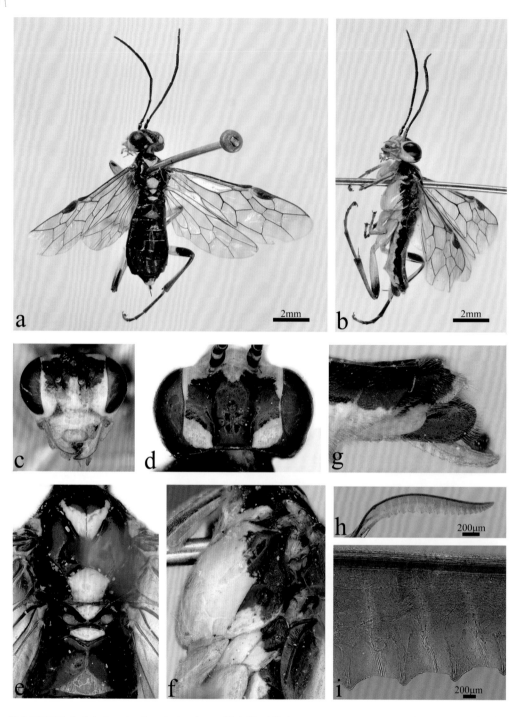

a. 雌虫背面观（adult female, dorsal view）；b. 雌虫侧面观（adult female, lateral view）；c. 雌虫头部前面观（head of female, front view）；d. 雌虫头部背面观（head of female, dorsal view）；e. 雌虫中胸背板和后胸背板（mesonotum and metanotum of female）；f. 雌虫中胸侧板和后胸侧板（mesopleuron and metapleuron of female）；g. 锯鞘侧面观（ovipositor sheath, lateral view）；h. 锯腹片（lancet）；i. 中部锯刃（middle serrulae）

图 2-144　游离方颜叶蜂光额亚种 *Pachyprotasis erratica nitidifrons* Malaise, 1945

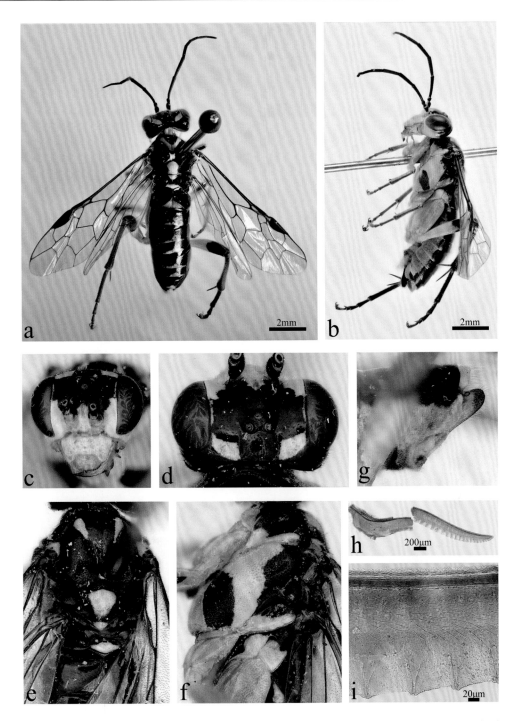

a. 雌虫背面观（adult female, dorsal view）；b. 雌虫侧面观（adult female, lateral view）；c. 雌虫头部前面观
（head of female, front view）；d. 雌虫头部背面观（hcad of female, dorsal view）；e. 雌虫中胸背板和后胸
背板（mesonotum and metanotum of female）；f. 雌虫中胸侧板和后胸侧板（mesopleuron and metapleuron
of female）；g. 锯鞘侧面观（ovipositor sheath, lateral view）；h. 锯腹片（lancet）；i. 中部锯刃（middle
serrulae）

图 2-145 显刻方颜叶蜂 *Pachyprotasis puncturalina* Zhong, Li & Wei, 2018

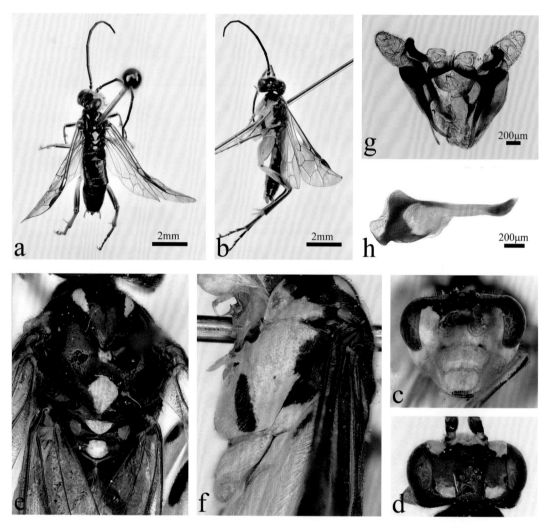

a. 雄虫背面观（adult male, dorsal view）；b. 雄虫侧面观（adult male, lateral view）；c. 雄虫头部前面观（head of male, front view）；d. 雄虫头部背面观（head of male, dorsal view）；e. 雄虫中胸背板和后胸背板（mesonotum and metanotum of male）；f. 雄虫中胸侧板和后胸侧板（mesopleuron and metapleuron of male）；g. 生殖铗（gonoforceps）；h. 阳茎瓣（penis valve）

图 2-146　显刻方颜叶蜂 *Pachyprotasis puncturalina* Zhong, Li & Wei, 2018

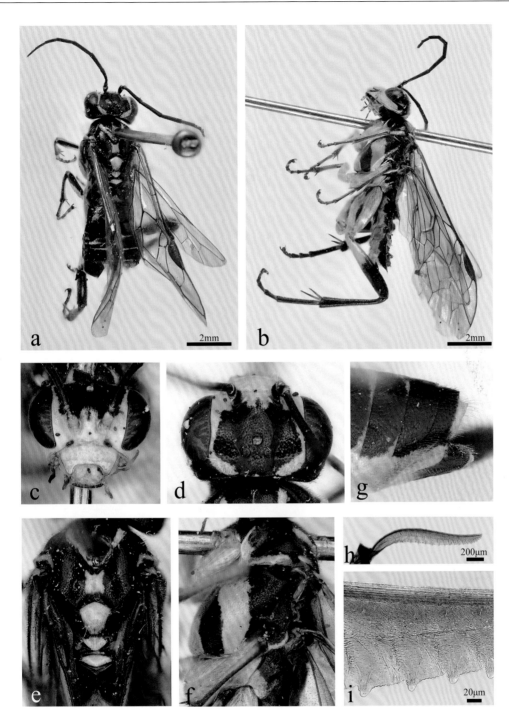

a. 雌虫背面观（adult female, dorsal view）；b. 雌虫侧面观（adult female, lateral view）；c. 雌虫头部前面观（head of female, front view）；d. 雌虫头部背面观（head of female, dorsal view）；e. 雌虫中胸背板和后胸背板（mesonotum and metanotum of female）；f. 雌虫中胸侧板和后胸侧板（mesopleuron and metapleuron of female）；g. 锯鞘侧面观（ovipositor sheath, lateral view）；h. 锯腹片（lancet）；i. 中部锯刃（middle serrulae）

图 2-147　仙镇方颜叶蜂 *Pachyprotasis senjensis* Inomata, 1984

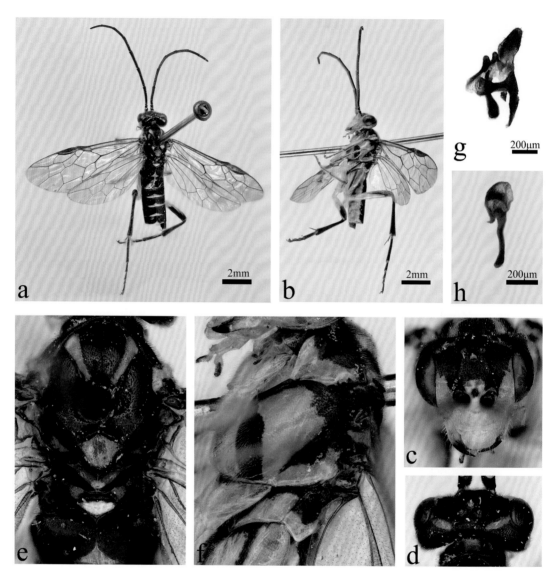

a. 雄虫背面观（adult male, dorsal view）；b. 雄虫侧面观（adult male, lateral view）；c. 雄虫头部前面观（head of male, front view）；d. 雄虫头部背面观（head of male, dorsal view）；e. 雄虫中胸背板和后胸背板（mesonotum and metanotum of male）；f. 雄虫中胸侧板和后胸侧板（mesopleuron and metapleuron of male）；g. 生殖铗（gonoforceps）；h. 阳茎瓣（penis valve）

图 2-148　仙镇方颜叶蜂 *Pachyprotasis senjensis* Inomata, 1984

a. 雌虫背面观（adult female, dorsal view）；b. 雌虫侧面观（adult female, lateral view）；c. 雌虫头部前面观（head of female, front view）；d. 雌虫头部背面观（head of female, dorsal view）；e. 雌虫中胸背板和后胸背板（mesonotum and metanotum of female）；f. 雌虫中胸侧板和后胸侧板（mesopleuron and metapleuron of female）；g. 锯鞘侧面观（ovipositor sheath, lateral view）；h. 锯腹片（lancet）；i. 中部锯刃（middle serrulae）

图 2-149　窄带方颜叶蜂 *Pachyprotasis senjensis bandana* Wei & Zhong, 2002

a. 雄虫背面观（adult male, dorsal view）；b. 雄虫侧面观（adult male, lateral view）；c. 雄虫头部前面观（head of male, front view）；d. 雄虫头部背面观（head of male, dorsal view）；e. 雄虫中胸背板和后胸背板（mesonotum and metanotum of male）；f. 雄虫中胸侧板和后胸侧板（mesopleuron and metapleuron of male）；g. 生殖铗（gonoforceps）；h. 阳茎瓣（penis valve）

图 2-150　窄带方颜叶蜂 *Pachyprotasis senjensis bandana* Wei & Zhong, 2002

a. 雌虫背面观（adult female, dorsal view）；b. 雌虫侧面观（adult female, lateral view）；c. 雌虫头部前面观（head of female, front view）；d. 雌虫头部背面观（head of female, dorsal view）；e. 雌虫中胸背板和后胸背板（mesonotum and metanotum of female）；f. 雌虫中胸侧板和后胸侧板（mesopleuron and metapleuron of female）；g. 锯鞘侧面观（ovipositor sheath, lateral view）；h. 锯腹片（lancet）；i. 中部锯刃（middle serrulae）

图 2-151　田氏方颜叶蜂 *Pachyprotasis tiani* Wei, 1998

a. 雄虫背面观（adult male, dorsal view）；b. 雄虫侧面观（adult male, lateral view）；c. 雄虫头部前面观（head of male, front view）；d. 雄虫头部背面观（head of male, dorsal view）；e. 雄虫中胸背板和后胸背板（mesonotum and metanotum of male）；f. 雄虫中胸侧板和后胸侧板（mesopleuron and metapleuron of male）；g. 生殖铗（gonoforceps）；h. 阳茎瓣（penis valve）

图 2-152　田氏方颜叶蜂 *Pachyprotasis tiani* Wei, 1998

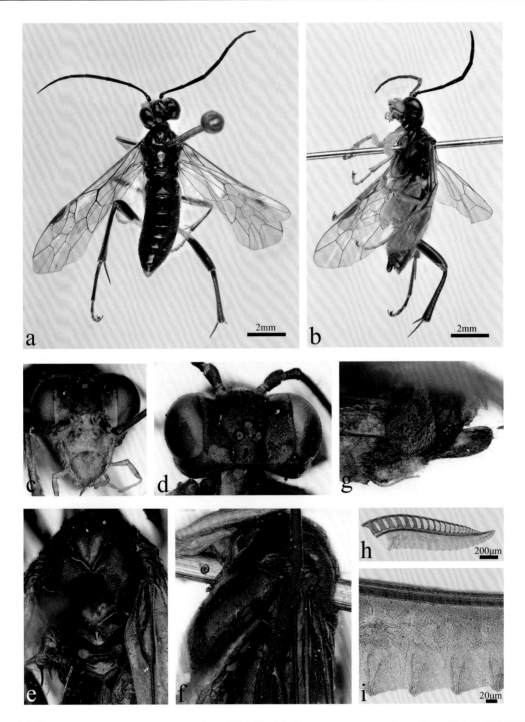

a. 雌虫背面观（adult female, dorsal view）；b. 雌虫侧面观（adult female, lateral view）；c. 雌虫头部前面观（head of female, front view）；d. 雌虫头部背面观（head of female, dorsal view）；e. 雌虫中胸背板和后胸背板（mesonotum and metanotum of female）；f. 雌虫中胸侧板和后胸侧板（mesopleuron and metapleuron of female）；g. 锯鞘侧面观（ovipositor sheath, lateral view）；h. 锯腹片（lancet）；i. 中部锯刃（middle serrulae）

图 2-153　林氏方颜叶蜂 *Pachyprotasis lini* Wei, 2005

a. 雄虫背面观（adult male, dorsal view）；b. 雄虫侧面观（adult male, lateral view）；c. 雄虫头部前面观（head of male, front view）；d. 雄虫头部背面观（head of male, dorsal view）；e. 雄虫中胸背板和后胸背板（mesonotum and metanotum of male）；f. 雄虫中胸侧板和后胸侧板（mesopleuron and metapleuron of male）；g. 生殖铗（gonoforceps）；h. 阳茎瓣（penis valve）

图 2-154　林氏方颜叶蜂 *Pachyprotasis lini* Wei, 2005

a. 雄虫背面观（adult male, dorsal view）；b. 雄虫侧面观（adult male, lateral view）；c. 雄虫头部前面观（head of male, front view）；d. 雄虫头部背面观（head of male, dorsal view）；e. 雄虫中胸背板和后胸背板（mesonotum and metanotum of male）；f. 雄虫中胸侧板和后胸侧板（mesopleuron and metapleuron of male）；g. 生殖铗（gonoforceps）；h. 阳茎瓣（penis valve）

图 2-155　荔波方颜叶蜂 *Pachyprotasis libona* Wei & Nie, 2002

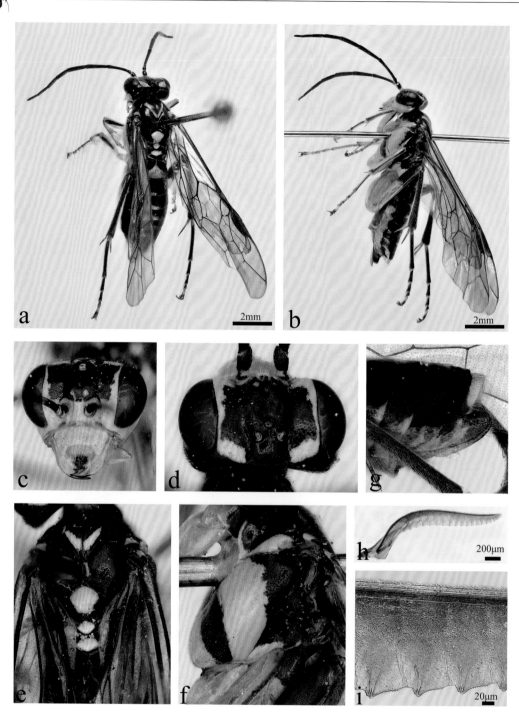

a. 雌虫背面观（adult female, dorsal view）；b. 雌虫侧面观（adult female, lateral view）；c. 雌虫头部前面观（head of female, front view）；d. 雌虫头部背面观（head of female, dorsal view）；e. 雌虫中胸背板和后胸背板（mesonotum and metanotum of female）；f. 雌虫中胸侧板和后胸侧板（mesopleuron and metapleuron of female）；g. 锯鞘侧面观（ovipositor sheath, lateral view）；h. 锯腹片（lancet）；i. 中部锯刃（middle serrulae）

图 2-156　武陵方颜叶蜂 *Pachyprotasis wulingensis* Wei, 2006

a. 雌虫背面观（adult female, dorsal view）；b. 雌虫侧面观（adult female, lateral view）；c. 雌虫头部前面观（head of female, front view）；d. 雌虫头部背面观（head of female, dorsal view）；e. 雌虫中胸背板和后胸背板（mesonotum and metanotum of female）；f. 雌虫中胸侧板和后胸侧板（mesopleuron and metapleuron of female）；g. 锯鞘侧面观（ovipositor sheath, lateral view）；h. 锯腹片（lancet）；i. 中部锯刃（middle serrulae）

图 2-157　短刃方颜叶蜂 *Pachyprotasis breviserrula* Wei & Zhong, 2009

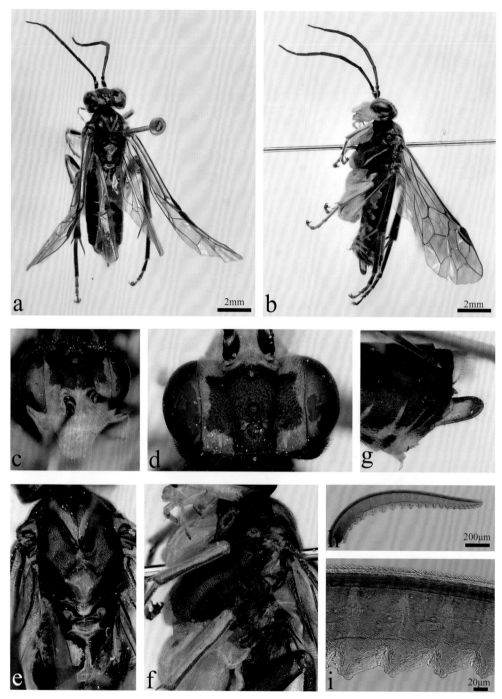

a. 雌虫背面观（adult female, dorsal view）；b. 雌虫侧面观（adult female, lateral view）；c. 雌虫头部前面观（head of female, front view）；d. 雌虫头部背面观（head of female, dorsal view）；e. 雌虫中胸背板和后胸背板（mesonotum and metanotum of female）；f. 雌虫中胸侧板和后胸侧板（mesopleuron and metapleuron of female）；g. 锯鞘侧面观（ovipositor sheath, lateral view）；h. 锯腹片（lancet）；i. 中部锯刃（middle serrulae）

图 2-158　弱齿方颜叶蜂 *Pachyprotasis obscurodentella* Wei & Zhong, 2009

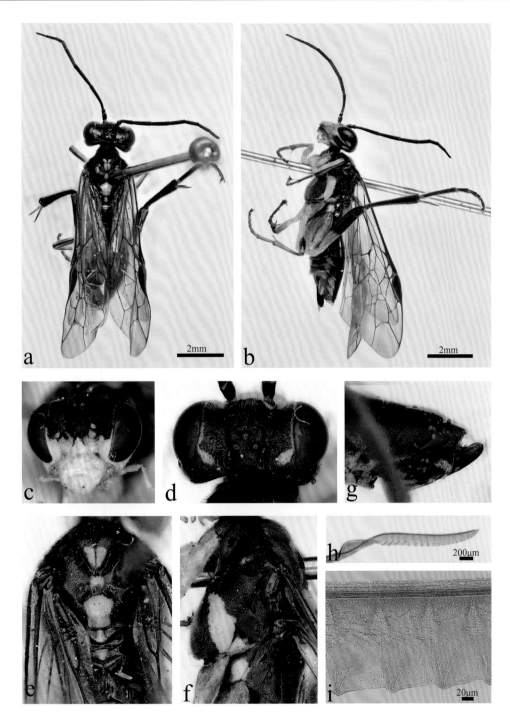

a. 雌虫背面观（adult female, dorsal view）；b. 雌虫侧面观（adult female, lateral view）；c. 雌虫头部前面观（head of female, front view）；d. 雌虫头部背面观（head of female, dorsal view）；e. 雌虫中胸背板和后胸背板（mesonotum and metanotum of female）；f. 雌虫中胸侧板和后胸侧板（mesopleuron and metapleuron of female）；g. 锯鞘侧面观（ovipositor sheath, lateral view）；h. 锯腹片（lancet）；i. 中部锯刃（middle serrulae）

图 2-159　嵩栾方颜叶蜂 *Pachyprotasis songluanensis* Wei & Zhong, 2002

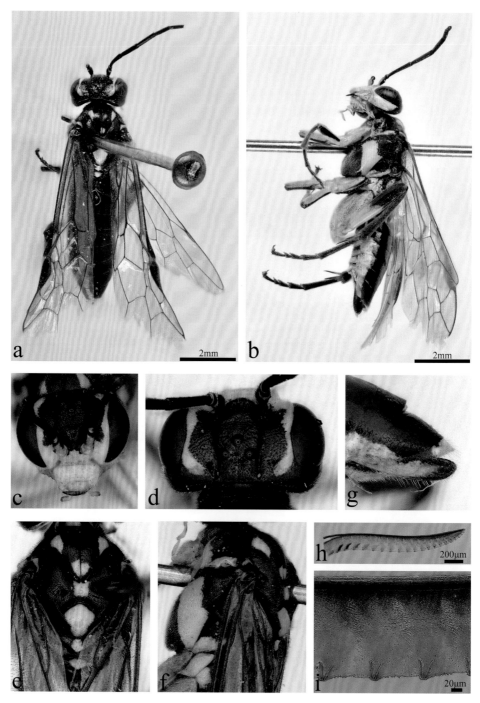

a. 雌虫背面观（adult female, dorsal view）；b. 雌虫侧面观（adult female, lateral view）；c. 雌虫头部前面观（head of female, front view）；d. 雌虫头部背面观（head of female, dorsal view）；e. 雌虫中胸背板和后胸背板（mesonotum and metanotum of female）；f. 雌虫中胸侧板和后胸侧板（mesopleuron and metapleuron of female）；g. 锯鞘侧面观（ovipositor sheath, lateral view）；h. 锯腹片（lancet）；i. 中部锯刃（middle serrulae）

图 2-160　纹足方颜叶蜂 *Pachyprotasis lineipediba* Wei & Zhong, 2002

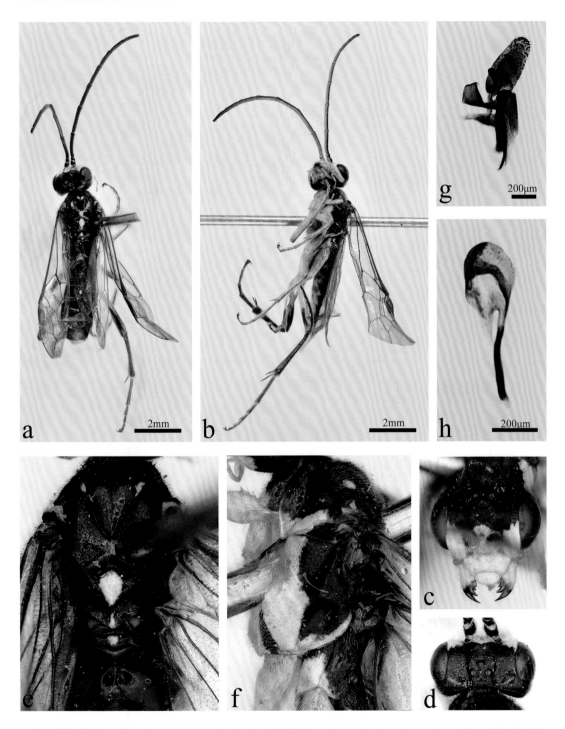

a. 雄虫背面观（adult male, dorsal view）；b. 雄虫侧面观（adult male, lateral view）；c. 雄虫头部前面观
（head of male, front view）；d. 雄虫头部背面观（head of male, dorsal view）；e. 雄虫中胸背板和后胸背
板（mesonotum and metanotum of male）；f. 雄虫中胸侧板和后胸侧板（mesopleuron and metapleuron of
male）；g. 生殖铗（gonoforceps）；h. 阳茎瓣（penis valve）

图 2-161　双斑股方颜叶蜂 *Pachyprotasis bimaculofemorata* Wei & Nie, 1999

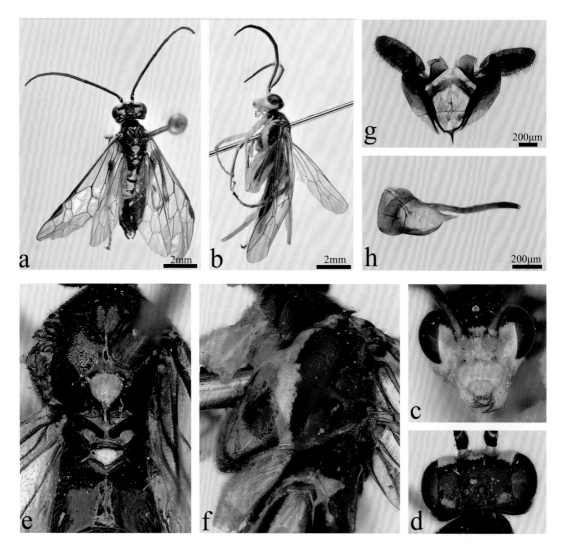

a. 雄虫背面观（adult male, dorsal view）；b. 雄虫侧面观（adult male, lateral view）；c. 雄虫头部前面观（head of male, front view）；d. 雄虫头部背面观（head of male, dorsal view）；e. 雄虫中胸背板和后胸背板（mesonotum and metanotum of male）；f. 雄虫中胸侧板和后胸侧板（mesopleuron and metapleuron of male）；g. 生殖铗（gonoforceps）；h. 阳茎瓣（penis valve）

图 2-162 斑胫方颜叶蜂 *Pachyprotasis maculotibialis* Wei & Zhong, 2002

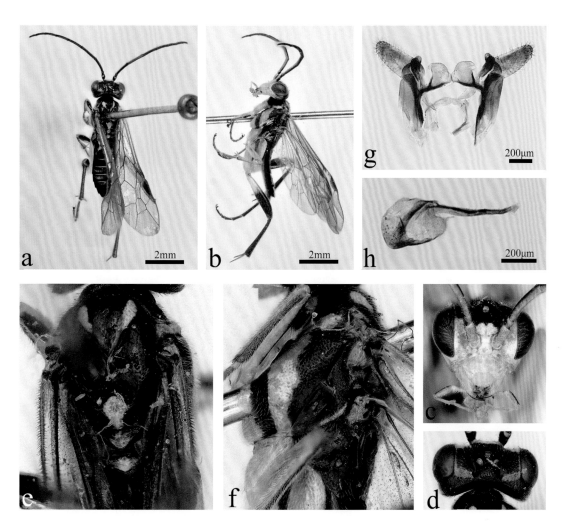

a. 雄虫背面观（adult male, dorsal view）; b. 雄虫侧面观（adult male, lateral view）; c. 雄虫头部前面观（head of male, front view）; d. 雄虫头部背面观（head of male, dorsal view）; e. 雄虫中胸背板和后胸背板（mesonotum and metanotum of male）; f. 雄虫中胸侧板和后胸侧板（mesopleuron and metapleuron of male）; g. 生殖铗（gonoforceps）; h. 阳茎瓣（penis valve）

图 2-163　孙氏方颜叶蜂 *Pachyprotasis sunae* Wei & Nie, 1999

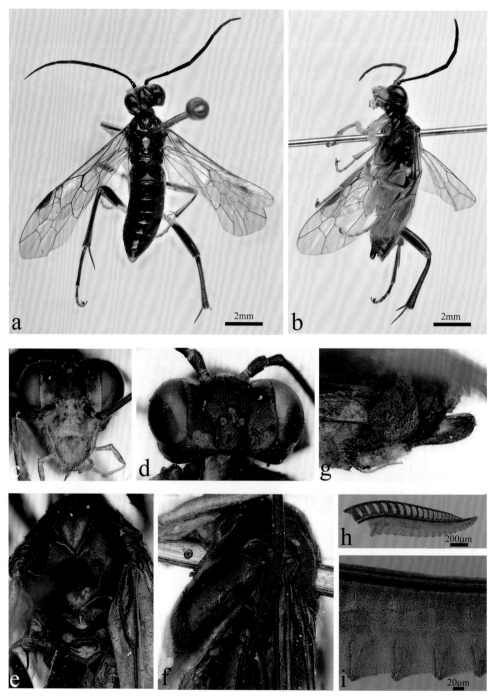

a. 雌虫背面观（adult female, dorsal view）；b. 雌虫侧面观（adult female, lateral view）；c. 雌虫头部前面观（head of female, front view）；d. 雌虫头部背面观（head of female, dorsal view）；e. 雌虫中胸背板和后胸背板（mesonotum and metanotum of female）；f. 雌虫中胸侧板和后胸侧板（mesopleuron and metapleuron of female）；g. 锯鞘侧面观（ovipositor sheath, lateral view）；h. 锯腹片（lancet）；i. 中部锯刃（middle serrulae）

图 2-164　小条方颜叶蜂 *Pachyprotasis lineatella* Wei & Nie, 1999

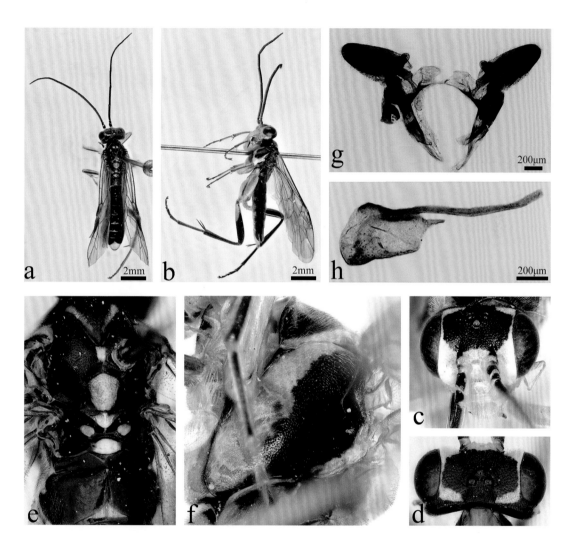

a. 雄虫背面观（adult male, dorsal view）；b. 雄虫侧面观（adult male, lateral view）；c. 雄虫头部前面观（head of male, front view）；d. 雄虫头部背面观（head of male, dorsal view）；e. 雄虫中胸背板和后胸背板（mesonotum and metanotum of male）；f. 雄虫中胸侧板和后胸侧板（mesopleuron and metapleuron of male）；g. 生殖铗（gonoforceps）；h. 阳茎瓣（penis valve）

图 2-165　小条方颜叶蜂 *Pachyprotasis lineatella* Wei & Nie, 1999

a. 雌虫背面观（adult female, dorsal view）；b. 雌虫侧面观（adult female, lateral view）；c. 雌虫头部前面观（head of female, front view）；d. 雌虫头部背面观（head of female, dorsal view）；e. 雌虫中胸背板和后胸背板（mesonotum and metanotum of female）；f. 雌虫中胸侧板和后胸侧板（mesopleuron and metapleuron of female）；g. 锯鞘侧面观（ovipositor sheath, lateral view）；h. 锯腹片（lancet）；i. 中部锯刃（middle serrulae）

图 2-166　蔡氏方颜叶蜂 *Pachyprotasis caii* Wei, 1998

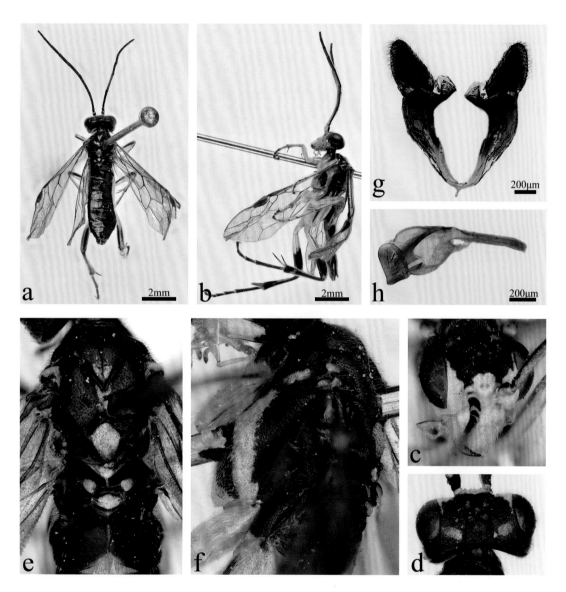

a. 雄虫背面观（adult male, dorsal view）；b. 雄虫侧面观（adult male, lateral view）；c. 雄虫头部前面观（head of male, front view）；d. 雄虫头部背面观（head of male, dorsal view）；e. 雄虫中胸背板和后胸背板（mesonotum and metanotum of male）；f. 雄虫中胸侧板和后胸侧板（mesopleuron and metapleuron of male）；g. 生殖铗（gonoforceps）；h. 阳茎瓣（penis valve）

图 2-167　蔡氏方颜叶蜂 *Pachyprotasis caii* Wei, 1998

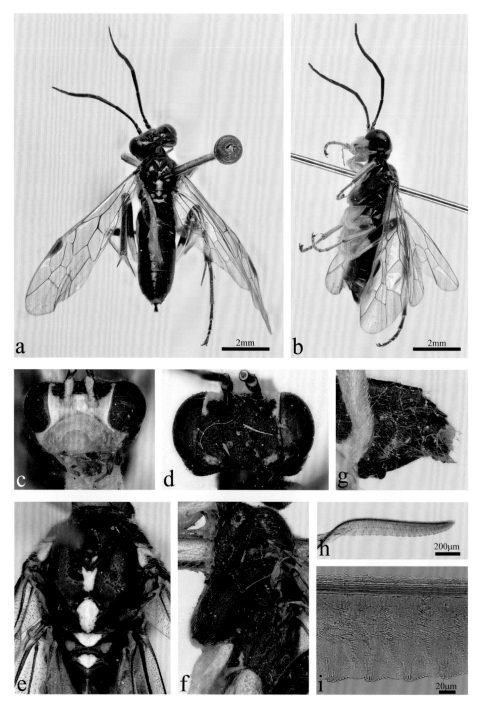

a. 雌虫背面观（adult female, dorsal view）；b. 雌虫侧面观（adult female, lateral view）；c. 雌虫头部前面观
（head of female, front view）；d. 雌虫头部背面观（head of female, dorsal view）；e. 雌虫中胸背板和后胸
背板（mesonotum and metanotum of female）；f. 雌虫中胸侧板和后胸侧板（mesopleuron and metapleuron
of female）；g. 锯鞘侧面观（ovipositor sheath, lateral view）；h. 锯腹片（lancet）；i. 中部锯刃（middle
serrulae）

图 2-168　黑腹方颜叶蜂 *Pachyprotasis melanogastera* Wei, 1998

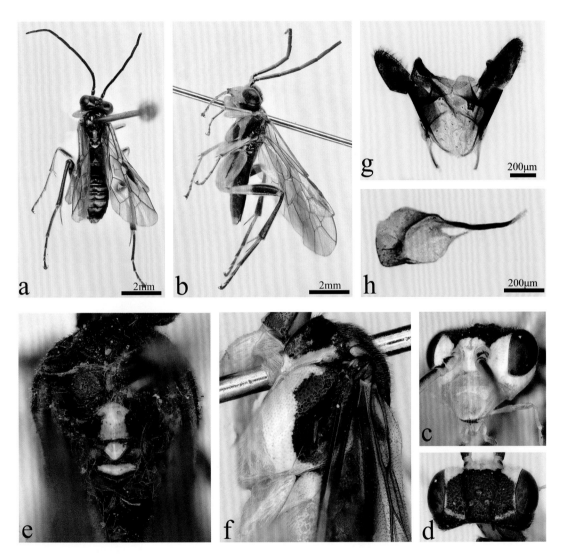

a. 雄虫背面观（adult male, dorsal view）；b. 雄虫侧面观（adult male, lateral view）；c. 雄虫头部前面观
（head of male, front view）；d. 雄虫头部背面观（head of male, dorsal view）；e. 雄虫中胸背板和后胸背
板（mesonotum and metanotum of male）；f. 雄虫中胸侧板和后胸侧板（mesopleuron and metapleuron of
male）；g. 生殖铗（gonoforceps）；h. 阳茎瓣（penis valve）

图 2-169　黑腹方颜叶蜂 *Pachyprotasis melanogastera* Wei, 1998

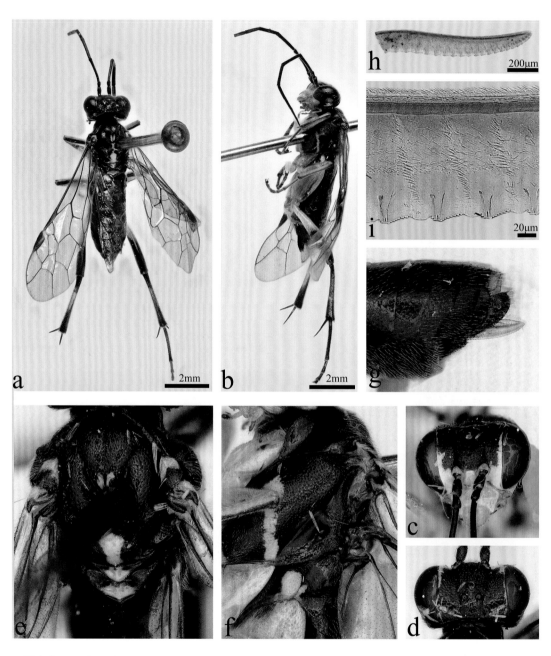

a. 雌虫背面观（adult female, dorsal view）；b. 雌虫侧面观（adult female, lateral view）；c. 雌虫头部前面观（head of female, front view）；d. 雌虫头部背面观（head of female, dorsal view）；e. 雌虫中胸背板和后胸背板（mesonotum and metanotum of female）；f. 雌虫中胸侧板和后胸侧板（mesopleuron and metapleuron of female）；g. 锯鞘侧面观（ovipositor sheath, lateral view）；h. 锯腹片（lancet）；i. 中部锯刃（middle serrulae）

图 2-170 习水方颜叶蜂 *Pachyprotasis paramelanogastera* Wei, 2005

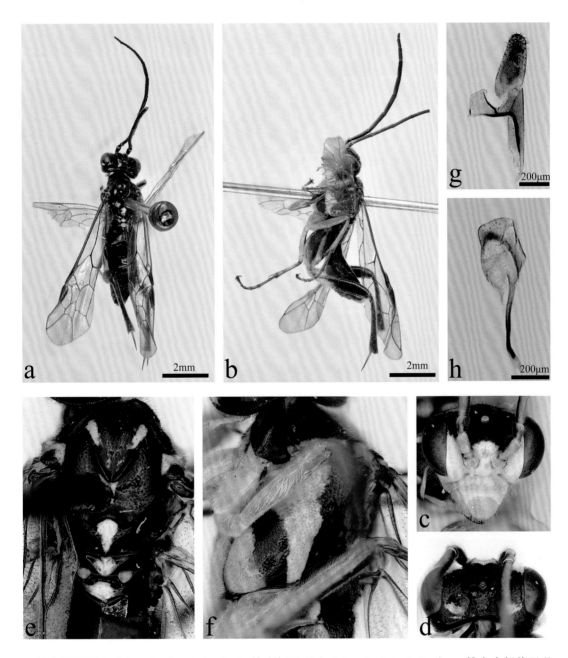

a. 雄虫背面观（adult male, dorsal view）；b. 雄虫侧面观（adult male, lateral view）；c. 雄虫头部前面观（head of male, front view）；d. 雄虫头部背面观（head of male, dorsal view）；e. 雄虫中胸背板和后胸背板（mesonotum and metanotum of male）；f. 雄虫中胸侧板和后胸侧板（mesopleuron and metapleuron of male）；g. 生殖铗（gonoforceps）；h. 阳茎瓣（penis valve）

图 2-171　习水方颜叶蜂 *Pachyprotasis paramelanogastera* Wei, 2005

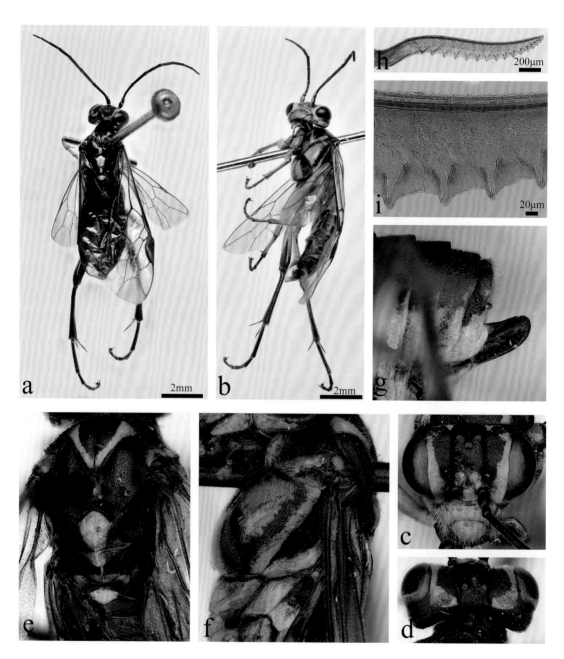

a. 雌虫背面观（adult female, dorsal view）；b. 雌虫侧面观（adult female, lateral view）；c. 雌虫头部前面观（head of female, front view）；d. 雌虫头部背面观（head of female, dorsal view）；e. 雌虫中胸背板和后胸背板（mesonotum and metanotum of female）；f. 雌虫中胸侧板和后胸侧板（mesopleuron and metapleuron of female）；g. 锯鞘侧面观（ovipositor sheath, lateral view）；h. 锯腹片（lancet）；i. 中部锯刃（middle serrulae）

图 2-172 玄参方颜叶蜂 Pachyprotasis rapae（Linnaeus, 1767）

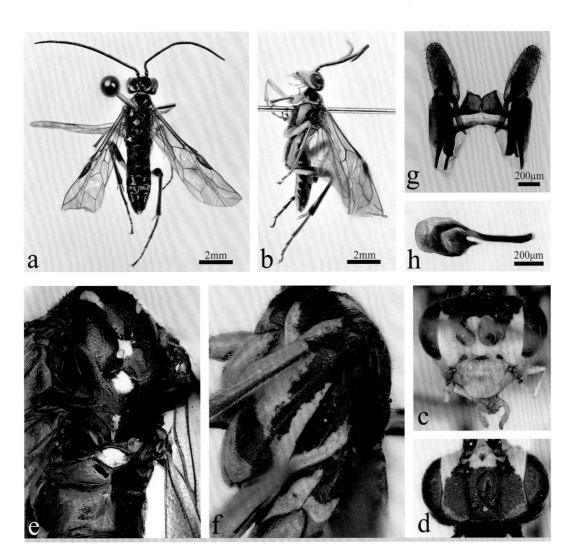

a. 雄虫背面观（adult male, dorsal view）；b. 雄虫侧面观（adult male, lateral view）；c. 雄虫头部前面观（head of male, front view）；d. 雄虫头部背面观（head of male, dorsal view）；e. 雄虫中胸背板和后胸背板（mesonotum and metanotum of male）；f. 雄虫中胸侧板和后胸侧板（mesopleuron and metapleuron of male）；g. 生殖铗（gonoforceps）；h. 阳茎瓣（penis valve）

图 2-173　玄参方颜叶蜂 *Pachyprotasis rapae*（Linnaeus, 1767）

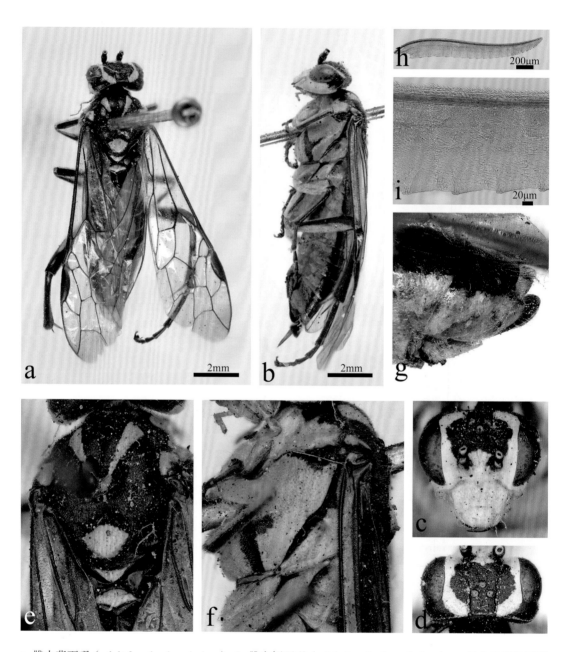

a. 雌虫背面观（adult female, dorsal view）；b. 雌虫侧面观（adult female, lateral view）；c. 雌虫头部前面观（head of female, front view）；d. 雌虫头部背面观（head of female, dorsal view）；e. 雌虫中胸背板和后胸背板（mesonotum and metanotum of female）；f. 雌虫中胸侧板和后胸侧板（mesopleuron and metapleuron of female）；g. 锯鞘侧面观（ovipositor sheath, lateral view）；h. 锯腹片（lancet）；i. 中部锯刃（middle serrulae）

图 2-174　塞姆方颜叶蜂 *Pachyprotasis semenowii* Jakovlev, 1891

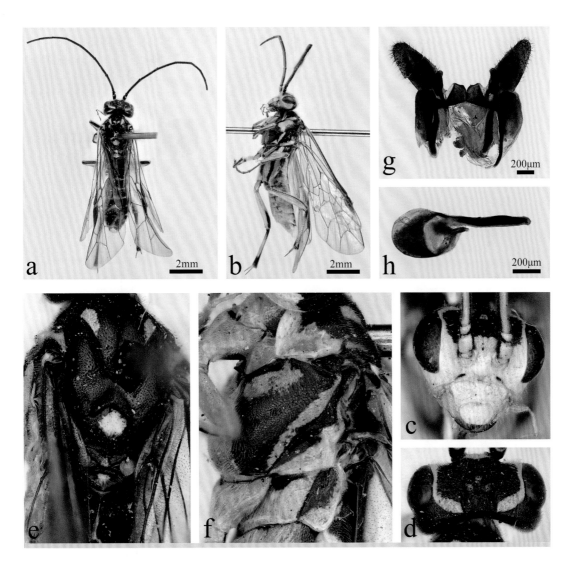

a. 雄虫背面观（adult male, dorsal view）；b. 雄虫侧面观（adult male, lateral view）；c. 雄虫头部前面观（head of male, front view）；d. 雄虫头部背面观（head of male, dorsal view）；e. 雄虫中胸背板和后胸背板（mesonotum and metanotum of male）；f. 雄虫中胸侧板和后胸侧板（mesopleuron and metapleuron of male）；g. 生殖铗（gonoforceps）；h. 阳茎瓣（penis valve）

图 2-175　塞姆方颜叶蜂 *Pachyprotasis semenowii* Jakovlev, 1891

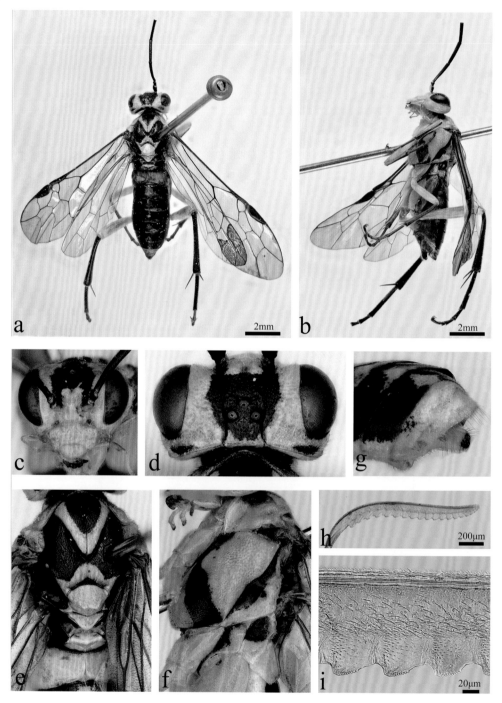

a. 雌虫背面观（adult female, dorsal view）；b. 雌虫侧面观（adult female, lateral view）；c. 雌虫头部前面观（head of female, front view）；d. 雌虫头部背面观（head of female, dorsal view）；e. 雌虫中胸背板和后胸背板（mesonotum and metanotum of female）；f. 雌虫中胸侧板和后胸侧板（mesopleuron and metapleuron of female）；g. 锯鞘侧面观（ovipositor sheath, lateral view）；h. 锯腹片（lancet）；i. 中部锯刃（middle serrulae）

图 2-176　棱盾方颜叶蜂 *Pachyprotasis prismatiscutellum* Zhong, Li & Wei, 2017

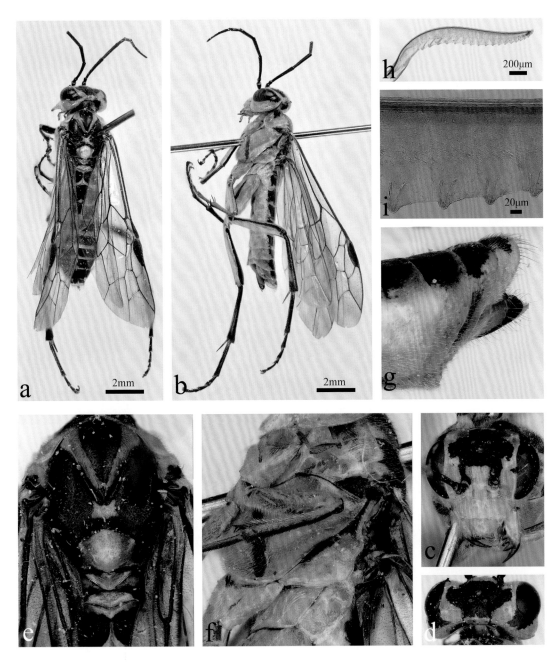

a. 雌虫背面观（adult female, dorsal view）；b. 雌虫侧面观（adult female, lateral view）；c. 雌虫头部前面观（head of female, front view）；d. 雌虫头部背面观（head of female, dorsal view）；e. 雌虫中胸背板和后胸背板（mesonotum and metanotum of female）；f. 雌虫中胸侧板和后胸侧板（mesopleuron and metapleuron of female）；g. 锯鞘侧面观（ovipositor sheath, lateral view）；h. 锯腹片（lancet）；i. 中部锯刃（middle serrulae）

图 2-177　泽建方颜叶蜂 *Pachyprotasis zejiani* Zhong, Li & Wei, 2017

a. 雌虫背面观（adult female, dorsal view）；b. 雌虫侧面观（adult female, lateral view）；c. 雌虫头部前面观（head of female, front view）；d. 雌虫头部背面观（head of female, dorsal view）；e. 雌虫中胸背板和后胸背板（mesonotum and metanotum of female）；f. 雌虫中胸侧板和后胸侧板（mesopleuron and metapleuron of female）；g. 锯鞘侧面观（ovipositor sheath, lateral view）；h. 锯腹片（lancet）；i. 中部锯刃（middle serrulae）

图 2-178　粗点方颜叶蜂 *Pachyprotasis albicincta* Cameron, 1881

a. 雌虫背面观（adult female, dorsal view）；b. 雌虫侧面观（adult female, lateral view）；c. 雌虫头部前面观（head of female, front view）；d. 雌虫头部背面观（head of female, dorsal view）；e. 雌虫中胸背板和后胸背板（mesonotum and metanotum of female）；f. 雌虫中胸侧板和后胸侧板（mesopleuron and metapleuron of female）；g. 锯鞘侧面观（ovipositor sheath, lateral view）；h. 锯腹片（lancet）；i. 中部锯刃（middle serrulae）

图 2-179　近革方颜叶蜂 *Pachyprotasis subcoreacea* Malaise, 1945

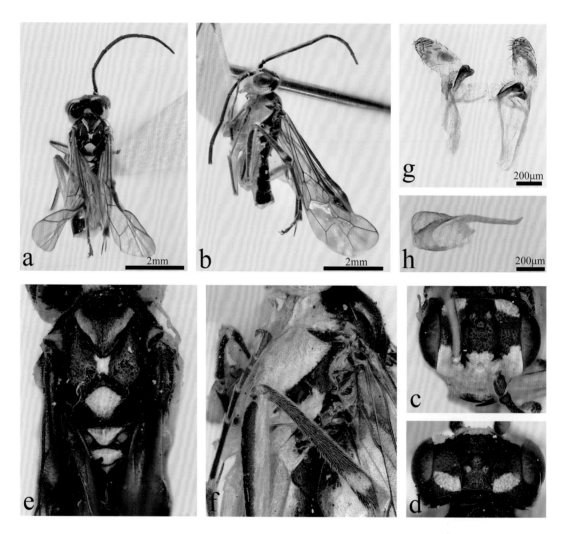

a. 雄虫背面观（adult male, dorsal view）；b. 雄虫侧面观（adult male, lateral view）；c. 雄虫头部前面观（head of male, front view）；d. 雄虫头部背面观（head of male, dorsal view）；e. 雄虫中胸背板和后胸背板（mesonotum and metanotum of male）；f. 雄虫中胸侧板和后胸侧板（mesopleuron and metapleuron of male）；g. 生殖铗（gonoforceps）；h. 阳茎瓣（penis valve）

图 2-180　近革方颜叶蜂 *Pachyprotasis subcoreacea* Malaise, 1945

a. 雌虫背面观（adult female, dorsal view）；b. 雌虫侧面观（adult female, lateral view）；c. 雌虫头部前面观（head of female, front view）；d. 雌虫头部背面观（head of female, dorsal view）；e. 雌虫中胸背板和后胸背板（mesonotum and metanotum of female）；f. 雌虫中胸侧板和后胸侧板（mesopleuron and metapleuron of female）；g. 锯鞘侧面观（ovipositor sheath, lateral view）；h. 锯腹片（lancet）；i. 中部锯刃（middle serrulae）

图 2-181　脊盾方颜叶蜂 *Pachyprotasis gregalis* Malaise, 1945

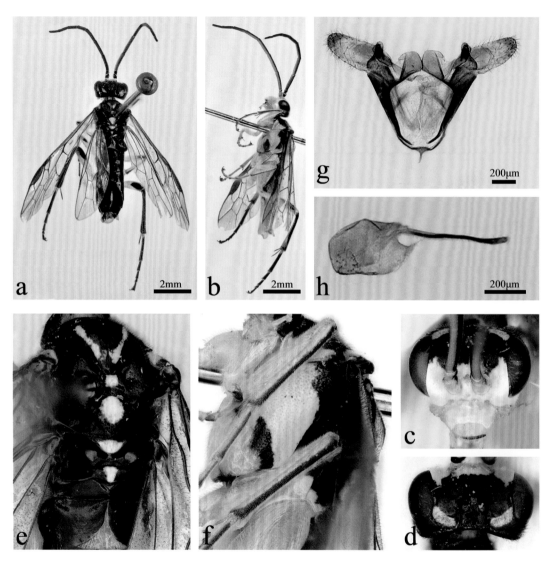

a. 雄虫背面观（adult male, dorsal view）；b. 雄虫侧面观（adult male, lateral view）；c. 雄虫头部前面观（head of male, front view）；d. 雄虫头部背面观（head of male, dorsal view）；e. 雄虫中胸背板和后胸背板（mesonotum and metanotum of male）；f. 雄虫中胸侧板和后胸侧板（mesopleuron and metapleuron of male）；g. 生殖铗（gonoforceps）；h. 阳茎瓣（penis valve）

图 2-182　脊盾方颜叶蜂 *Pachyprotasis gregalis* Malaise, 1945

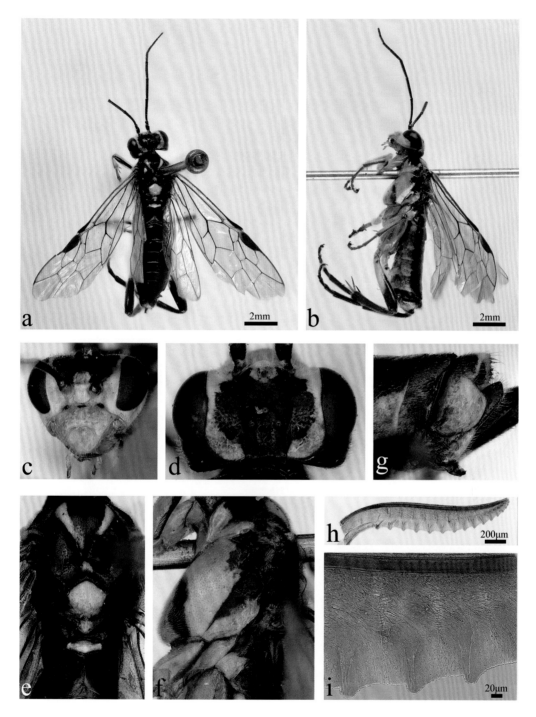

a. 雌虫背面观（adult female, dorsal view）；b. 雌虫侧面观（adult female, lateral view）；c. 雌虫头部前面观（head of female, front view）；d. 雌虫头部背面观（head of female, dorsal view）；e. 雌虫中胸背板和后胸背板（mesonotum and metanotum of female）；f. 雌虫中胸侧板和后胸侧板（mesopleuron and metapleuron of female）；g. 锯鞘侧面观（ovipositor sheath, lateral view）；h. 锯腹片（lancet）；i. 中部锯刃（middle serrulae）

图 2-183　水芹方颜叶蜂 *Pachyprotasis serii* Okutani, 1961

a. 雌虫背面观（adult female, dorsal view）；b. 雌虫侧面观（adult female, lateral view）；c. 雌虫头部前面观（head of female, front view）；d. 雌虫头部背面观（head of female, dorsal view）；e. 雌虫中胸背板和后胸背板（mesonotum and metanotum of female）；f. 雌虫中胸侧板和后胸侧板（mesopleuron and metapleuron of female）；g. 锯鞘侧面观（ovipositor sheath, lateral view）；h. 锯腹片（lancet）；i. 中部锯刃（middle serrulae）

图 2-184　多环方颜叶蜂 *Pachyprotasis antennata*（Klug, 1817）

a. 雄虫背面观（adult male, dorsal view）；b. 雄虫侧面观（adult male, lateral view）；c. 雄虫头部前面观（head of male, front view）；d. 雄虫头部背面观（head of male, dorsal view）；e. 雄虫中胸背板和后胸背板（mesonotum and metanotum of male）；f. 雄虫中胸侧板和后胸侧板（mesopleuron and metapleuron of male）；g. 生殖铗（gonoforceps）；h. 阳茎瓣（penis valve）

图 2-185 多环方颜叶蜂 *Pachyprotasis antennata*（Klug, 1817）

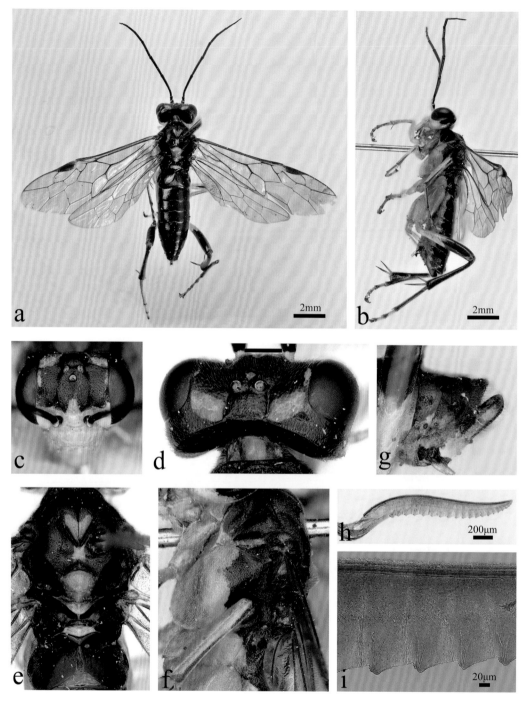

a. 雌虫背面观（adult female, dorsal view）；b. 雌虫侧面观（adult female, lateral view）；c. 雌虫头部前面观（head of female, front view）；d. 雌虫头部背面观（head of female, dorsal view）；e. 雌虫中胸背板和后胸背板（mesonotum and metanotum of female）；f. 雌虫中胸侧板和后胸侧板（mesopleuron and metapleuron of female）；g. 锯鞘侧面观（ovipositor sheath, lateral view）；h. 锯腹片（lancet）；i. 中部锯刃（middle serrulae）

图 2-186　吕氏方颜叶蜂 *Pachyprotasis lui* Wei & Zhong, 2008

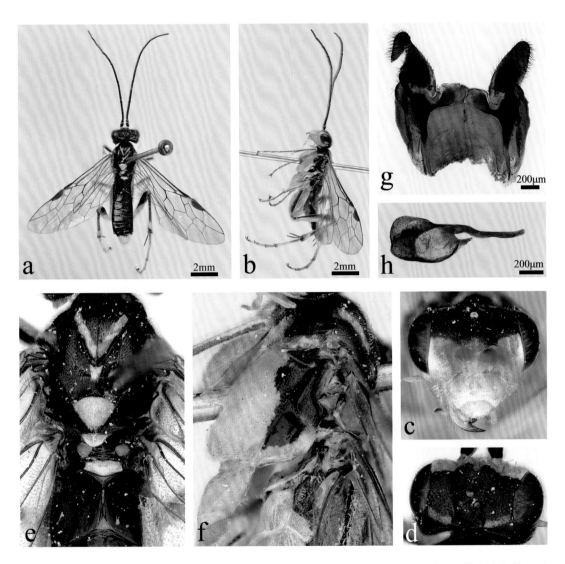

a. 雄虫背面观（adult male, dorsal view）；b. 雄虫侧面观（adult male, lateral view）；c. 雄虫头部前面观（head of male, front view）；d. 雄虫头部背面观（head of male, dorsal view）；e. 雄虫中胸背板和后胸背板（mesonotum and metanotum of male）；f. 雄虫中胸侧板和后胸侧板（mesopleuron and metapleuron of male）；g. 生殖铗（gonoforceps）；h. 阳茎瓣（penis valve）

图 2-187　吕氏方颜叶蜂 *Pachyprotasis lui* Wei & Zhong, 2008

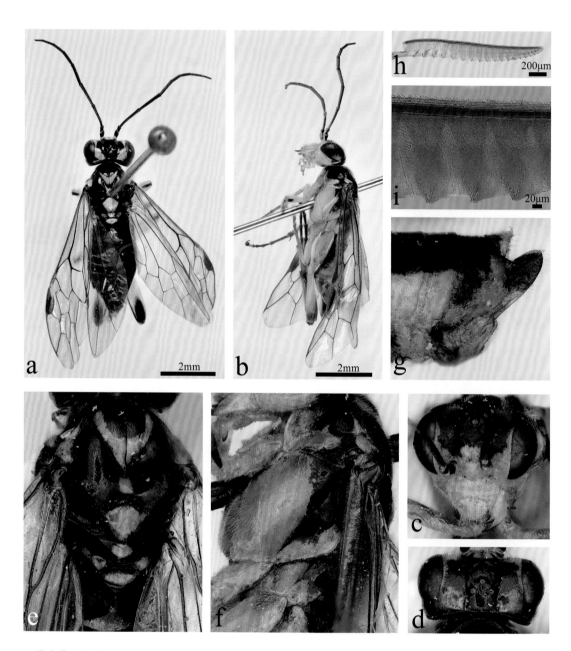

a. 雌虫背面观（adult female, dorsal view）；b. 雌虫侧面观（adult female, lateral view）；c. 雌虫头部前面观
（head of female, front view）；d. 雌虫头部背面观（head of female, dorsal view）；e. 雌虫中胸背板和后胸
背板（mesonotum and metanotum of female）；f. 雌虫中胸侧板和后胸侧板（mesopleuron and metapleuron
of female）；g. 锯鞘侧面观（ovipositor sheath, lateral view）；h. 锯腹片（lancet）；i. 中部锯刃（middle
serrulae）

图 2-188 西姆兰方颜叶蜂 *Pachyprotasis simulans*（Klug, 1817）

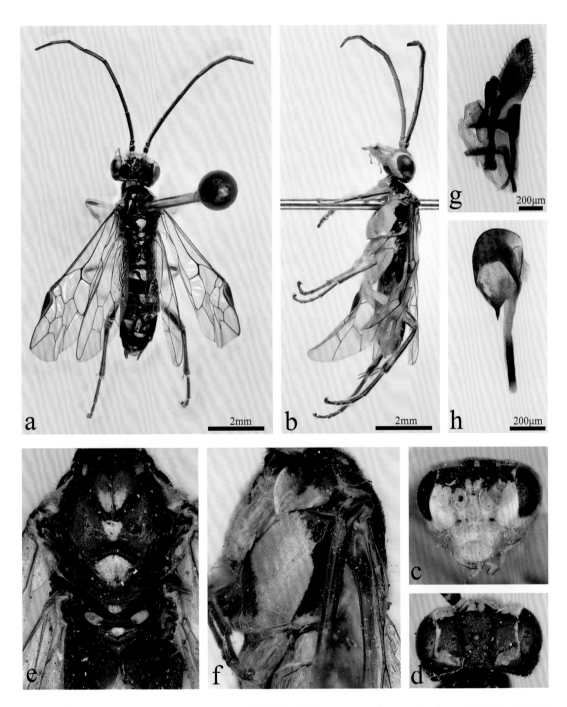

a. 雄虫背面观（adult male, dorsal view）；b. 雄虫侧面观（adult male, lateral view）；c. 雄虫头部前面观（head of male, front view）；d. 雄虫头部背面观（head of male, dorsal view）；e. 雄虫中胸背板和后胸背板（mesonotum and metanotum of male）；f. 雄虫中胸侧板和后胸侧板（mesopleuron and metapleuron of male）；g. 生殖铗（gonoforceps）；h. 阳茎瓣（penis valve）

图 2-189　西姆兰方颜叶蜂 *Pachyprotasis simulans*（Klug, 1817）

a. 雌虫背面观（adult female, dorsal view）；b. 雌虫侧面观（adult female, lateral view）；c. 雌虫头部前面观（head of female, front view）；d. 雌虫头部背面观（head of female, dorsal view）；e. 雌虫中胸背板和后胸背板（mesonotum and metanotum of female）；f. 雌虫中胸侧板和后胸侧板（mesopleuron and metapleuron of female）；g. 锯鞘侧面观（ovipositor sheath, lateral view）；h. 锯腹片（lancet）；i. 中部锯刃（middle serrulae）

图 2-190　沟盾方颜叶蜂 *Pachyprotasis sulciscutellis* Wei & Zhong, 2002

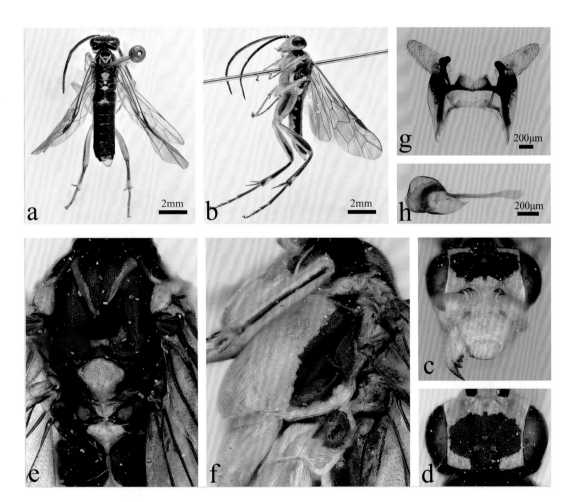

a. 雄虫背面观（adult male, dorsal view）；b. 雄虫侧面观（adult male, lateral view）；c. 雄虫头部前面观（head of male, front view）；d. 雄虫头部背面观（head of male, dorsal view）；e. 雄虫中胸背板和后胸背板（mesonotum and metanotum of male）；f. 雄虫中胸侧板和后胸侧板（mesopleuron and metapleuron of male）；g. 生殖铗（gonoforceps）；h. 阳茎瓣（penis valve）

图 2-191　沟盾方颜叶蜂 *Pachyprotasis sulciscutellis* Wei & Zhong, 2002

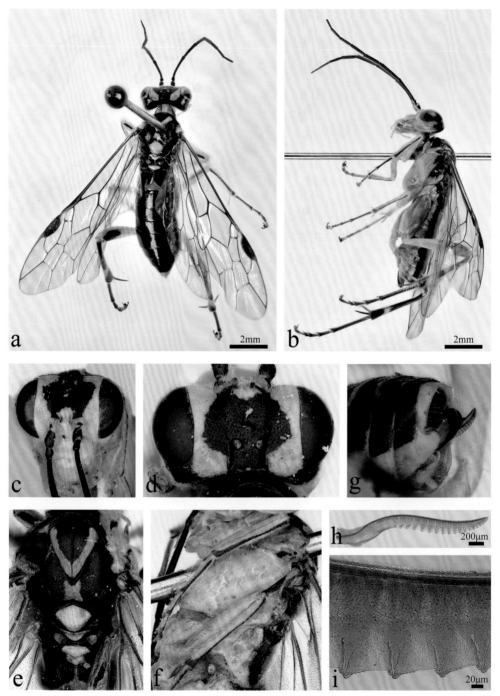

a. 雌虫背面观（adult female, dorsal view）；b. 雌虫侧面观（adult female, lateral view）；c. 雌虫头部前面观（head of female, front view）；d. 雌虫头部背面观（head of female, dorsal view）；e. 雌虫中胸背板和后胸背板（mesonotum and metanotum of female）；f. 雌虫中胸侧板和后胸侧板（mesopleuron and metapleuron of female）；g. 锯鞘侧面观（ovipositor sheath, lateral view）；h. 锯腹片（lancet）；i. 中部锯刃（middle serrulae）

图 2-192　色拉方颜叶蜂 *Pachyprotasis sellata* Malaise, 1945

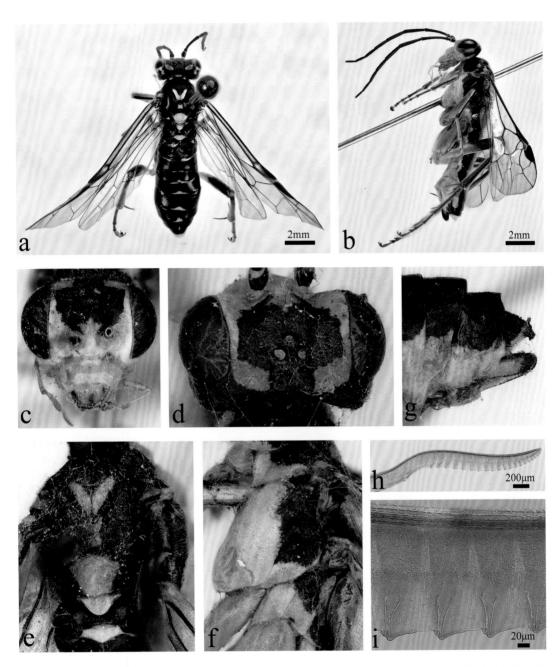

a. 雌虫背面观（adult female, dorsal view）；b. 雌虫侧面观（adult female, lateral view）；c. 雌虫头部前面观（head of female, front view）；d. 雌虫头部背面观（head of female, dorsal view）；e. 雌虫中胸背板和后胸背板（mesonotum and metanotum of female）；f. 雌虫中胸侧板和后胸侧板（mesopleuron and metapleuron of female）；g. 锯鞘侧面观（ovipositor sheath, lateral view）；h. 锯腹片（lancet）；i. 中部锯刃（middle serrulae）

图 2-193　色拉方颜叶蜂箭斑亚种 *Pachyprotasis sellata sagittata* Malaise, 1945

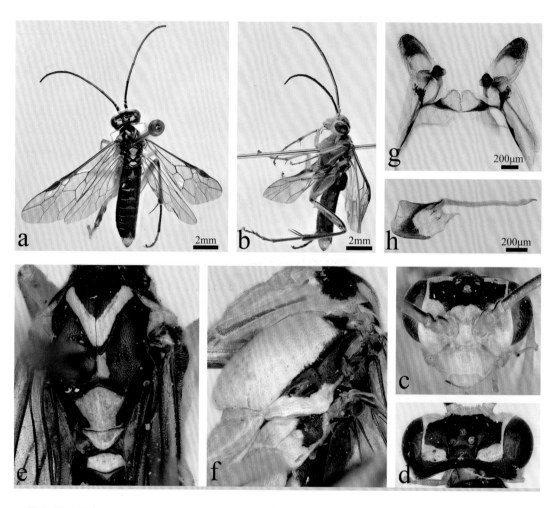

a. 雄虫背面观（adult male, dorsal view）；b. 雄虫侧面观（adult male, lateral view）；c. 雄虫头部前面观（head of male, front view）；d. 雄虫头部背面观（head of male, dorsal view）；e. 雄虫中胸背板和后胸背板（mesonotum and metanotum of male）；f. 雄虫中胸侧板和后胸侧板（mesopleuron and metapleuron of male）；g. 生殖铗（gonoforceps）；h. 阳茎瓣（penis valve）

图 2-194　色拉方颜叶蜂箭斑亚种 *Pachyprotasis sellata sagittata* Malaise, 1945